福建省"十四五"普通高等教育本科规划教材立项

机械制图

（第2版）

主　编　李文望

副主编　金玉狮　诸世敏

北京航空航天大学出版社

内容简介

"机械制图"作为工程技术人员必须掌握的技术语言，是工程学科的一门技术基础课程。本书根据最新颁布的《技术制图》和《机械制图》国家标准，结合近几年教学改革的情况，并参考国内外同类教材编写而成。全书以机械图样的绘制和识读为主线，介绍制图和识图的基本知识和方法。本书共分为14章，主要内容包括制图的基本知识、视图投影原理、组合体三视图、轴测投影、机件常用的表达方法、零件图、标准件和常用件、装配图和部件测绘等。

本书既可作为高等学校机械类、近机械类专业"机械制图"课程的教材，又可作为工程技术人员的自学参考书。

图书在版编目(CIP)数据

机械制图 / 李文望主编. --2版. --北京 ：北京航空航天大学出版社，2022.8

ISBN 978-7-5124-3817-0

Ⅰ. ①机… Ⅱ. ①李… Ⅲ. ①机械制图 Ⅳ. ①TH126

中国版本图书馆CIP数据核字(2022)第093175号

机械制图(第2版)

主 编 李文望

副主编 金玉狮 诸世敏

策划编辑 冯 颖 责任编辑 王 实

*

北京航空航天大学出版社出版发行

北京市海淀区学院路37号(邮编100191) http://www.buaapress.com.cn

发行部电话：(010)82317024 传真：(010)82328026

读者信箱：goodtextbook@126.com 邮购电话：(010)82316936

北京凌奇印刷有限责任公司印装 各地书店经销

*

开本：787×1092 1/16 印张：19.5 字数：499千字

2022年8月第2版 2024年8月第2次印刷 印数：2 001～3 000册

ISBN 978-7-5124-3817-0 定价：59.00元

前　　言

本教材依据教育部《高等学校画法几何与工程制图课程教学基本要求》，严格贯彻国家制图规范，理论联系实际，循序渐进地介绍了各相关知识点。其编写目的在于充分发挥“机械制图”在学生工程素质和综合能力培养方面的作用，注重培养学生的绘图能力、看图能力和空间想象能力，培养学生严谨求实、一丝不苟的工作态度与工作作风，培养学生创新思维和开拓进取的精神。

编者多年来致力于工程图学的教学改革，总结并吸取了近年来教学改革的成功经验和同行专家的意见，在编写本教材的过程中，力求实现科学性与实用性相结合、系统性与先进性相统一、新内容与经典内容相融合的目标，做到实践性强、语言通俗、重点突出、难点化解。

本教材的特点：

1. 注重采用由浅入深、由简单到复杂的思维方法，注重采用图文并茂、视图与实物立体图对照的表现手法，使教材内容形象直观、简明实用，便于学生较快、较好地掌握画图规律。

2. 加强绘制草图技能的训练和测绘能力的培养，始终贯穿草图与测绘训练的横向和纵向联系，便于学生尽快掌握徒手绘制图样的基本技能。

3. 采用最新颁布的《技术制图》《机械制图》等国家标准。

4. 把“第三角画法”作为必修的内容，以便更好地适应国际间的技术交流，满足对外开放的需要。

5. 通过例题及配套的习题集等内容，扩充学生的图示能力、看图能力及机械结构方面的知识储备，培养学生运用理论解决实际工程问题的能力，缩短学习与应用的时差，使学生在设计方法、基本技能和基础知识方面都得到较扎实的培养和训练。

6. 部分内容可作为选修内容，以适应不同类型的学校、不同专业的师生选用。

本教材由厦门理工学院李文望任主编，金玉狮、诸世敏任副主编，在编写过程中得到了姚静毅、罗志伟、罗宁等老师的帮助，在此一并表示感谢！

本教材获得了“厦门理工学院教材资助基金”的资助。

由于编者水平有限，书中不当之处在所难免，敬请读者批评指正。

编　者

2010 年 5 月

目　　录

绪　　论

1. “机械制图”课程的研究对象

“机械制图”是一门研究绘制和阅读机械图样、图解空间几何问题的理论和方法的技术基础学科。其主要内容包括正投影理论和国家标准《技术制图》《机械制图》的有关规定。

2. “机械制图”课程的任务和要求

准确表达物体的形状、尺寸及其技术要求的图纸，称为图样。图样是制造机器、仪器和进行工程施工的主要依据。在机械制造业中，机器设备是根据图样加工制造的。如果要生产一部机器，首先必须画出表达该机器的装配图和所有零件的零件图，然后根据零件图制造出全部零件，再按装配图装配成机器。在工程技术中，人们通过图样来表达设计对象和设计思想。图样不但是指导生产的重要技术文件，而且是进行技术交流的重要工具。因此，图样是每一个工程技术人员必须掌握的“工程技术语言”。

3. “机械制图”课程的学习要求

① 掌握正投影法的基本理论，并能利用投影法在平面上表示空间几何形体，图解空间几何问题；

② 培养绘制和阅读机械图样的能力，并研究如何在图样上标注尺寸；

③ 培养用仪器绘图、计算机绘图和手工绘制草图的能力；

④ 培养空间逻辑思维与形象思维的能力；

⑤ 培养分析问题和解决问题的能力；

⑥ 培养认真负责的工作态度和严谨细致的工作作风。

4. “机械制图”课程的学习方法

“机械制图”课程是一门既注重系统理论，又注重实践的技术基础课。本课程的各部分内容既紧密联系，又各有特点。根据“机械制图”课程的学习要求及各部分内容的特点，这里简要介绍一下学习方法：

① 准备一套合乎要求的制图工具，并认真完成作业，按照正确的制图方法和步骤画图；

② 认真听课，及时复习，要掌握形体分析法、线面分析法和投影分析法，提高独立分析和解决看图、画图等问题的能力；

③ 注意画图与看图相结合，物体与图样相结合，要多画多看，逐步培养空间逻辑思维与形象思维的能力；

④ 严格遵守机械制图的国家标准，并具备查阅有关标准和资料的能力；

⑤ 在学习过程中，有意识地培养自己的自学能力和创新能力。

第1章　制图的基本知识

本章重点介绍中华人民共和国国家标准《技术制图》和《机械制图》中的基本规定，它是绘制图样的重要依据。同时，本章还介绍了绘图工具的使用、绘图基本技能、几何作图方法、平面图形的绘图步骤等。《机械制图》国家标准是一项基础性的技术文件，每一位工程技术人员在绘制图样时都必须严格遵守，认真贯彻执行。

1.1　国家标准关于制图的一般规定

1.1.1　图纸幅面及格式(GB/T 14689—1993)

1. 图纸幅面

为了合理利用图纸和便于图样管理，国标中规定了5种标准图纸的幅面，其代号分别为A0、A1、A2、A3、A4。绘图时应优先选用国标中规定的幅面尺寸(见表1-1)。必要时，也允许以基本幅面的短边的整数倍加长幅面。

表1-1　图纸幅面尺寸　　mm

幅面代号	A0	A1	A2	A3	A4
$B\times L$	841×1 189	594×841	420×594	297×420	210×297
a	25				
c	10			5	
e	20		10		

2. 图框格式

无论图纸是否装订，都必须用粗实线画出图框，其格式分为不留装订边和留装订边，如图1-1和图1-2所示。其尺寸均按表1-1中的规定。但应注意，同一产品的图样只能采用一种格式。

有时为了复制或缩微摄影的方便，还采用对中符号。对中符号是从周边画入图框内约5 mm的一段粗实线，如图1-1(b)所示。

3. 标题栏及明细表

每张图样上都应有标题栏，用来填写图样上的综合信息，标题栏配置在图纸的右下方，其格式如图1-3所示。明细栏是装配图中才有的。在学校的制图作业中标题栏也可采用图1-3(b)所示的简化形式。标题栏中文字方向必须与看图方向一致，标题栏内一般图名用10号字书写，图号、校名用7号字书写，其余都用5号字书写。

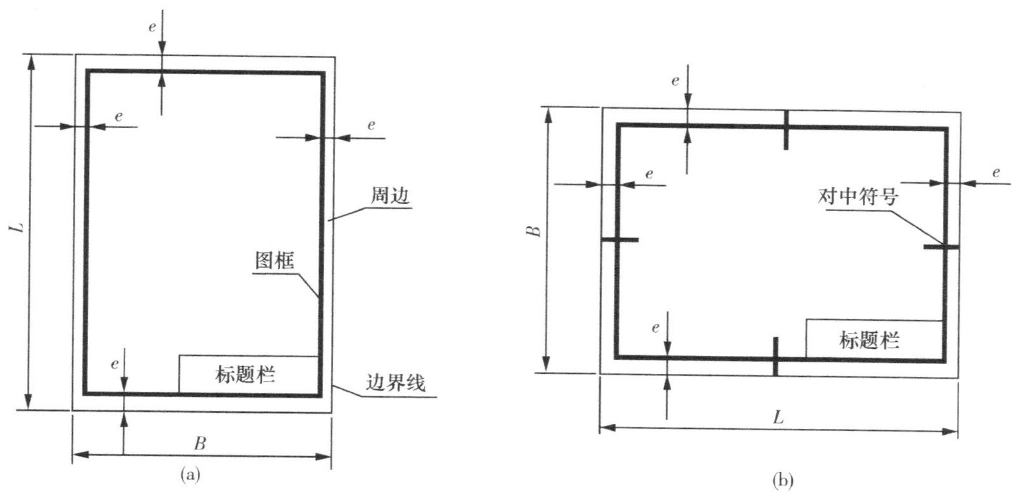

图 1－1　无装订边的图纸格式

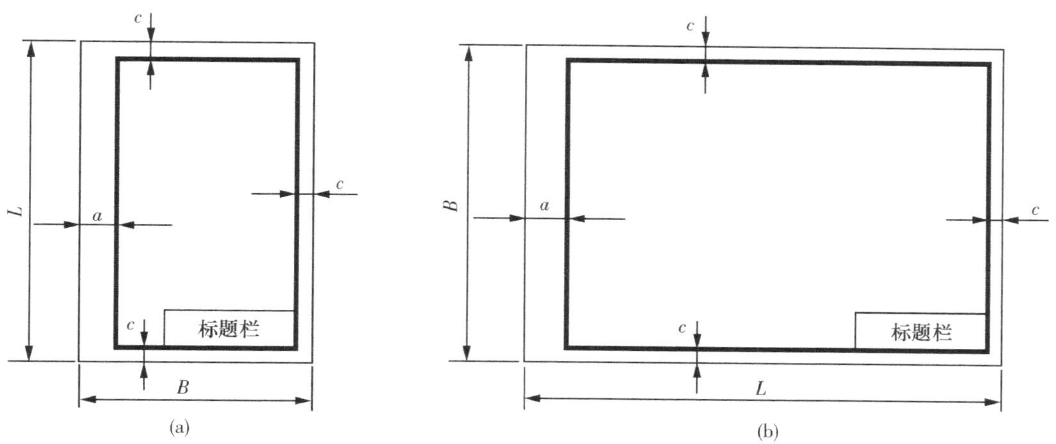

图 1－2　有装订边的图纸格式

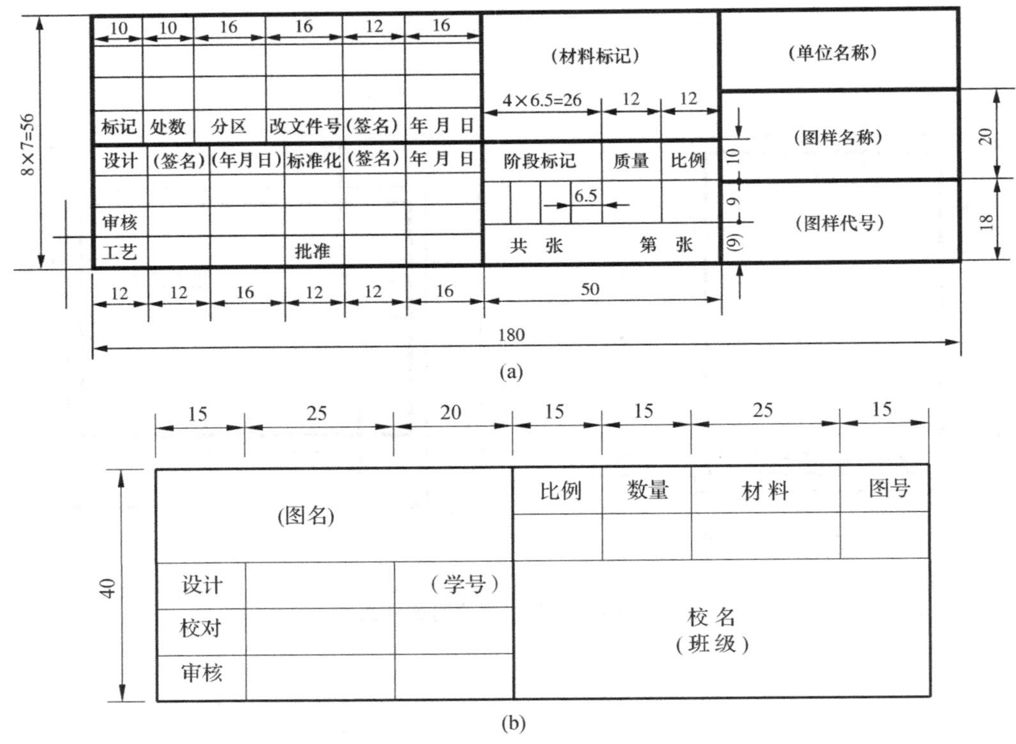

图 1－3　标题栏的格式

1.1.2　比例（GB/T 14690—1993）

图样中机件要素的线性尺寸与实际机件相应要素的线性尺寸之比称为比例，即

比例＝图形中线性尺寸大小：实物上相应线性尺寸大小

比例一般分为原值比例、缩小比例及放大比例 3 种类型。绘制图样时，尽可能采用原值比例，以便从图中看出实物的大小。根据需要也可采用放大或缩小的比例，但不论采用何种比例，图中所注尺寸数字仍为机件的实际尺寸，且图样按比例放大或缩小，仅限于图样上各线性尺寸，而与角度无关。绘制同一机件的各个视图应采用相同的比例，并在标题栏中统一填写，当某个视图采用了不同的比例时，必须在该图形的上方加以标注。常用的比例见表 1－2。

表 1－2　比　例

原值比例	1∶1
缩小比例	1∶1.5　1∶2　1∶2.5　1∶3　1∶4　1∶5　1∶10^n 1∶1.5×10^n　1∶2×10^n　1∶2.5×10^n　1∶5×10^n
放大比例	2∶1　2.5∶1　4∶1　5∶1　(10×n)∶1

1.1.3　字体（GB/T 14691—1993）

图样中除图形外，还需用汉字、数字和字母等进行标注或说明，它是图样的重要组成部分。

字体包括汉字、数字及字母的字体。

① 图样中书写的字体必须做到字体端正、笔画清楚、排列整齐、间隔均匀。

② 字体的号数即字体的高度(单位为 mm),分别为 20、14、10、7、5、3.5、2.5、1.8 八种,字体的宽度约等于字体高度的 2/3。数字及字母的笔画宽度约为字高的 1/10。汉字不宜采用 2.5 和 1.8 号,以免字迹不清。

③ 汉字应写成长仿宋字体,并应采用国家正式公布的简化字。汉字要求写得整齐匀称。书写长仿宋体的要领为:横平竖直、注意起落、结构匀称、填满方格。图 1-4 所示为长仿宋体字示例。

10 号字

字体端正　笔画清楚

排列整齐　间隔均匀

7 号字

结构匀称　填满方格　横平竖直　注意起落

5 号字

国家标准机械制图技术要求公差配合表面粗糙度倒角其余

图 1-4　长仿宋字体示例

④ 数字及字母有直体和斜体之分。在图样中通常采用斜体。斜体字的字头向右倾斜,与水平线成 75°。拉丁字母以直线为主体,减少弧线,以便书写及计算机绘图。数字和字母的笔画粗度约为字高的 1/10。罗马数字上的横线不连起来。国家标准规定的数字和字母的书写形式如图 1-5 所示。用做指数、分数、极限偏差、注脚等的字母及数字,一般采用小一号的字体,如图 1-6 所示。

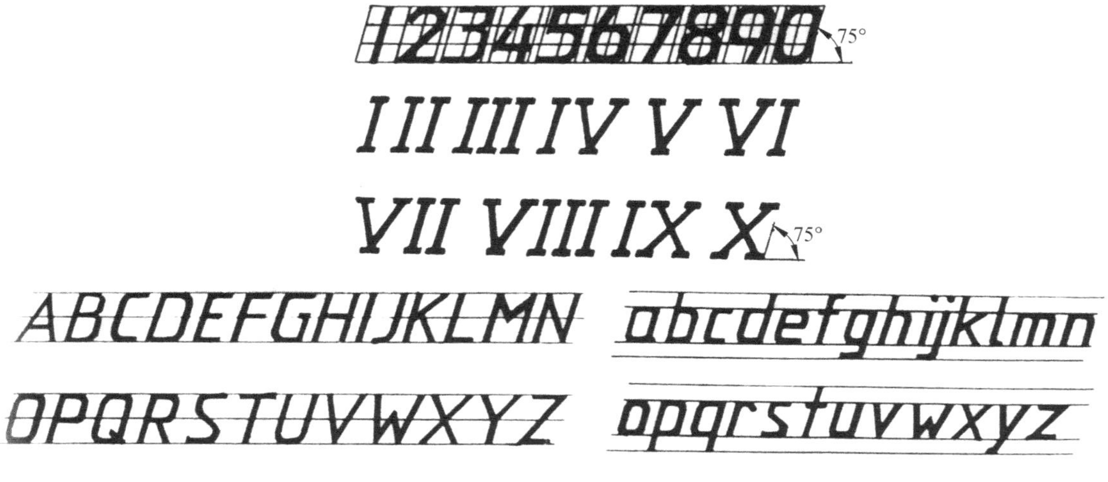

图 1-5　数字和字母示例

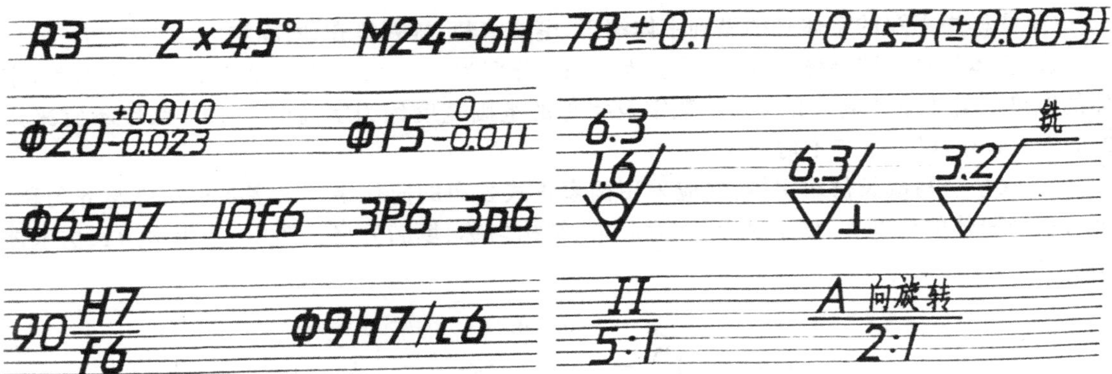

图 1-6 字体组合应用示例

1.1.4 图线(GB/T 4457.4—2002)

1. 基本线型

在机械制图中常用的线型有实线、虚线、点画线、双点画线、波浪线及双折线等,它们的使用在国家标准中都有严格的规定(见表1-3),使用时应严格遵守。

表 1-3 基本线型及应用

图线名称	代码 No.	线 型	线 宽	一般应用
细实线	01.1		$d/2$	尺寸线、尺寸界线、剖面线、引出线、螺纹牙底线、重合断面轮廓线、可见过渡线
波浪线				断裂处边界线、局部剖分界线
双折线				断裂处边界线、视图与局部剖视图的分界线
粗实线	01. 2	d	d	可见轮廓线、螺纹牙顶线
细虚线	02. 1	4~6 1	$d/2$	不可见轮廓线、不可见过渡线
粗虚线	02. 2	4~6 1	d	允许表面处理的表示线
细点画线	04. 1	15~30 3	$d/2$	轴线、对称中心线、分度圆(线)
粗点画线	04. 2	15~30 3	d	限定范围表示线(特殊要求)

续表 1－3

图线名称	代码 No.	线　型	线　宽	一般应用
细双点画线	05. 1	~20　5	$d/2$	相邻辅助零件的轮廓线、可动零件的极限位置的轮廓线

2. 图线宽度

在机械图样中采用粗细两种线宽，它们之间的比例为 2∶1。

图线的宽度 d 应根据图形的大小和复杂程度，在下列数系中选择（单位为 mm）：0.13，0.18，0.25，0.35，0.5，0.7，1，1.4，2。该数系有一定规律。通常情况下，粗线的宽度采用 0.7 mm，细线的宽度采用 0.35 mm。在同一图样中，同类图线的宽度应一致。

3. 图线的应用

图 1－7 所示为上述几种图线的应用举例。在图示零件的视图上，粗实线表示该零件的可见轮廓线；虚线表示不可见轮廓线；细实线表示尺寸线、尺寸界线及剖面线；波浪线表示断裂处的边界线及视图和剖视的分界线；细点画线表示对称中心线及轴线；双点画线表示相邻辅助零件的轮廓线及极限位置轮廓线。

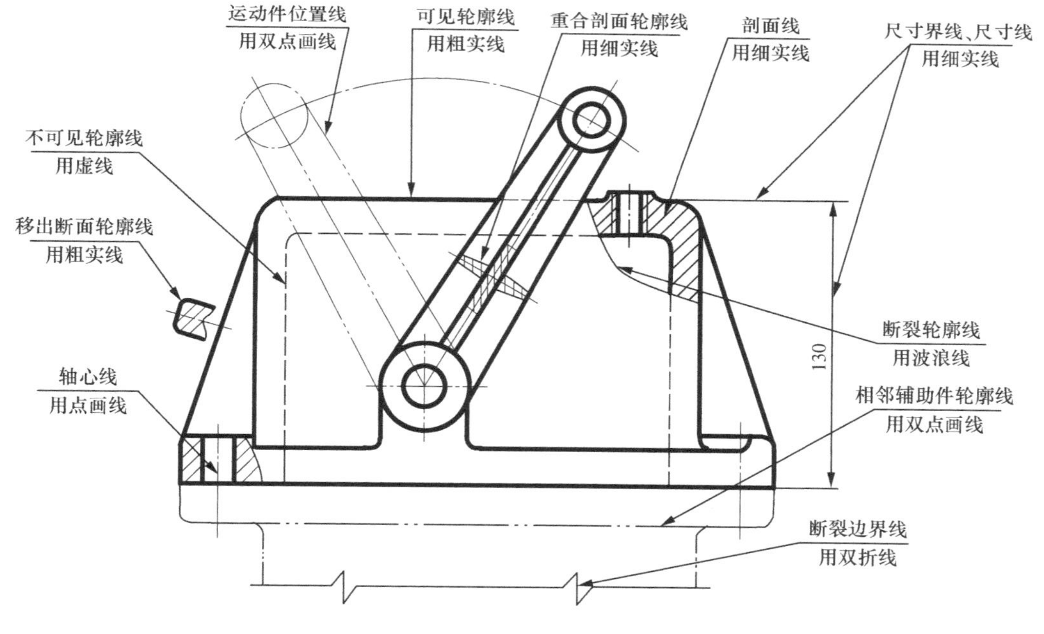

图 1－7　图线应用示例

4. 图线的画法

① 同一图样中同类图线的宽度应基本一致。虚线、点画线及双点画线的线段长度和间隔应各自大致相等，如图 1－8 所示。

② 绘制圆的对称中心线时，圆心应为线段的交点。点画线和双点画线的首末两端应是线段而不是点，且应超出图形外 2～5 mm。

③ 在较小的图形上绘制点画线或双点画线有困难时，可用细实线代替。

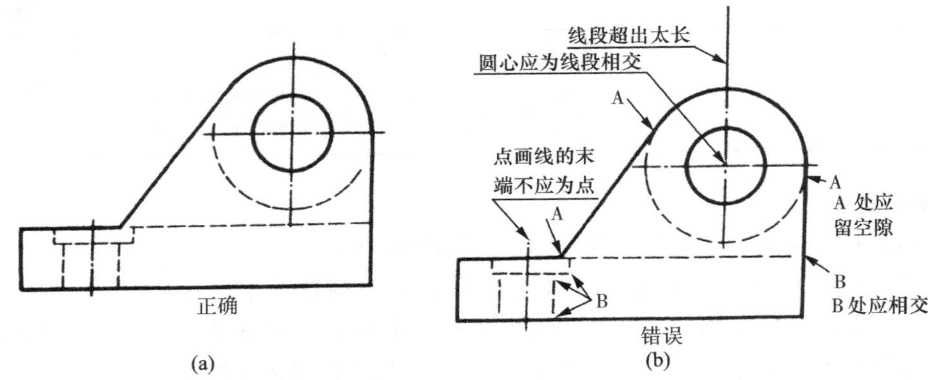

图 1-8 图线交接处的画法

④ 虚线、点画线、双点画线相交时,应该是线段相交。当虚线是粗实线的延长线时,在连接处应断开。

⑤ 当各种线型重合时,应按粗实线、虚线、点画线的优先顺序画出。

1.1.5 尺寸注法(GB/T 4458.4—2003)

国家标准中规定了标注尺寸的规则和方法,绘图时必须严格遵守。

1. 基本规则

① 机件的真实大小应以图样上所注的尺寸数值为依据,与图形的大小及绘图的准确度无关。

② 图样中(包括技术要求和其他说明)的尺寸以毫米为单位时,不需标注计量单位符号或名称,如采用其他单位,则应注明相应的单位符号。

③ 图样中所标注的尺寸,为该图样所示机件的最后完工尺寸,否则应另加说明。

④ 机件的每一尺寸,一般只标注一次,并应标注在反映该结构最清晰的图形上。

2. 尺寸标注的组成

一个完整的尺寸由尺寸数字、尺寸线、尺寸界线和尺寸的终端(箭头或斜线)组成,如图 1-9 所示。

① 尺寸界线 用细实线绘制,并应由图形的轮廓线、轴线或对称中心线处引出。也可利用轮廓线、轴线或对称中心线作尺寸界线。尺寸界线一般应与尺寸线垂直,必要时允许倾斜,如图 1-9(b)所示。

② 尺寸线 表明尺寸度量的方向,必须单独用细实线绘制,不能用其他图线代替,也不得与其他图线重合或画在其延长线上。标注线性尺寸时,尺寸线必须与所标注的线段平行。在同一图样中,尺寸线与轮廓线以及尺寸线与尺寸线之间的距离应大致相当,一般以不小于 5 mm为宜,如图 1-9(a)所示。尺寸线的终端可以用两种形式,如图 1-10 所示。机械图一般用箭头,其尖端应与尺寸界线接触,箭头长度约为粗实线宽度的 6 倍。土建图一般用 45°斜线,斜线的高度应与尺寸数字的高度相等。

③ 尺寸数字 线性尺寸的数字一般应注写在尺寸线的上方,或注写在尺寸线的中断处,尺寸数字不可被任何图线所穿过,如图 1-9 所示。

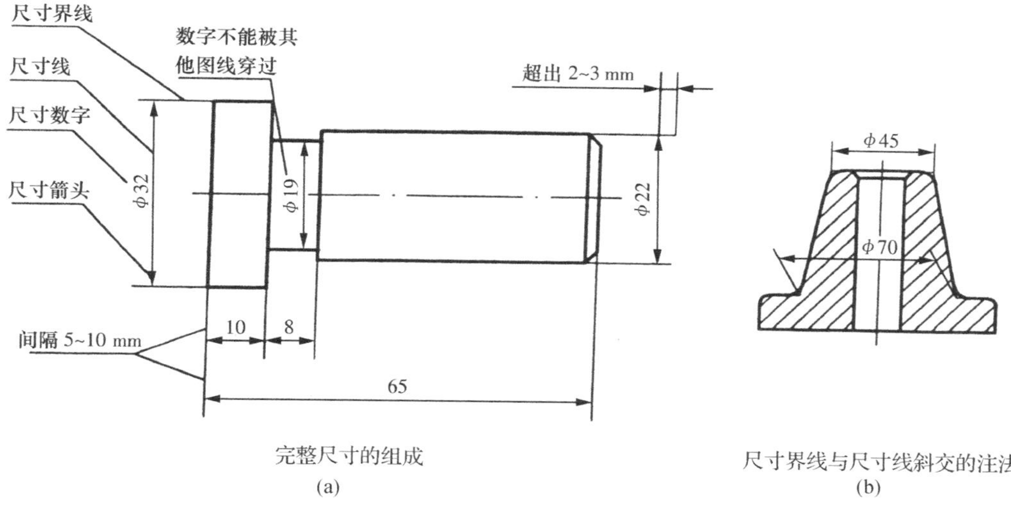

图 1-9　尺寸的组成

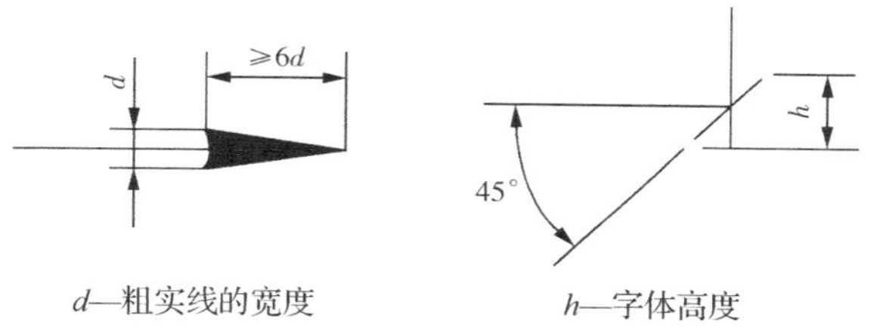

图 1-10　尺寸线终端的形式

线性尺寸数字的方向，一般应按图 1-11 所示方向注写，即水平方向的尺寸数字字头朝上；垂直方向的尺寸数字字头朝左；倾斜方向尺寸数字字头有朝上的趋势，如图 1-11(a)所示。应避免在图示 30°范围内标注尺寸，当无法避免时，可按图 1-11(b)的形式标注。

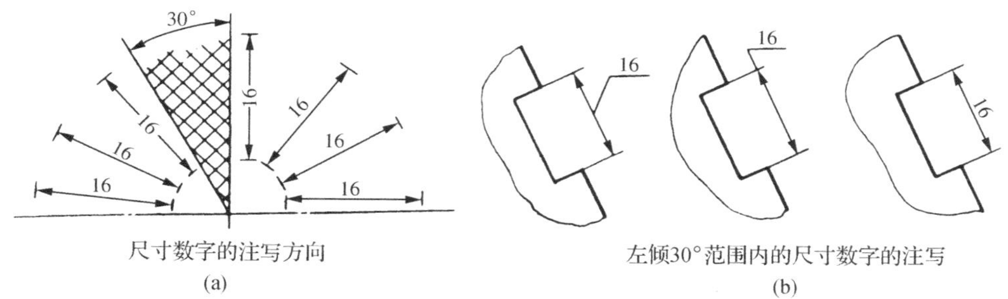

图 1-11　线性尺寸数字的方向

3. 常用尺寸注法

在实际绘图中，尺寸标注的形式很多，常用尺寸的标注方法如表 1-4 所列。

表1-4　常用尺寸的注法

尺寸种类	图例	说明
圆和圆弧		在直径、半径尺寸数字前,分别加注符号φ、R; 尺寸线应通过圆心(对于直径)或从圆心画出(对于半径)
大圆弧		需要标明圆心位置,但圆弧半径过大,在图纸范围内又无法标出其圆心位置时,用左图;不需标明圆心位置时,用右图
角度	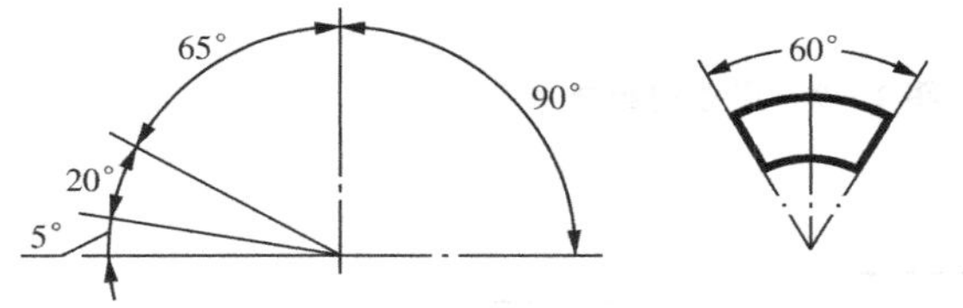	尺寸界线沿径向引出;尺寸线为以角度顶点为圆心的圆弧。尺寸数字一律水平书写,一般写在尺寸线的中断处,也可注在外边或引出标注
小尺寸和小圆弧	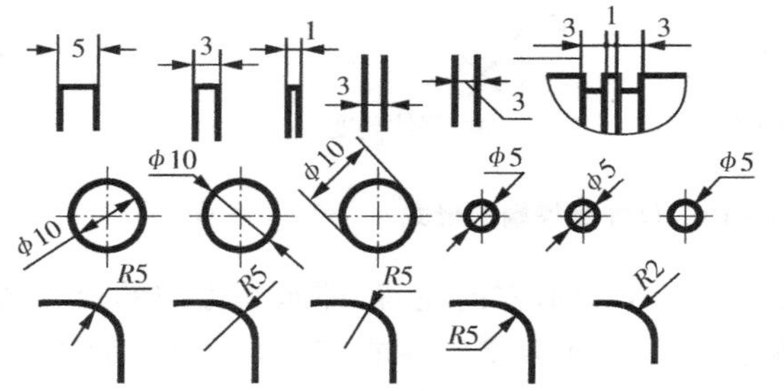	位置不够时,箭头可画在外边,允许用小圆点或斜线代替两个连续尺寸间的箭头。 在特殊情况下,标注小圆的直径允许只画一个箭头;有时为了避免产生误解,可将尺寸线断开
对称尺寸	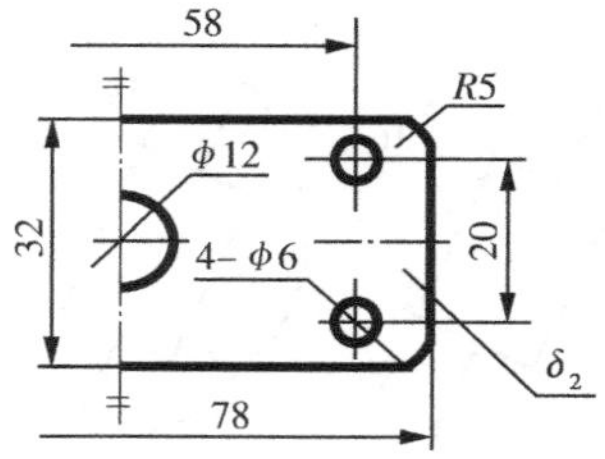	对称机件的图形如只画出一半或略大于一半时,尺寸线应略超过对称中心线或断裂线。此时只在靠尺寸界线的一端画出箭头
球面		一般应在"φ"或"R"前面加注符号"S"。但在不致引起误解的情况下,也可不加注

续表 1-4

尺寸种类	图　例	说　明
弧长和弦长	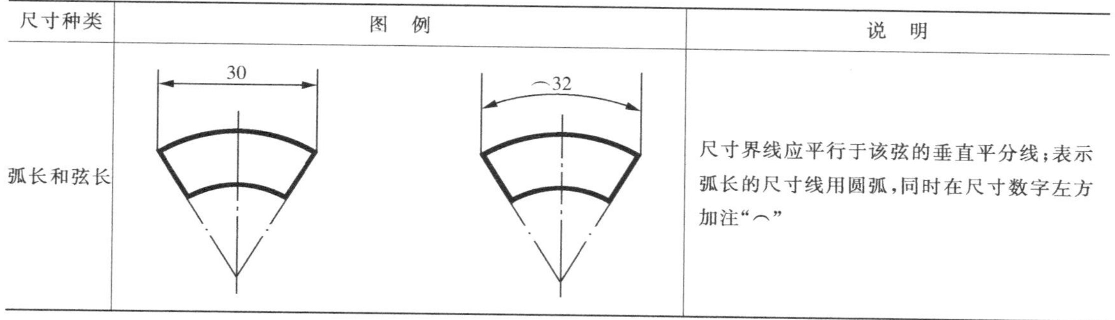	尺寸界线应平行于该弦的垂直平分线；表示弧长的尺寸线用圆弧，同时在尺寸数字左方加注“⌒”

4. 标注尺寸的符号及缩写词

标注尺寸的符号及缩写词应符合表 1-5 中的规定。

表 1-5　尺寸标注常用符号及缩写词

名　词	直　径	半　径	球直径	球半径	厚　度	正方形	45°倒角	深　度	沉孔或锪平	埋头孔	均　布
符号或缩写词	ϕ	R	$S\phi$	SR	t	□	C	↧	⌴	∨	EQS

1.2　制图工具及其使用方法

正确使用制图工具对提高制图速度和图面质量起着重要的作用，熟练掌握制图工具的使用方法是一名工程技术人员必备的基本素质。常用的制图工具有：图板、丁字尺、三角板、圆规、分规、比例尺、曲线板、擦图片、绘图铅笔、绘图橡皮、胶带纸及削笔刀等。

1.2.1　铅笔和铅芯

在绘制工程图样时要选择专用的“绘图铅笔”，一般需要准备以下几种型号的绘图铅笔：

B 或 HB——用来画粗实线；

HB——用来画细实线、点画线、双点画线、虚线和写字；

H 或 2H——用来画底稿。

H 前的数字越大，铅芯越硬，画出来的图线就越淡；B 前的数字越大，铅芯越软，画出来的图线就越黑。由于圆规画圆时不便用力，因此圆规上使用的铅芯一般要比绘图铅笔软一级。用于画粗实线的铅笔和铅芯应磨成矩形断面，其余的磨成圆锥形，如图 1-12 所示。铅笔应从无硬度标记的一端削起。

画线时，铅笔在前后方向应与纸面垂直，而且向画线前进方向倾斜约 30°，如图 1-13 所示。当画粗实线时，因用力较大，倾斜角度可小一些。画线时用力要均匀，匀速前进。

1.2.2　图板、丁字尺和三角板

图板根据大小有多种型号，图板的短边为导边；丁字尺是用来画水平线的，丁字尺的上面那条边为工作边。

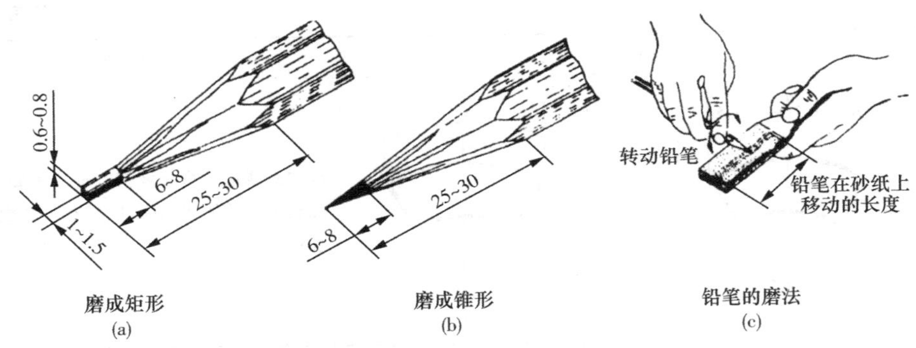

图 1-12 铅笔的削法

如采用预先印好图框及标题栏的图纸进行绘图,则应使图纸的水平图框线对准丁字尺的工作边后,再将其固定在图板上,以保证图上的所有水平线与图框线平行。如采用较大的图板,为了便于画图,图纸应尽量固定在图板的左下方,但须保证图纸与图板底边有稍大于丁字尺宽度的距离,以保证绘制图纸上最下面的水平线时的准确性。

用丁字尺画水平线时,用左手握住尺头,使其紧靠图板的左侧导边作上下移动,右手执笔,沿丁字尺工作边自左向右画线。当画较长的水平线时,左手应按住丁字尺尺身。画线时,笔杆应稍向外倾斜,尽量使笔尖贴靠尺边,如图 1-13 所示。画垂直线时,手法如图 1-14 所示,自下往上画线。

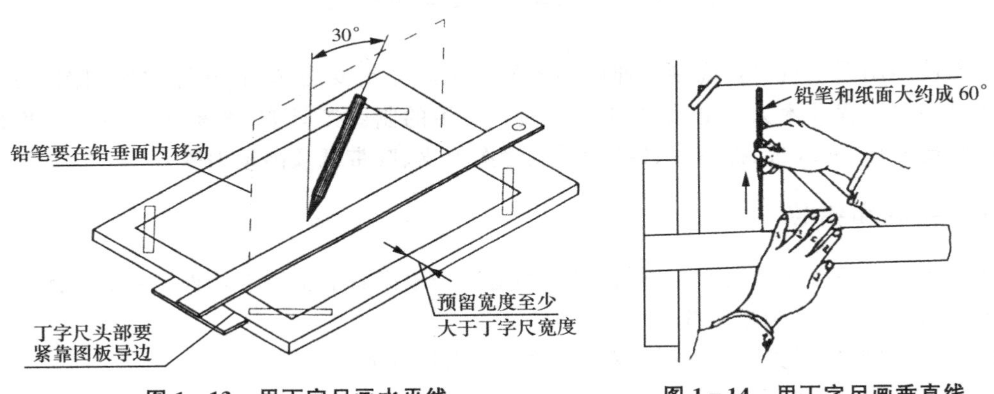

图 1-13 用丁字尺画水平线 **图 1-14 用丁字尺画垂直线**

三角板有 45°和 30°/60°两块。三角板与丁字尺配合使用可画垂直线及 15°倍角的斜线,如图 1-15(a)所示;或用两块三角板配合画任意角度的平行线,如图 1-15(b)所示。

1.2.3 圆规和分规

1. 圆 规

圆规是画圆和圆弧的工具。画图前,圆规固定腿上的钢针(带有台阶的一端)应调整到比铅芯稍长一些,以便在画圆或圆弧时,将针尖插入圆心中。钢针的另一端作分规时使用,如图 1-16 所示。

在画粗实线圆时,圆规的铅芯应比画相应粗直线的铅笔芯软一号;同理,画细实线圆时,也应使用比画相应细直线软一号的铅芯。

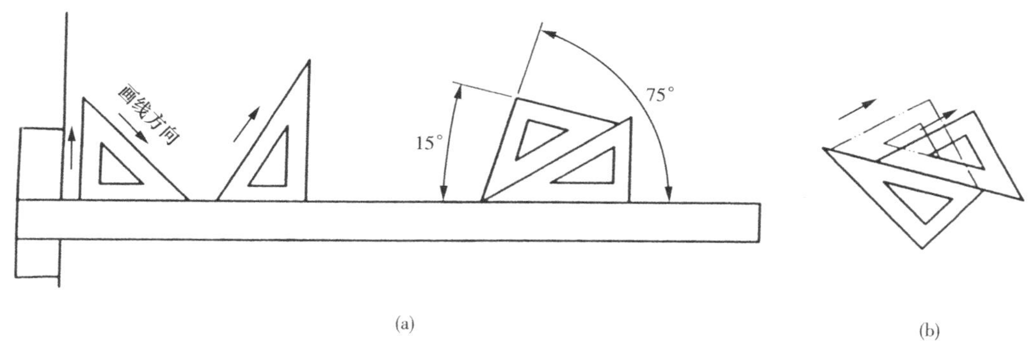

图 1 - 15　三角板的使用

使用圆规时，应尽可能使钢针和铅芯插腿垂直于纸面，画小圆时可用点（弹性）圆规；画大圆时，可用延伸杆来扩大其直径，如图 1 - 17 所示。

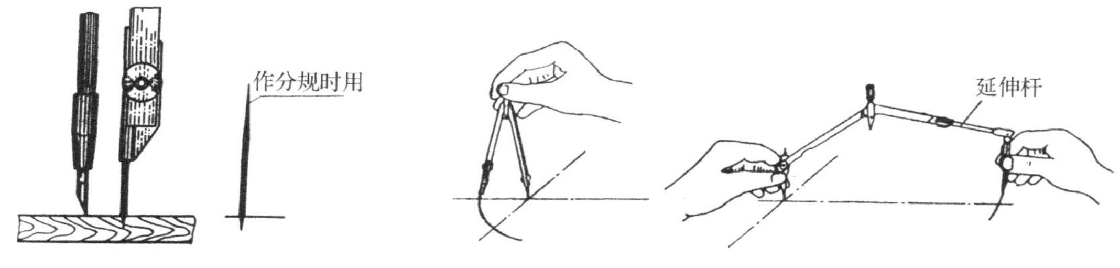

图 1 - 16　圆规钢针、铅芯及位置调整

图 1 - 17　圆规的使用

2. 分　规

分规是用来量取尺寸和等分线段的工具。为了准确地度量尺寸，分规两腿端部的针尖应平齐，如图 1 - 18 所示。等分线段时，将分规两针尖调整到所需的距离，然后用右手拇指和食指捏住分规手柄，使分规两针尖沿线段交替旋转前进，如图 1 - 19 所示。用分规在尺上或图上截取尺寸或线段的方法和手势如图 1 - 20 所示。

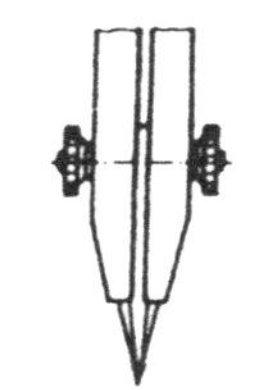

图 1 - 18　分规两腿的调整

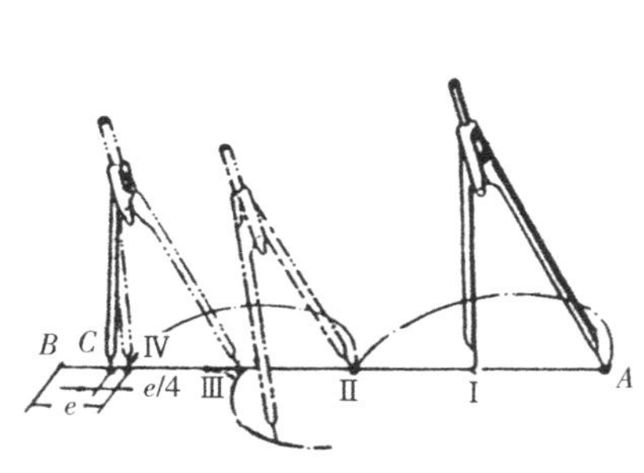

图 1 - 19　用分规等分线段

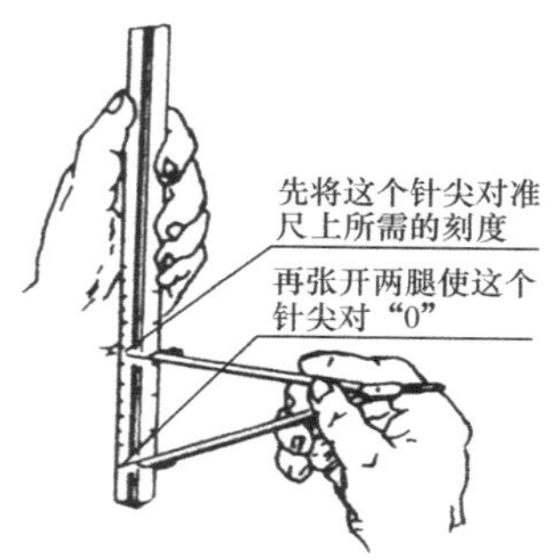

图 1 - 20　用分规截取线段

1.2.4 比例尺

比例尺有三棱式和板式两种,如图 1 - 21(a)所示,尺面上有各种不同比例的刻度。在用不同比例绘制图样时,只要在比例尺上的相应比例刻度上直接量取即可,省去了麻烦的计算,加快了绘图速度,如图 1 - 21(b)所示。

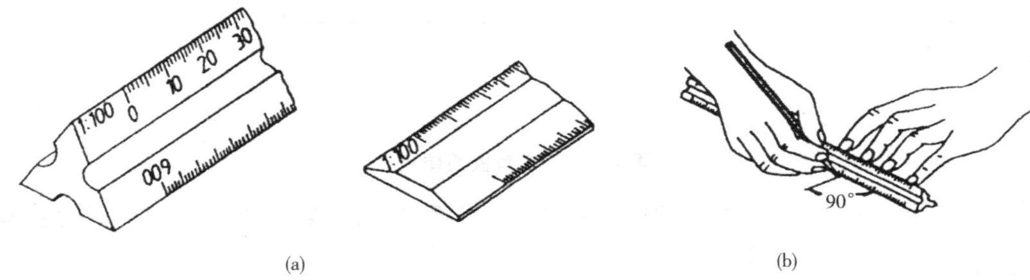

图 1 - 21 比例尺及其使用方法

1.2.5 曲线板

曲线板是一种具有不同曲率半径的模板,用来绘制各种非圆曲线。使用曲线板时,应先画出曲线上若干点,徒手用铅笔把各点轻轻地连接起来,再选择曲线板上曲率合适的部分逐段描绘,如图 1 - 22 所示。每一段中,至少有 4 个点与曲线板吻合,每描一段线要比曲线板吻合的部分稍短,留一部分待在下一段中与曲线板再次吻合后描绘(即"找四连三,首尾相叠"),这样才能使所画的曲线连接光滑。

图 1 - 22 曲线板及其使用

1.2.6 其他绘图用品

绘图模板是一种快速绘图工具,上面有多种镂空的常用图形、符号或字体等,能够方便地绘制针对不同专业的图案,如图 1 - 23(a)所示。使用时笔尖应紧靠模板,才能使画出的图形整齐、光滑。

量角器用来测量角度,如图 1 - 23(b)所示。简易的擦图片是用来防止擦去多余线条时把有用的线条也擦去的一种工具,如图 1 - 23(c)所示。

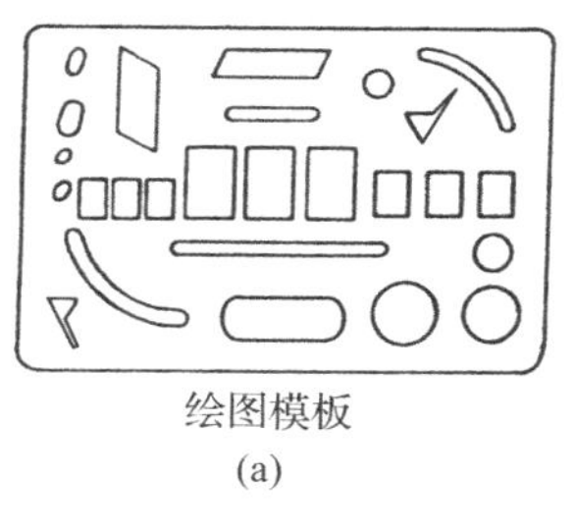
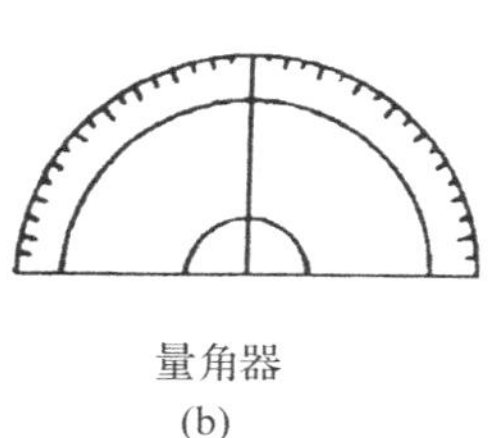
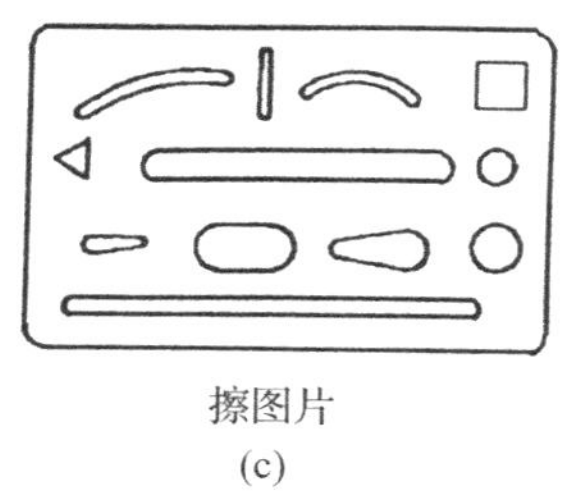

绘图模板　　量角器　　擦图片
(a)　　(b)　　(c)

图 1 - 23　其他绘图工具

另外，在绘图时，还需要准备削铅笔刀、橡皮、固定图纸用的塑料透明胶纸、磨铅笔用的砂纸以及清除图上橡皮屑的小刷等。

1.3　基本几何作图

在制图过程中，常会遇到等分线段、等分圆周、作正多边形、画斜度锥度、圆弧连接及绘制非圆曲线等的几何作图问题。

1.3.1　等分已知线段

如图 1 - 24 所示，已知线段 AB，现将其 5 等分。

① 过 AB 线段的一个端点 A 作一与其成一定角度的直线段 AC，然后在此线段上用分规截取 5 等分，如图 1 - 24(a)所示；

② 将最后的等分点 5 与原线段的另一端点 B 连接，然后过各等分点作线段 $5B$ 的平行线与原线段 AB 相交，其交点即为所需的等分点，如图 1 - 24(b)所示。

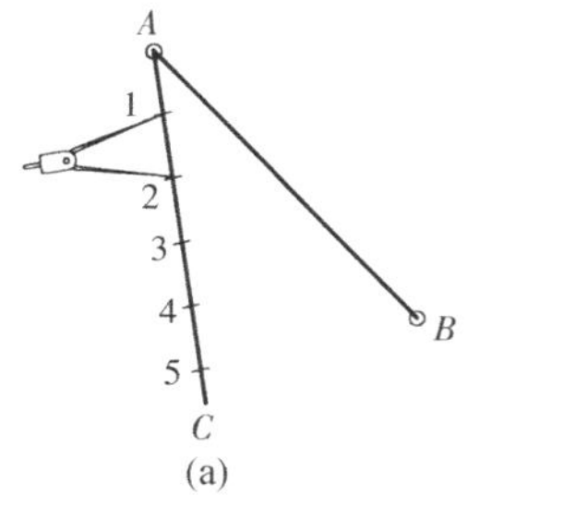

(a)

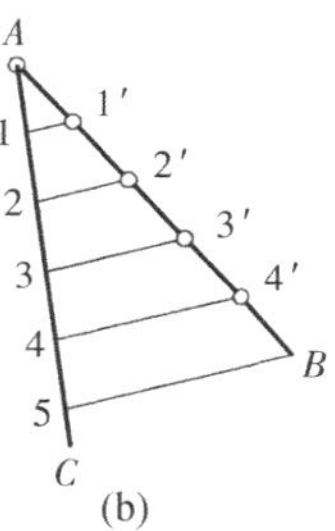

(b)

图 1 - 24　等分线段

1.3.2　等分圆周作正多边形

1. 正六边形的画法

已知一半径为 R 的圆，求作圆内接正六边形。

① 用圆规作图，分别以圆的直径两端 A 和 D 为圆心，以 R 为半径画弧交圆周于 B，F，C，E，依次连接 A，B，C，D，E，F，A，即得所求正六边形，如图 1 - 25 所示。

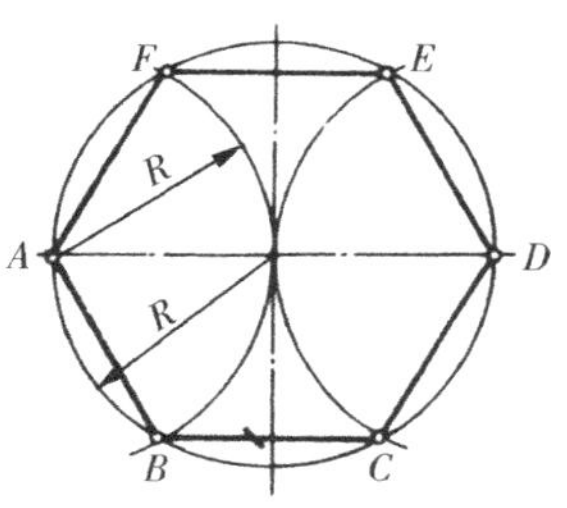

图 1 - 25　用圆规作圆内接正六边形

② 用三角板配合丁字尺作图，用 30°和 60°三角板与

丁字尺配合,也可作圆内接正六边形或外切正六边形,如图 1-26 所示。

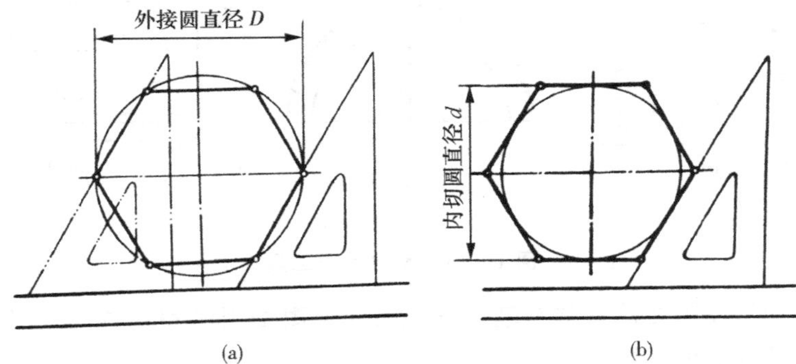

图 1-26 用丁字尺、三角板作圆内接或圆外切正六边形

2. 正五边形的画法

已知一半径为 R 的圆,求作圆内接正五边形。

5 等分圆周并作正五边形,可用分规试分,也可按下述方法作图。

① 平分半径 OB 得点 O_1;

② 在 AB 上取 $O_1K=O_1D$ 得点 K;

③ 以 DK 为边长等分圆周得 E,F,G,H,依次连线即得,如图 1-27 所示。

3. 正 *n* 边形的画法

若已知圆周半径为 R,求作圆内接正 n 边形,则作图步骤(设求作正七边形)如下:

① 将直径 AN 作 7 等分;

② 以 N 为圆心,NA 为半径作圆弧交水平中心线的延长线于点 M;

③ 自 M 与 AN 上的奇数或偶数点(如 2,4,6 点)连接并延长与圆周相交得 B,C,D,再作它们的对称点,依顺序连接即得正七边形,如图 1-28 所示。

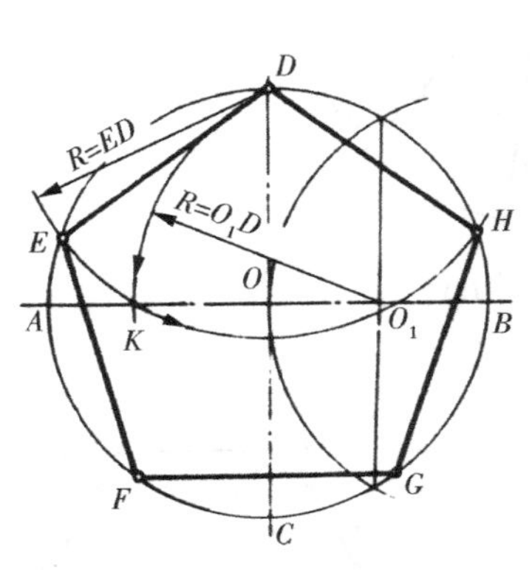

图 1-27 正五边形的画法

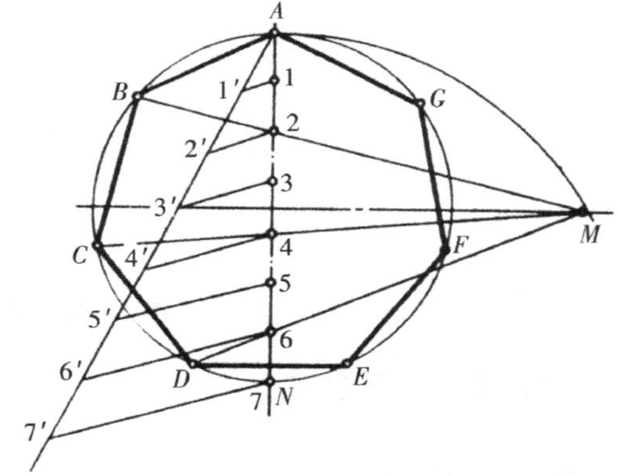

图 1-28 正七边形的画法

1.3.3 斜度与锥度

1. 斜 度

斜度是指一直线(或平面)对另一直线(或平面)的倾斜程度,其大小用两直线(或平面)夹角的正切来表示，通常以 1∶n 的形式标注。

标注斜度时，在数字前应加注符号“∠”，符号“∠”的指向应与直线或平面倾斜的方向一致，如图 1－29(b)所示。

若要对直线 AB 作一条斜度为 1∶10 的倾斜线，则作图方法为：先过点 B 作 $CB \perp AB$，并使 CB∶AB＝1∶10，连接 AC，即得所求斜线，如图 1－29(c)所示。

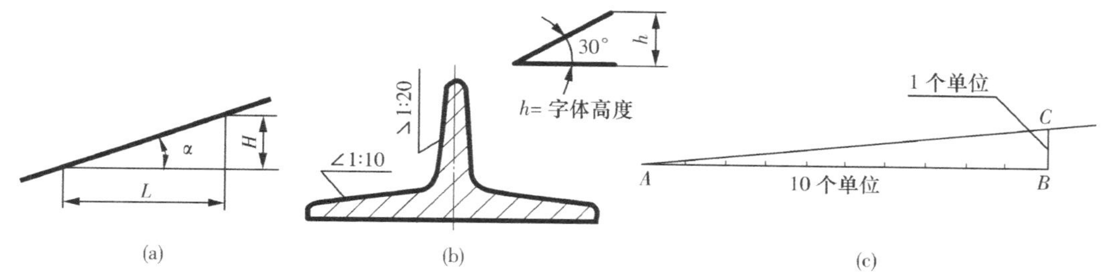

图 1－29　斜度、斜度符号和斜度的画法

2. 锥　度

锥度是指正圆锥的底圆直径 D 与该圆锥高度 L 之比；而对于圆台，则为两底圆直径之差 $D-d$ 与圆台高度 l 之比，即锥度＝$D/L=(D-d)/l=2\tan\alpha$（其中 α 为 1/2 锥顶角），如图 1－30(a)所示。

锥度在图样上的标注形式为 1∶n，且在此之前加注符号“◁”，如图 1－30(b)所示。符号尖端方向应与锥顶方向一致。

若要求作一锥度为 1∶5 的圆台锥面，且已知底圆直径为 ϕ，圆台高度为 L，则其作图方法如图 1－30(c)所示。

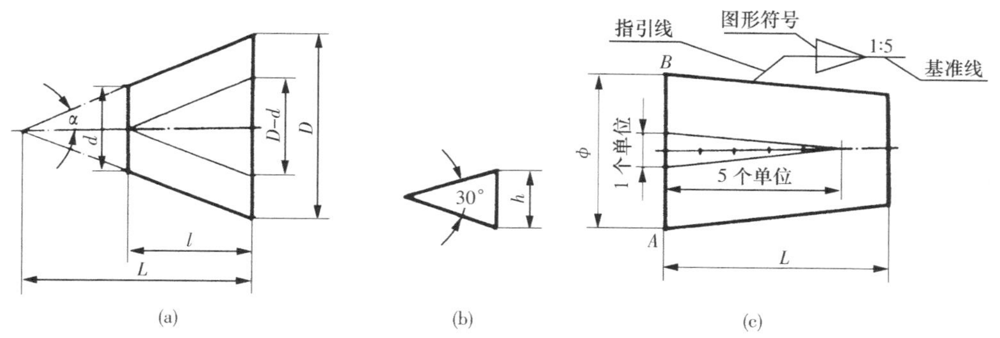

图 1－30　锥度、锥度符号和锥度的画法

1.3.4　圆弧连接

工程图样中的大多数图形是由直线与圆弧、圆弧与圆弧连接而成的。圆弧连接，实际上就是用已知半径的圆弧去光滑地连接两已知线段（直线或圆弧）。其中起连接作用的圆弧称为连接弧。这里讲的连接，指圆弧与直线或圆弧和圆弧的连接处是相切的。因此，在作图时，必须根据连接弧的几何性质，准确求出连接弧的圆心和切点的位置。

常见的圆弧连接的形式有：

① 用连接圆弧连接两已知直线；

② 用连接圆弧连接两已知圆弧；

③ 用连接圆弧连接一已知直线和一已知圆弧。

1. 用圆弧连接两已知直线

设已知连接圆弧的半径为 R,则用该圆弧将直线 L_1 及 L_2 光滑连接的作图方法为：

① 作直线Ⅰ和Ⅱ分别与 L_1 和 L_2 平行,且距离为 R,直线Ⅰ和Ⅱ的交点 O 即为连接圆弧的圆心；

② 过圆心 O 分别作 L_1 和 L_2 的垂线,其垂足 a 和 b 即为连接点(即切点)；

③ 以 O 为圆心,R 为半径画圆弧 ab,如图 1－31(a)所示。

当两已知直线垂直时,其作图方法更为简便,如图 1－31(b)所示。

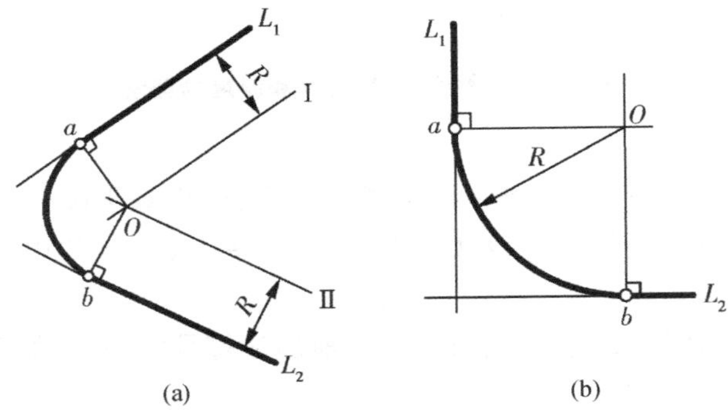

图 1－31　用圆弧连接两已知直线

2. 用圆弧连接两已知圆弧

用圆弧连接两已知圆弧可分为外连接、内连接和混合连接 3 种情况。

(1) 外连接

连接圆弧同时与两已知圆弧相外切。由初等几何知,两圆弧外切时,其切点必位于两圆弧的连心线上,且落在两圆心之间。因此,用半径为 R 的连接圆弧连接半径为 R_1 和 R_2 的两已知圆弧,其作图步骤如下：

① 分别以 O_1 和 O_2 为圆心,$R+R_1$ 和 $R+R_2$ 为半径作弧相交于 O,交点 O 即为连接圆弧的圆心；

② 连接 O_1O 和 O_2O 分别与已知圆弧相交得连接点 a 和 b；

③ 以 O 为圆心,R 为半径作弧 ab 即为所求,如图 1－32(a)所示。

(2) 内连接

连接圆弧同时与两已知圆弧相内切。其作图原理与外连接相同,只是由于两圆弧内切时,其切点应落在两圆弧连心线的延长线上(即两圆弧的圆心位于切点的同侧),故在求连接圆弧的圆心时,所用的半径应为连接弧与已知弧的半径差,即 $R-R_1$ 和 $R-R_2$,作图方法如图 1－32(b)所示。

(3) 混合连接

当连接圆弧的一端与一已知弧外连接,另一端与另一已知弧内连接时,称为混合连接。其作图方法如图 1－32(c)所示。

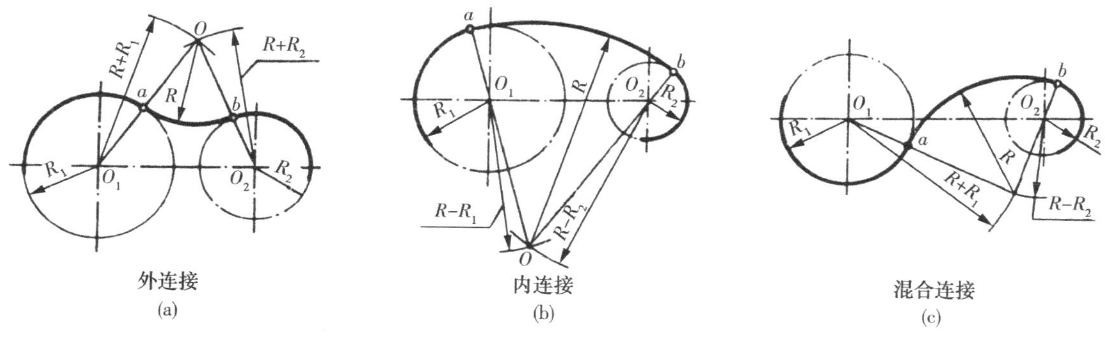

图 1-32　用圆弧连接两已知圆弧

3. 用圆弧连接一已知直线和一已知圆弧

连接圆弧的一端与已知直线相切而另一端与已知圆弧外连接(或内连接),可综合利用圆弧与直线相切以及圆弧与圆弧外连接(或内连接)的作图原理,其作图方法如图 1-33 所示。

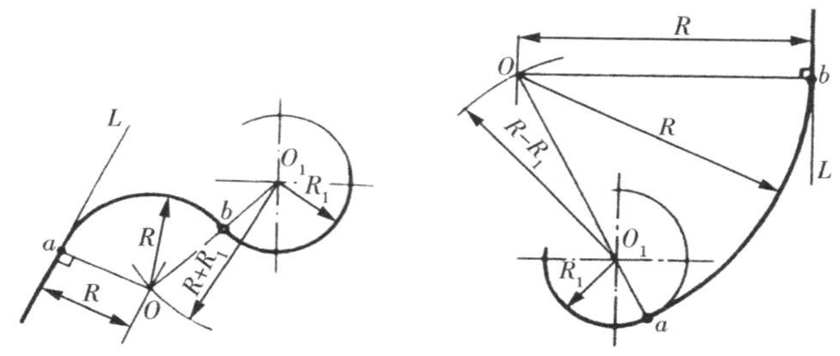

图 1-33　用圆弧连接一已知直线和一已知圆弧

1.3.5　工程上常见的平面曲线

工程上常见的平面曲线有椭圆、抛物线、双曲线、渐开线、阿基米德螺旋线等。表 1-6 介绍了椭圆的两种画法及圆的渐开线的作图方法。

表 1-6　椭圆的两种画法及圆的渐开线的作图方法

常见曲线	作图方法	曲　线
同心圆法画椭圆	① 以 O 为圆心,长轴 AB 和短轴 CD 为直径作两个同心圆; ② 由 O 作若干放射线与两同心圆相交; ③ 由各交点作长、短轴的平行线,即可分别交得椭圆上的各点; ④ 用曲线板顺序连接各点即得椭圆	C E A O F P B D

续表 1 - 6

常见曲线	作图方法	曲　线
圆心法近似画椭圆	① 长轴 AB 与短轴 CD 互相垂直平分,连接 AC,取 $CM=OA-OC=CA_1$; ② 作 AM 的中垂线交两轴于 O_1 和 O_3,取其对称点 O_2 和 O_4; ③ 分别以 O_1 和 O_2 为圆心,O_1C 为半径作弧交 O_1O_3、O_1O_4 的延长线于 E、F,交 O_2O_3、O_2O_4 的延长线于 G、H,以 O_3、O_4 为圆心,O_3A 为半径画弧 EG 和 FH 即得椭圆	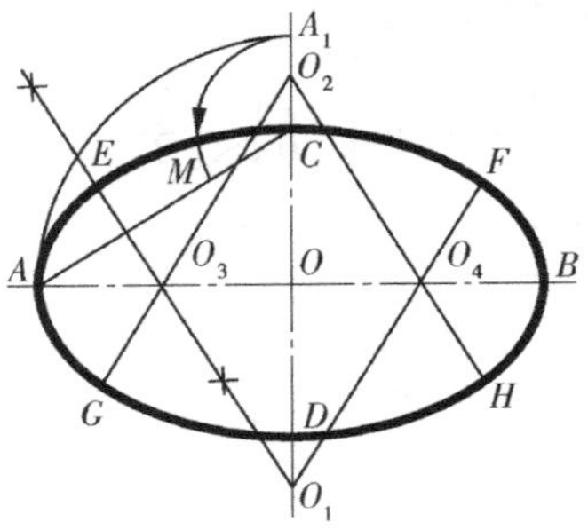
圆的渐开线	当一直线在一定圆(基础)上做无滑动滚动时,直线上一点的运动轨迹即为该圆的渐开线。其作图方法如下: ① 画出基圆,将基圆圆周分成若干等分,并将基圆圆周的展开长度(πD)也分成数目相同的等分(如 12 等分); ② 在圆周上各等分点处,按同一方向作圆的切线;在第一条切线上取长度=(1/12)πD,得点Ⅰ,在第二条切线上取长度=(2/12)πD,得点Ⅱ……依次类推; ③ 用曲线板依次连接所得各点即可	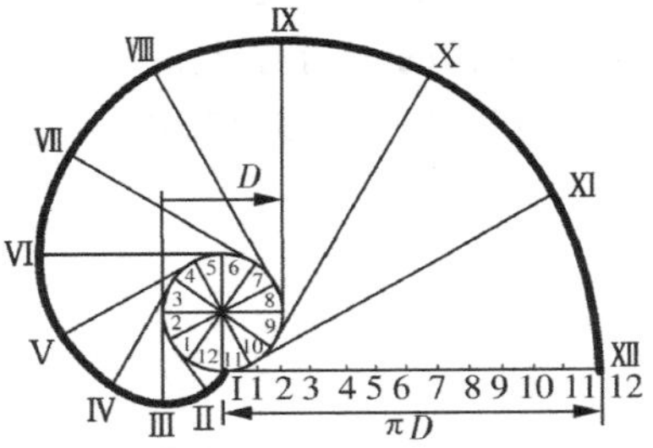

1.4　平面图形的尺寸分析和线段分析

平面图形一般包含一个或多个封闭图形,而每个封闭图形又由若干线段(直线、圆弧或曲线)组成,故只有先对平面图形的尺寸和线段进行分析,才能正确地绘制图形。

1.4.1　尺寸分析

尺寸按其在平面图形中所起的作用,可分为定型尺寸和定位尺寸两类。现以图 1-34 所示的手柄的图形为例进行分析。

① 定型尺寸。确定平面图形上几何元素大小的尺寸称为定型尺寸,如直线的长短、圆弧的直径或半径以及角度的大小等,如图 1-34 中的 ϕ11、ϕ19、ϕ26 和 R52 等。

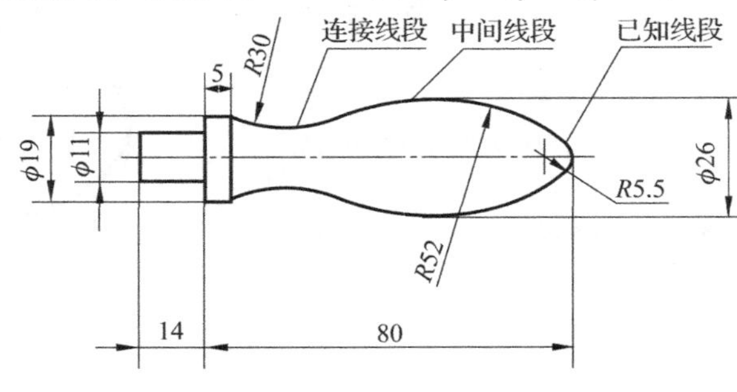

图 1-34　手　柄

② 定位尺寸。确定平面图形上几何元素间相对位置的尺寸称为定位尺寸，如图 1－34 中的 80。

③ 尺寸基准。基准就是标注尺寸的起点。对平面图形来说，常用的基准是：对称图形的对称线，圆的中心线，左、右端面，上、下顶(底)面等，如图 1－34 中的中心线。

1.4.2　线段分析

平面图形中的线段(直线或圆弧)按所标尺寸的不同可分为 3 类：

① 已知线段。有足够的定型尺寸和定位尺寸，能直接画出的线段，如图 1－34 中的直线段 14、$R5.5$ 圆弧等。

② 中间线段。有定型尺寸，但缺少一个定位尺寸，必须依靠其与一端相邻线段的连接关系才能画出的线段，如图 1－34 中的线段 $R52$。

③ 连接线段。只有定型尺寸，而无定位尺寸(或不标任何尺寸，如公切线)的线段，也必须依靠其余两端线段的连接关系才能确定画出，如图 1－34 中的线段 $R30$。

1.4.3　作图步骤

在对其进行线段分析的基础上，应先画出已知线段，再画出中间线段，后画出连接线段，具体作图步骤见表 1－7。

表 1－7　手柄的作图步骤

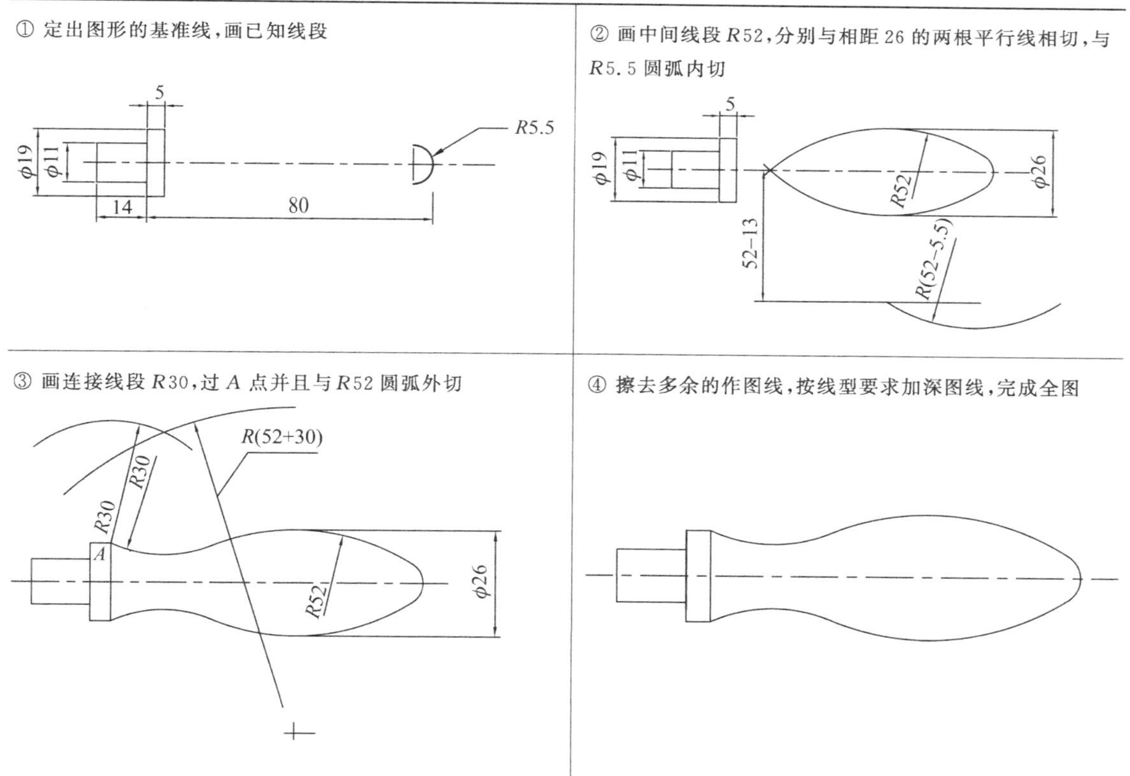

第 2 章　投影的基本知识

2.1　投影的方法及分类

2.1.1　基本知识

1. 投影法

在日光或灯光的照射下，在地面或者墙壁上就会出现物体的影子，这是生活中的投影现象。投影法就是对这一现象的总结和抽象，从而形成投影的方法。根据投影法所得到的图形，称为投影图，简称投影。

如图 2－1(a)所示，定点 S 是所有投射线的起源点，称为投射中心；自投射中心且通过被表示物体上各点的直线，称为投射线；平面 P 是投影法中得到投影的面，称为投影面。

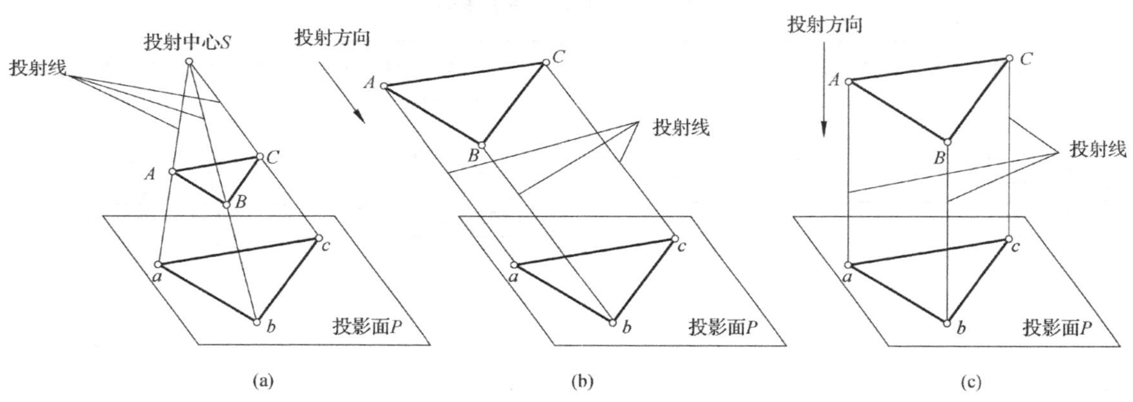

图 2－1　投影法及分类

2. 投影法分类

根据投影中心、物体及投影面之间的关系将投影法分为中心投影法和平行投影法两类。

(1) 中心投影法

投射线汇交一点的投影法称为中心投影法，用中心投影法得到的投影称为中心投影。如图 2－1(a)所示，P 为投影面，S 为投射中心。在中心投影得到的过程中，投影线互相不平行，所得的投影比物体轮廓大，可见中心投影不能得到物体真实大小的图形。

(2) 平行投影法

投射线互相平行的投影法称为平行投影法，如图 2－1(b)(c)所示。平行投影法又分为斜投影法和正投影法。

投射线的方向称为投射方向。如图 2－1(b)所示，投射线与投影面倾斜的平行投影法称为斜投影法，用斜投影法得到的投影称为斜投影。如图 2－1(c)所示，投射线与投影面垂直的平行投影法称为正投影法，用正投影法得到的投影称为正投影。正投影法能够反映和表达物体的真实大小，且绘图简便，在工程实际中得到广泛的应用。这种投影法是绘制机械图样的基本原理和方法。

3. 平行投影的基本特性

(1) 投影的同类性

如图 2－2 所示，点的投影仍是点；直线的投影在一般情况下仍是直线；平面图形的投影在一般情况下是原图形的类似形。

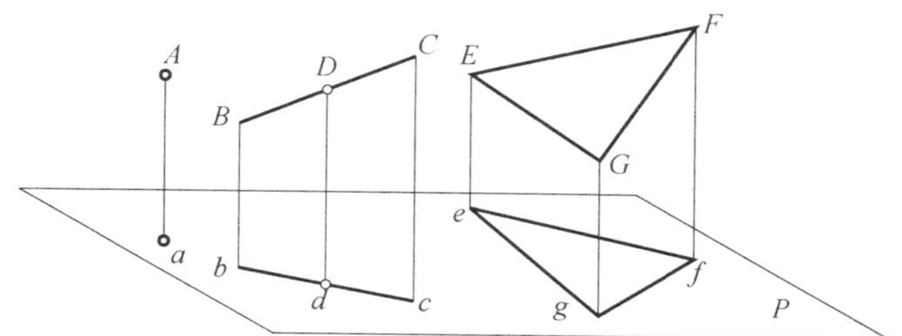

图 2－2　平行投影的同类性和从属性

(2) 投影的从属性

如图 2－2 所示，若点在直线上，则点的投影仍在该直线的投影上。

(3) 投影的真实性

如图 2－3 所示，当直线或平面平行于投影面时，其投影反映原线段的实长或原平面图形的真实形状。

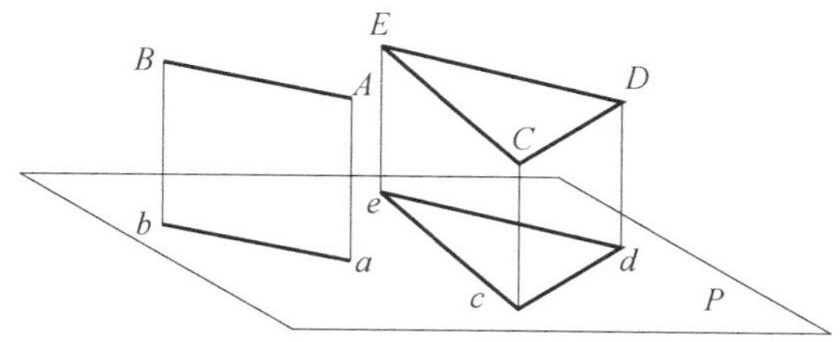

图 2－3　平行投影的真实性

(4) 投影的积聚性

如图 2－4 所示，当直线或平面垂直于投影面时，直线的投影积聚成点，平面的投影积聚成直线。

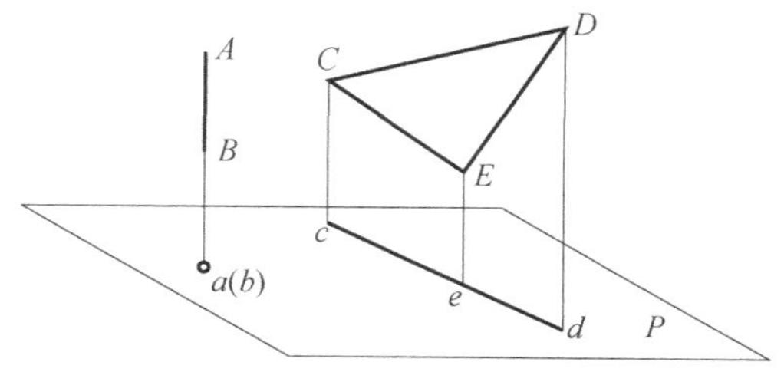

图 2－4　平行投影的积聚性

2.1.2 工程上常用的投影图概述

1. 多面正投影图

物体在互相垂直的两个或多个投射面上所得到的正投影称为多面正投影图。将这些投影面旋转展开到同一图面上,使该物体的各正投影图有规则地配置,并相互之间形成对应关系,根据物体的多面正投影图,便能确定其形状。

图2-5所示为物体在三个相互垂直的投影面上的三面正投影图。正投影图的优点是能反映物体的实际形状和大小,即度量性好,且作图简便,因此在工程上被广泛使用,缺点是直观性较差。

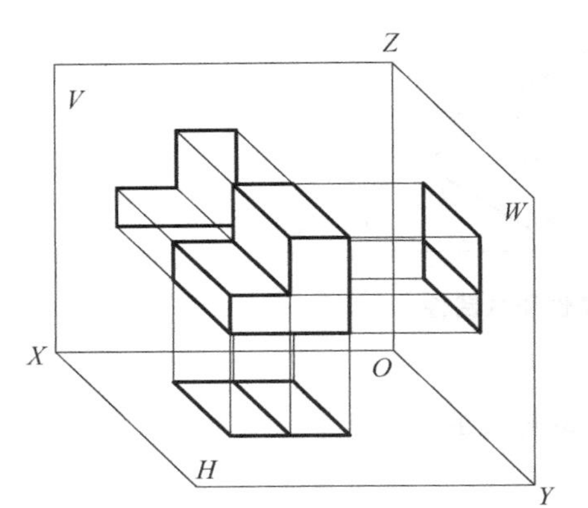

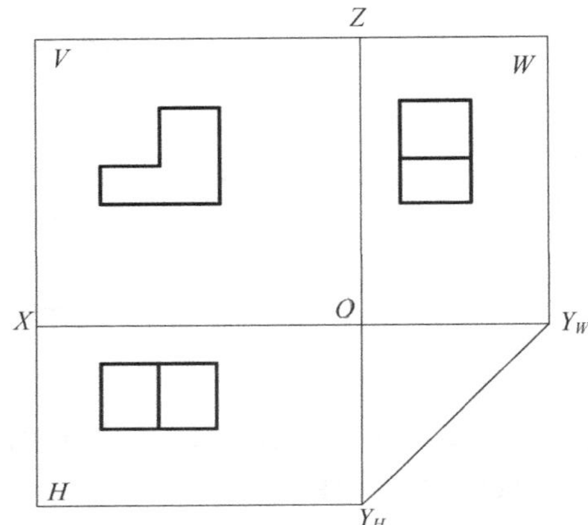

图2-5 多面投影图

2. 轴测投影图

如图2-6所示,将物体连同其直角坐标系,沿不平行于任一坐标平面的方向,用平行投影法将其投射在单一投影面上所得到的图形称为轴测投影。

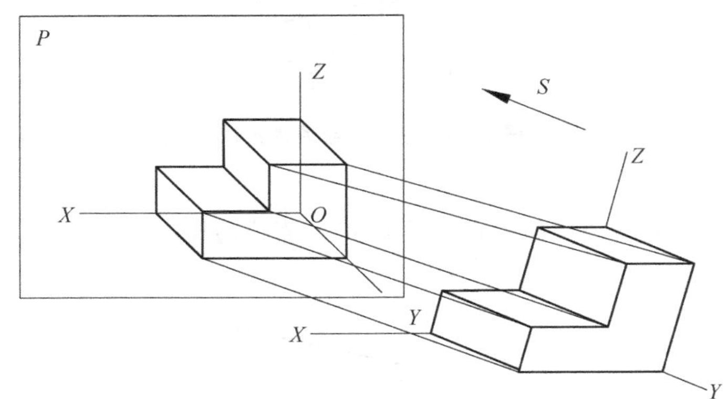

图2-6 轴测投影图

轴测投影的优点是直观性较好,容易看懂;缺点是作图较复杂,且度量性差。所以,在某些工程图样和书籍中常作为辅助图样使用。

3. 标高投影图

如图 2-7 所示，在物体的水平投影上，加注某些特征面、线以及控制点的高程数值和比例的单面正投影称为标高投影。

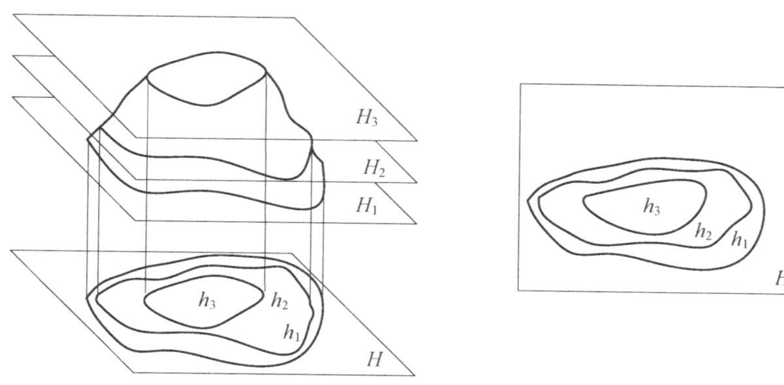

图 2-7　标高投影图

标高投影常用来表示不规则曲面，如船体、飞行器、汽车曲面以及地形等。

4. 透视投影

用中心投影法将物体投射在单一投影面上所得到的图形称为透视投影，即透视图。图 2-8 所示为一物体的透视图。透视图与照相机成像原理相似，较接近视觉映像，所以透视图的直观性较强。但是，由于透视图度量性差，且作图原理复杂、作图过程烦琐，所以透视图只用于绘画和建筑设计等。

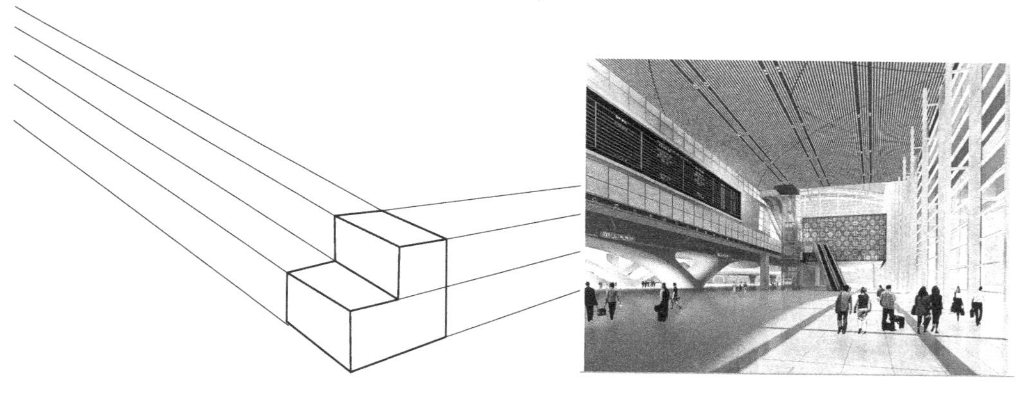

图 2-8　透视图

2.2　点的投影

点是最基本的几何元素，本节说明点的正投影的基本原理和作图方法。

2.2.1　两面投影体系中点的投影

如图 2-9 所示，过空间点 A 向水平投影面作垂线，其垂足即为空间点 A 的投影 a。

从图上可知，空间一点在一个投影面上有唯一的一个正投影；反之，一个点的投影，不能确

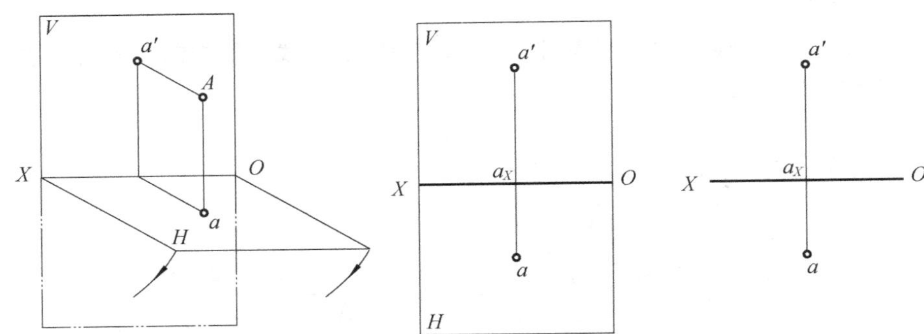

图 2-9　两面投影体系

定空间点的位置。要能够准确地确定空间点的位置,需要两个或两个以上的投影面。

1. 两投影体系的建立及有关术语和规定

如图 2-9 所示,点的两个投影面能唯一地确定空间点的位置,首先建立两个互相垂直的投影面。

2. 术　语

水平投影面:水平放置的投影面,用 H 表示,简称 H 面。

正立投影面:与水平面垂直的正对观察者的投影面,用 V 表示,简称 V 面。

投影轴:两投影面的交线,用 OX 表示。

空间点用大写的字母表示(如:A、B、C),水平投影用相应的小写字母表示(如:a、b、c),正面投影用相应的小写字母加一撇表示(如:a'、b'、c')。

3. 点的两面投影的形成及投影图的画法

过空间点 A 分别向 H、V 面作垂线,其垂足即为 A 点的 H、V 面的投影,标记为:A(空间点),a(H 面投影),a'(V 面投影)。投影图的画法如图 2-9 所示,为了使 a、a'能画在同一个平面上,对空间的投影面必须进行旋转,规定:让 V 面保持不动,H 面绕 OX 轴向下旋转 90°使之与 V 面重合。为了画图简便,把投影面看成是任意大的,去掉投影面的边框,只保留投影轴,即得投影图。

4. 投影规律

通过分析模型,由初等几何知识可知:

① 一点的两个投影的连线垂直于投影轴($a\,a' \perp OX$ 轴);

② $X=Oa_X=a'a_Z$ 空间点 A 到 W 面的距离;(W 面在下面即将讲到)

$Y=a_X a=Oa_Y$=空间点 A 到 V 面的距离;

$Z=a_Z a'=Oa_Z$=空间点 A 到 H 面的距离。

从投影规律可知:根据空间一点可以确定点的两面投影,反之,点的两面投影可以确定空间点的位置。

2.2.2　三面投影体系中点的投影

虽然一个点的空间位置由两个投影可以确定下来,但对于较复杂的空间立体,有时仅有两个投影面是不能确定的,故需建立三面投影体系。

如图 2-10 所示,建立一个与 H 面和 V 面同时垂直且放置在右边的平面,即侧立投影面,

简称 W 面。3 个相互垂直的投影面 V、H 和 W 构成三投影面体系，正立放置的 V 面称正立投影面，水平放置的 H 面称水平投影面，侧立放置的 W 面称侧立投影面。投影面的交线称投影轴，即 OX、OY、OZ，三投影轴的交点 O 称为投影原点。

三投影面体系将空间分为 8 个区域，分别称第一分角、第二分角……，国家标准"图样画法"(GB/T 17451—1998)规定，技术图样优先采用第一角画法。所以这里主要讨论物体在第一分角的投影。

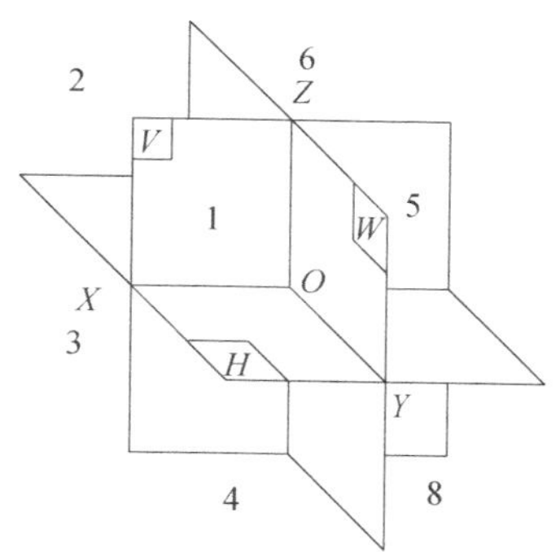

图 2-10　三投影面体系

1. 三投影面的关系

投影面：$H \perp V \perp W$。

投影轴：

OX 轴——表示物体的长度方向、左右方向，左为正；

OY 轴——表示物体的宽度方向、前后方向，前为正；

OZ 轴——表示物体的高度方向、上下方向，上为正。

2. 投影面的转换

如图 2-11 和图 2-12 所示，为了把物体的三面投影画在同一平面内，规定 V 面保持不动，H 面绕 OX 轴向下旋转 90°与 V 面重合，W 面绕 OZ 轴向后旋转 90°与 V 面重合。这样，V—H—W 就展开、摊平在一个平面上，得物体的三面投影，其中 OY 轴随 H 面旋转时以 OY_H 表示；随 W 面旋转时以 OY_W 表示。在投影图上一般不画出投影面的边界。

3. 点的三面投影的形成及其投影规律

(1) 形　成

如图 2-12 所示，过空间点 A 分别向 H、V、W 面作垂线，其垂足即为 A 点的三面投影，分别记为：a、a'、a''。将其投影的连线称为连系线，将连系线与投影轴的交点分别记为：a_X、a_Y、a_Z。

(2) 投影规律

点在三投影面体系中的投影规律为：

① 点的正面投影和水平投影的连线垂直于 OX 轴，即 $a'a \perp OX$；

② 点的正面投影和侧面投影的连线垂直于 OZ 轴，即 $a'a'' \perp OZ$；

③ 点的水平投影到 OX 轴的距离和点的侧面投影到 OZ 轴的距离都等于该点到 V 面的距离，即 $aa_X = a''a_Z = Aa'$。

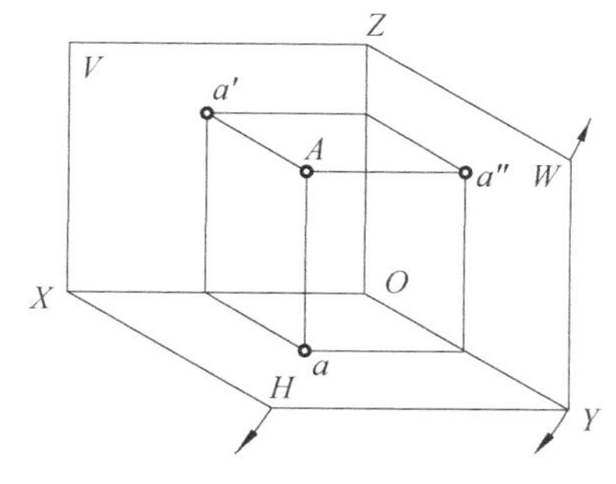

图 2-11　点的三面投影

如果把三投影面体系看作笛卡儿直角坐标系，则 H、V、W 面为坐标面，OX、OY、OZ 轴为坐标轴，O 为坐标原点，则点 A 到三个投影面的距离可以用直角坐标表示：

点 A 到 W 面的距离 Aa'' = 点 A 的 X 坐标值 X_A，且 $Aa'' = aa_Y = a'a_Z = a_XO$；

点 A 到 V 面的距离 Aa' = 点 A 的 Y 坐标值 Y_A，且 $Aa' = aa_X = a''a_Z = a_YO$；

点 A 到 H 面的距离 Aa = 点 A 的 Z 坐标值 Z_A，且 $Aa = a'a_X = a''a_Y = a_ZO$。

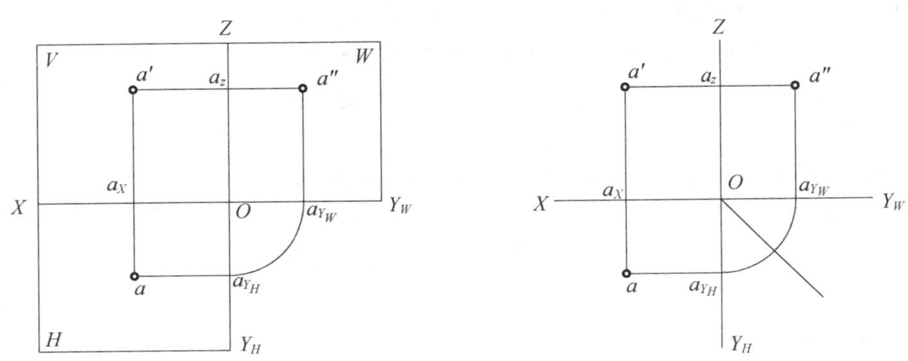

图 2-12 点的三面投影图及转换

点 A 的位置可由其坐标(X_A、Y_A、Z_A)唯一地确定。因此,已知一点的 3 个坐标,就可作出该点的三面投影。反之,已知一点的两面投影,也就等于已知该点的 3 个坐标,即可利用点的投影规律求出该点的第三面投影。

2.2.3 两点间的相对位置及重影点

1. 两点相对位置的确定

如图 2-13 所示,两点的相对位置如下:左右关系由 X 坐标确定,$X_B>X_A$ 表示点 B 在点 A 的左方;前后关系由 Y 坐标确定,$Y_B>Y_A$ 表示点 B 在点 A 的前方;上下关系由 Z 坐标确定,$Z_B>Z_A$ 表示点 B 在点 A 的上方。

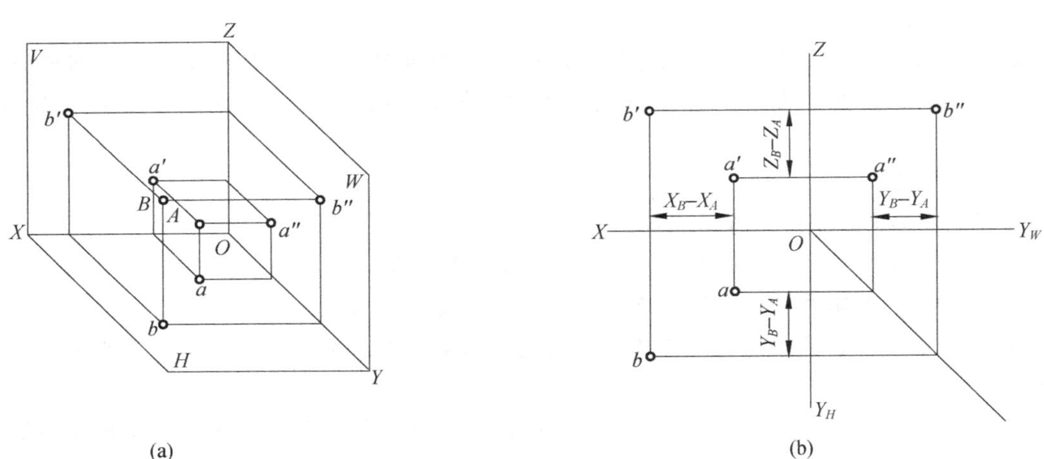

图 2-13 两点的相对位置

2. 重影点及其可见性判定

如图 2-14 所示,点 B 在点 A 的正前方($Y_B>Y_A$),两点无左右坐标差($X_A=X_B$),无上下坐标差($Z_A=Z_B$),这两点的正面投影重合,点 A 和点 B 称为对正面投影的重影点。同理,若一点在另一点的正上方或正下方,则是对水平面投影的重影点;若一点在另一点的正左方或正右方,则是对侧面投影的重影点。

第一角投影是将物体置于观察者和投影面之间,假想以垂直于投影面平行视线(投影线)

进行投影所得。因此，对正面、水平面、侧面重影点的可见性分别是：前遮后、上遮下、左遮右。例如图 2－14 中，较前的一点 B 的投影 b' 可见，而较后的一点 A 的投影 a' 被遮而不可见。一般在不可见投影的符号上加圆括号，如图 2－14(b)所示。

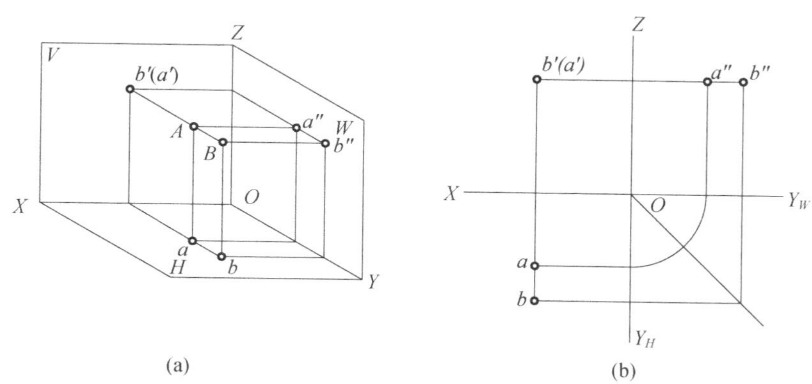

图 2－14　重影点及其可见性判定

【例 2－1】　如图 2－15 所示，已知 A 点的两个投影 a' 和 a，求作其第 3 个投影 a''。

解　根据点的投影规律，作图步骤如下：

① 根据投影规律，$a'a'' \perp OZ$，故 a'' 一定在过 a' 而且垂直于 OZ 轴的直线上。

② 由于 a'' 到 OZ 轴的距离等于 a 到 OX 轴的距离，所以量取 $a''a_Z = aa_X$（如图 2－15 所示，可通过作 45°斜线或画圆弧得到），即得到 A 点的侧面投影 a''。

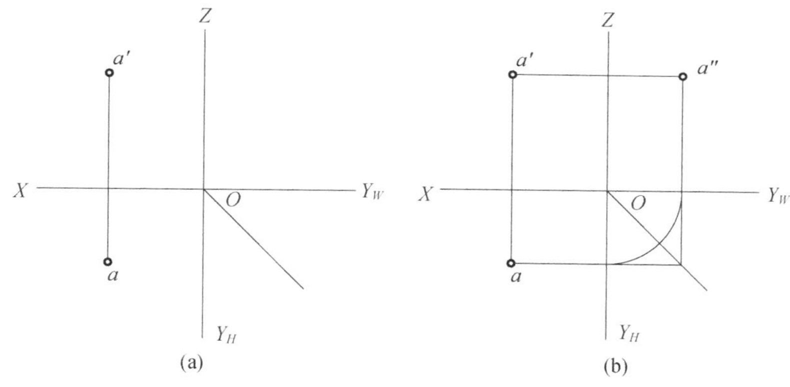

图 2－15　根据点的两个投影求作第 3 个投影

【例 2－2】　如图 2－16 所示，已知点 A 的三面投影和点 B(20，17，15)的坐标，作点 B 的三面投影，并比较 A、B 两点的空间位置。

解　根据已知坐标，先作出 B 点的正面投影和水平投影，再根据投影关系求侧面投影。作图步骤如下：

① 如图 2－16(a)所示，在 OX 轴上量取 $X=20$，得到 b_X。

② 如图 2－16(b)所示，过 b_X 作 OX 轴的垂线，在垂线上从 b_X 向下量取 $Y=17$，得到水平投影 b；在垂线上从 b_X 向上量取 $Z=15$，得到正面投影 b'。

③ 如图 2－16(c)所示，由 b 和 b' 求出 b''。

如图2-16(c)所示,以A点为基准,根据投影图可以直接看出B点在A点的左方、前方、上方。比较A、B两点的坐标值,可知B点在A点的左方10、前方9、上方8。

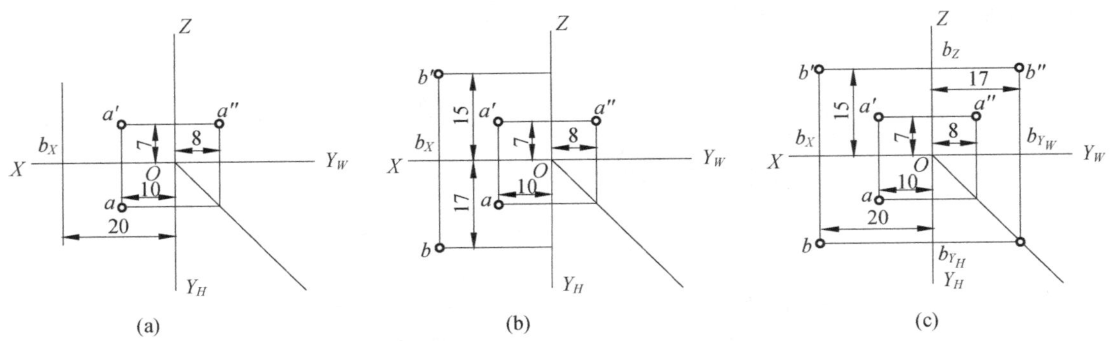

图2-16　根据点的投影求坐标和根据点的坐标求投影

2.3　直线的投影

2.3.1　直线的三面投影

不重合的两个点可以确定一条空间直线。直线的投影一般仍为直线,特殊情况下积聚为一点。直线的方向可用直线对三个投影面H、V、W面的倾角α、β、γ表示,如图2-17所示。

直线的三面投影可以由直线上的两个点的同面投影来确定。如图2-17所示,线段的两个端点A、B的三面投影分别连接两点的同面投影,得到的$a\,b$、$a'b'$、$a''b''$就是直线AB的三面投影。在实际的物体的投影分析中,直线的投影转化为直线段,直线段的三面投影取决于它的两个端点。

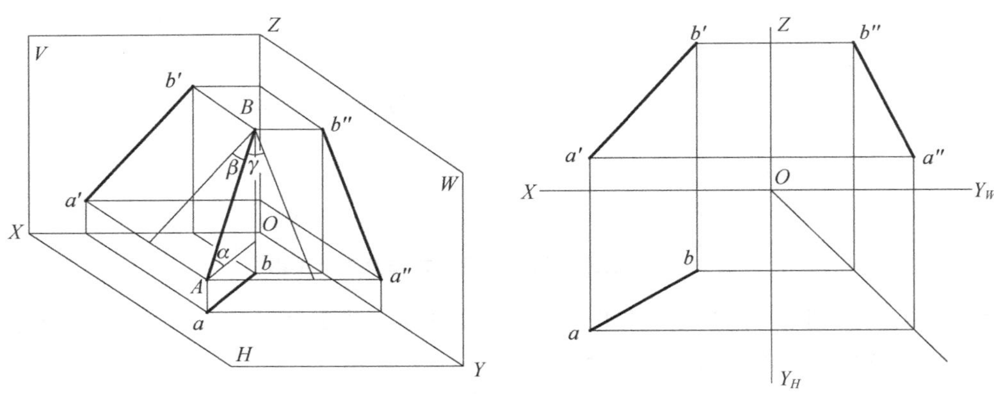

图2-17　直线的三面投影

2.3.2　直线相对于投影面的位置

直线根据其对投影面的位置不同,可以分为三类:投影面的平行线、投影面的垂直线、一般位置直线。其中,前两类直线统称为特殊位置直线。

1. 投影面的平行线

平行于某一投影面且与其余两投影面都倾斜的直线。在三投影体系中，有三条投影面平行线，分别为：

水平线：平行于 H 面，与 V，W 面倾斜的直线；

正平线：平行于 V 面，与 H，W 面倾斜的直线；

侧平线：平行于 W 面，与 V，H 面倾斜的直线。

以表 2-1 中的水平线 AB 为例，投影特性如下：

① 水平投影 ab 反映直线 AB 的实长，即 $ab=AB$；

② 水平投影 ab 与 OX 轴的夹角反映直线 AB 对 V 面的倾角 β，与 OY_H 轴的夹角反映直线 AB 对 W 面的倾角 γ；

③ 正面投影 $a'b'$ 平行于 OX 轴，侧面投影 $a''b''$ 平行于 OY_W 轴。

同样，正平线和侧平线也有类似的投影特性，见表 2-1。

现在，可归纳出投影面平行线的投影特性：

① 直线在平行于该投影面上的投影反映实形，且同时反映直线与其余两投影面的倾角的大小；

② 其余两投影平行于相应的投影轴。

表 2-1　投影面的平行线

名　称	轴测图	投影图	投影特性
水平线	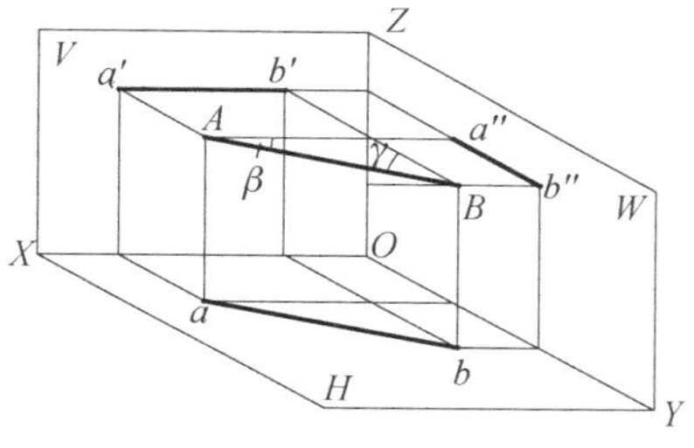	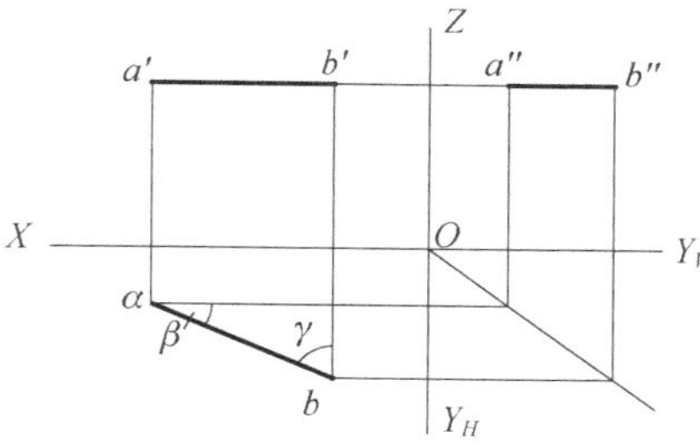	① $a'b'//OX$，$a''b''//OY_W$； ② $ab=AB$； ③ 反映 β、γ 角
正平线	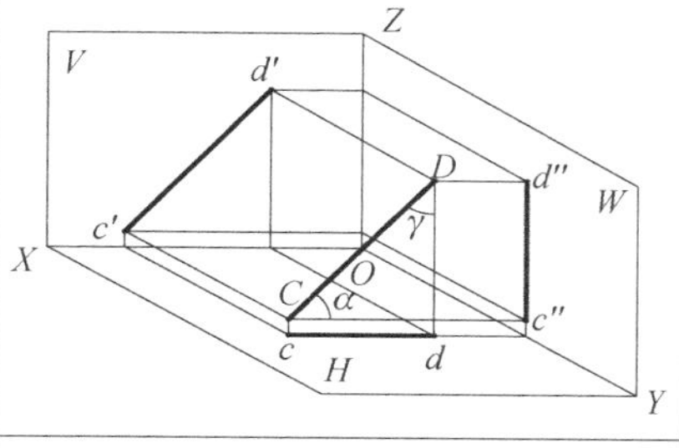	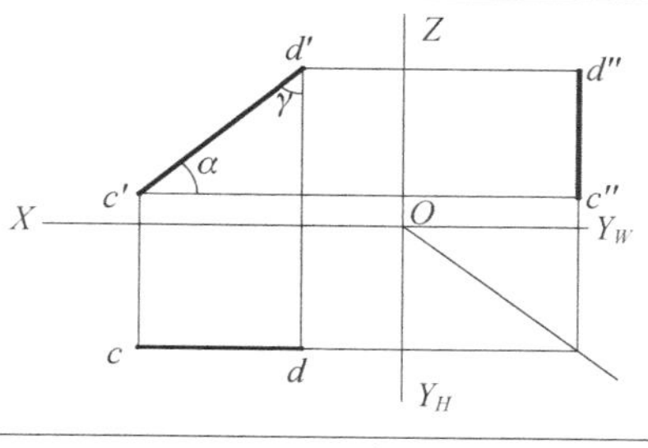	① $cd//OX$，$c''d''//OZ$； ② $c'd'//CD$； ③ 反映 α、γ 角
侧平线	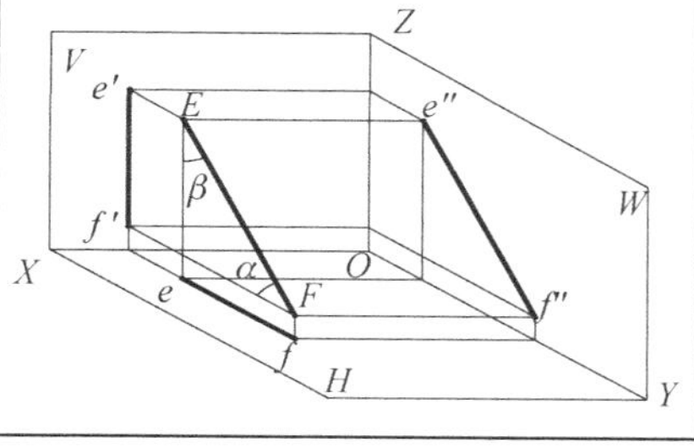	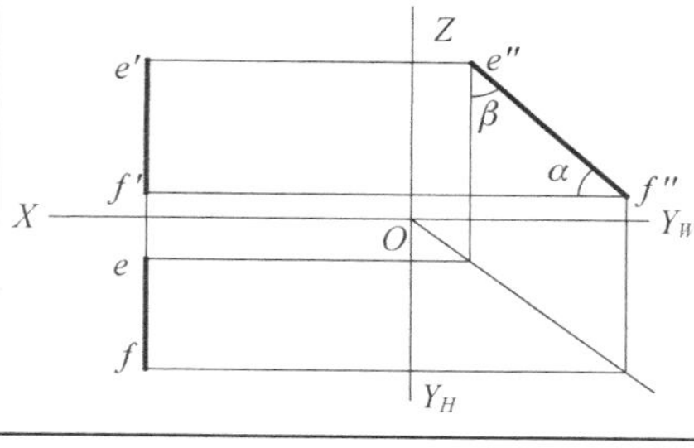	① $ef//OY_H$，$e'f'//OZ$； ② $e''f''=EF$； ③ 反映 α、β 角

2. 投影面的垂直线

垂直于某一投影面的直线。在三投影体系中,有三条投影面垂直线:

铅垂线:垂直于 H 面的直线;

正垂线:垂直于 V 面的直线;

侧垂线:垂直于 W 面的直线。

以表 2-2 中的铅垂线 AB 为例,投影特性如下:

① 水平投影 ab 积聚为一点;

② 正面投影 $a'b'$ 垂直于 OX 轴,侧面投影 $a''b''$ 垂直于 OY_W 轴;

③ 正面投影 $a'b'$ 和侧面投影 $a''b''$ 均反映实长,即 $a'b'=a''b''=AB$。

同样,正垂线和侧垂线也有类似的投影特性,见表 2-2。

现在,可归纳出投影面垂直线的投影特性如下:

① 投影面垂直线在所垂直的投影面上的投影积聚为一点;

② 投影面垂直线的另外两面投影分别垂直于该直线垂直的投影面所包含的两个投影轴,且均反映此直线的实长。

表 2-2　投影面的垂直线

名　称	轴测图	投影图	投影特性
铅垂线	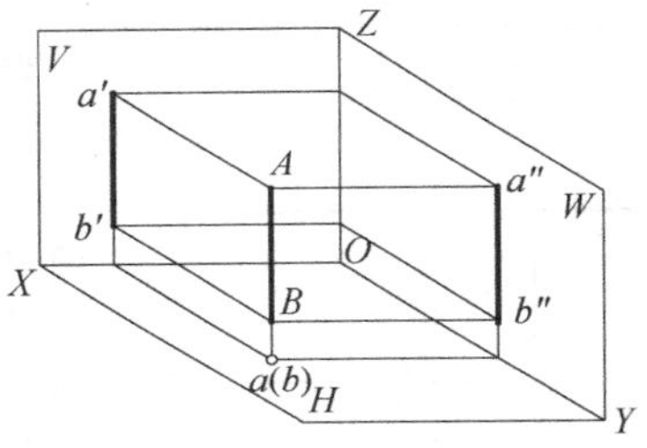	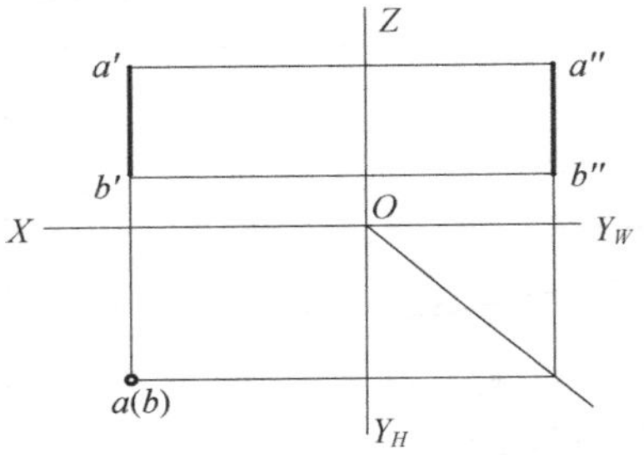	① ab 积聚为一点; ② $a'b' \perp OX$, $a''b'' \perp OY_W$; ③ $a'b'=a''b''=AB$
正垂线	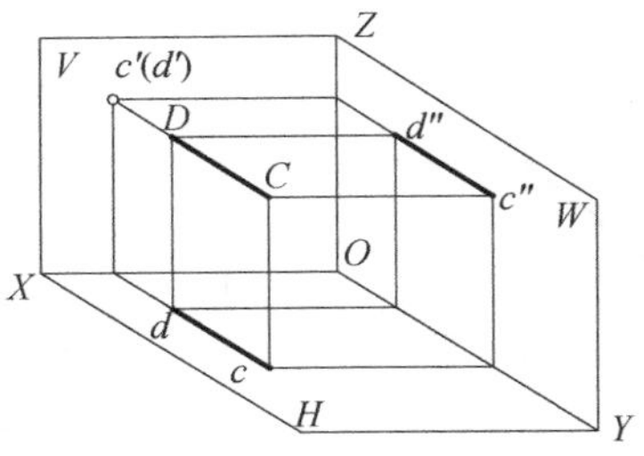	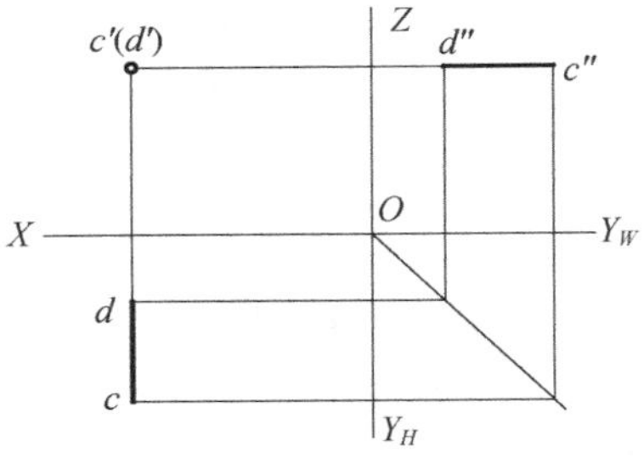	① $c'd'$ 积聚为一点; ② $cd \perp OX$, $c''d'' \perp OZ$; ③ $cd=c''d''=CD$
侧垂线	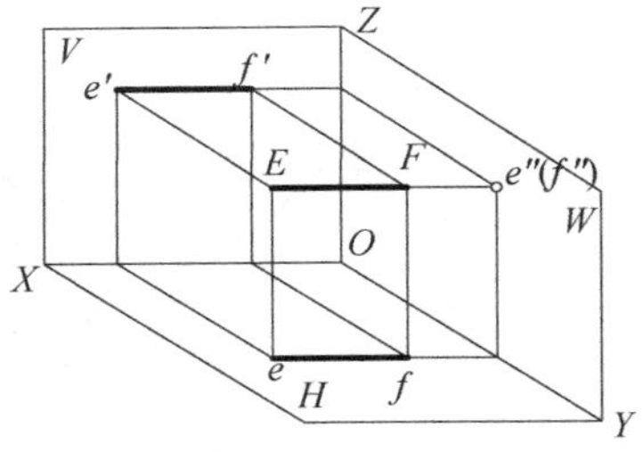	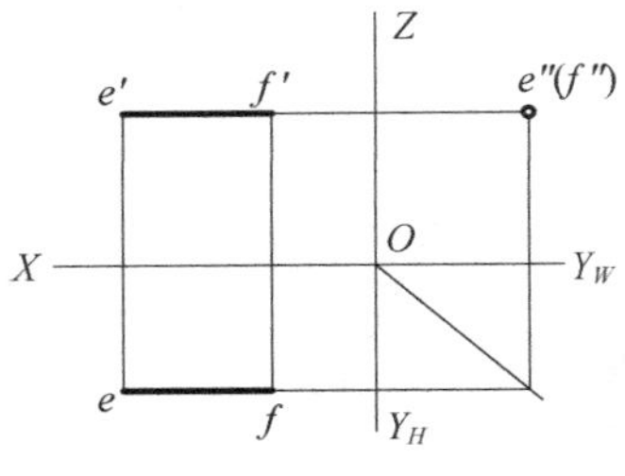	① $e''f''$ 积聚为一点; ② $ef \perp OY_H$, $e'f' \perp OZ$; ③ $ef=e'f'=EF$

3. 一般位置直线

如图 2－17 所示，与三投影面均倾斜的直线，称为一般位置直线。

(1) 投影特性

一般位置直线的三面投影均小于直线的实长，成为缩小的类似形，并且也不反映直线与三投影面的夹角 α、β、γ 的大小。

(2) 求直线的实长和夹角的大小

下面介绍一种工程上常用的一种方法：直角三角形法。

通过对空间模型的分析，可以得出 3 个直角三角形，组成直角三角形的三边分别是：直线的一个投影、坐标差和直线的实长。

直角三角形法即以一投影为直角边，以垂直于该投影面的坐标差为另一直角边，这样组成的直角三角形，其斜边就是实长，与坐标差对应的夹角，即是直线与该投影面之间的倾角。

根据直角三角形中的 4 个参数，已知两个就可以求出另外两个，如图 2－18 所示。

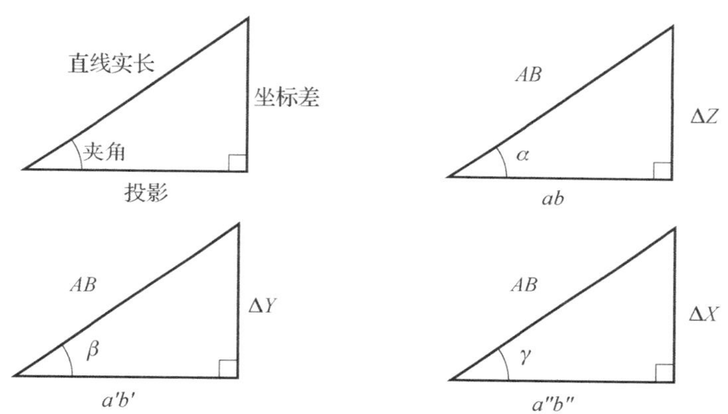

图 2－18　直角三角形法求直线的实长和倾角示意图

【例 2－3】 用直角三角形法求直线的实长和倾角 α。

解　方法一

① 以水平投影 ab 为一条直角边，过 b 作 $bB_0 \perp ab$，取 bB_0 等于 $Z_B - Z_A$。

② 连接 aB_0，得到直角$\triangle abB_0$。其中斜边 aB_0 为 AB 的实长，斜边 aB_0 与 ab 的夹角即为 AB 对 H 面的倾角 α。

方法二

① 在 V 面投影中，过 a' 作 OX 轴的平行线，与 bb' 交于 b'_0，延长 $a'b'_0$，使 $b'_0A_0 = ab$。

② 连接 $b'A_0$，得到直角$\triangle b'b'_0A_0$。其中，斜边 $b'A_0$ 为 AB 的实长，Z 坐标差 $b'b'_0$ 所对的锐角即为 AB 对 H 面的倾角 α，如图 2－19(b)所示。

如图 2－20 所示，若求直线 AB 对 V 面的倾角 β，应以 $a'b'$ 和 $Y_A - Y_B$ 为直角边作直角三角形，斜边与 $a'b'$ 的夹角即为 β 角。

而若求直线 AB 对 W 面的倾角 γ，应以 $a''b''$ 和 $X_A - X_B$ 为直角边作直角三角形，斜边与 $a''b''$ 的夹角即为 γ 角。

【例 2－4】 如图 2－21 所示，已知直线 AB 的正面投影 $a'b'$ 及 A 点的水平投影 a，$AB = L$，求 AB 的水平投影。

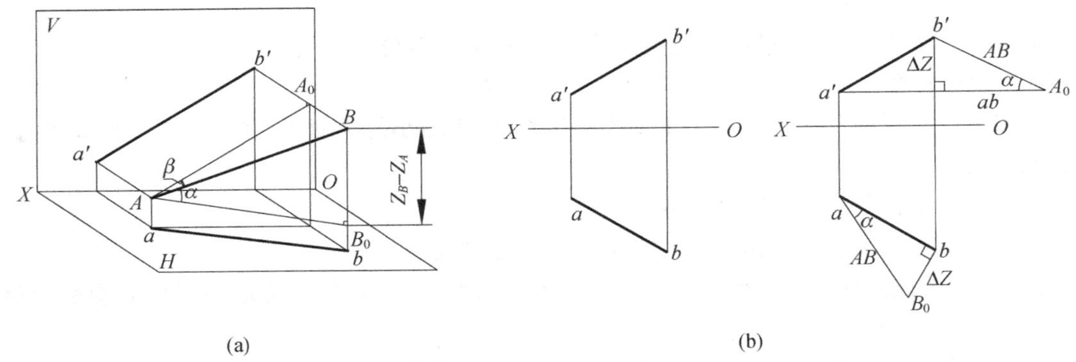

图 2-19　用直角三角形法求直线的实长和倾角 α

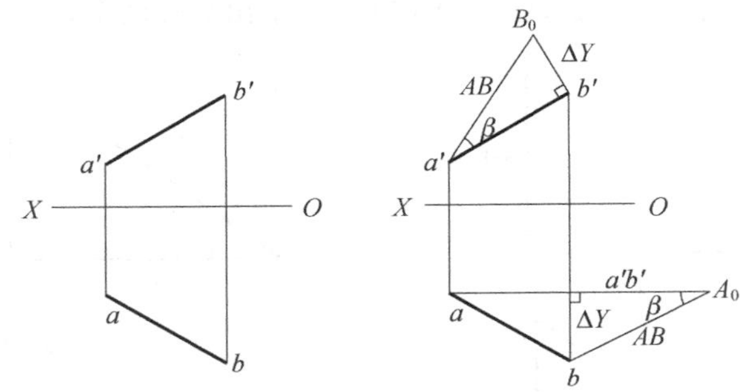

图 2-20　用直角三角形法求直线的实长和倾角 β

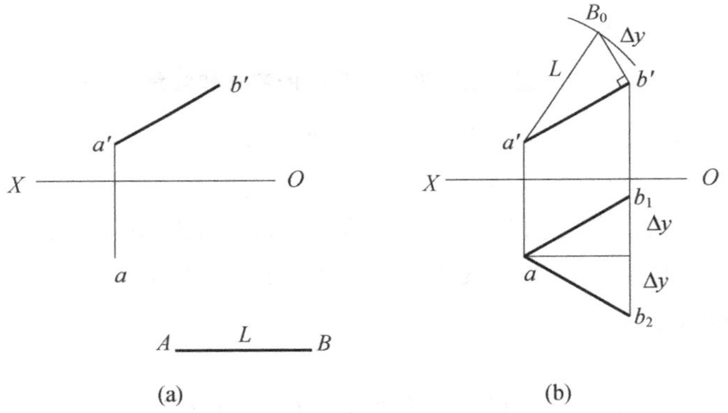

图 2-21　由直线的实长求其投影

解　在 V 面内，以直线 AB 的正面投影为直角边、直线的实长为斜边作一个直角三角形，该直角三角形的另一条直角边即为 AB 的 Y 坐标差，进而求出 ab。

① 过 b' 作 $a'b'$ 的垂线 $b'B_0$，以 a' 为圆心、L 为半径在 $b'B_0$ 上截取 B_0 点，$b'B_0=|Y_A-Y_B|$；

② 过 a 作 OX 轴的平行线 ab_0，过 b' 作 OX 轴的垂线，与 ab_0 交于 b_0 点；

③ 在 $b'b_0$ 上截取 $b_0b_1=b_0b_2=b'B_0$，得到 b_1、b_2 两点；

④ 连接 ab_1、ab_2，即为 AB 的水平投影，本题有两解。

【例 2-5】　如图 2-22 所示，已知直线 AB 对 H 面的倾角 $\alpha=30°$，AB 的水平投影 ab 及

点 A 的正面投影 a'，求 AB 的正面投影和实长。

解　在 H 面内，以直线 AB 的水平投影为直角边，以 α 为锐角构造一个直角三角形，该直角三角形的另一条直角边即为 AB 的 Z 坐标差，进而求出 $a'b'$ 和实长 AB。

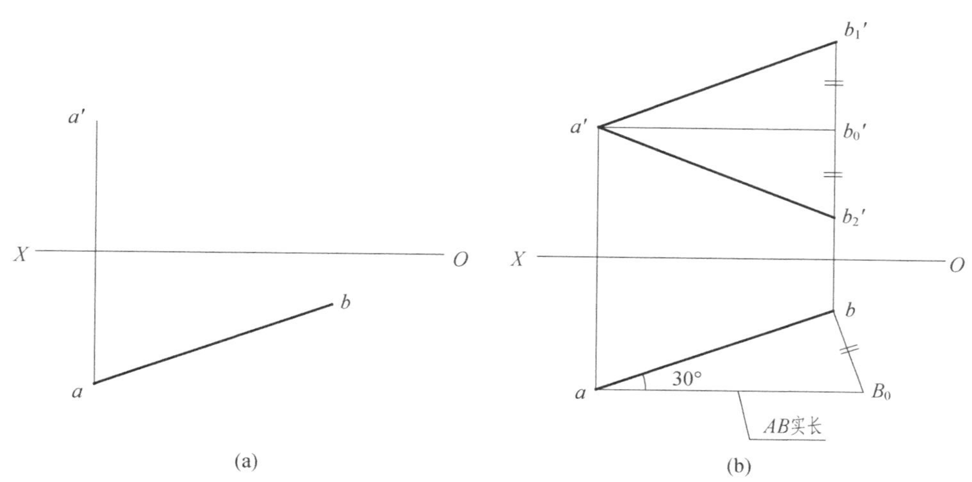

图 2－22　由直线的倾角求其投影和实长

作图步骤如图 2－22(b)所示：

① 过 b 作 ab 的垂线 bB_0，过 a 作$\angle baB_0=30°$，得到直角$\triangle abB_0$，其中 $bB_0=|Z_B-Z_A|$，$aB_0=AB$ 实长；

② 过 a'作 OX 轴的平行线 $a'b'_0$，过 b 作 OX 轴的垂线，与 $a'b'_0$交于 b'_0点；

③ 在 bb'_0 上截取 $b'_0b'_1=b'_0b'_2=bB_0$，得到 b'_1、b'_2两点；

④ 连接 $a'b'_1$、$a'b'_2$，即为 AB 的正面投影，本题有两解。

2.3.3　直线的迹点

1. 定　义

直线与投影面的交点，称为该直线的迹点。在三投影体系中，一般位置直线有 3 个迹点，如图 2－23 所示。

水平迹点：直线与 H 面的交点，常以 M 标记；

正面迹点：直线与 V 面的交点，常以 N 标记；

侧面迹点：直线与 W 面的交点，常以 S 标记。

2. 特　性

迹点既是直线上的点，又是投影面上的点；它的投影一个在投影面上与它本身重合，另外两个投影在相应的投影轴上。

【例 2－6】　已知直线 AB 的两面投影，求作直线 H、V 面的迹点 M、N。

解　作图步骤如图 2－24 所示：

① 延长直线 ab 与 OX 轴相交，得到正面迹点 N 的水平投影 n 点；

② 过 n 作 OX 轴的垂线，延长 $a'b'$ 与垂线相交，得到迹点 N 和 n'；

③ 同理，延长 $a'b'$ 与 OX 轴相交，得到水平迹点 M 的正面投影 m'；

④ 过m'作OX轴的垂线,延长ab与垂线相交,得到迹点M和m。

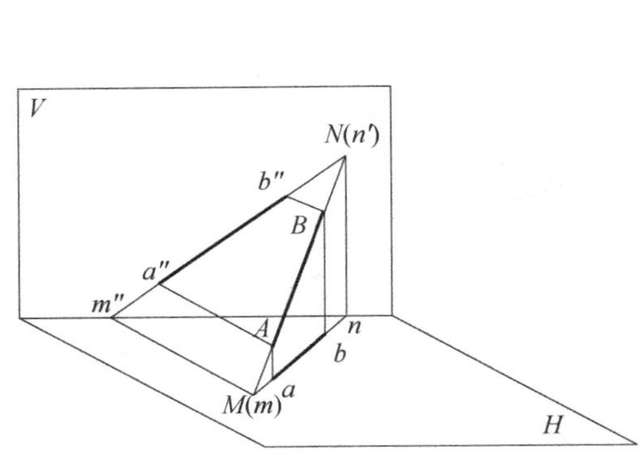

图2-23 直线的迹点

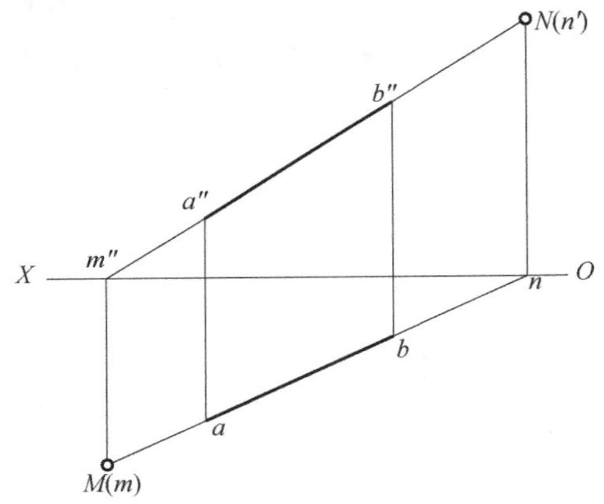

图2-24 求作AB直线的迹点M、N

2.4 点与直线、直线与直线的相对位置

2.4.1 点与直线的相对位置

点属于直线,则点的各投影必属于该直线的同面投影(从属性),且点分直线长度之比等于其投影长度之比(定比性)。如图2-25所示,点K属于直线AB,则点K的水平投影k属于直线AB的水平投影ab,点K的正面投影k'属于直线AB的正面投影$a'b'$,且$AK:KB=ak:kb=a'k':k'b'$。

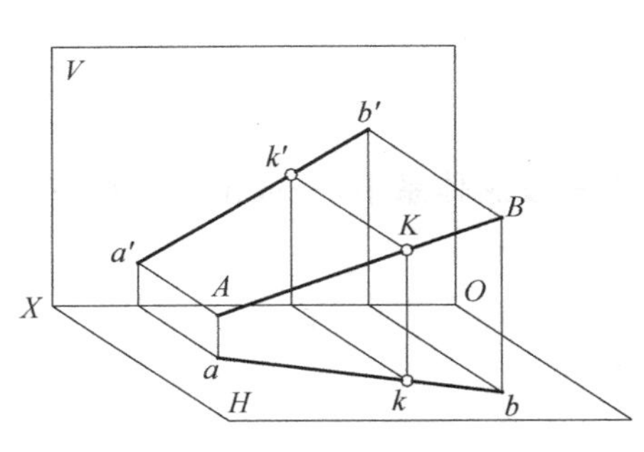

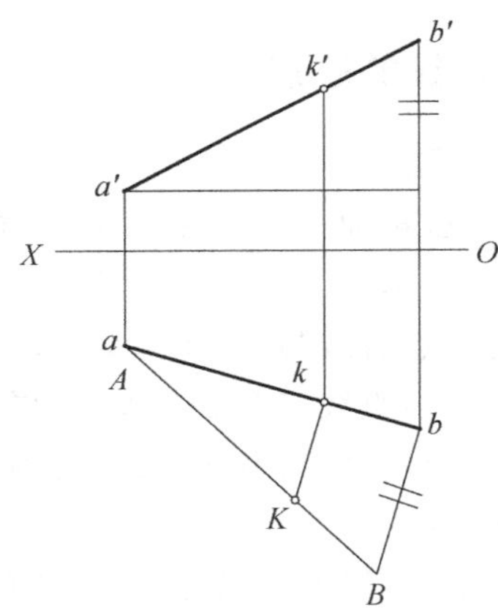

图2-25 点属于直线

反之,若点的各投影分别属于直线的同面投影,且分直线的各投影长度之比相等,则该点必属于该直线。

【例2-7】 如图2-26所示,已知直线AB的两面投影ab和$a'b'$,在该线上求点K,使$AK:KB=1:2$。

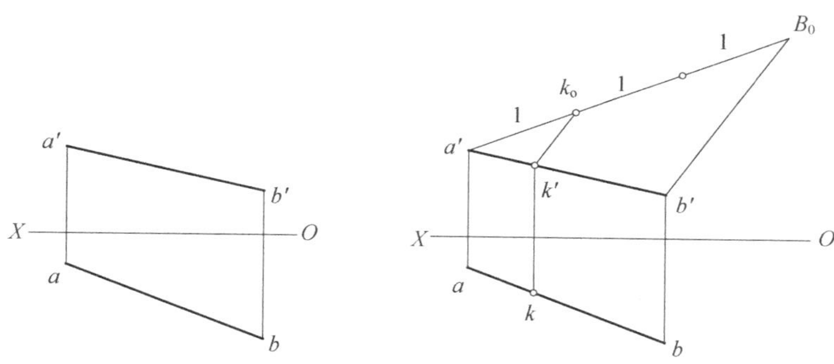

图 2 - 26　求点 K 的投影

分　析　点 K 在直线 AB 上，则有 $AK : KB = a'k' : k'b' = ak : kb = 1 : 2$。可以用平面几何的作图方法将 AB 的任一已知投影等分后确定点 K 的同面投影，进而求出点 K 的其他投影。

作图步骤如图 2 - 26 所示：

① 过 a' 作任意一条直线 $a'B_0$。以任意长度为单位长度，在该线上截取三等分，确定 K_0，使 $a'K_0 : K_0B_0 = 1 : 2$。连线段 $b'B_0$。再过 K_0 作 $K_0k' /\!/ B_0b'$，交 $a'b'$ 于 k'。

② 过 k' 作 OX 轴的垂线交 ab 于 k。点 K 即为所求。

【例 2 - 8】　如图 2 - 27 所示，已知侧平线 AB 的水平投影和正面投影，以及属于 AB 的点 K 的正面投影 k'，求点 K 的水平投影 k。

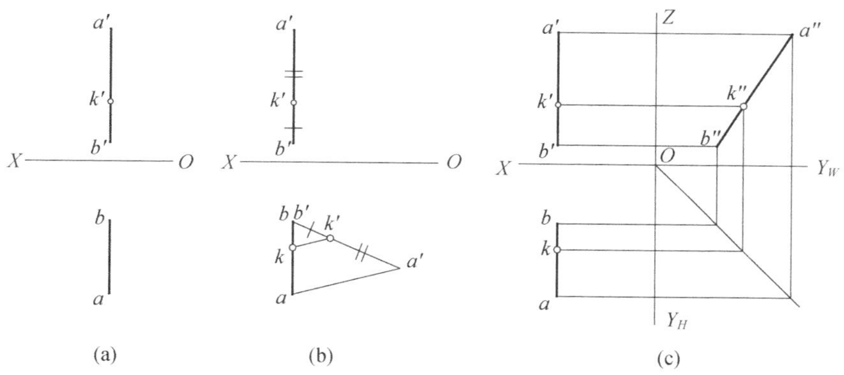

图 2 - 27　求侧平线上点 K 的水平投影

分　析　可以利用定比性，在水平投影中作出 $ak : kb = a'k' : k'b'$，进而求出 k。

作图步骤如图 2 - 27(b)所示：

① 过点 a 画任意一条直线 aB_0，截取 $aK_0 = a'k'$、$K_0B_0 = k'b'$。

② 连接 B_0b，过点 K_0 作 $K_0k /\!/ B_0b$，交 ab 于 k。k 即为所求。

另一种作法：如图 2 - 27(c)所示，先作出侧面投影 $a''b''$，再根据点属于直线的投影规律在 $a''b''$ 上由 k' 求得 k''，最后在 ab 上由 k'' 求出 k。

2.4.2 直线与直线的相对位置

空间两直线的位置关系分为平行、相交及交叉3种情况。

1. 平行两直线的投影

空间互相平行的两条直线,它们的同面投影也互相平行。如图2-28所示,$AB // CD$ 则 $ab // cd$、$a'b' // c'd'$、$a''b'' // c''d''$。反之若两条直线的各组同面投影都平行,则可判断它们在空间一定互相平行。

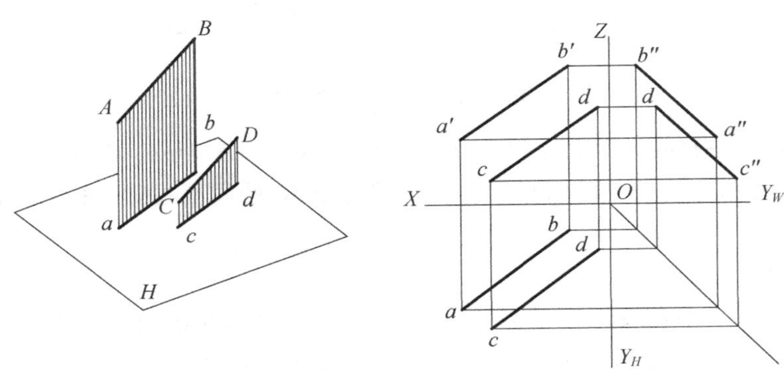

图2-28 平行两条直线的投影

2. 相交两直线的投影

空间相交的两条直线,它们的同面投影也相交,交点为两条直线的共有点,符合直线上点的投影特性和规律。如图2-29所示,直线AB与直线CD相交于点K,则点K是直线AB和直线CD共有的点,根据点属于直线的投影特性,K点的三面投影都分别既属于AB又属于CD的同面投影。

如果两直线的各面投影都相交,并且交点符合点的投影规律,则可判断两条直线在空间上一定相交。

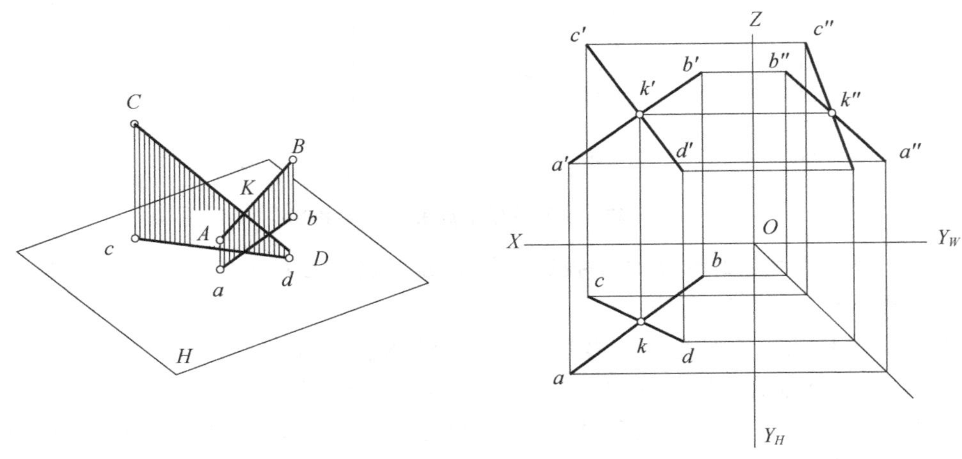

图2-29 相交两条直线的投影

3. 交叉两直线

在空间既不平行也不相交的两条直线,称为交叉两直线(也称异面直线),如图2-30所示

的直线 AB 与 CD 为交叉的两直线。

AB 与 CD 不平行，它们的同面投影也不平行；同样，AB 与 CD 不相交，所以它们的同面投影交点也不会符合点的投影规律。

反之，若两条直线的投影不符合平行或者相交的投影规律，则可推断两条直线为空间相交叉的两直线。

交叉两直线的同面投影的相交点叫作重影点，即空间两点的投影重合。利用重影点的可见性，可以很方便地判断两条直线在空间的位置关系。

如图 2－30(a)所示，$a'b' // c'd'$，但是，ab 不平行于 cd，因此，直线 AB、CD 是交叉直线。图 2－30(b)中，虽然 ab 与 cd 相交，$a'b'$ 与 $c'd'$ 相交，但它们的交点不符合点的投影规律，因此，直线 AB、CD 是交叉直线。ab 与 cd 的交点是直线 AB 和 CD 上的点Ⅰ和Ⅱ对 H 面的重影点，$a'b'$ 与 $c'd'$ 的交点是直线 AB 和 CD 上的点Ⅲ和Ⅳ对 V 面的重影点。

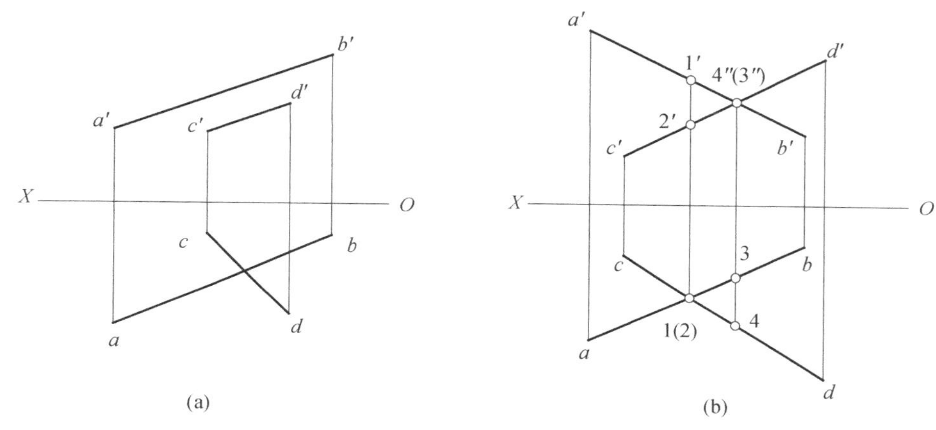

图 2－30　交叉两直线

【例 2－9】　如图 2－31 所示，作直线 KL 与已知直线 AB、CD 相交，且与 EF 平行。

分　析　由图可知，直线 CD 是铅垂线，其水平投影积聚为点 $c(d)$。所求直线 KL 与 CD 相交，交点 L 的水平投影 l 与点 $c(d)$ 重合。又因为 KL 与已知直线 EF 平行，所以，$kl // ef$，且与 ab 交于 k 点。再由点线从属关系和平行直线的投影特性，可以求出 $k'l'$。

作图步骤如图 2－31 所示：

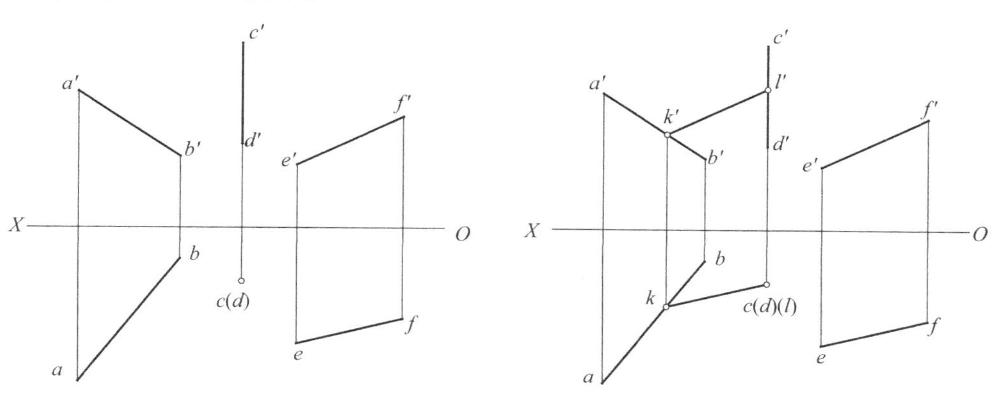

图 2－31　作直线与两直线相交且平行于另一直线

① 在点 $c(d)$ 处标出 (l)，过此点作 $kl/\!/ef$，且与 ab 交于 k 点，kl 为所求直线的水平投影；

② 过 k 作 $kk' \perp OX$，与 $a'b'$ 交于 k'；

③ 过 k' 作 $k'l'/\!/e'f'$，与 $c'd'$ 交于 l'，$k'l'$ 为所求直线的正面投影。

2.5 直角投影定理

定理1 空间互相垂直的(相交或交叉)两直线，如果其中有一条直线平行于某一投影面，则两直线在该投影面的投影仍为直角。

定理2 若两直线在某投影面上的投影互相垂直，且其中一直线平行于该投影面，则两直线在空间必互相垂直。

证明：如图 2-32(a)所示，AB、BC 为相交成直角的两直线，其中 BC 为水平线，AB 为一般位置直线。因为 $BC \perp Bb$，$BC \perp AB$，所以 BC 垂直于平面 $ABba$；又因为 $BC/\!/bc$，所以 bc 也垂直于平面 $ABba$。根据立体几何定理，bc 垂直于平面 $ABba$ 上的所有直线，故 $bc \perp ab$，其投影图如图 2-32(b)所示。

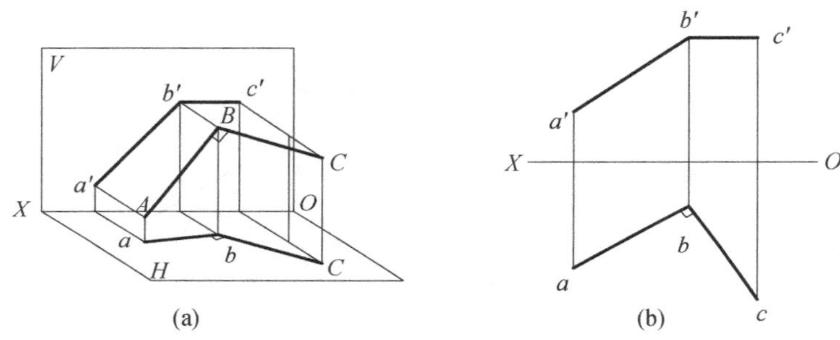

图 2-32 垂直相交两直线的投影

如图 2-32(b)所示，因为 $bc \perp ab$，同时 BC 为水平线，所以空间两直线 $AB \perp BC$。

【例 2-10】 如图 2-33 所示，已知点 A 及水平线 BC 的水平投影和正面投影，求点 A 到水平线 BC 的距离。

分 析 由直线外一点向该直线作垂线，点到垂足的长度即为点到直线的距离。此题应作出点到直线的距离的投影和实长。设点 A 到 BC 的距离为 AK。由于 BC 为水平线，根据直角投影定理，$ak \perp bc$。

作图步骤如图 2-33(b)所示：

① 过 a 作 $ak \perp bc$，垂足为点 k；

② 过 k 作 $kk' \perp OX$，与 $b'c'$ 交于点 k'；

③ 连接 $a'k'$，得到距离的正面投影；

④ 用直角三角形法求 AK 的实长。

交叉两直线的夹角可以用相交两直线的夹角度量。如图 2-34 所示，AB、CD 为交叉两直线，过 B 点作 $BE/\!/CD$，$\angle ABE$ 就是交叉两直线 AB、CD 的夹角。

如图 2-35(a)所示，交叉两直线 AB、CD 互相垂直，其中 AB 为水平线，CD 为一般位置直线。过 AB 的端点 B 作 $BE/\!/CD$，则 $\angle abe=90°$，又因为 $cd/\!/be$，故 $cd \perp ab$，其投影图如图 2-35(b)所示。因为 $cd \perp ab$，同时 AB 为水平线，所以空间两直线 $AB \perp CD$。

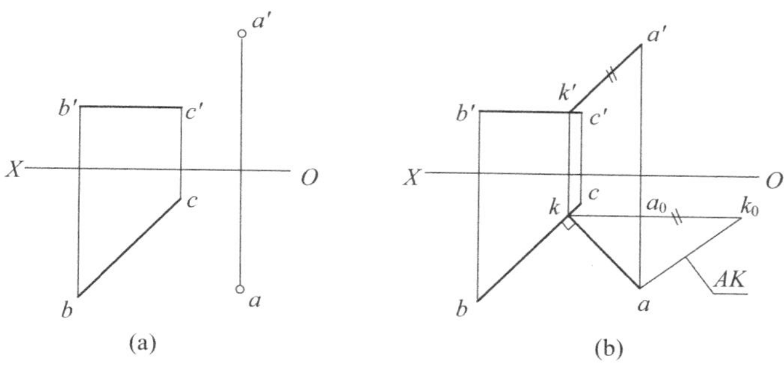

图 2-33　求点 A 到直线 BC 的距离

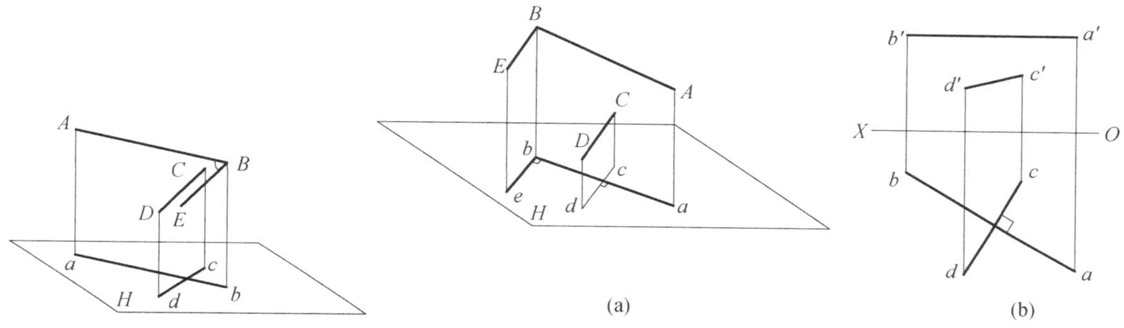

图 2-34　交叉两直线的夹角

图 2-35　垂直交叉两直线的直线

2.6　平面的投影

2.6.1　平面的表示法

在空间平面可以无限延展，几何上常用确定平面的空间几何元素表示平面。如图 2-36 所示，在投影图上，平面的投影可以用下列任何一组几何元素的投影来表示。不在同一直线上的 3 个点；一直线与该直线外的一点；相交两直线；平行两直线；任意平面图形（如三角形，圆等）。

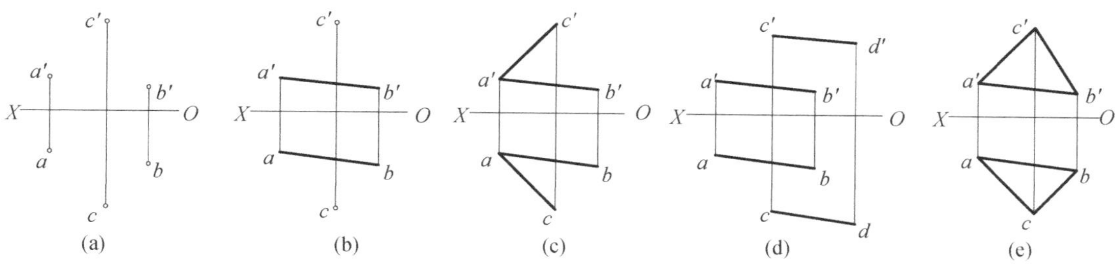

图 2-36　用几何元素的投影表示平面的投影

2.6.2 各种位置平面的投影

平面根据其对投影面的相对位置不同，可以分为 3 类：投影面的垂直面、投影面的平行面、一般位置平面，其中后两类统称为特殊位置平面。

1. 投影面的垂直面

投影面的垂直面是指只垂直于某一投影面，并与另两个投影面都倾斜的平面。在三投影面体系中有 3 个投影面，所以投影面的垂直面有 3 种：

铅垂面——只垂直于 H 面的平面；

正垂面——只垂直于 V 面的平面；

侧垂面——只垂直于 W 面的平面。

在三投影面体系中，投影面的垂直面只垂直于某一个投影面，与另外两个投影面倾斜。这类平面的投影具有积聚的特点，能反映对投影面的倾角，但不反映平面图形的实形。

以表 2-3 中的铅垂面为例，平面 $P(\triangle ABC)$垂直于 H 面，同时倾斜于 V、W 面，其投影特性如下：

① 水平投影积聚为一条直线；

② 正面及侧面投影仍为三角形。

同样，正垂面和侧垂面也有类似的投影特性，见表 2-3。

总之，用平面图形表示的投影面垂直面在所垂直的投影面上的投影积聚为一条直线，该直线与投影轴的夹角反映平面对另两个投影面的倾角，另外两面投影均为类似形。

表 2-3 投影面的垂直面

名 称	轴测图	投影图及其特性
铅垂面	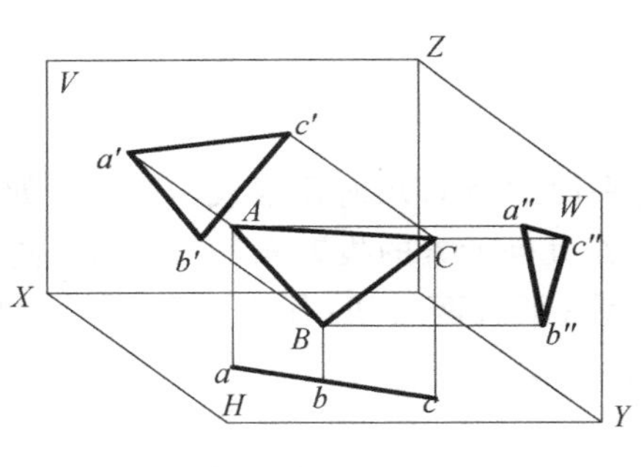	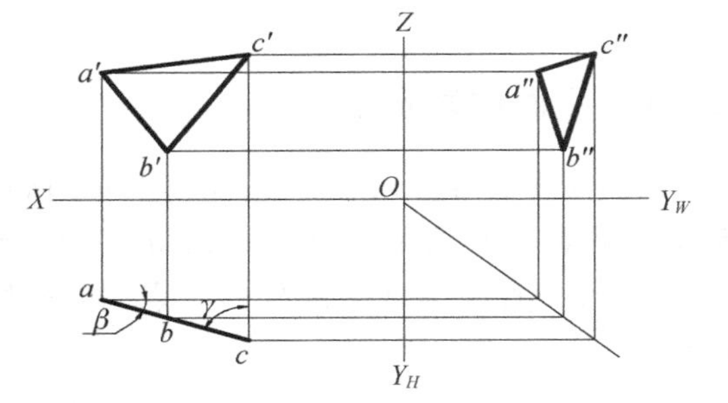 水平投影有积聚性且反映 β、γ
正垂面	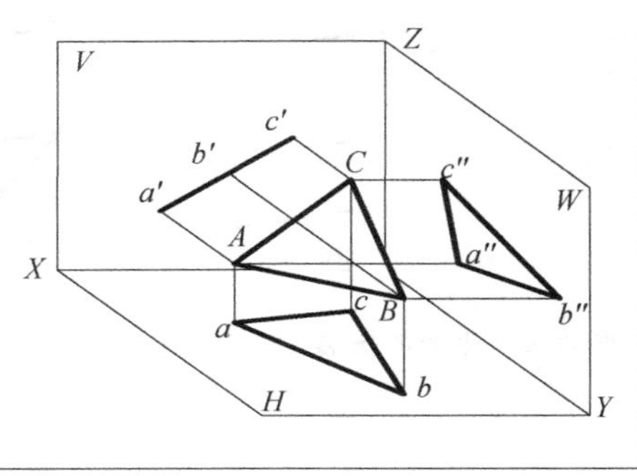	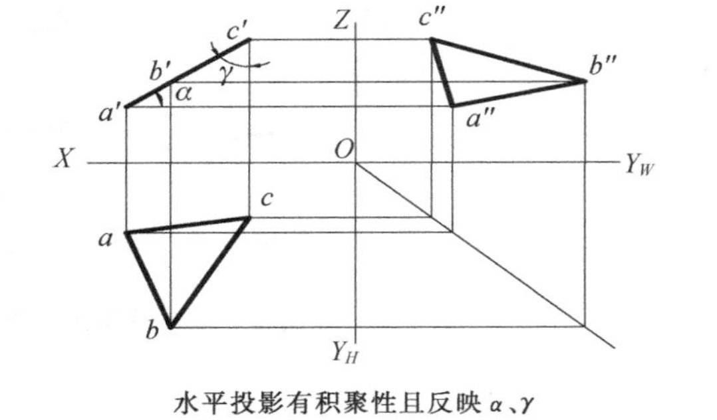 水平投影有积聚性且反映 α、γ

续表 2－3

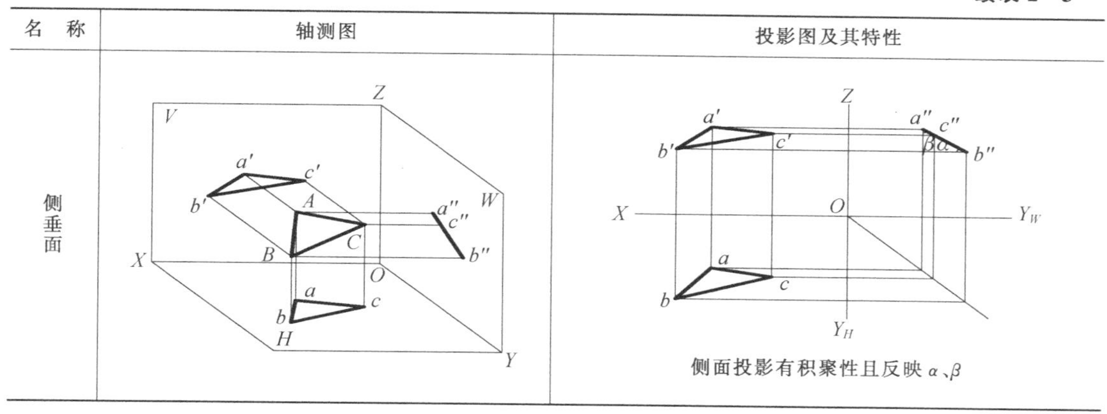

名　称	轴测图	投影图及其特性
侧垂面		侧面投影有积聚性且反映 α、β

2. 投影面的平行面

投影面的平行面是指平行于某一个投影面的平面。在三投影面体系中有 3 个投影面，所以投影面的平行面有 3 种：

水平面——平行于 H 面的平面；

正平面——平行于 V 面的平面；

侧平面——平行于 W 面的平面。

在三投影面体系中，投影面的平行面平行于某一个投影面，与另外两个投影面垂直。这类平面的一面投影具有反映平面图形实形的特点，另两面投影有积聚性。

以表 2－4 中的水平面为例，平面 P(△ABC)平行于 H 面，同时垂直于 V、W 面，其投影特性如下：

① 水平投影△abc 反映平面图形的实形；

② 正面投影和侧面投影均积聚为直线，分别平行于 OX 轴和 OY_W 轴。

同样，正平面和侧平面也有类似的投影特性，见表 2－4。

总之，用平面图形表示的投影面平行面在所平行的投影面上的投影反映实形；其余两面投影均积聚为直线，且分别平行于该投影面所包含的两个投影轴。

表 2－4　投影面的平行面

名　称	轴测图	投影图及其特性
水平面		水平投影反映实形，正面投影有积聚性且平行于 OX 轴，侧面投影有积聚性，且平行于 OY_W 轴

续表 2-4

名称	轴测图	投影图及其特性
正平面		正面投影反映实形,水平投影有积聚性且平行于 OX 轴,侧面投影有积聚性且平行于 OZ 轴
侧平面		侧面投影反映实形,水平投影有积聚性且平行于 OY_H 轴,正面投影有积聚性且平行于 OZ 轴

3. 一般位置平面

一般位置平面是指对三个投影面既不垂直又不平行的平面,如图 2-37 所示。平面与投影面的夹角称为平面对投影面的倾角,平面对 H、V 和 W 面的倾角分别用 α、β 和 γ 表示。由于一般位置平面对 H、V 和 W 面既不垂直也不平行,所以它的三面投影既不反映平面图形的实形,也没有积聚性,均为类似形。

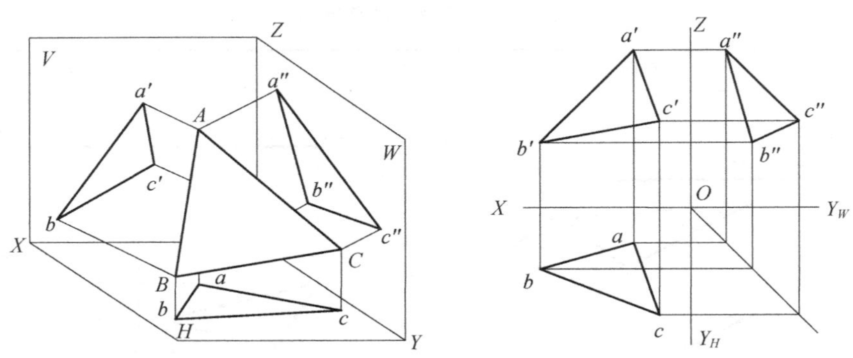

图 2-37 一般位置平面

2.6.3　平面内的点和直线

1. 在平面上取直线

在平面上作直线以立体几何的两个定理为依据。

① 如果直线通过了平面上的两点，则直线必然在平面上。如图 2－38(a)所示，平面 P 由相交直线 AB 和 BC 给定，在 AB 和 BC 上各取一点 D、E，则通过 D、E 两点的直线 MN 一定在平面 P 上。

② 如果直线通过了平面上的一点，且平行于平面内的另一条直线，则该直线必在该平面上。如图 2－38(b)所示，平面 Q 由直线 AB 和线外一点 C 给定，过点 C 作 CD 平行于 AB，则 CD 一定在平面 Q 上。

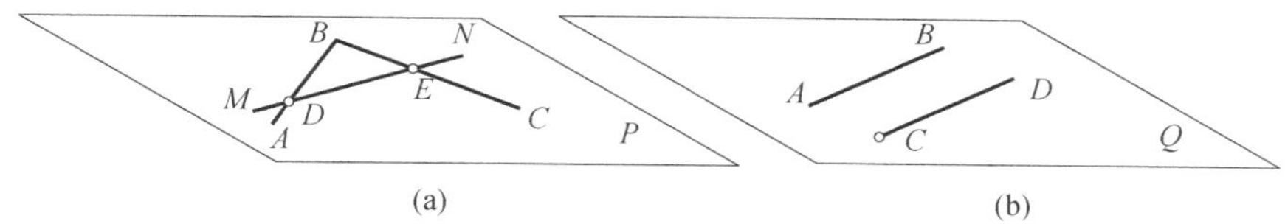

图 2－38　直线在平面上的条件

【例 2－11】 已知平面由 AB、AC 给定，在平面上任意引一条直线。

解　如图 2－39(a)所示，在 AB 上任取一点 M，在 AC 上取一点 N，连接 M、N 的同面投影，即求得所求直线的同面投影。

如图 2－39(b)所示，过点 C（两条直线上的合适位置点均可）引一条 CD 直线平行于 AB，根据平行投影特性，在两个投影面内分别作出的 CD 投影仍然与 AB 的同面投影平行，即为所求。

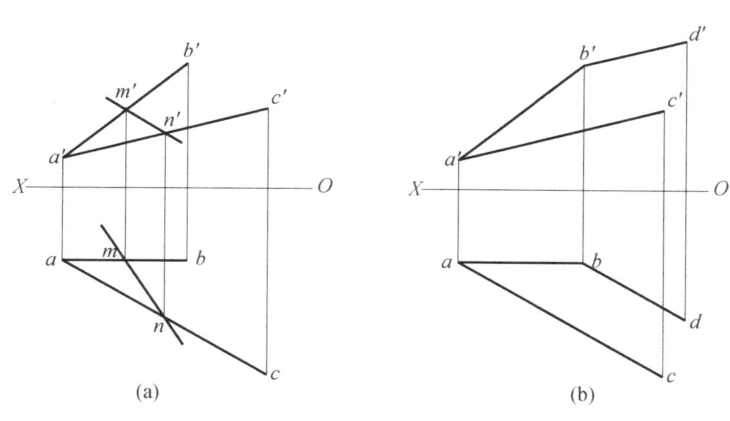

图 2－39　在平面上取直线的方法

2. 在平面上取点

要在平面上作点：如果一条直线属于某一平面，则该直线上的点必然在平面上。

【例 2－12】 已知三角形 ABC 所在平面内有一点 M 的水平投影，求作 M 点的正面投影。

解 如图 2-40 所示,经过 M 点的水平投影 m,连接 am 交 bc 于 d,由于 M 点在△ABC 所在平面上,直线 AM 与 CD 相交于 D 点,A、D、M 三点共线。交点 D 在 BC 上,其三面投影均直线 BC 的同面投影上,找到 D 点的正面投影,连接 A、D 两点的正面投影并延长,根据点的投影规律,即得 M 点正面投影。

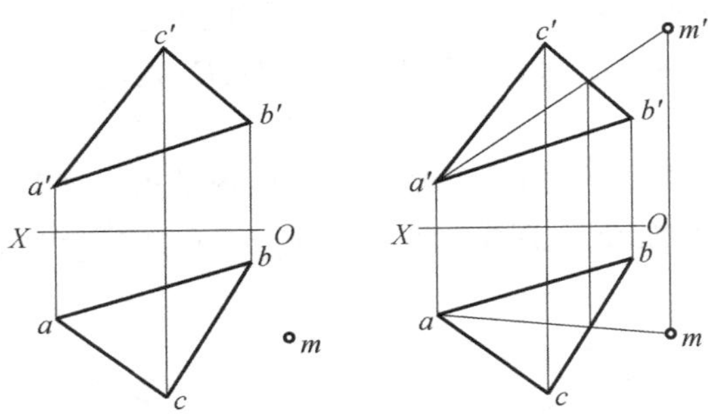

图 2-40 求作 M 点的正面投影

【例 2-13】 如图 2-41 所示,已知一平面形四边形 $ABCD$ 的水平投影及部分正面投影,求作四边形的完整正面投影。

解 根据 D 点在 $ABCD$ 四边形内,只要求出 D 点的正面投影,即可求解。

作图步骤如下:

① 在水平面内连接 AC、BD 两直线的水平投影,得到交点 M 的水平投影点 m;

② 连接直线 A、C 两点的正面投影 $a'c'$,过 m 作 X 轴的垂线(点的投影规律)交 A、C 正面投影连线于 m';

③ 连接 $b'm'$与过 d 作的 X 轴的垂线交于 d';

④ 顺序连接 $a'b'c'd'$即为所求。

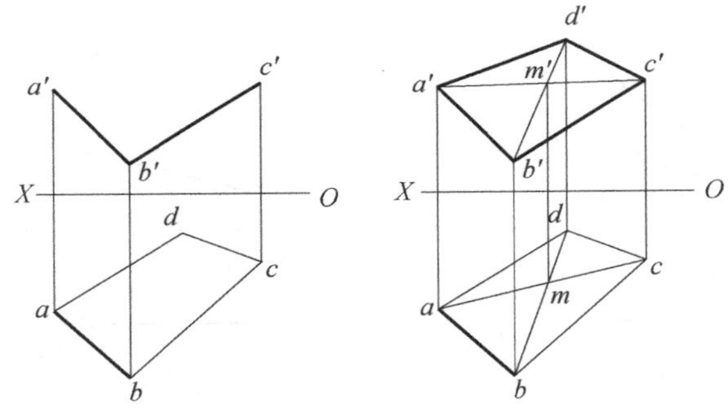

图 2-41 求四边形的正面投影

2.6.4 属于平面的投影面平行线

属于平面且同时平行于某一投影面的直线称为平面内的投影面平行线。平面内的投影面平行线既具有平面内直线的投影特性,又具有投影面平行线的投影特性。

平面内的投影面平行线有 3 种,平面内平行于 H 面的直线称为平面内的水平线;平面内平行于 V 面的直线称为平面内的正平线;平面内平行于 W 面的直线称为平面内的侧平线。

平面内的投影面平行线，既有投影面平行线的投影特性，又有与其所属平面的从属关系。

如图 2-42 所示，直线 AD 属于$\triangle ABC$ 平面，且 $a'd'/\!/OX$ 轴，直线 AD 是$\triangle ABC$ 平面内的水平线。同样，直线 MN 也是$\triangle ABC$ 平面内的水平线。由图可知，$mn/\!/ad$，$m'n'/\!/a'd'$，因此，$MN/\!/AD$。由此可见，同一平面内的所有水平线互相平行。

如图 2-43 所示，直线 CD 属于$\triangle ABC$ 平面，且 $cd/\!/OX$ 轴，直线 CD 是$\triangle ABC$ 平面内的正平线。同样地，同一平面内的所有正平线互相平行。平面内的侧平线也有相同的特性。

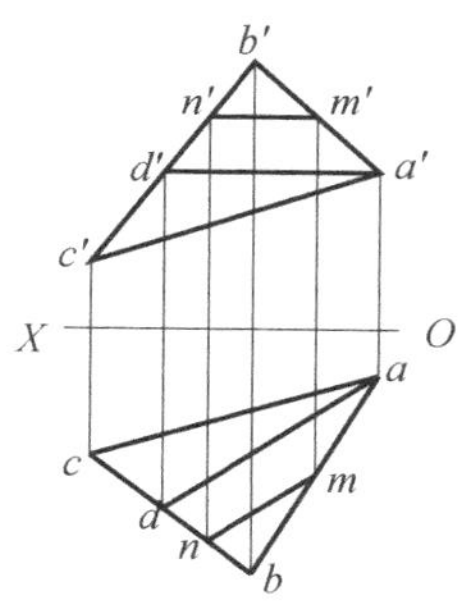

图 2-42　平面内的水平线

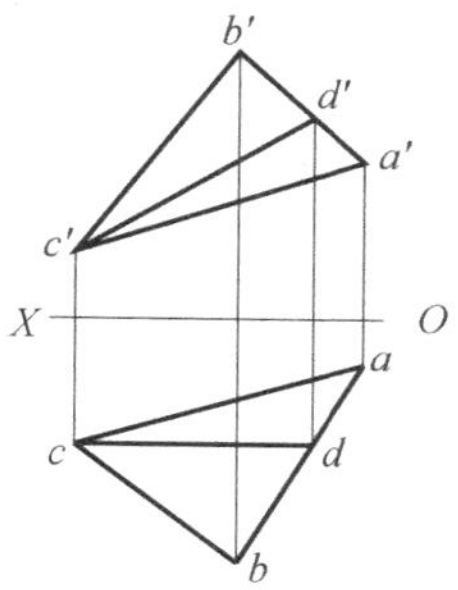

图 2-43　平面内的正平线

*2.6.5　属于平面的最大斜度线

1. 最大斜度线的定义

平面上相对投影面倾角最大的直线称为该平面的最大斜度线，它是属于并垂直于该平面的投影面平行线的直线。平面上垂直于水平线的直线，称为对水平投影面的最大斜度线；垂直于正平线的直线，称为对正立投影面的最大斜度线；垂直于侧平线的直线，称为对侧立投影面的最大斜度线。

如图 2-44 所示，直线 CD 是属于平面 P 的水平线，垂直于 CD 且属于平面 P 的直线 AE 是对 H 面的最大斜度线。显然，一平面对 H 面的最大斜度线有互相平行的无穷多条。

如图 2-45 所示，给定平面 ABC。为作属于平面的对水平投影面的最大斜度线，先任意引一水平线 $AD(ad, a'd')$。再根据直角投影定理在平面上任作 AD 的垂线 $BE(be, b'e')$，BE 便是对水平投影面的最大斜度线。

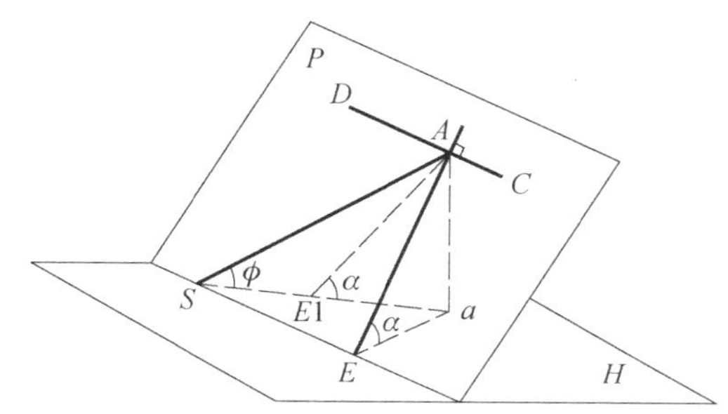

图 2-44　最大斜度线

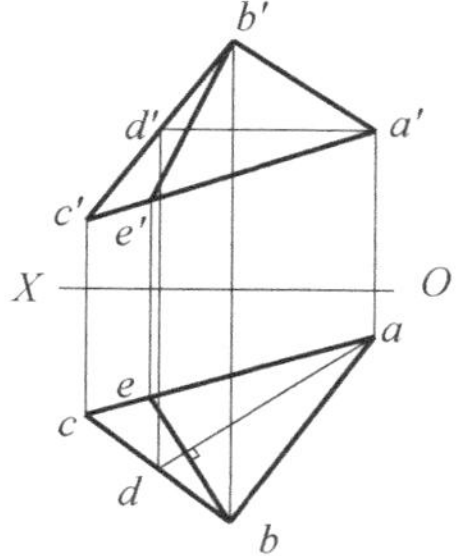

图 2-45　对 H 面的最大斜度线 BE

2. 最大斜度线对投影面的角度最大

如图 2-44 所示，水平线对 H 面的夹角为 0°，最大斜度线对 H 面的角度为 α。最大斜度线对投影面的角度是最大的。如图2-44所示,过点A作最大斜度线以外的属于平面P的任意直线AS。它对H面的角度为ϕ。因$AE\perp CD$,且$SE/\!/CD$,故$AE\perp SE$。根据直角投影定理,$aE\perp SE$,则$aS>aE$,两个直角三角形ASa和AEa有相等的直角边Aa,而另一对直角边$aS>aE$,故相应的锐角$\phi<\alpha$。即最大斜度线对投影面的角度最大。

3. 平面对投影面的倾角

最大斜度线的几何意义是可以用它来测定平面对投影面的角度。二面角的大小是用平面角测定的。在图2-44中,平面P与H构成两面角,其平面角α即为最大斜度线AE对H面的角度。

如图2-46所示,给定一平面ABC。为求该平面对H面的倾角,先任作一属于该平面的对H面的最大斜度线AE;再用直角三角形法求出线段AE对H面的倾角α即是。

欲求该平面对V面的倾角β,则要用对V面的最大斜度线,如图2-47中的AG。作AG对V面的倾角β即是。

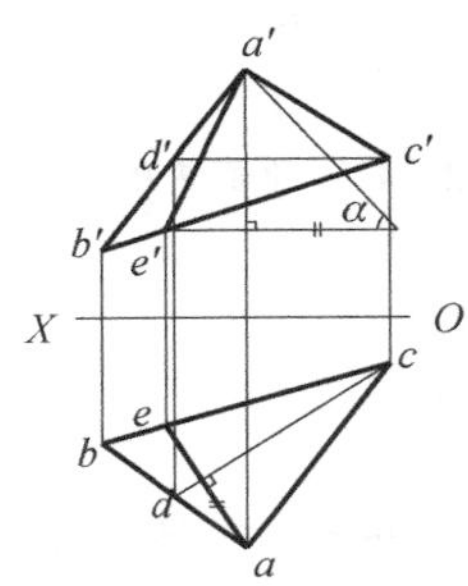

图2-46 平面ABC对H面的夹角

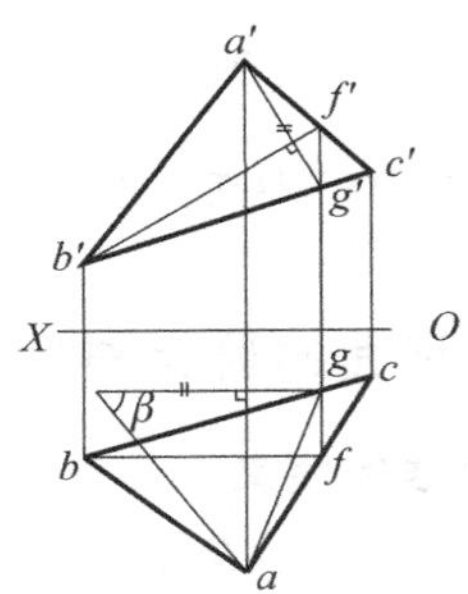

图2-47 平面ABC对V面的夹角

【例2-14】 如图2-48所示,试过水平线AB作一与H面成30°夹角的平面。

解 因平面对H面的最大斜度线与H面的夹角反映该平面与H面的夹角,只要作出任意一条与已知水平线AB垂直相交,且与H面成30°的最大斜度线,则问题得解。

在水平线AB上任取一点$C(c,c')$,过c作与ab垂直的线段cd,过d作夹角为30°的作图线与ab交于l,lc即为线段CD的坐标差,由此得d',连接$c'd'$。线段CD与水平线AB组成的平面即为所求。

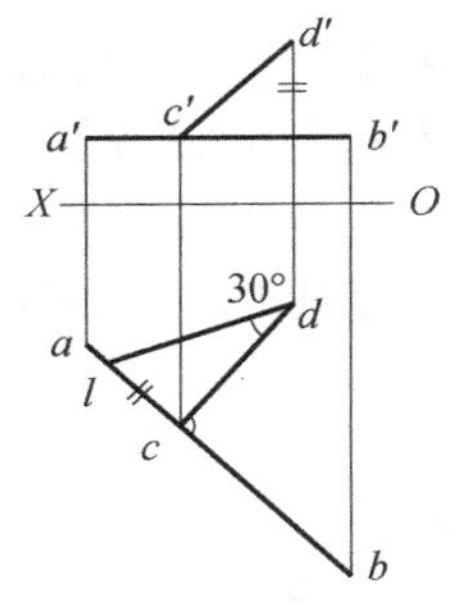

图2-48 作与H面成30°夹角的平面

本章小结

1. 投影法分类

根据投影中心、物体及投影面之间的关系将投影法分为中心投影法和平行投影法两类。

2. 点的单面投影

空间一点在一个投影面上有唯一的一个正投影;反之,一个点的投影,不能确定空间点的位置。要能够准确地确定空间点的位置,须要两个或两个以上的投影面。

3. 点的两面投影

(1) 两投影体系的建立及有关术语和规定

水平投影面：水平放置的投影面，用 H 表示。

正立投影面：与水平面垂直的正对观察者的投影面，用 V 表示。

投影轴：两投影面的交线，用 OX 表示。

空间点用大写的字母表示(如：A、B、C)，水平投影用相应的小写字母表示(如：a、b、c)，正面投影用相应的小写字母加一撇表示(如：a'、b'、c')。

(2) 两面投影的形成及投影图的画法

1) 形　成

过空间点 A 分别向 H、V 面作垂线，其垂足即为 A 点的 H、V 面的投影，标记为：A(空间点)，a(H 面投影)，a'(V 面投影)。

2) 投影图的画法

为了使 a、a'能画在同一个平面上，对空间的投影面必须进行旋转，规定：让 V 面保持不动，H 面绕 OX 轴向下旋转 90°使之与 V 面重合，为了画图简便，把投影面看成是任意大的，去掉投影面的边框，只保留投影轴，即得投影图。

4. 点的三面投影

虽然一个点的空间位置可以由两个投影面确定，但对于较复杂的空间立体，有时仅有两个投影面是不能确定的，故须建立三面投影体系。

(1) 三投影面的关系

投影面：$H \perp V \perp W$。

(2) 点的三面投影的形成及其投影规律

1) 形　成

过空间点 A 分别向 H、V、W 面作垂线，其垂足即为 A 点的三面投影，分别记为：a、a'、a''。我们将其投影的连线称为连系线，将连系线与投影轴的交点分别记为：a_X、a_Y、a_Z。

2) 投影规律

① $aa' \perp OX$，$a'a'' \perp OZ$，$aa'' \perp OY$。

② $X_A = oa_X = \cdots$，反映空间点 A 到 W 面的距离；

$Y_A = oa_Y = \cdots$，反映空间点 A 到 V 面的距离；

$Z_A = oa_Z = \cdots$，反映空间点 A 到 H 面的距离。

据投影规律，只要给出点的 X、Y、Z 坐标，就可以确定空间点的投影和空间点的位置。

5. 两点的相对位置

相对位置的描述：前后、左右、上下。

相对位置大小的描述：ΔX、ΔY、ΔZ。

6. 重影点

① 重影点：凡在同一条投影线上的点。

② 特点：一个投影重合，两个坐标相同，另一个不同。

③ 可见性判别：凡坐标大者为可见，把可见的点写在前，不可见的点写在后，用括号括上。

7. 直线对投影面的相对位置

在三面投影体系中,直线对投影面的相对位置,可以分为3类:投影面平行线、投影面垂直线、一般位置直线。

(1) 投影面平行线

水平线:$//H$ 面,$\angle V,W$ 面;

正平线:$//V$ 面,$\angle H,W$ 面;

侧平线:$//W$ 面,$\angle V,H$ 面。

投影面平行线的投影特性:

① 直线在平行于该投影面上的投影反映实形,且同时反映直线与其余两投影面的倾角的大小;

② 其余两投影平行于相应的投影轴。

(2) 投影面垂直线

铅垂线:$\perp H$ 面;

正垂线:$\perp V$ 面;

侧垂线:$\perp W$ 面。

投影面垂直线的投影特性:

① 直线在垂直于该投影面上的投影积聚为一点;

② 其余投影垂直于相应的投影轴,且反映直线的实长。

(3) 一般位置直线

与三投影面均倾斜的直线,称为一般位置直线。

① 投影特性:直线的三面投影均小于直线的实长,成为缩小的类似形,并且也不反映直线与三投影面的夹角 α、β、γ 的大小。

② 工程上常用的求直线的实长和夹角的大小方法为直角三角形法。直角三角形法是以一投影为直角边,以垂直于该投影面的坐标差为另一直角边,这样组成的直角三角形,其斜边就是实长,与坐标差对应的夹角,即是直线与该投影面之间的倾角。根据直角三角形中的4个参数,已知两个就可以求出另外两个。

8. 属于直线的点

由初等几何知识和投影的基本理论可知:属于直线的点,其点的投影一定在直线的同面投影上,即它的水平投影属于直线的水平投影,它的正面投影和侧面投影分别属于直线的正面和侧面投影。反之,点的投影在直线的同面投影上,则该点一定属于直线上。属于线段上的点,分线段之比等于其投影之比。

9. 两直线的相对位置

两直线的相对位置有3种情况:平行、相交和交叉。

(1) 平行两直线

如果空间两直线平行,则它们的三面同面投影互相平行,且保持它们本身的长度之比。反之,若两直线的同面投影互相平行,且保持它们本身的长度之比,则两直线互相平行。

(2) 相交两直线

如果空间两直线相交,则它们的三面投影均相交,并且交点的投影满足点的投影规律;反之，若两直线在同一投影面上的投影均相交，且交点同属于两直线，则该两直线相交。

(3) 交叉两直线

凡不满足平行和相交条件的两直线为交叉两直线。

如果空间两条直线交叉，它们的投影可能出现三面投影相交，但交点不满足点的投影规律，它们是重影点；也可能出现两面投影平行，一面投影相交。

10. 直角投影定理

当互相垂直的两直线同时平行于同一投影面时，则该投影面上的投影仍为直角；当互相垂直的两直线都不平行于投影面时，则投影不是直角。

11. 平面对投影面的相对位置

(1) 一般位置平面

对三投影面都倾斜的平面称为一般位置平面。其投影特性为三面投影均成为缩小的类似形。

(2) 投影面垂直面

凡垂直于某一投影面，并且倾斜于其余两投影面的平面称为投影面垂直面。其投影特性为：

① 在垂直于该投影面上的投影积聚成一条倾斜的直线，并且反映出平面与其余两投影面的倾角的大小；

② 其余两投影面的投影成为缩小的类似形。

(3) 投影面平行面

凡平行于某一投影面的平面称为投影面平行面。其投影特性为：

① 平行于该投影面上的投影反映实形；(真实性)

② 其余两投影积聚为一直线，并且平行于相应的投影轴。(积聚性)

12. 属于平面的点和直线

(1) 平面上取点

由初等几何知识可知：如果一点位于平面的一条直线上，那么该点位于平面上。

(2) 平面上取直线

由初等几何该知识可知：

① 如果一条直线有两点位于一个平面上，那么该直线必在平面上；

② 如果一条直线有一点位于一个平面上，并且平行于该平面上的任一条直线，那么该直线在平面上。

(3) 平面上投影面的平行线

在三投影体系中，投影面的平行线有：水平线、正平线、侧平线，这三条直线均在平面上。投影特点为平面上投影面的平行线，除符合平面上直线的投影特点，还必须符合投影面平行线的投影特性。

(4) 平面内的最大斜度线

最大斜度线的定义为属于平面内并且垂直该平面的投影面平行线的直线，称为该平面的最大斜度线。也可以这样说：平面上对投影面倾角为最大的直线，垂直于同名的投影面平行线。

在三投影体系中,最大斜度线有 3 条:

H 面的最大斜度线⊥平面内的水平线;

V 面的最大斜度线⊥平面内的正平线;

W 面的最斜度度线⊥平面内的侧平线。

求一般位置平面对投影面的倾角 α、β、γ 大小的方法可利用最大斜度线和直角三角形法求解。

① 欲求 α,须求作平面内的水平线,再作 H 面的最大斜度线;

② 欲求 β,须求作平面内的正平线,再作 V 面的最大斜度线;

③ 欲求 γ,须求作平面内的侧平线,再作 W 面的最大斜度线。

第 3 章　直线与平面、平面与平面的相对位置

空间直线与平面及两平面的相对位置有两种情况：平行和相交。其中，相交有垂直相交的特殊情况。

3.1　平行问题

3.1.1　直线与平面平行

根据初等几何知识，如果空间一条直线平行于平面内的一条直线，那么此直线与该平面平行。

如图 3-1(a)所示，直线 AB 平行于平面 P 内的直线 CD，那么直线 AB 与平面 P 平行；反之，如果直线 AB 与平面 P 平行，则在平面 P 内必可以找到与直线 AB 平行的直线。

如图 3-1(b)所示，若直线 AB 的投影 $a'b'$ 和 ab 与△CDE 平面内一直线 EF 的同面投影平行，即 $a'b'/\!/e'f'$，$ab/\!/ef$，则直线 AB 与△CDE 平面平行。

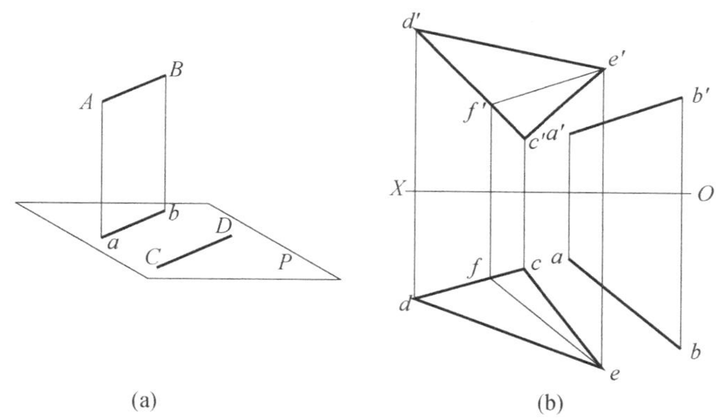

图 3-1　直线与平面平行

【例 3-1】　如图 3-2(a)所示，过点 M 作正平线 MN 平行于△ABC 平面。

分　析　根据直线与平面平行的几何条件，先在△ABC 平面内作出一条正平线，然后再过点 M 作面内正平线的平行线即可。作图步骤如图 3-2(b)所示：

① 在△ABC 中作一条正平线 $CD(cd, c'd')$；

② 过 m 作 $mn/\!/cd$，过 m' 作 $m'n'/\!/c'd'$，直线 MN 即为所求。

【例 3-2】　如图 3-3 所示，判断直线 KL 与△ABC 平面是否平行。

分　析　若能在△ABC 平面中作出一条平行于 KL 的直线，那么直线 KL 就平行于平面，否则就不平行。作图步骤如图 3-3 所示：

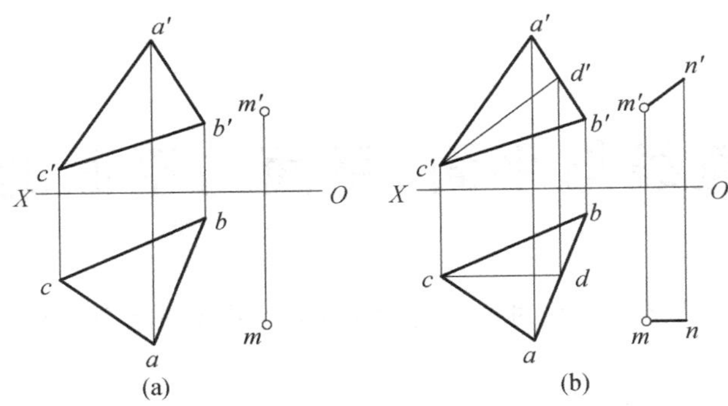

图 3-2 过点作正平线平行于平面

① 在$\triangle a'b'c'$中过c'作$c'd'/\!/k'l'$,然后在$\triangle abc$中作出CD的水平投影cd；

② 判别cd是否平行kl,图中cd不平行于kl,那么CD不平行于KL。

结　论　$\triangle ABC$平面中不包含直线KL的平行线,所以直线KL不平行于$\triangle ABC$平面。

特殊情况,直线与投影面垂直面平行,则直线的投影平行于平面积聚的同面投影;反之亦然。如图 3-4 所示,$\triangle ABC$为铅垂面,其水平投影abc积聚成一直线。由于直线$DE/\!/\triangle ABC$,故$de/\!/abc$。

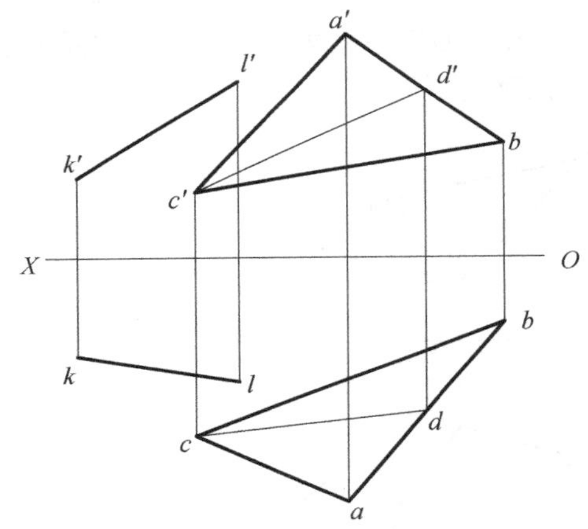

图 3-3 判断直线与平面是否平行

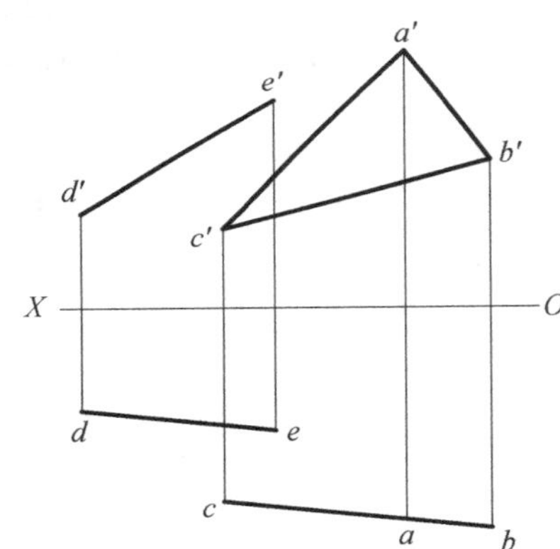

图 3-4 直线与投影面垂直面平行

3.1.2 平面与平面平行

根据初等几何知识,如果一个平面内的两条相交直线分别与另一个平面内的两条相交直线对应平行,那么这两个平面平行。如图 3-5 所示,平面P内的相交直线AB、AC分别平行于平面Q内的相交直线DE和DF,即$AB/\!/DE$,$AC/\!/DF$,那么平面P与Q平行。

【例 3-3】 如图 3-6(a)所示,过点D作一平面平行$\triangle ABC$平面。

分　析　只需过点D作两条直线分别平行于$\triangle ABC$平面中的两条边,则这两条相交直线确定的平面即为所求。作图步骤如图 3-6(b)所示:

① 过d'作$d'e'/\!/a'b'$,$d'f'/\!/a'c'$;

② 过 d 作 $de /\!/ ab$，$df /\!/ ac$，则两相交直线 DE、DF 确定的平面与△ABC 平面平行。

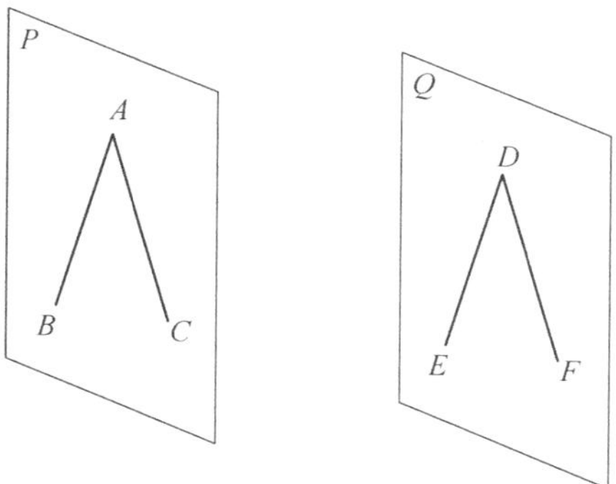

图3-5　两平面平行

【例3-4】 如图3-7(a)所示，判断△ABC 平面与△DEF 平面是否平行。

分　析　判断两平面是否平行，实质上就是能否在其中的一个平面上作出与另一个平面内的一对相交直线对应平行的相交两直线。作图步骤如图3-7(b)所示：

① 过 d' 作 $d'1' /\!/ a'b'$，$d'2' /\!/ a'c'$；

② 将 DⅠ、DⅡ 作为△DEF 平面内的直线，求出其水平投影 $d1$、$d2$。

结　论　由图3-7(b)可见，$d1$ 与 ab 平行，$d2$ 与 ac 平行，即△DEF 平面内可以作出两条相交直线与△ABC 平面内的相交直线对应平行，因此，△ABC 平面与△DEF 平面平行。

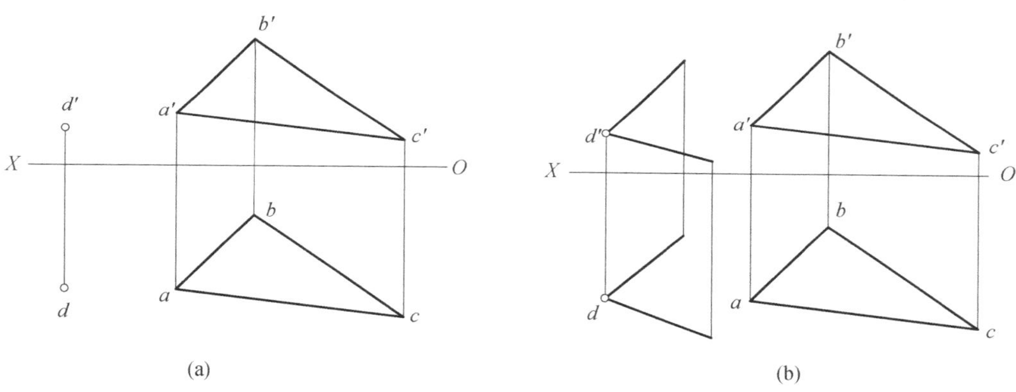

图3-6　过点 D 作平面平行于△ABC 平面

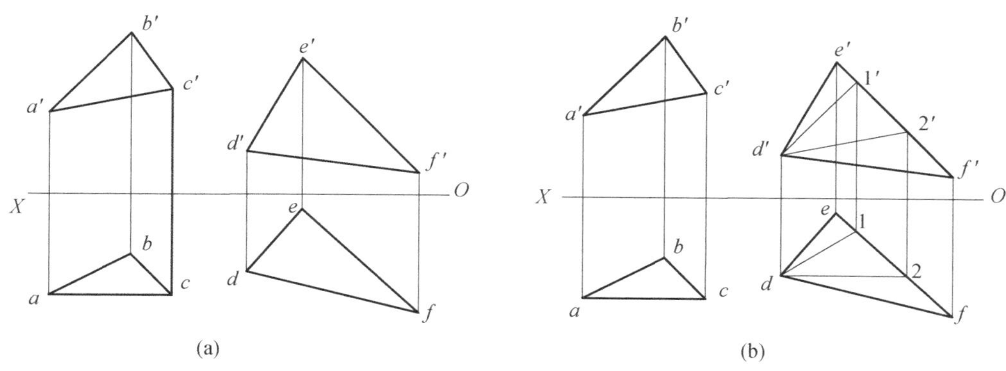

图3-7　判断两平面是否平行

在特殊情况下，当平行两平面均为投影面垂直面时，它们有积聚性的同面投影必平行；反之亦然。如图3-8所示，△ABC 平面和△DEF 平面都是铅垂面，且 $abc /\!/ def$，则△ABC 和△DEF 互相平行。

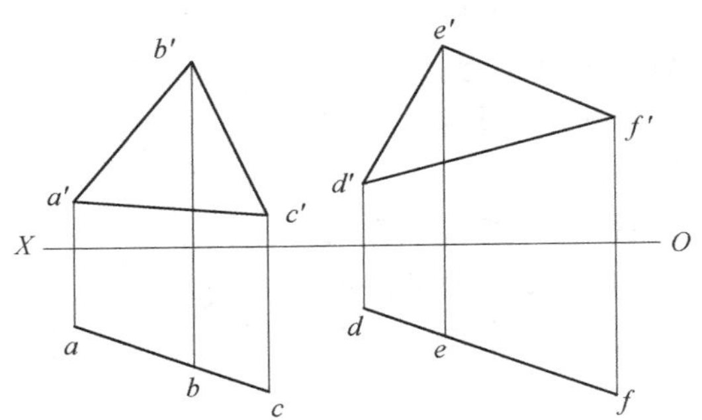

图 3-8 两铅垂面互相平行

3.2 相交问题

直线与平面相交于一点,该交点是直线和平面的共有点,它既属于直线,又属于平面。平面与平面相交于一条直线,该交线为两平面的共有线,同时属于这两个平面。根据直线、平面在投影体系中的位置,直线与平面的交点及两平面的交线的求法有利用积聚性法和辅助平面法两种。

3.2.1 利用积聚性求交点和交线

当直线或平面与某一投影面垂直时,可利用其投影的积聚性,在积聚的投影上直接求得交点和交线的一个投影。

1. 直线处于特殊位置时求交点

如图 3-9(a)所示,求铅垂线 AB 与△CDE 平面的交点。

分　析　设△CDE 平面与铅垂线 AB 的交点为 K。K 点属于铅垂线 AB,则 K 点的水平投影 k 与 AB 积聚的水平投影 $a(b)$ 重合;K 点同时属于△CDE 平面,利用平面上求点的方法,在△CDE 平面上作辅助直线 CⅠ求出 K 点的正面投影 k'。作图步骤如图 3-9(b)所示:

① 在 ab 上标出 k;

② 过 k 点作直线 $c1$,CⅠ属于△CDE,据此再作出 $c'1'$;

③ $c'1'$与 $a'b'$的交点,即为所求交点 K 的正面投影 k',K 为所求交点;

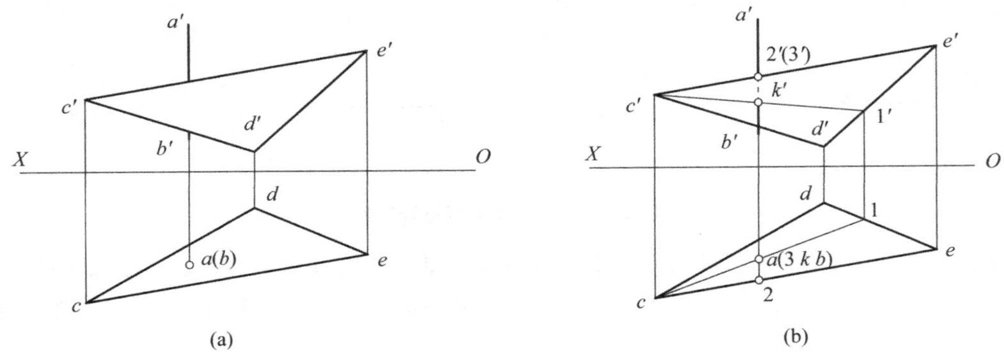

图 3-9 投影面垂直线和一般位置平面相交

④ 判别可见性，将其中可见部分画成粗实线，不可见部分画成细虚线。

2. 平面处于特殊位置时求交点

【例 3-5】 如图 3-10(a)所示，求直线 AB 与铅垂面△CDE 的交点。

分　析　设直线 AB 与铅垂面△CDE 的交点为 K。铅垂面△CDE 的水平投影积聚为直线 ce，交点 K 的水平投影 k 必在 ce 上；因为交点是直线与平面的共有点，所以 ce 和 ab 的交点一定是交点 K 的水平投影 k，再根据点 K 与直线 AB 的从属关系便可以求出交点 K 的正面投影 k'。作图步骤如图 3-10(b)所示：

① 在水平投影上标出 ab 与 cde 的交点 k；

② 在 $a'b'$ 上作出 K 点的正面投影 k'，则 K 为所求交点；

③ 判断可见性，将其中可见部分画成粗实线，不可见部分画成细虚线。

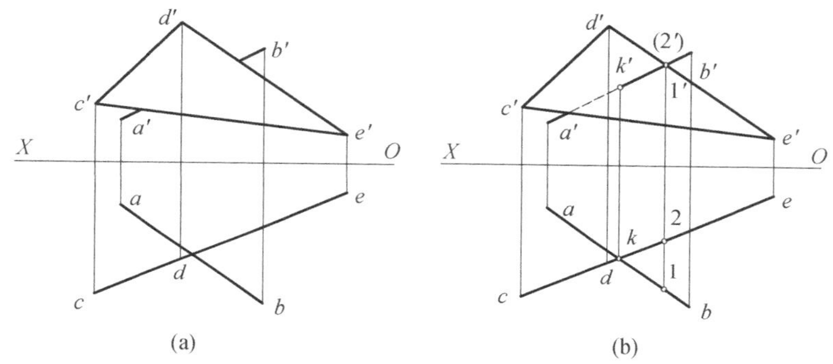

图 3-10　一般位置直线与特殊位置平面相交

3. 特殊位置平面相交时求交线

【例 3-6】 如图 3-11(a)所示，求铅垂面 $ABCD$ 与△EFG 平面的交线 KL。

分　析　铅垂面 $ABCD$ 的水平投影 $abcd$ 积聚为一条直线。要求这两个面的交线，实际上只需求出△EFG 平面的两条边 EG、FG 与铅垂面的交点 K、L，连接 KL 即为所求交线。作图步骤如图 3-11(b)所示：

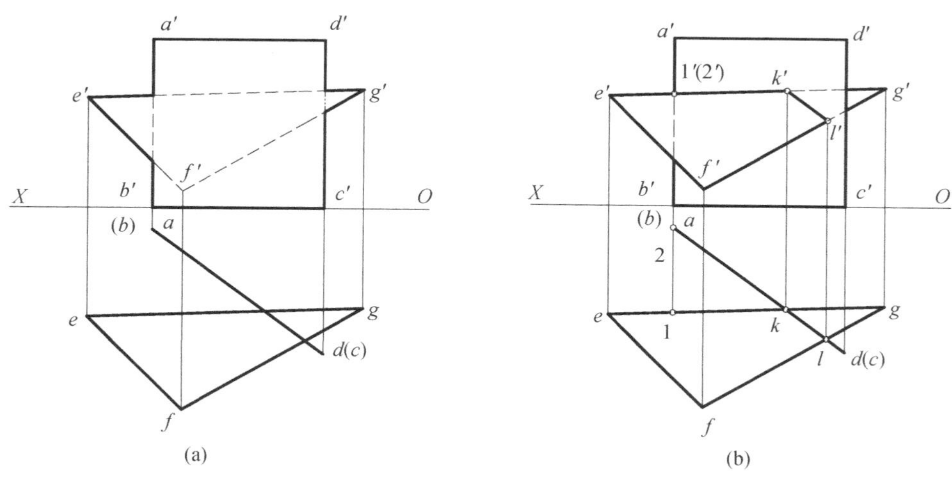

图 3-11　铅垂面与一般位置平面相交

① 按照特殊位置平面与一般位置直线相交求交点的方法求出 EG 与铅垂面 $ABCD$ 的交点 K，及 FG 与铅垂面 $ABCD$ 的交点 L；

② 连接 kl、$k'l'$，得到交线 KL；

③ 判别可见性，将其中可见部分画成粗实线，不可见部分画成细虚线。

【例 3－7】 如图 3－12(a)所示，求两个正垂面△ABC 和平行四边形 $DEFG$ 的交线 KL。

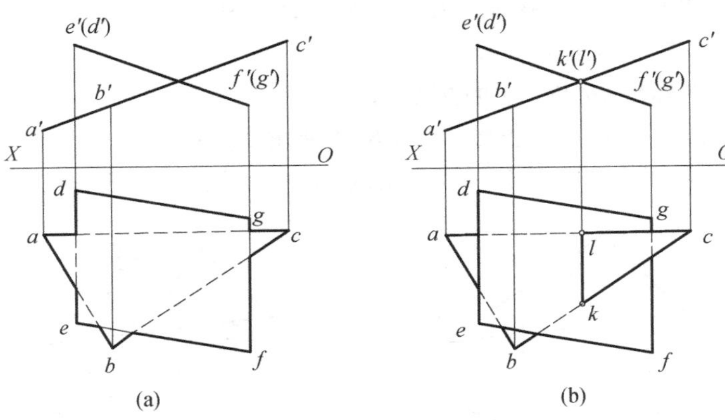

图 3－12 两个正垂面相交

分 析 两个正垂面的交线是一条正垂线，其正面投影积聚为点，水平投影垂直于 OX 轴。两个正垂面的正面投影积聚为两条直线，这两条直线的交点即是两个正垂面交线的正面投影，交线的水平投影由两平面水平投影的公共范围确定。作图步骤如图 3－12(b)所示：

① 在正面投影中标出 $k'(l')$，在水平投影中确定 kl；

② 判别可见性。

3.2.2 利用辅助平面的方法求交点和交线

1. 一般位置直线与一般位置平面相交

如图 3－13 所示，求直线 DE 与△ABC 的交点 K。当直线和平面都处在一般位置时，则不能利用积聚性来直接定出交点的投影，而需通过作辅助平面的方法求出交点。

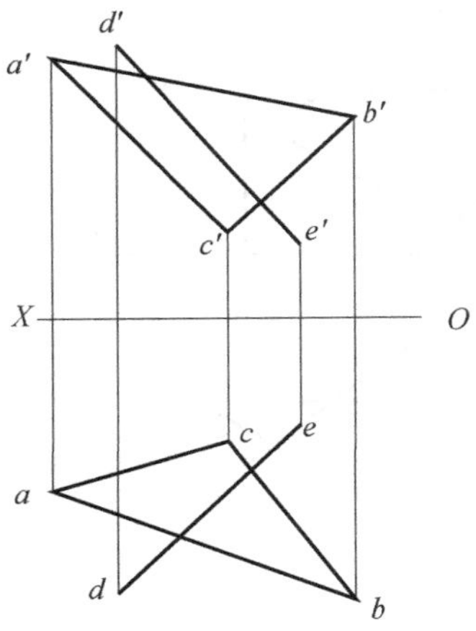

图 3－13 一般位置直线与一般位置平面相交

【例 3－8】 如图 3－14(a)所示，直线 DE 与平面△ABC 相交，求交点。

分 析 过直线 DE 作一辅助面 P，则该辅助面 P 与△ABC 交于直线 MN，平面 P 上的直线 MN 与 DE 交于一点 K，K 点既在 MN 上，则 K 点必在△ABC。因此 K 点是直线 DE 与△ABC 的共有点即交点。

根据以上分析，直线与平面求交点的步骤如图 3－14(b)所示：

① 过直线 DE 作辅助面 P，为使作图简便，所作辅助面应选投影面垂直面，辅助面为铅垂面(用迹线 P_H 表示)。

② 求辅助面 P 与已知平面△ABC 的交线 MN，由 mn、

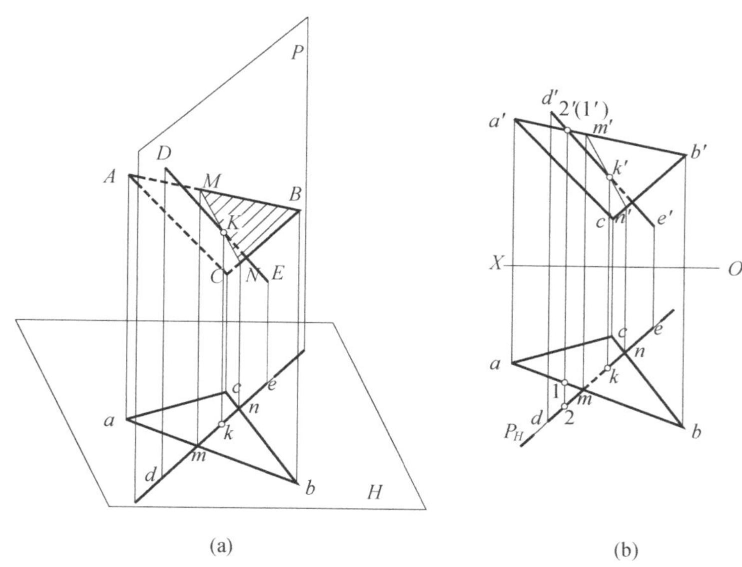

(a)　　(b)

图 3-14　求一般位置直线与一般位置平面的交点

$m'n'$表示。

③ 求交线 MN 与直线 DE 的交点 K，K 点即是直线 DE 与平面△ABC 的交点，如图 3-14(b)所示。

④ 判别可见性。在 V 面上取一重影点 2′(1′)，2 点在直线 DE 上，为可见，则线段 $k'2'$ 可见，画粗实线，线段 $k'e'$ 不可见，画出虚线。同理，可判别出 H 面投影的可见性，如图 3-14(b)所示。

如要求两一般位置平面的交线，可在任一平面上取两直线，作出该两直线与另一平面的交点，交点连线即为两平面的交线。

2. 两个一般位置平面相交

(1) 用直线与平面求交点的方法求两平面的交线

对两个一般位置的平面来说，同样也可用属于一平面的直线与另一平面求交点的方法来确定共有点。但直线与一般位置平面的交点必须经前述的 3 个作图步骤才能作出。如图 3-15 所示，两平面△ABC 和△DEF 相交。可分别求出边 DE 及 DF 与△ABC 的两个交点 K (k，k')及 L (l，l')，KL 便是两个三角形平面的交线。由于△ABC 是一般位置平面，所以求交点时，过 DE 及 DF 分别作辅助平面 S 和 R。

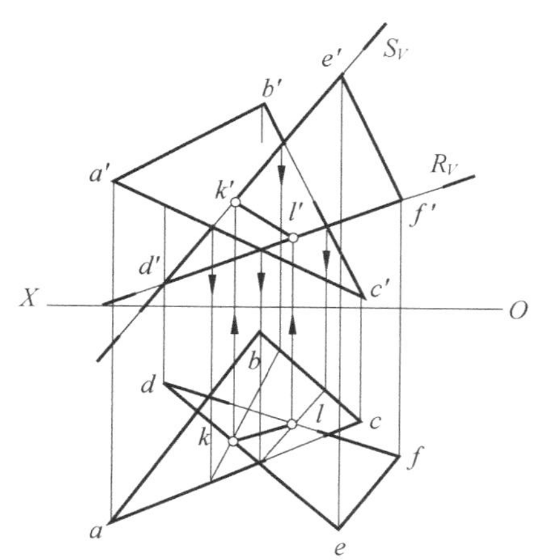

图 3-15　两个一般位置平面相交求交线

(2) 用三面共点法求两平面的交线

用三面共点法求共有点是画法几何基本作图方法之一。图 3-16(a)所示为用三面共点法求两平面共有点的示意图，图中已给两平面 R 和 S。为求该两平面的共有点，取任意辅助平面 P

(水平面),它与 R、S 分别相交于直线ⅠⅡ和ⅢⅣ,而ⅠⅡ和ⅢⅣ的交点 K_1 为三面所共有,当然也是 R、S 两平面的共有点。同理作辅助平面 Q 可再找出一个共有点 K_2。K_1K_2 即为 R、S 两平面的交线。

如图 3-16(b)所示,△ABC 和一对平行线 DE、FG 各决定一平面。为求该两平面的交线,根据图 3-16(a)所示的原理,取水平面 P 为辅助平面,利用积聚性,分别作出平面 P 与原有两平面的交线ⅠⅡ(12,1′2′),ⅢⅣ(34,3′4′),ⅠⅡ和ⅢⅣ的交点 $K_1(k_1, k_1')$ 便为一个共有点。同理,以辅助平面 Q 再求出一共有点 $K_2(k_2, k_2')$,K_1K_2 见即为所求的交线。

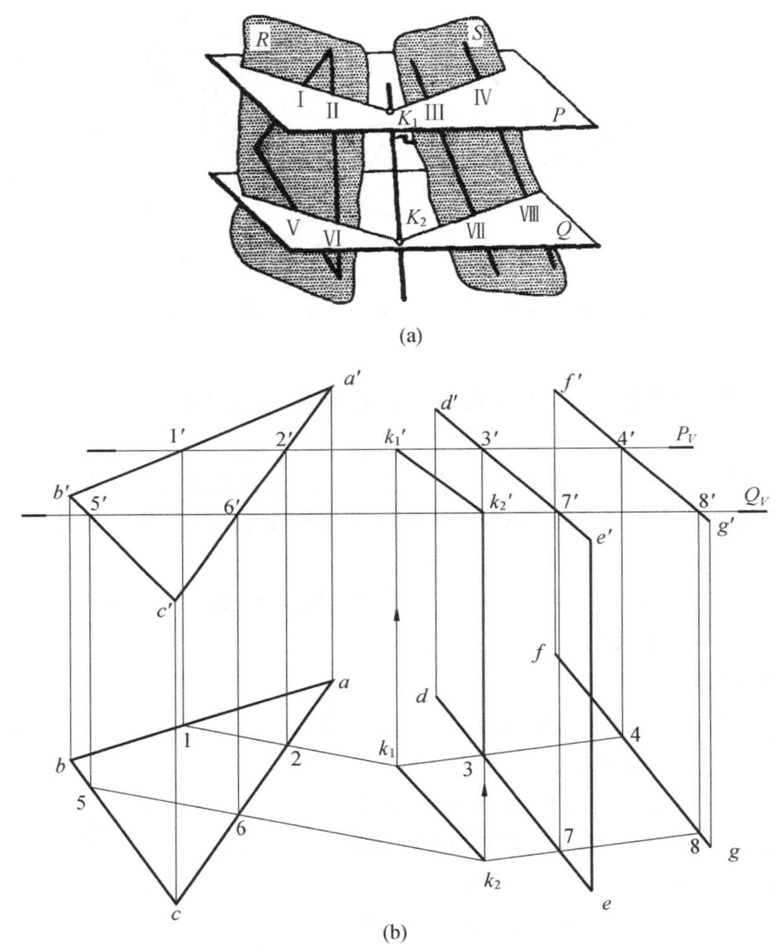

图 3-16 用三面共点法求交线

3.3 垂直问题

3.3.1 直线与平面垂直

垂直于平面的直线称为该平面的垂线或法线。从初等几何知道,如一直线垂直于一平面,则直线垂直于属于该平面的一切直线。图 3－17 中直线 LE 垂直于平面 P，则必垂直于属于平面 P 上的一切直线，其中包括 P 平面上的水平线 AB 和正平线 CD。根据直角投影定理，投影图上必表现为直线 LE 的水平投影垂直于水平线 AB 的水平投影（$le \perp ab$），直线 LE 的正面投影垂直于正平线 CD 的正面投影（$l'e' \perp c'd'$）。由上述投影关系可归纳为下面的定理。

定理 1　若一直线垂直一平面，则直线的水平投影必垂直该平面上水平线的水平投影（也垂直于水平迹线）；直线的正面投影必垂直于该平面上正平线的正面投影（也垂直于正面迹线）；直线的侧面投影必垂直于该平面上侧平线的侧面投影（也垂直于侧面迹线）。

定理 2（逆）　若一直线的水平投影垂直于属于定平面的水平线的水平投影，直线的正面投影垂直于属于该平面的正平线的正面投影，则直线必垂直于该平面。

这是因为直线和平面垂直的必要和充分条件是该直线垂直于属于平面的相交两直线。以图 3－17 所示为例，直线 LE 垂直于定平面的水平线 AB 和正平线 CD，满足了必要和充分条件。因此判定直线 LE 垂直于定平面。

【例 3－9】　如图 3－18 所示，给定平面△ABC，试过定点 s 作平面的法线。

解　只要能知道平面法线两投影的方向就可以了。为此，作属于平面的任意正平线 BD（bd，$b'd'$）和水平线（ce，$c'e'$）。过 s' 作 $b'd'$ 的垂线 $s'f'$，便是所求法线的正面投影；过 s 作 bd 的垂线 sf，便是所求法线的水平投影。

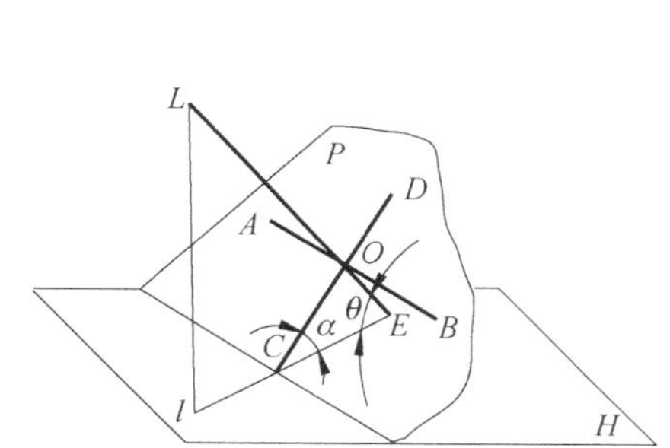

图 3－17　直线与平面垂直的直观图

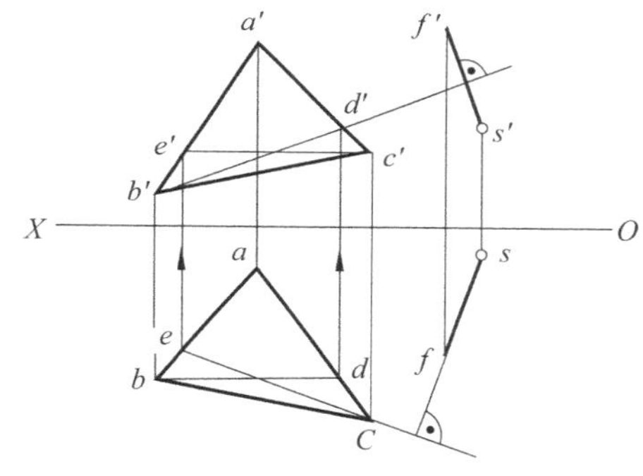

图 3－18　直线与平面垂直

【例 3－10】　如图 3－19 所示，已知由平行两直线 AB 和 CD 给定的平面，试判断直线 MN 是否垂直于该平面。

解　直线 AB 和 CD 是正平线。作属于定平面的任意水平线 EF（ef，$e'f'$）。因 $m'n' \perp c'd'$，但 mn 不垂直于 ef，故直线 MN 与该平面不垂直。

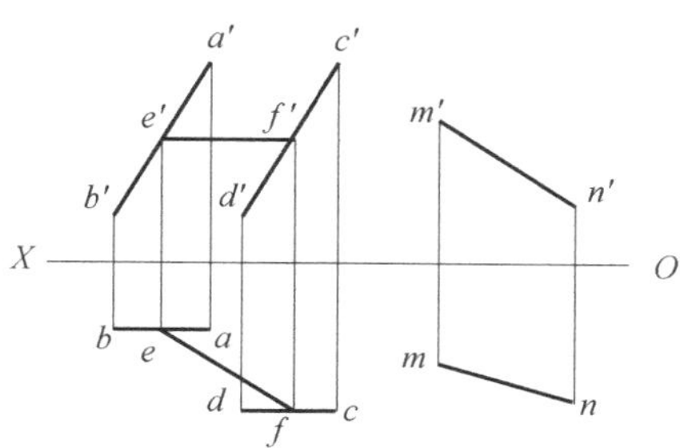

图 3－19　判断直线是否垂直平面

3.3.2　两平面相互垂直

从初等几何知道，若一直线垂直于一平面，则包含这条直线的所有平面都垂直于该平面。反之，若两平面互相垂直，则由属于第一个平面的任意一点向第二个平面所作的垂线一定属于第一个平面。如图 3－20 所示，点 C 属于第一个平面，直线 CD 是第二个平面的垂线，图 3－20(a)中直线 CD 属于第一个平面，所以两平面相互垂直;图3-20(b)中直线CD不属于第一个平面,所以两平面不垂直。据此,可以处理有关两平面相互垂直的投影作图问题。

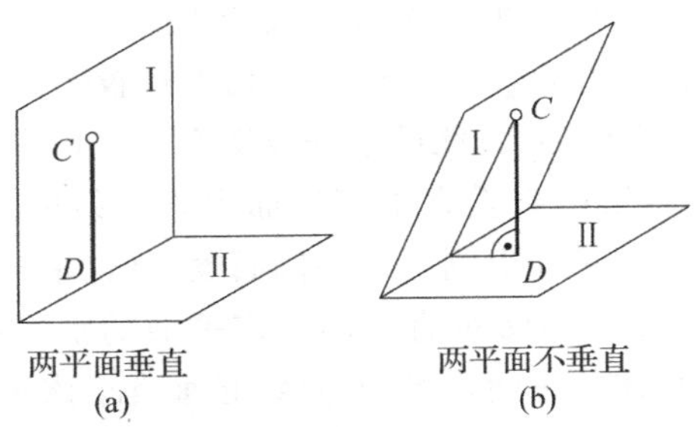

图3-20 两平面的直观图

【例3-11】 如图3-21所示,过定点S作平面垂直于平面$\triangle ABC$。

解 首先过点S作$\triangle ABC$的垂线SF,包含垂线SF的一切平面均垂直于$\triangle ABC$。本题有无穷多解。任作一直线$SN(sn, s'n')$与SF相交,则SF与SN所确定的平面便是其中之一。

【例3-12】 如图3-22所示,试判断$\triangle KMN$与相交两直线AB和CD所给定的平面是否相垂直。

解 任取属于平面$\triangle KMN$的点M,过点M作第二个平面的垂线,再检查垂线是否属于平面KMN。为作垂线,先作出属于第二个平面的正平线CD和水平线EF。作垂线MS(即$ms \perp ef, m's' \perp c'd'$),作图发现$MS$不属于平面$KMN$,故两平面不垂直。

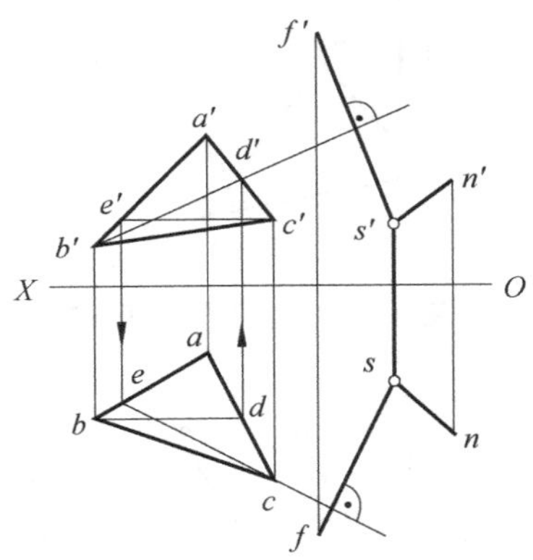

图3-21 过定点作平面的垂直线

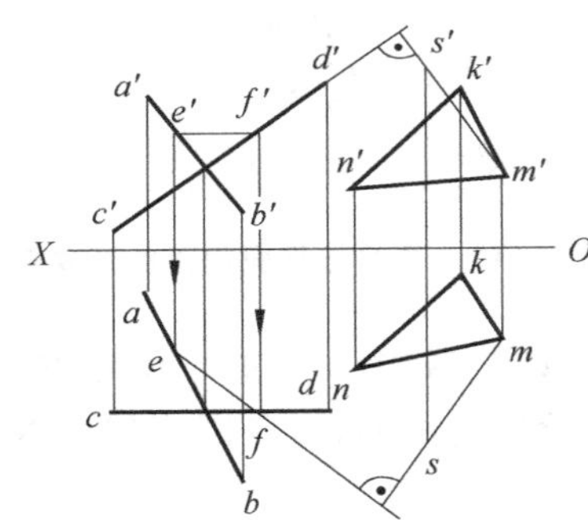

图3-22 判别两平面是否垂直

【例3-13】 如图3-23所示,在直线AB上取一点K,使其与投影面V、H等距离。

分 析 所求点K既在直线AB上,又在投影面V和H的角平分面P上,则点K为直线AB与平面P的交点。作图步骤如图3-22所示:

① 作出平面P,以迹线(P_W)表示;

② 画出直线AB的侧面投影;

③ 求出直线AB与平面P的交点K。

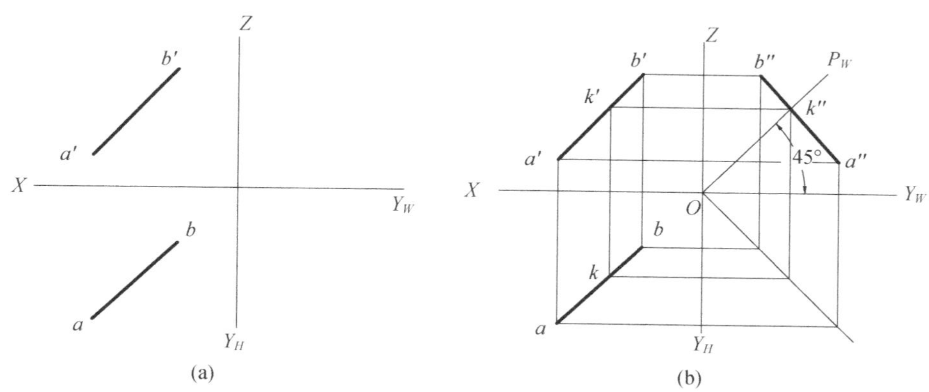

图 3-23　作点 K 使其与投影面 V、H 等距离

本章小结

直线与平面的相对位置、两平面的相对位置可分为平行、相交和垂直。

1. 平　行

(1) 直线与平面平行

① 由初等几何知识可知：若一条直线平行于平面内的一条直线，则该直线与该平面平行。

② 在特殊情况下，当平面处于特殊位置时(即：投影面垂直面、投影面平行面)，直线与平面的平行关系，可以直接在有积聚性的投影中表现出来。

(2) 平面与平面平行

① 由初等几何知识可知：若一平面上的一对相交直线，分别与另一平面上的一对相交直线互相平行，则这两个平面互相平行。

② 在特殊情况下，当两个平面都为同一投影面的垂直面时，并且互相平行，则平行关系可直接在有积聚性的投影中反映出来；反之，若两个平面的同面积聚投影互相平行，则空间两平面互相平行。

2. 相　交

(1) 直线与平面相交

交点：既是直线上的点，又是平面上的点，具有公共性。

求交点的步骤：

① 根据交点的公共性，求出交点的投影；

② 判别其可见性。

(2) 平面与平面相交

交线：它是两平面的共有线，具有公共性。

求交线的步骤：

① 根据公共性，求出交线；

② 判别其可见性。

(3) 一般位置直线与一般位置平面相交

求交点的步骤：

① 包含直线作一辅助平面(一般为投影面垂直面);

② 求已知平面与辅助平面的交线;

③ 求交线与已知直线的交点,即为所求的点,并判别可见性。

(4) 两个一般位置平面相交

交点法:利用直线与一般位置平面相交求交点的方法,两交点的连线,即为交线,并判别可见性。

三面共点原理:作一系列辅助平面(一般为投影面平行面),与已知的两平面相交,必得交点,求得两交点,连线即为交线。

3. 垂　直

(1) 直线与平面垂直

直线垂直于平面的投影特性:若一直线垂直于一平面,则该直线的水平投影一定垂直于该平面上所有水平线的水平投影(也垂直于水平迹线);直线的正面投影一定垂直于该平面上所有正平线的正面投影(也垂直于正面迹线);直线的侧面投影一定垂直于该平面上所有侧平线的侧面投影(也垂直于侧面迹线)。

反之,若直线的水平投影与平面上任一水平线的水平投影垂直,其正面投影与平面上任一正平线的正面投影垂直,直线的侧面投影与平面上任一侧平线的侧面投影垂直,则该直线与平面垂直。

(2) 平面与平面垂直

由初等几何可知:若一直线垂直于一定平面,则包含这条直线的所有平面都垂直于该平面。反之,如果两平面互相垂直,则由属于第一平面的任意一点向第二个平面所作的垂线一定属于第一个平面。

第4章 投影变换

4.1 概 述

4.1.1 投影变换

如表4-1所列，当几何元素对投影面处于一般位置时，投影图不反映元素的真实形状、距离和角度。由直线或平面的投影特性可知，当几何元素与投影面处于特殊位置时，其投影反映某种特性(如实长、实形、倾角等)，并且可方便解决某些定位和度量问题(如求距离、交点、交线等)。怎么使直线或平面与投影面处于特殊位置呢？工程上常用的方法之一就是进行投影变换。

表4-1 求一般几何元素的实形、夹角、距离、交点

求直线的实长和倾角大小	求平面的实形和直线间的夹角	求平面间的夹角	求共有点

1. 定 义

设法把空间形体对投影面的相对位置，变换成有利于图解的位置，再求出新位置投影的方法。

2. 目 的

有利于图解空间几何问题。把一般位置的复杂问题变换成特殊位置的问题来求作。可将一般位置的直线、平面变换为特殊位置的直线、平面，求实形、夹角、距离等。

4.1.2 投影变换方法简介

1. 换面法

空间几何元素的位置不动,用新的投影面代替旧的投影面,使空间元素对新的投影面的相对位置变换成有利于图解的位置,然后求出新投影面上的投影。

***2. 旋转法**

投影面保持不动,使空间几何元素绕某一轴旋转到有利于图解的位置,然后找出其旋转后的新投影。

***3. 斜投影法**

空间几何元素和投影面都保持不动,采用斜角投影使空间几何元素投影到原体系的某一投影面上的投影具有积聚性,有利于解题。

4.2 换面法

4.2.1 换面法的基本概念

如图 4-1(a)所示,△ABC 为一铅垂面,它在 V 面和 H 面投影体系(简称 V/H 投影体系)中的投影都不反映实形,为了在投影中能够反映该△ABC 的实形,需重新找一个新的投影面(V_1)即平行于空间△ABC 的平面,并且该投影面一定要垂直于 H 投影面,以新的 V_1 面替换了 V 面,重新组成了一个新的投影体系(V_1/H 体系)。在新投影体系中,△ABC 在 V_1 面上的投影反映实形。

从投影体系中可以知道,新的投影面是不能任意选择的,首先使空间几何元素在新投影面上的投影能够更方便地解决问题,并且新投影和不变投影组成一个两面投影体系,应用前面讲到的正投影理论作出新的投影图,如图 4-1(b)所示。因此,新投影面的选择必须符合下列条件:

① 新投影面必须和空间几何元素处于有利于解题的位置;

② 新投影面必须垂直于原投影体系中不变的投影面。

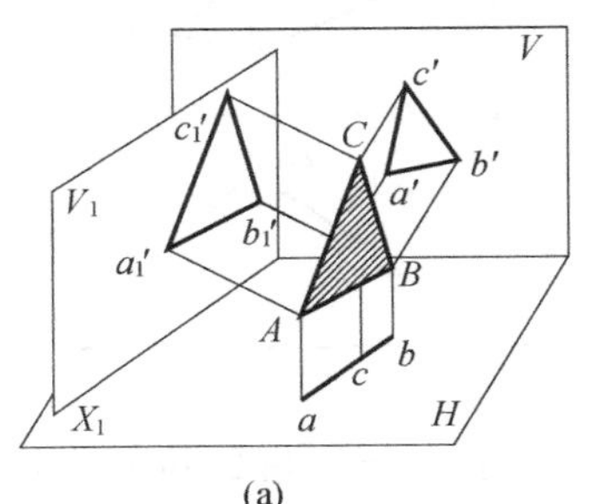

(a)

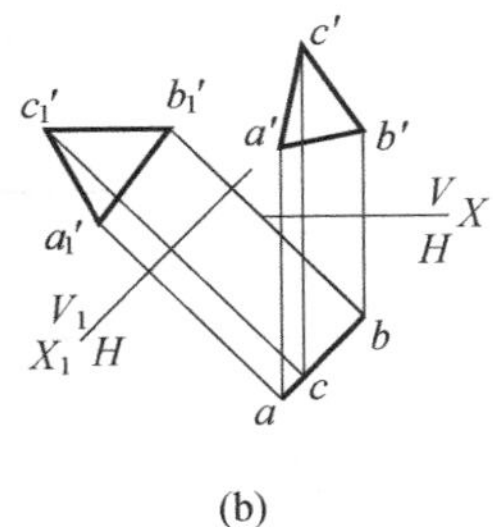

(b)

图 4-1 V/H 体系变换为 V_1/H 体系投影图

4.2.2　点的投影变换规律

1. 点的一次变换

点是一切几何形体的基本元素。要掌握几何形体的投影变换，就必须先掌握点的投影变换规律。如图 4－2(a)所示，取一个新的投影面 H_1 代替 H 投影面，新的 H_1 投影面和不变的 V 投影面组成新的投影体系，空间点 A 向新投影体系进行投影，就得到了新投影 a_1，其投影图如图 4－2(b)所示。从直观图的空间关系可以知道，$a_1a_{X_1}=Aa'=aa_X$，H_1 面绕 X_1 轴旋转后与 V 面在一个平面上，此时 V 面投影 a'和新投影 a_X 的连线 $a_Xa'\perp X_1$。根据以上的分析，可以得出点的投影变换规律：

① 点的新投影和不变投影的连线，必须垂直于新投影轴；

② 点的新投影到新轴之间的距离等于被代替的投影到旧轴之间的距离。

同理：变换 V 面也是如此。

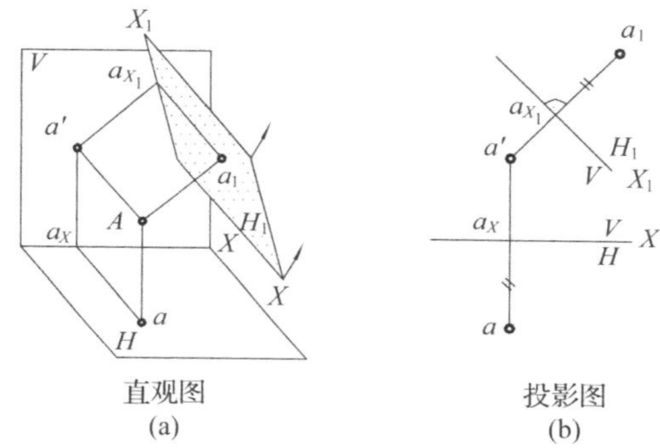

图 4－2　点的一次变换直观图和投影图

2. 点的二次变换

在运用换面法去解决实际问题时，有时变换一次投影面还不能解决实际问题，需要变换两次甚至更多次。点的二次变换，是在点的一次变换基础上对它再进行一次变换。如图 4－3 所示，点的第一次变换，其投影体系由 V/H 体系变换为 V/H_1 体系；点的二次变换，其投影体系再由 V/H_1 体系变换为 H_1/V_2，其空间关系和投影图的作图原理与点的一次变换相同。

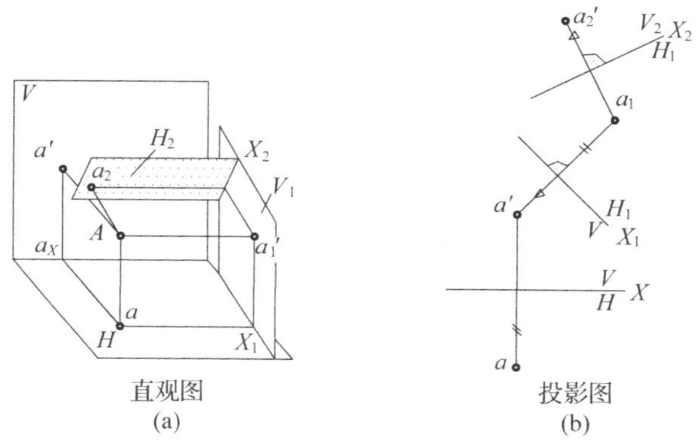

图 4－3　点的二次变换直观图和投影图

4.2.3 投影变换解决的4个基本问题

1. 把一般位置直线变成投影面平行线

作图时只须进行一次变换,新的投影轴 X_1 平行于不变的投影,再按点的变换规律求之。这种变换可解决下列问题:

① 求一般位置直线的实长;

② 直线对 H、V、W 面的倾角 α、β、γ 的大小;

③ 两点之间的距离等。

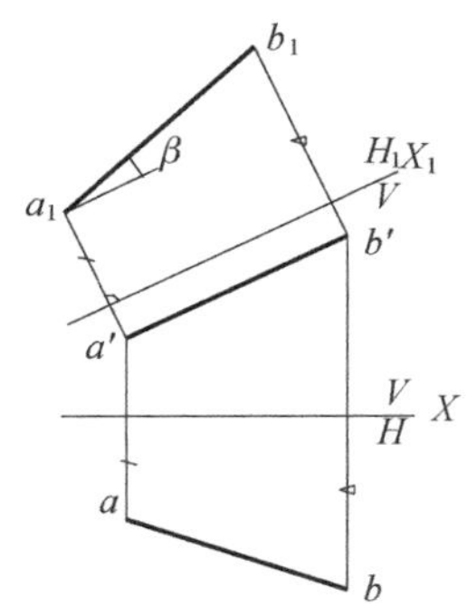

图4-4 求直线的实长和倾角 β

如图4-4所示,已知直线 AB 的两面投影 ab 和 $a'b'$,取一个新的投影面 H_1 替代了 H 投影面,组成了新的投影体系(V/H_1),在新投影面上求作出了新投影 a_1b_1,由于直线 AB 平行于新投影面 H_1,所以 $a_1b_1=AB$,即反映直线的实长,同时也反映出空间直线与 V 面之间的倾角 β 的大小。

同理,如果变换 V 面,同样可以求作出直线 AB 的实长,以及直线对不变投影面 H 面的倾角 α 的大小。

2. 将一般位置直线变为投影面的垂直线

为了满足换面法的两个基本条件,必须进行两次变换,即先将一般位置直线变为投影面平行线,再一次变换为投影面垂直线。

这种变换可解决下列问题:

① 点到直线的距离;

② 两平线间的距离;

③ 直线与平面求作交点。

如图4-5所示,直线 AB 在第一次变换中,已经变换为新 H_1 上的平行线了,根据直线投影的特性,只需在此基础上取另一个新投影面 V_2,使直线 AB 垂直于 V_2。此时,V_2 替换掉 V/H_1 投影体系中的 V 面,组成新的投影体系为 V_2/H_1,根据空间关系和投影变换规律,作出新投影 $a'_2b'_2$,且积聚为一点。

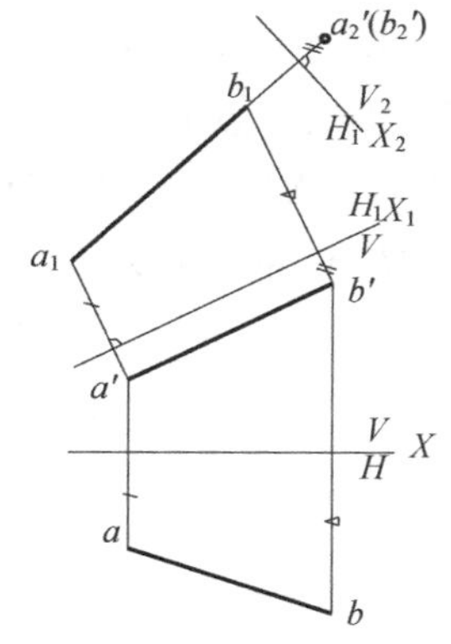

图4-5 一般位置直线变为投影面的垂直线

3. 将一般位置平面变为投影面的垂直面

根据平面与平面的垂直关系,只需在平面中作任一直线垂直于新的投影面,那么平面与新投影面的关系就能满足,所以只需进行一次变换就能解决问题。如图4-6所示,为了将△ABC 平面变换成新投影面中的垂直面(新的铅垂面),需找到一个投影面 H_1,使这个投影面和△ABC 平面中的正平线垂直,在投影图中体现为投影轴 X_2 与平面上的正平线的正面投影垂直,即在△ABC 中作一条正平线 AD(ad,$a'd'$),$a'd' \perp X_2$ 轴。根据点的投影变换规律,分别求作出△ABC 的新投影 $a_1b_1c_1$,且积聚为一直线段,并且该线段与 X_2 轴之间的夹角反映平面与原 V 投影面之间的倾角 β 的大小。

同理，可以找到一个投影面 V_1 替换掉 V 面，将平面变换成新投影面中的垂直面（新的正垂面），也可以求作出平面与原 H 面的倾角 α 的大小。

这种变换可解决下列问题：

① 平面与投影面之间的倾角大小；

② 直线与平面相交求作交点；

③ 两平面相交求作交线，以及平面间的夹角；

④ 点到平面的距离；

⑤ 直线与平面的夹角。

4. 将一般位置平面变为投影面的平行面

为了满足换面法的两个基本条件和平面与投影面的位置关系，必须进行两次变换，即先将一般位置平面变为投影面垂直面，再一次变换为投影面平行面。

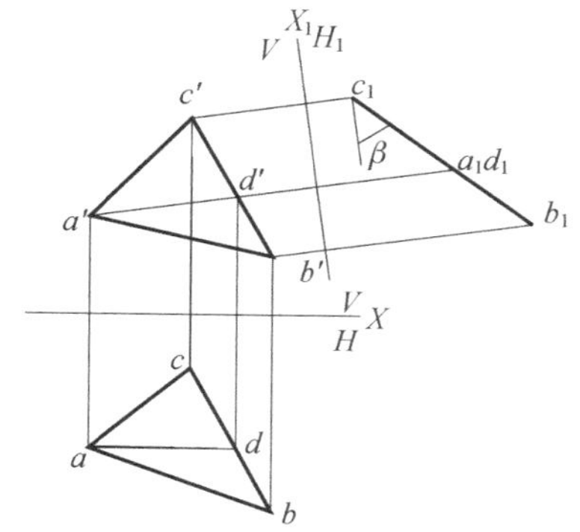

图 4－6　一般位置平面变为投影面的垂直面

这种变换可解决的问题：

① 求作平面的实形；

② 直线与直线间的夹角。

如图 4－7 所示，△ABC 平面通过一次变换后成了新投影面中的铅垂面，在这种特殊位置下，可以找到另一个新的投影面既平行于△ABC，同时也垂直于投影面 H_1，在投影图中体现出 X_2 轴 $/\!/ a_1b_1c_1$ 投影，按点的投影变换规律，作出二次变换的新投影△$a_2'b_2'c_2'$，且反映三角形平面的实形。

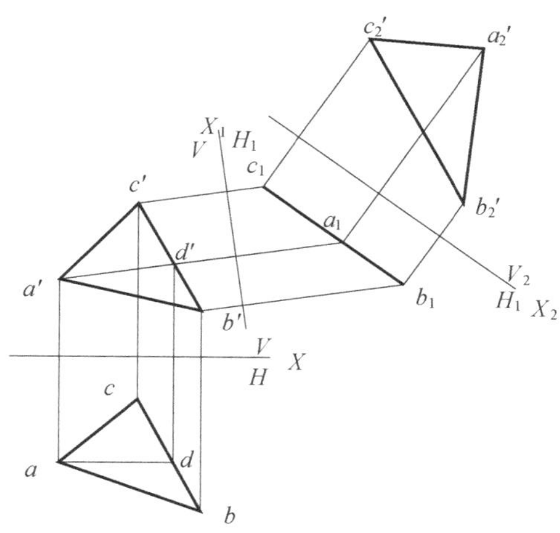

图 4－7　一般位置平面变为投影面的平行面

经过以上的几种变换，可将点、线、面的综合问题简单化了，便于解题。

4.3 习题分析举例

【例 4-1】 如图 4-8 所示,求作点 K 到直线 AB 之间的距离。

分 析 本题有两种方法可以求作距离。

① 用几何元素投影方法。过点 K 作一平面 P 垂直于直线 AB,然后求作直线 AB 与平面 P 的交点 M,连接 KM,即为距离。

② 用换面法。如图 4-9 所示,将直线 AB 通过换面,使之成为新投影面内的垂直线(须经过二次换面),即可直接找到距离。

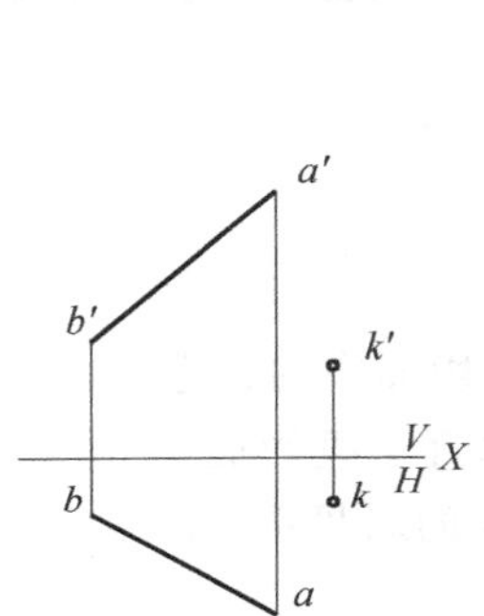

图 4-8 求作点 K 到直线 AB 之间的距离

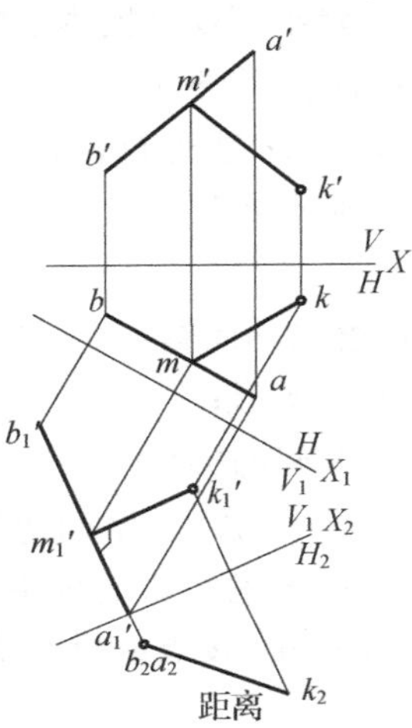

图 4-9 换面法求作点 K 到直线 AB 之间的距离

【例 4-2】 如图 4-10(a)所示,求作交叉两直线 AB 和 CD 的公垂线 MN。

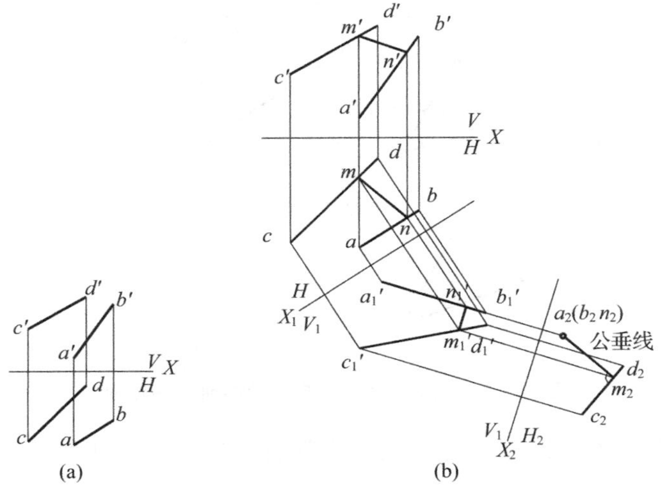

图 4-10 求作交叉两直线 AB 和 CD 的公垂线 MN

分　析　本题有两种方法可以求作公垂线。但用换面法作图要简单一些，换面法求作公垂线的步骤如图4-10(b)所示：

① 将直线 AB 变换为新投影面的平行线，投影体系由 H/V 变换为 H/V_1，直线 AB 的新投影 $a_1'b_1'$ 为正平线；直线 CD 同样进行变换；

② 将 $a_1'b_1'$ 再进行变换，使之成为投影面的垂直线，投影体系由 H/V_1 变换为 V_1/H_2，直线 AB 变换为 a_2b_2，即积聚为一点，直线 CD 同样进行变换；

③ a_2b_2 作直线 c_2d_2 的垂线，即为公垂线 m_2n_2。

【例4-3】　如图4-11(a)所示，求作直线 AB 与平面 DEF 之间的夹角 θ 大小。

分　析　本题是图解空间问题中比较复杂的题型，我们可以通过换面法，作一新投影面既与直线 AB 平行，又与平面 DEF 垂直，则在该新投影面的投影必反映直线与平面的夹角 θ 的大小。由于平面 DEF 处于一般位置，为此先将平面变为投影面平行面，这需要进行两次变换；然后作出新投影面 V_3 与直线 AB 平行，平面必与 V_3 垂直，这是第三次变换，如图4-11(a)所示。

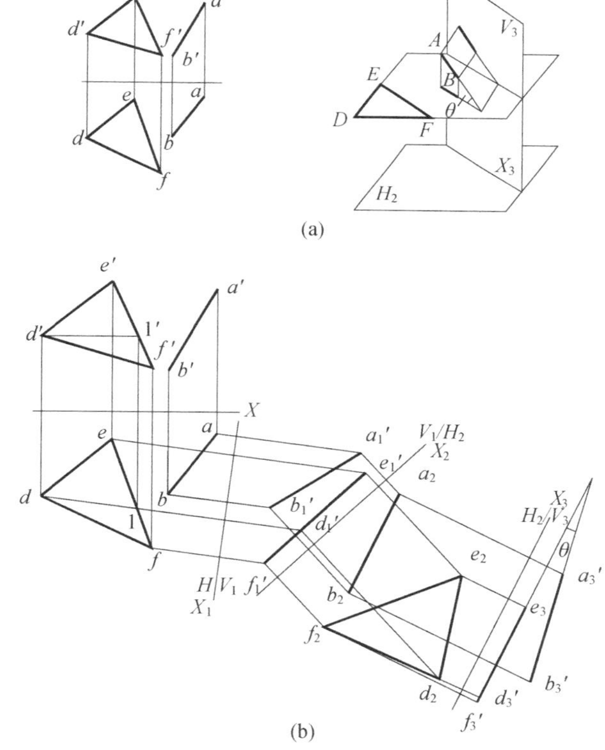

图4-11　求作直线 AB 与平面 DEF 之间的夹角 θ

作图步骤如图4-11(b)所示：

① 进行第一次变换，将平面 DEF 变成新投影面的垂直面，直线 AB 随之一起变换；

② 进行第二次变换，将平面 DEF 变换成新投影面的平行面，直线 AB 随之一起变换；

③ 进行第三次变换，将一般位置直线 AB 变成新投影面的平行线，平面 DEF 也随同变换，则 $a_3'b_3'$ 与 $d_3'e_3'f_3'$ 之间的夹角 θ 即为所求。

本章小结

1. 换面法

空间几何元素的位置不动,用新的投影面代替旧的投影面,使空间元素对新的投影面的相对位置变换成有利于图解的位置,然后求出新投影面上的投影。

2. 换面法的基本条件

① 新投影面必须和空间几何元素处于有利于解题的位置;

② 新投影面必须垂直于原投影体系中不变的投影面。

3. 点的投影变换规律

① 点的新投影和不变投影的连线,必须垂直于新投影轴;

② 点新的投影到新轴之间的距离等于被代替的投影到旧轴之间的距离。

4. 四个基本问题

① 一般位置直线变换成投影面平行线,作图时,新投影轴与被保留投影面上的直线的投影平行。利用这一变换,可解决求一般位置直线实长及对投影面的倾角,还可解决求两直线垂直的有关作图问题。

② 投影面平行线变换成投影面垂直线,作图时,应保持直线所平行的投影面不动,新投影轴与反映实长的投影垂直。

③ 一般位置平面变换成投影面垂直面,作图时新投影轴垂直于平面上投影面平行线的反映实长的投影,利用这一换面,可解决如下作图问题:求点到平面的距离及两平行平面的距离;求平面与投影面的倾角;求一般位置直线与平面的交点。

④ 投影面垂直面变换成投影面平行面,作图时新投影轴平行于平面有积聚性的投影。

以上的几种变换,可将点、线、面的综合问题简单化,便于解题。

第 5 章　基本立体的投影

立体是由内、外表面围成的空间形体。由于表面有平面和曲面两种，因此所形成的立体也有平面立体和曲面立体之分，如图 5－1 所示。根据表面的形状和位置的不同，又分为简单的立体和复杂的立体。

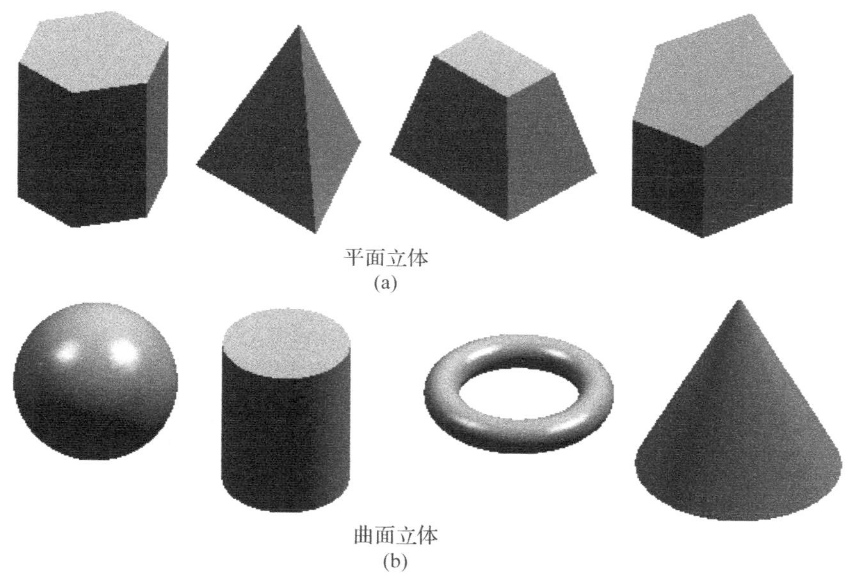

平面立体
(a)

曲面立体
(b)

图 5－1　常见的平面立体和曲面立体

5.1　平面立体

表面都由是平面多边形所围成的立体称为平面立体。常见的有棱柱和棱锥两种。平面立体的投影是绘制出立体各表面的投影，而各表面是由很多线段组成，只要绘制出各线段的投影即可。所以，绘制平面立体的投影图，可归纳为绘制其表面的交线（可称为棱线）和各顶点（棱线的交点）的投影。在绘图中凡是可见的轮廓线用粗实线画出，不可见的轮廓线用虚线画出，中心线、轴线和对称中心线等用细点画线画出。

5.1.1　棱柱和棱锥的投影

图 5－2 所示为一个正六棱柱的投影图。它的顶面和底面为水平面，其 6 个棱面垂直于 H 面，且前后两个棱面平行于 V 面，6 条棱线均垂直于 H 面，为铅垂线。作六棱柱的投影图时，先画出反映断面实形的投影，其水平投影反映实形，上下面的投影重合，为一正六边形，其余

6 个棱面均有积聚性,其投影积聚在 6 条边上;正面投影中,上顶面和下底面积聚为两线段,6 个棱面中的前后两棱面在 V 面中反映实形,其余投影为类似形;在侧面投影中,上顶面和下底面积聚为两线段,6 个棱面中的前后两棱面在 W 面中积聚为线段,其余投影为类似形。注意,在投影时,有些线段会重合在一起,当粗实线、虚线和点画线重合在一起时,按粗实线—虚线—点画线的先后顺序来画出。

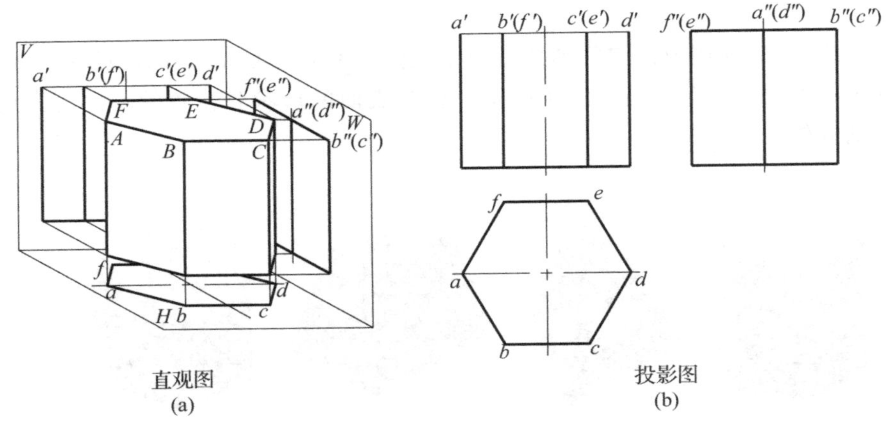

图 5-2 六棱柱的投影图

图 5-3 所示为一个正三棱锥的投影图。它的底面为水平面,3 个棱面相交产生的 3 条棱线相交于一点 S,为三棱锥的锥顶。作投影图时,先作出反映断面实形的水平投影,为一等边三角形,其锥顶 S 的投影在三角形内,连接 sa、sb、sc 得到棱线的投影;在正面投影中,底面积聚为一线段,其 3 个棱面的投影均为类似形;在侧面投影中,底面积聚为一线段,由于底边 AC 为侧垂线,故棱面 SAC 积聚为一线段,其余为类似形。

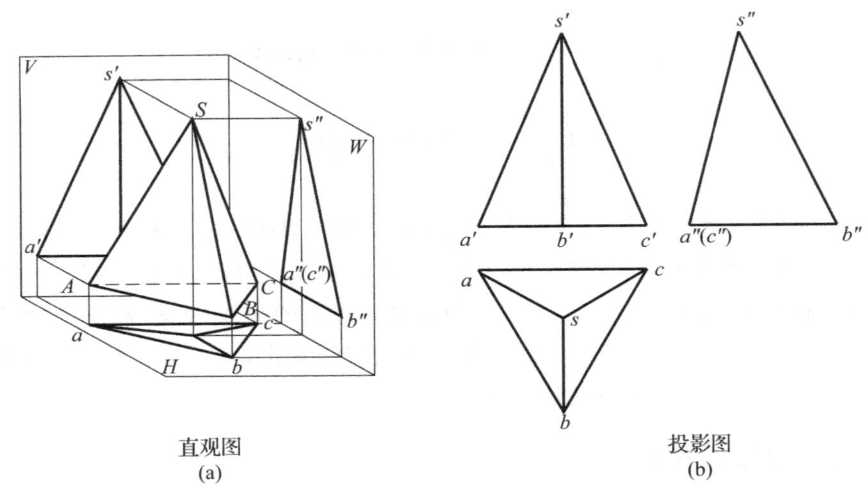

图 5-3 三棱锥的投影图

5.1.2 棱柱和棱锥的表面取点

由于平面立体的表面都是由平面组成，所以，其表面取点的作图问题，可以采用前面讲到的平面内取点、取线的方法和原理。

【例 5-1】 如图 5-4(a)所示，已知六棱柱的 H、V 面投影及其表面上的 A、B、C 三点的一个投影 a、b'和(c')，求作另外两个投影。

分 析 根据六棱柱的投影特性，作出其 W 面投影；在根据已知点的投影判断出点在其立体表面的位置，然后按照投影规律分别作出其投影，再进行可见性的判别：点所在的表面投影可见，则点的投影即可见，反之，不可见(用括号括上)。作图步骤如图 5-4(b)所示：

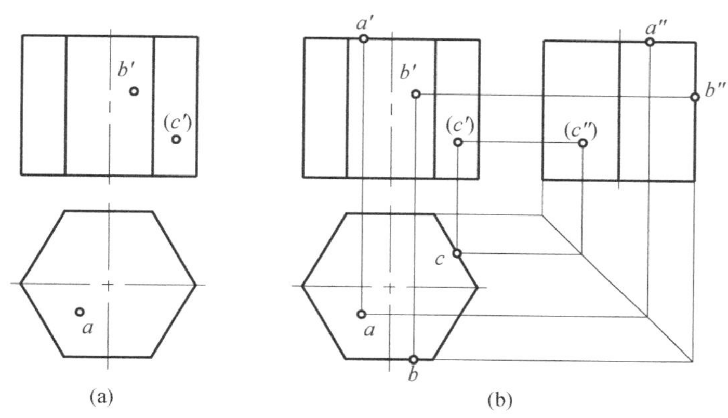

图 5-4 六棱柱表面取点

① 作出棱柱的 W 面投影。

② 求作 a' 和 a''。由于点 A 的 H 面投影在六边形内且可见，故可判断点 A 在顶面上，则 a'和 a''在积聚的线段上，按点的投影规律可求出。

③ 求作 b 和 b''。从已知的 V 面投影可知，点 B 是可见的且在棱面上，可判断它在正前方的棱面上。先求出有积聚性的 H 面投影 b，在根据投影规律作出其 W 面投影，它落在最前面的线段上。

④ 求作 c 和 c''。从已知的 V 面投影可知，点 C 是不可见的，它的位置在棱柱的右边的后面棱面上。先求出有积聚性的 H 面投影 c，在根据投影规律作出其 W 面投影，且不可见。

【例 5-2】 如图 5-5(a)所示，已知三棱锥的 H、V 面投影及其表面上的 M、N 两点的一个投影 m'、(n')，求作另外两个投影。

分 析 三棱锥的 3 个棱面在 H 面投影中没有积聚性，棱面上点的投影必须用平面内取点的方法和原理求作。作图步骤如图 5-5(b)所示：

① 按投影规律，作出三棱锥的 W 面投影。

② 求作 m 和 m''。过 m'作辅助线 $e'f'/\!/a'b'$，根据直线 SA 上点 e'的 H 面投影 e，过 e 作直线 $ef/\!/ab$，再根据直线 EF 上的点，作出 m；按点的投影规律求出 m''，并判别可见性。

③ 求作 n 和 n''。连接 $s'(n')$并延长与底边 $b'c'$相交于 l'；作出直线 $s'l'$的 H 面投影 sl，根据直线 SL 上的点，作出 n；按点的投影规律求出 n''，并判别可见性。

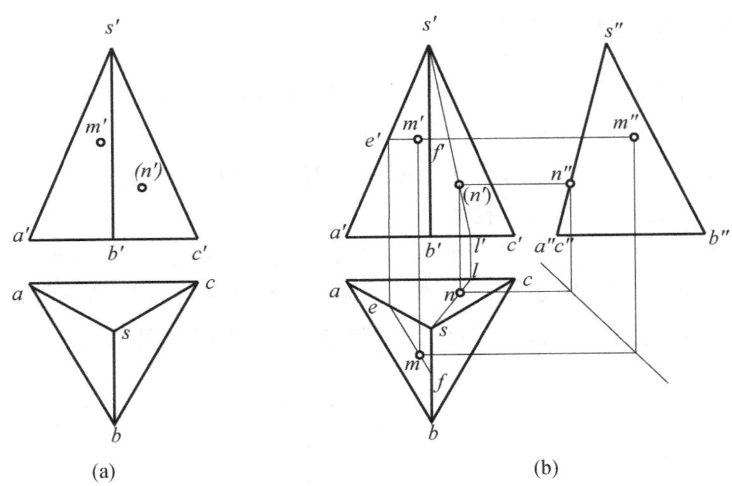

图 5-5 三棱锥表面取点

5.2 常见回转体

表面是曲面或曲面和平面的立体,称为曲面立体,若曲面立体的表面是回转曲面称为回转体,回转体是一动线绕一条定直线回转一周,形成一个回转面。这条定直线称为回转体的轴线。动直线称为回转体的母线。母线在回转体上任意位置称为素线,母线上每一点运动轨迹都是圆,称为纬圆,纬圆平面垂直于回转轴线。

5.2.1 圆 柱

1. 圆柱的投影

如图 5-6 所示,以直线 AA 为母线,绕与它平行的轴线回转一周所形成的面称为圆柱面。圆柱面和两端平面围成圆柱体,简称圆柱。

图 5-6(a)所示为一轴线为铅垂线放置的圆柱,因此圆柱面的 H 面投影积聚为圆,此圆同时也是两底面的投影;在 V 投影和 W 投影上,两底面的投影各积聚成一条直线段。求圆柱面的投影要分别画出决定其投影范围的外形轮廓线的投影,该线也是圆柱面上可见和不可部分的分界线。从图中看出,圆柱面最左端的素线 AA 和最右端的素线 BB 处于正面投射方向的外形轮廓位置,称为 V 面转向轮廓素线,它们的 V 面投影 $a'a'$ 和 $b'b'$ 将圆柱分为前半部和后半部,前半部圆柱面可见,后半部不可见,其投影与前半部重合。最前端的素线 CC 和最后端的素线 DD 处于侧面投射方向的外形轮廓位置,称为 W 面转向轮廓素线,它们的 W 面投影 $c''c''$ 和 $d''d''$ 将圆柱分为左半部和右半部,左半部投影可见,右半部投影不可见且与左半部重合。

圆柱投影作图步骤如图 5-6(b)所示:

①先用细点画线画出轴线的 V 面投影和 W 面投影以及 H 面投影的对称中心线;

②画出圆柱面具有积聚性的 H 面投影——圆;

③按投影规律画出 V 面的转向轮廓素线投影;

④按投影规律画出 W 面的转向轮廓素线投影。

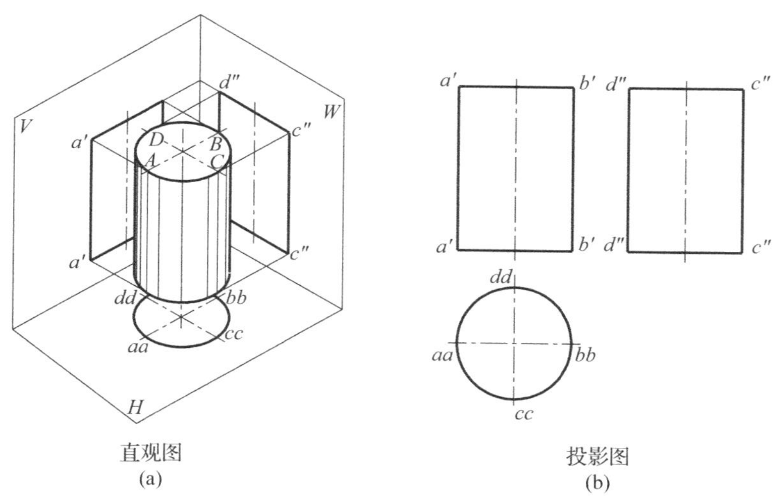

直观图
(a)

投影图
(b)

图 5-6　圆柱的三面投影

2. 圆柱表面取点

当圆柱轴线处于投影面垂直线的位置时，圆柱面在与其轴线垂直的投影面的投影积聚为圆。在圆柱面上取点时，可以利用积聚性法求解。

【例 5-3】　如图 5-7(a)所示，已知在圆柱体的表面上有 A、B、C 三点的一个投影，求作点的其余两个投影。

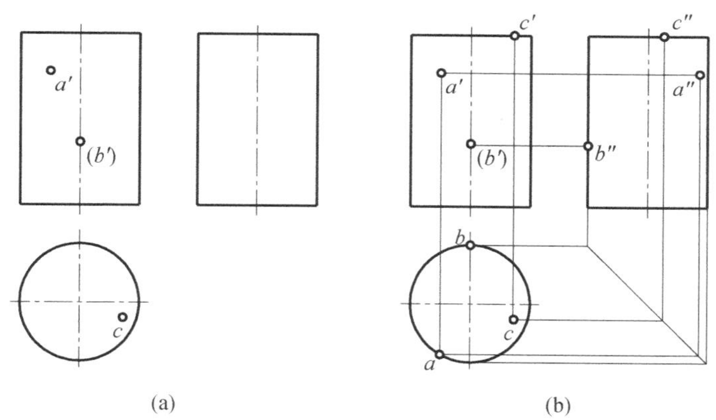

(a)

(b)

图 5-7　圆柱表面上取点

分　析　根据已知点的投影和位置，可以判断出点 A 和 B 在圆柱面上，而点 C 在圆内且可见，据此可判断出点 C 在圆柱的上顶面内。作图步骤如图 5-7(b)所示：

① 求作 a 和 a''。点 A 位置在圆柱面的前半部的左半部，其 H 面投影 a 积聚在圆周上，其 W 面投影 a'' 按投影规律作出，且可见。

② 求作 b 和 b''。点 B 的位置在圆柱面的最后的转向轮廓素线上，其 H 面投影 b 积聚在圆周上，其 W 面投影 b'' 按投影规律作出。

③ 求作 c' 和 c''。圆柱的上顶面在 V 和 W 投影积聚为一线段，故 c' 和 c'' 也在该线段上，按投影规律作出即可。

5.2.2 圆 锥

1. 圆锥的投影

如图5-8(a)所示,以直线SA为母线,绕与它相交的轴线回转一周所形成的面称为圆锥面。由圆锥面和锥底平面围成圆锥体,简称圆锥。

图5-8(a)所示为一正圆锥,其轴线为铅垂线,底面为水平面。底面的正面和侧面投影积聚为一段水平直线,水平投影反映实形,是一个圆。圆锥面上点的水平投影都落在此圆范围内,圆锥面投影无积聚性。求作圆锥的投影要分别画出圆锥面的转向轮廓线,即圆锥面上可见与不可见部分的分界线。圆锥面上最左端素线SA和最右端素线SB是V面的转向轮廓素线,其投影$s'a'$和$s'b'$为圆锥的V面转向轮廓线,它们将圆锥分为前半部和后半部,前半部圆锥面可见,后半部不可见,其投影与前半部重合;而最前端素线SC和最后端素线SD是W面的转向轮廓素线,其投影$s''c''$和$s''d''$为W面转向轮廓线,它们将圆锥分为左半部和右半部,左半部投影可见,右半部投影不可见且与左半部重合。

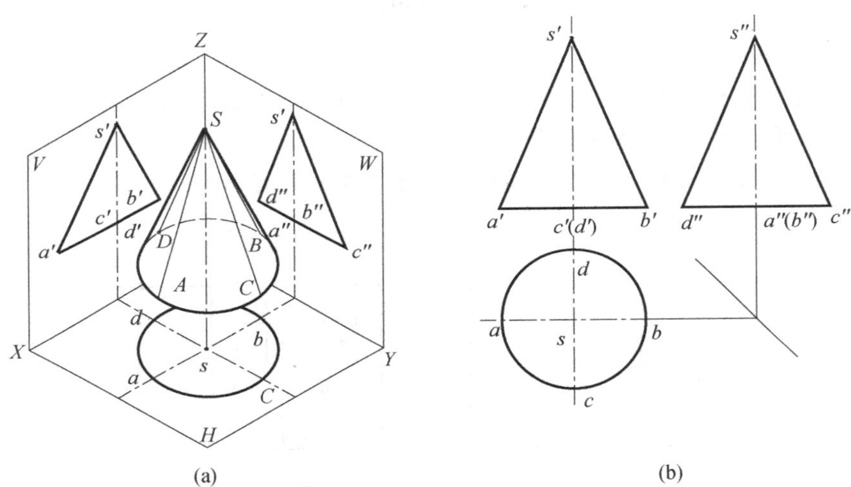

图5-8 圆锥的三面投影

作图步骤如图5-8(b)所示:

① 用细点画线画出轴线的正面和侧面投影以及出圆锥水平投影的对称中心线;

② 画出锥底面的三面投影;

③ 画出锥顶点s的投影;

④ 画出各投影的转向轮廓线。

2. 圆锥表面取点

【例5-4】 如图5-9所示,已知M点的正面投影m',求M点的水平投影m和侧面投影m''。

分 析 由m'可知,M点在圆锥面上。由于圆锥面的投影无积聚性,因此欲在其表面取点需要先作适当的辅助线。

方法一:辅助素线法。作图步骤如图5-9(b)所示:

① 在正面作过锥顶S和点M的辅助素线。连接$s'm'$并延长交锥底于$1'$。

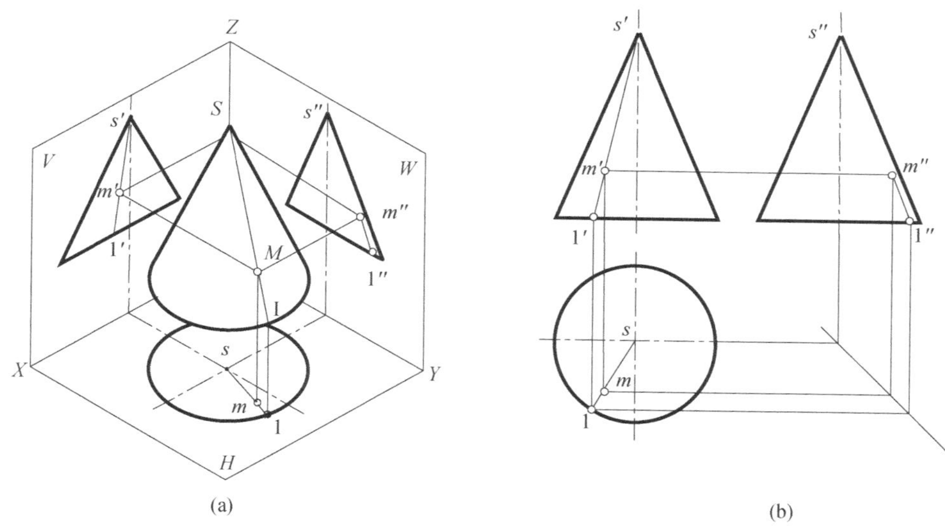

图 5－9　圆锥投影及其表面取点

② 求出水平投影 $s1$ 和侧面投影 $s''1''$。M 点的投影必在 S Ⅰ线的同面投影上。

③ 按投影规律由 m'可求得 m 和 m''。M 点所在锥面的 3 个投影均可见，所以 m、m'、m'' 均可见。

方法二：辅助纬圆法。作图步骤如图 5－10(b)所示：

① 过 M 点作一平行于底面的水平辅助纬圆，该纬圆的正面投影为过 m'且垂直于轴线的直线段 $2'3'$；

② 它的水平投影为一直径等于 $2'3'$的圆；

③ m'必在此纬圆上，由 m'求得 m，再由 m'、m 求出 m''。

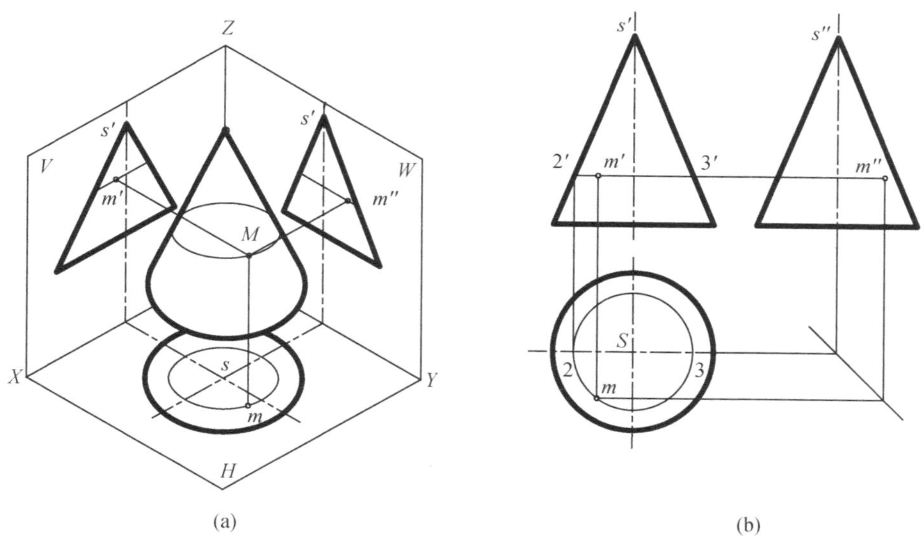

图 5－10　圆锥投影及其表面取点

圆锥表面取线的方法一般是在线的已知投影上适当选取若干点,利用辅助素线法或辅助纬圆法求出这些点的另外两投影,光滑地连接各点的同面投影,并判别可见性,即完成投影图。

5.2.3 圆 球

1. 圆球的投影

以半圆为母线,绕其直径所在轴线回转一周形成的面称为球面。球面围成球体,简称球。

如图 5-11 所示,球由单纯的球面形成,它的 3 个投影均为圆,其直径与球的直径相等,3 个投影分别是球面上 3 个投射方向的投影轮廓线。正面投影轮廓线是平行于 V 面的最大圆的投影;水平投影轮廓线是平行于 H 面的最大圆的投影;侧面投影轮廓线是平行于 W 面的最大圆的投影。

球投影作图步骤如图 5-11(b)所示:

① 先用细点画线画出对称中心线,确定球心的 3 个投影位置;

② 再画出 3 个与球直径相等的圆。

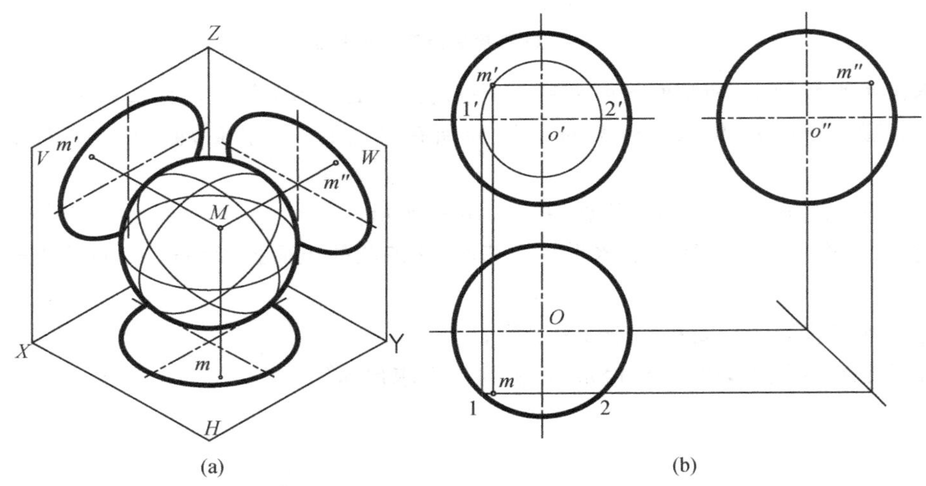

图 5-11 球的投影及其表面取点

2. 圆球表面取点

【例 5-5】 如图 5-11(b)所示,已知球面上 M 点的水平投影 m,求 m' 和 m''。

分 析 球的 3 个投影均无积聚性,在球面上取点只能用辅助纬圆法作图。

作图步骤如图 5-11(b)所示:

① 过 M 点作一平行于正面的辅助纬圆,它的水平投影为直线段 12;

② m' 在该圆周上,由于 m 可见,所以 M 在前、上球面,m' 应在辅助纬圆的上部;

③ 再由 m 和 m' 作出 m''。

同理,也可过 M 点作平行于水平面的辅助纬圆或平行于侧面的辅助纬圆求解。

5.2.4 圆 环

1. 圆环的投影

如图 5-12(a)所示,以圆 A 为母线,绕与该圆在同一平面内但不通过圆心的轴线回转一周所形成的面称为环面。环面围成环体，简称环，其中圆 A 的外半圆回转形成外环面，内半圆回转形成内环面。

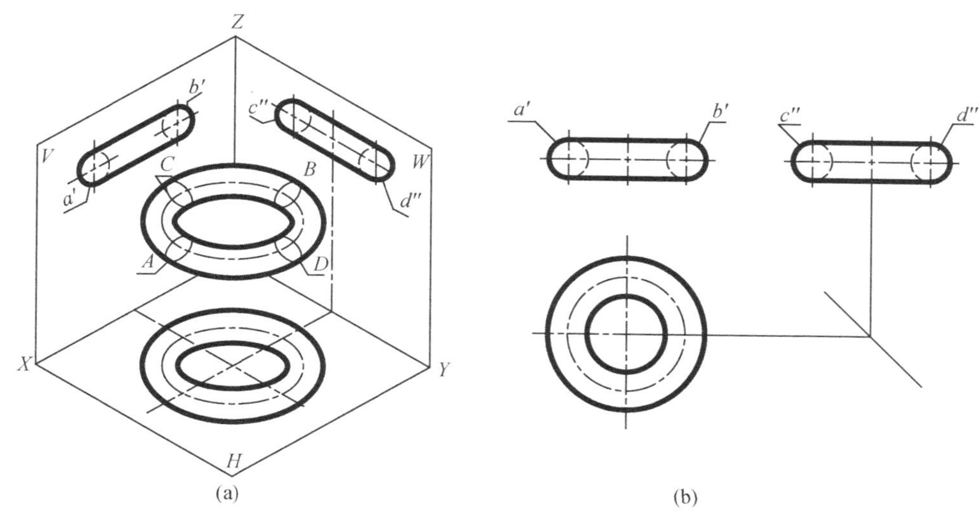

图 5－12　圆环的形成及投影

图 5－12(a)中所示环的轴线为铅垂线，水平投影中的两个同心圆是赤道圆和喉圆的投影，也是可见的上环面和不可见的下环面分界线的投影；用细点画线画出的圆是各素线中心所在圆的投影。

在 V 面投影中，两个圆是最左、最右素线圆 A、B 的投影，也是环面前后分界线。两个粗实线半圆是外环面 V 面投影轮廓线，两个虚线半圆为内环面 V 面投影轮廓线。两个圆的上、下两条切线是环面上最高、最低纬圆的积聚投影。W 面投影与 V 面投影形状相同，但是，投影图中的两个圆应是环上 C、D 两圆的投影。

圆环投影作图步骤如图 5－12(b)所示：

① 先用细点画线画出轴线的正面投影和侧面投影，并画出圆环水平投影的对称中心线。

② 在水平投影中，画出内、外水平投影轮廓线（两个粗实线圆），并用细点画线画出素线圆中心所在圆的投影。

③ 画出正面投影轮廓线，即圆 a'、b'和两圆的上、下两条切线。

④ 画出侧面投影轮廓线，即圆 c''、d''和两圆的上、下两条切线。

2. 圆环表面取点

圆环面是回转面，母线绕轴线旋转时母线上任意一点形成的轨迹都是圆。在圆环面上取点是利用圆作为辅助线。

【例 5－6】 如图 5－13 所示，已知 M 点的 V 面投影 m'，求点的其余两投影。

分　析　M 点在圆环的上半部的外环面上，故可过 M 点作水平辅助纬圆。

作图步骤如下：

① 过点 m'作水平辅助纬圆的 V 面投影 p；

② 求作水平辅助纬圆的 H 面投影；

③ 由 m'点求得 m；

④ 由 m 和 m'求得 m'',并判断可见性,都可见。

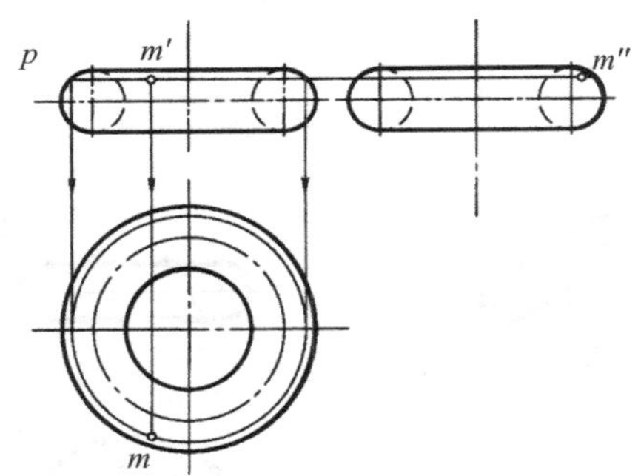

图 5-13 圆环表面取点

本章小结

1. 平面立体

常见的平面立体有:棱柱、棱锥。

(1) 棱 柱

棱柱的特点:所有的棱面为平面图形,所有的棱线互相平行。

投影作图步骤:

① 画轴线、对称中心线和作图基准线;

② 画反映立体实形的 H 面投影;

③ 根据棱柱的高度,画出 V 面投影;

④ 由 H、V 面投影,按投影规律,画出 W 面投影。

(2) 棱 锥

棱锥的特点:所有的棱面为平面图形,所有的棱线相交于一点。

投影作图步骤与棱柱相同。

(3) 棱柱和棱锥表面取点、取线

因为棱柱、棱锥的表面均为平面,所以表面取点的问题,可采用平面上取点的方法和作图原理(即在平面上作辅助线)。

2. 常见回转体

① 回转面的形成:一条动线绕着一条静线(轴线)旋转一周所形成的表面。

② 回转体的形成:由回转面和平面或由回转面所围成的立体。

③ 常见的回转体有:圆柱、圆锥、球和圆环。

(1) 圆柱体

作图步骤:

① 画轴线、对称中心线和作图基准线;

② 根据圆的大小,画有积聚性的投影;

③ 根据圆柱的高,按投影规律画其余投影。

表面取点、取线方法:利用有积聚性的投影来求之。

（2）圆锥体

投影分析：三投影均无积聚性，一个投影为圆，反映底面实形，圆锥面的投影在圆内部。其余两投影均为三角形。

表面取点方法：

① 辅助素线法；

② 辅助纬圆法。

（3）球　体

投影分析：三投影均为直径相等的圆，但是 3 个圆是球体在不同投影方向投影得到的 3 个不同的圆。

球面上取点、取线方法：纬圆法。即通过已知点作平行于投影面的辅助圆，求出圆的投影，再求圆上的点。

第6章　平面及直线与立体相交

6.1　平面与立体相交

工程上图示某些零件以及图解某些空间几何问题时，常常会遇到平面与立体和直线与立体相交的情况。如图6-1所示，当平面与立体相交时，平面与立体的表面会产生交线，这些交线称为截交线。这个与立体相交的平面称为截平面。截平面与立体相交的公共部分是由截交线围成的，称为截断面。

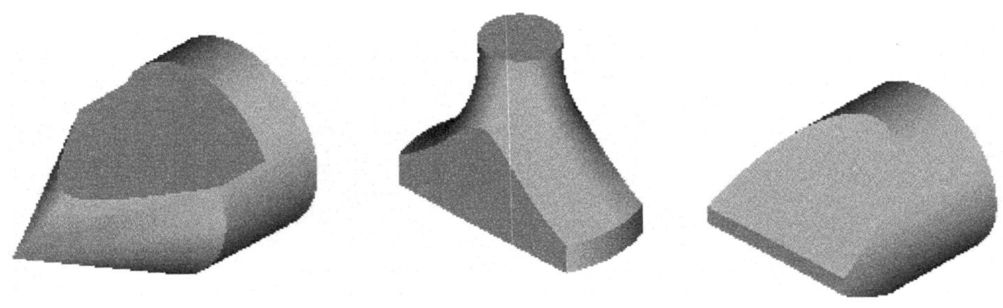

图6-1　平面与立体相交

由截交线的形成可知，截交线既是截平面上的线，也是立体表面上的线，所以，截交线具有共有性。也由于立体是由面围成的封闭体，所以一般情况下截交线是一条首尾相连的线，具有封闭性。求作截交线可归结为求出截平面和立体表面的共有点的问题。为此，根据立体表面的性质，可在立体表面上选取适当的线（如棱线、素线或纬圆），求出这些线与平面的交点即为截交线上的点，然后判别其可见性，可见的用粗实线连接，不可见的用虚线连接。

6.1.1　平面与平面立体相交

平面与平面立体相交时，截交线的形状是由直线段组成的平面多边形，多边形的各边是截平面与立体各相关表面的交线，多边形的各顶点一般是立体的棱线与截平面的交点。因此，求平面立体截交线的问题，可以归结为求两平面的交线和求直线与平面的交点问题。由于平面与平面立体的位置的关系，所产生的截交线也有简单和复杂。

1. 平面处于特殊位置时的平面与平面立体相交

由于特殊位置平面的某些投影有积聚性，所以平面立体的棱线与其交点的投影，可直接利用积聚性求出。

如图6-2所示，已知三棱锥与一正垂面 P 相交，求作截交线的投影。

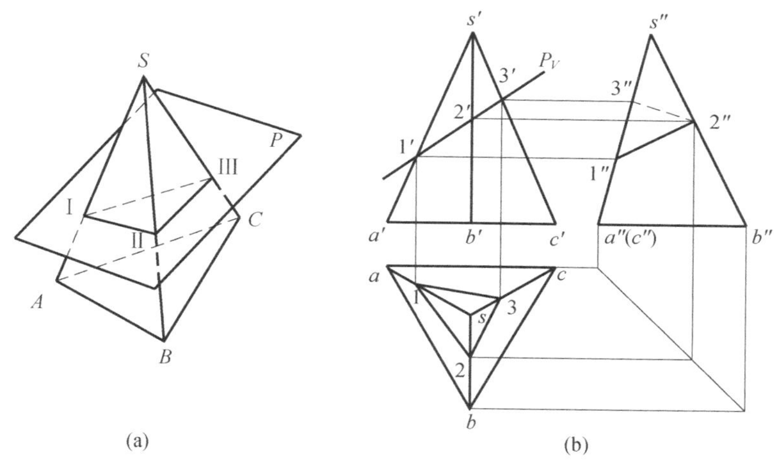

图 6-2　三棱锥的截交线

分　析　由于 P 平面为正垂面，则 V 面投影积聚为一直线段，截交线也是该平面上的线，截交线的 V 面投影为已知。三棱锥的 3 条棱线与 P 平面相交产生的交点Ⅰ、Ⅱ、Ⅲ为截交线段的端点，求出该 3 点的 H 面、W 面投影，依次连接 3 点，得截交线的投影，并须判别可见性。注意，立体的表面在该投影中可见，则截交线段可见，用粗实线画出。若立体的表面在该投影中不可见，则用虚线画出。

作图步骤如图 6-2(b)所示：

① 分析得到截交线的 V 面投影 $1'2'3'$。

② 根据棱线上的点 $1'$ 可求出水平投影 1；同理，由 $3'$ 点，可求出 3。

③ 由于 $2'$ 在棱线 SB 上，是一条侧平线，因此不能直接求作出 2，必须先求作出 $2''$，再作出 2。

④ 根据点的两个投影，可以作出第三投影，即可作出 $1''$ 和 $3''$。

⑤ 依次连接 123 和 $1''2''3''$，并判别可见性，得到截交线。

2. 立体处于特殊位置时的平面与平面立体相交

由于特殊位置立体的某些棱面的投影有积聚性，所以平面立体的棱面与其平面相交得到交线的投影，求出各个相交线段，并判别可见性，即可得到截交线的各个投影。

如图 6-3 所示，已知正三棱柱和 P 平面相交，求作截交线的投影。

分　析　三棱柱的 3 个棱面均为铅垂面，在 H 面投影中积聚为线段，所以截交线的 H 面投影也会积聚在此线段上，即截交线的 H 面投影为已知，只要求作出 V 面投影即可。

作图步骤如图 6-3(b)所示：

① 通过分析，标注出截交线的 H 面投影 123；

② 利用在平面中取点的方法和原理，分别求作出 1、2、3 点的 V 面投影 $1'$、$2'$、$3'$；

③ 连接 $1'$、$2'$、$3'$，并判别可见性。

6.1.2　平面与曲面立体相交

平面与曲面立体相交时，有下列两种情况出现：

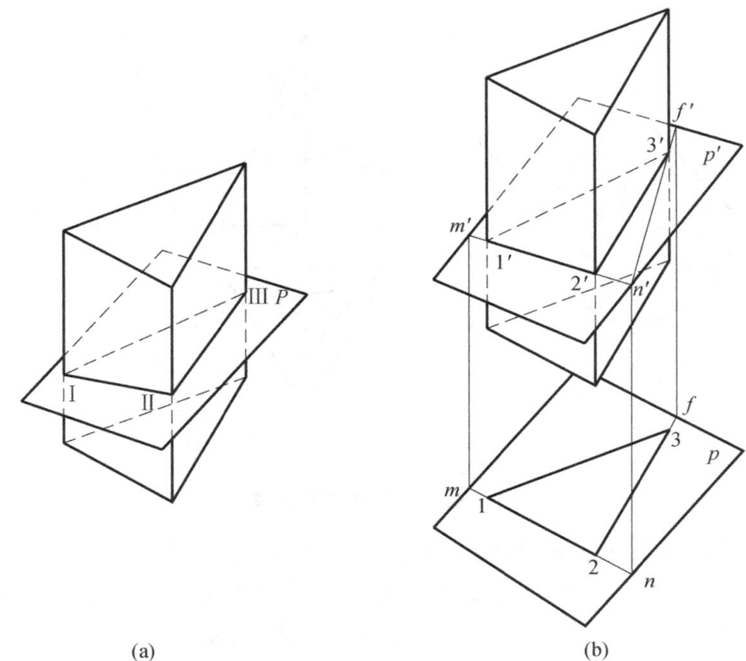

图 6-3　三棱柱的截交线

① 当平面与曲面立体的曲面相交时,其截交线为一闭合的平面曲线。曲线上的任一点,都可以当作曲面上某一条线(直素线或纬圆)与截平面的交点。为此,必须根据曲面的性质,选取一系列的素线或纬圆,求出它们与截平面的交点。当求出足够数量的交点后,依次光滑连接成平面曲线,并按其可见与不可见分别用粗实线和虚线画出。

② 当平面与曲面立体的曲面和底面(或顶面)相交时,其截交线为一闭合的平面曲线和直线段共同组成。

1. 平面与圆柱体相交

平面与圆柱体相交,由于截平面的位置不同,它们的截交线有 3 种形式,如表 6-1 所列。

表 6-1　圆柱的截交线

截平面位置	与轴线垂直	与轴线倾斜	与轴线平行
截交线形状	圆	椭　圆	矩　形
直观图			

续表 6－1

截平面位置	与轴线垂直	与轴线倾斜	与轴线平行
截交线形状	圆	椭　圆	矩　形
投影图			

① 当截平面⊥圆柱的轴线时，其截交线为一个垂直于轴线的圆；

② 当截平面∠圆柱的轴线时，其截交线为一个椭圆；

③ 当截平面//圆柱的轴线时，其截交线为两平行的素线和顶面线段、底面线段围成的矩形。

【例 6－1】 如图 6－4 所示，圆柱与一个正垂面相交，求截交线的投影。

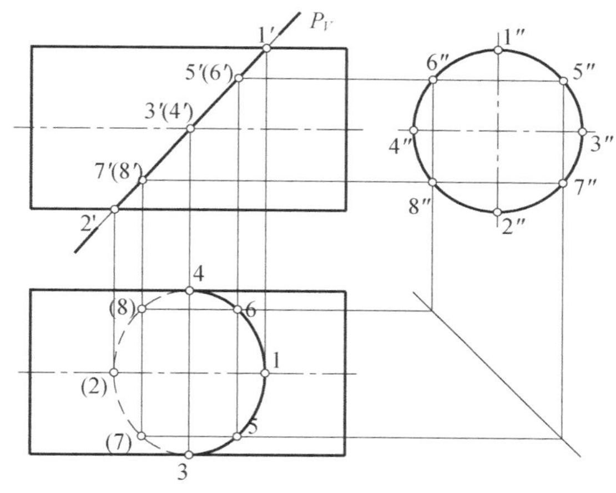

图 6－4　正垂面与圆柱相交的截交线

分　析　正垂面与圆柱轴线斜交，其截交线为一椭圆。由于截平面是正垂面，它的正面投影积聚在 P_V 上；又由于圆柱的轴线垂直于 W 面，它的 W 面投影积聚为圆；故只有它的 H 面投影待求。截交线的两个投影已知，截交线的空间位置已确定，可根据截交线的两面投影求出第 3 面投影。

作图步骤如图 6－4 所示：

① 求作截交线上的特殊点，即确定截交线的形状、范围大小和转向等位置的点。根据分析，截交线上的Ⅰ、Ⅱ、Ⅲ和Ⅳ点为特殊点。由已知的 1′和 1″，2′和 2″，3′和 3″，4′和 4″分别求作出 1、2、3、4 投影。

② 求作一般位置点。为了使椭圆曲线更加完善、逼真,还需适当求作曲线上的一些点。根据截交线的 V 和 W 面投影,选取出Ⅴ、Ⅵ、Ⅶ和Ⅷ点,作出 $5'$ 和 $5''$,$6'$ 和 $6''$,$7'$ 和 $7''$,$8'$ 和 $8''$,再求作出5、6、7、8点的 H 面投影。

③ 依次光滑连线,并判别可见性。3、4点在转向轮廓素线上,是可见和不可见的分界点。3—5—1—6—4连线可见,画成粗实线,4—8—2—7—3连线不可见,画成虚线。

【例6-2】 如图6-5所示,圆柱与多个平面截切后,求圆柱体截切后的投影。

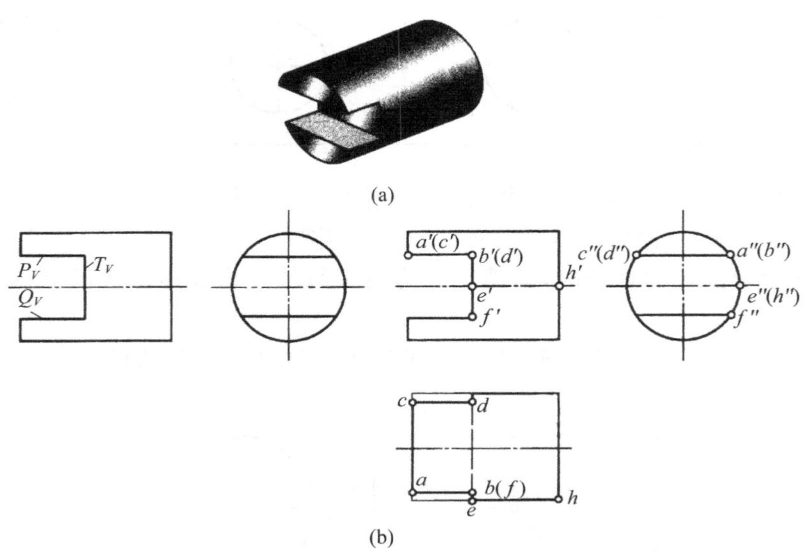

图6-5 圆柱切口的投影

分　析 从切口圆柱的主视图及左视图可以看出,圆柱是被两个与轴线平行的平面 P、Q 和与轴线垂直的平面 T 切割,P、Q 两平面切割后成直线,后者切割后的交线为圆弧。

作图步骤如图6-5所示:

P、Q 两平面切割圆柱得到的两个矩形在左视图上反映积聚性,交线 AB、CD 在圆周上积聚为两点,根据点的投影规律,分别找到 AB、CD 的水平投影,被切割后的圆柱,其左端的槽最前最后的素线被切掉。

2. 平面与圆锥体相交

圆锥体与平面相交,由于截平面的位置不同,它们的截交线有5种形式,如表6-2所列。

表6-2 平面与圆锥相交的各种情况

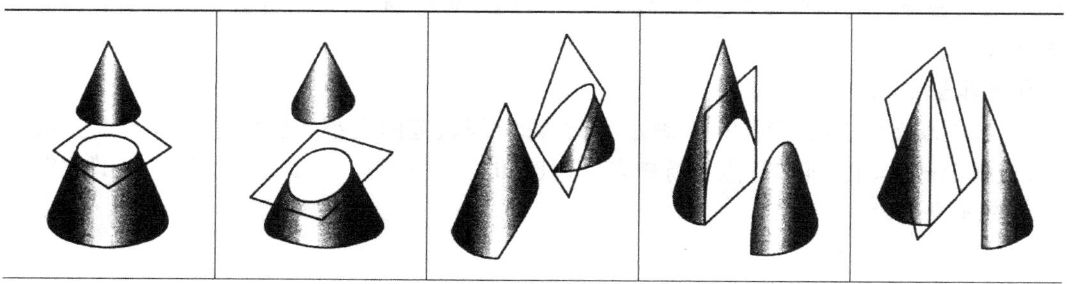

续表 6－2

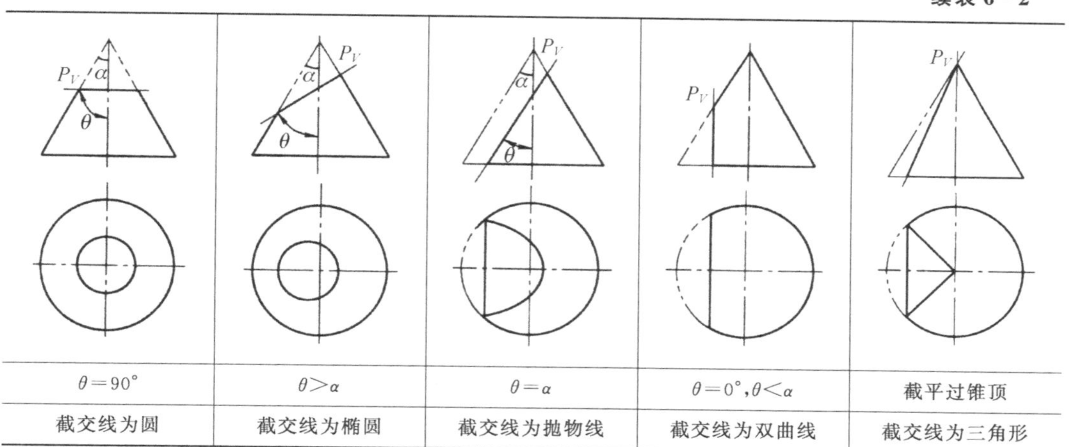

$\theta=90°$	$\theta>\alpha$	$\theta=\alpha$	$\theta=0°,\theta<\alpha$	截平过锥顶
截交线为圆	截交线为椭圆	截交线为抛物线	截交线为双曲线	截交线为三角形

① 当截平面⊥圆锥轴线时，其截交线为一垂直于轴线的圆；

② 当截平面∠圆锥轴线时，且 $\alpha=\theta$ 时，其截交线为抛物线和直线；

③ 当截平面∠圆锥轴线时，且 $\alpha<\theta$ 时，其截交线为椭圆；

④ 当截平面∠圆锥轴线时，且 $\alpha>\theta$ 时，其截交线为双曲线和直线；

⑤ 当截平面过锥顶时，其截交线为三角形。

【例 6－3】 如图 6－6 所示，圆锥与一正垂面 P_V 相交，求截交线的投影。

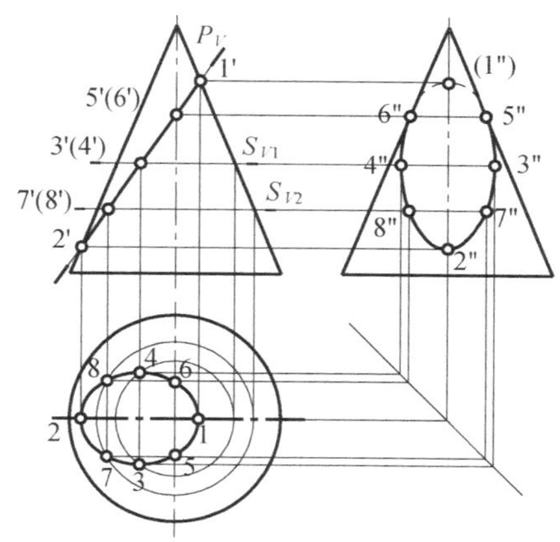

图 6－6　正垂面与圆锥相交的截交线

分　析　正垂面与圆锥轴线斜交，其截交线为一椭圆。由于截平面是正垂面，其正面投影积聚在 P_V 上；圆锥的轴线垂直于 H 面，锥面的 H 面投影没有积聚性；故其 H 面投影和 W 面投影待求。截交线的两个投影可利用圆锥的表面取点法和辅助平面法求之。

作图步骤如图 6－6 所示：

① 求作截交线上的特殊点，即确定椭圆长、短轴上的端点、转向点。根据分析，截交线上的Ⅰ、Ⅱ、Ⅲ、Ⅳ、Ⅴ和Ⅵ点为特殊点。由已知的 1′、2′、5′、6′可以直接作出 1、1″、2、2″、5″、5、6″和 6，过 3′(4′)作辅助水平面 S_{V1}，得到一水平的纬圆，在纬圆上作出 3、4 投影，再按投影规律作出 3″和 4″。

② 求作一般位置点。为了使椭圆曲线更加完善、逼真,还需适当求作曲线上的一些点。根据截交线的 V 面投影,选取Ⅶ和Ⅷ点,由 $7'(8')$ 点投影作出 7、$7''$、8 和 $8''$(方法同上)。

③ 依次光滑连线,并判别可见性。截交线的水平投影都可见。在 W 面投影中 $5''$ 和 $6''$ 在转向轮廓素线上,是可见和不可见的分界点,$5''-3''-7''-2''-8''-4''-6''$ 连线可见,画成粗实线,$6''-1''-5''$ 连线不可见,画成虚线。

【例 6-4】 如图 6-7(a)所示,求圆锥被一与水平投影面平行的平面截切后的交线的水平投影和侧面投影。

分　析　图 6-7(a)所示圆锥为一横放的圆锥,轴线与侧投影面垂直,截平面为平行圆锥轴线的平面,其截交线为双曲线,它的正面投影和侧面投影均积聚为一直线,水平投影为双曲线实形,前后对称。因此,作图时,可直接求出侧面投影,再由已知的正面投影求作截交线的水平投影。

作图步骤如图 6-7(b)所示:

① 先作截交线上的特殊点。最左点Ⅰ的水平投影 1,可由正面投影 1 直接求出,最右点Ⅱ、Ⅲ在圆锥底圆上,其水平投影 2、3,可由侧面投形 $2''$、$3''$ 根据投影规律作出。

② 求一般点。在截交线上取任意两点,正面投影为 $4'$、$5'$,根据圆锥表面取点的方法,在侧面投影上求出 $4''$、$5''$,然后根据两投影求出水平投影 4、5。同理,可再求出其他一般点,求的一般点越多,则其结果越接近真实交线。

③ 依次光滑连线,并判别可见性。将上述这些点的水平投影光滑连接,由于截平面在上半个圆锥面,因此,截交线的水平投影可见,圆锥的前后素线没有截去,其水平投影轮廓线保持不变。擦去多余作图线,整理完成全图。

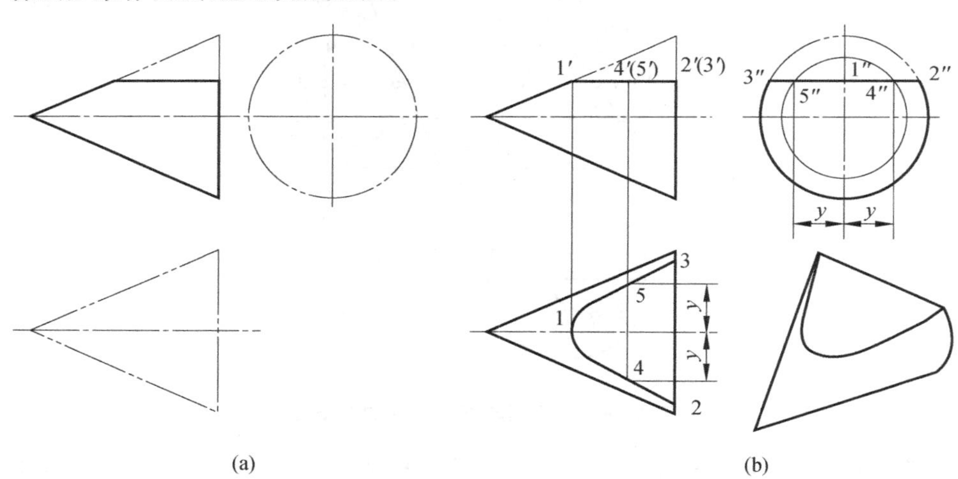

图 6-7　求圆锥的截交线

3. 平面与圆球相交

截平面与球体相交,不管截平面处于何种位置,其截交线是圆。但是当圆平面平行于投影面时,则投影反映实形,但是当圆平面倾斜于投影面时,则投影为椭圆。

【例 6-5】 如图 6-8 所示,球体被一正垂面 P_V 截切,求其球体被截切后的投影。

分　析　球体与正垂面截交后,在球体表面产生的截交线为圆。由于正垂面的 V 面投影有积聚性,故截交线的 V 面投影积聚为线段。圆的 H 面投影则为椭圆。按照前面讲的作图原理和方法求作，即可求出截交线的 H 面投影。

作图步骤如图 6－8 所示：

① 求作特殊点。找出截交线上的特殊点 1′、2′、3′、4′、5′，根据球体表面取点法（作辅助纬圆），即可求出其 H 面投影 1、2、3、4、5。

② 求作一般点。找出截交线上的 6′，根据球体表面取点法（作辅助纬圆），即可求出其 H 面投影 6。

③ 依次光滑连线，并判别可见性。由于球体是截断体，故 H 面投影都可见，用粗实线画出其截交线。

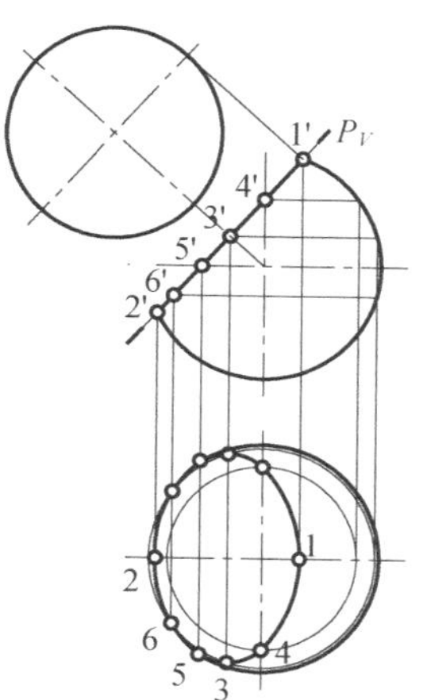

图 6－8　球体截切后的投影

【例 6－6】　求半圆球开槽后的完整三视图，如图 6－9 所示。

分　析　半球开槽结构是常见的一种螺钉结构的头部，按照当前的摆放位置，半圆球由两个对称的侧平面和一个水平面切割，与圆球的交线都是圆（或圆的一部分），在 H、W 上反映积聚性或真实性。正确地确定截交线圆的半径是作图的关键。具体作图过程如图 6－9 所示。

A
a′
通槽底面的投影
R_1
a
a′
R_2
a′
通槽侧面的投影
R_1
a

(a)　(b)　(c)

图 6－9　半球切割体的三视图

6.2　平面与组合回转体相交

组合回转体是有多个回转体按照一定的位置组合而成。通常情况下有共同的回转轴线。平面与组合回转体相交，其在表面产生的截交线就要复杂一些，一般是由多段曲线或曲线和直线组合而成。在求作截交线的时候，我们把组合回转体拆分为多个简单的回转体，分别求出各个回转体的截交线，再进行整体分析，就得到组合回转体的截交线。

【例 6－7】　如图 6－10 所示，已知组合回转体是由圆锥和圆柱叠加而成，且轴线垂直于 W 面。一水平面 P 与其截交后，留下一截断体，求其截断体的水平投影。

分　析　平面与圆锥产生的截交线为双曲线，与圆柱产生的截交线为矩形。组合体的轴线垂直于 W 面，截平面为水平面，则产生的截交线其 V 面投影和 W 面投影为已知，只要求作出 H 面投影即可。

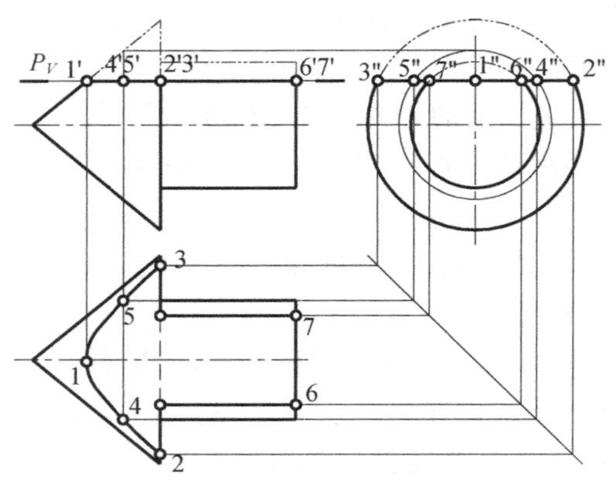

图 6-10　组合体截切后的投影

作图步骤如图 6-10 所示：

① 求作特殊点。由已知找出截交线上的 1′、2′、3′、6′、7′为特殊位置点，其中 1′、2′、3′在圆锥表面上。根据投影特性，可直接找到 1″、2″、3″、6″、7″投影。按投影规律，可求出 1、2、3、6、7。

② 求作一般点。由于圆锥表面的截交线是双曲线，须找适当的一般点 4′(5′)。过 4′(5′)作辅助圆，作出辅助圆的 W 面投影，求出 4″、5″点。按投影规律，可求出 4、5 点。

③ 整理截交线。圆锥部分光滑连接 2—4—1—5—3 得到双曲线截交线；过 6、7 点作素线得到圆柱部分的截交线。综合组合体的投影以及截断体的投影，得到组合体截断后的 H 面投影。

6.3　直线与立体相交

直线与立体相交，是直线从立体一侧表面贯入，又从另一侧表面穿出，故其交点一般总是成对出现，此点称为贯穿点。如图 6-11 所示，直线 AB 与三棱柱相交，即直线 AB 从立体的一个棱面贯入，产生一个交点 M，然后直线从立体另一个棱面穿出，产生另一个交点 N，交点 M、N 为贯穿点。直线 AB 进入立体内部的部分视为与立体融合，不需要画出。

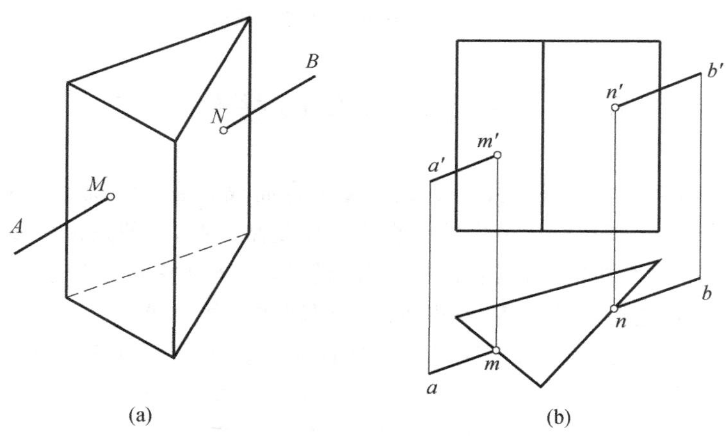

图 6-11　直线与立体相交

贯穿点实质上是立体表面和直线的共有点，它既在直线上，也在立体的表面上。求作贯穿点的方法就是求作直线与平面或曲面的交点的方法。当直线或立体表面的投影有积聚性时，可以通过积聚性的投影求出贯穿点。对于投影没有积聚性的情况下，我们一般用辅助平面法求出交点。作图步骤如下：

① 过直线作适当的辅助平面；

② 求作平面与立体表面的截交线；

③ 求出截交线与直线的交点，即为贯穿点。

【例 6-8】 如图 6-12(a)所示，求直线与三棱锥的贯穿点。

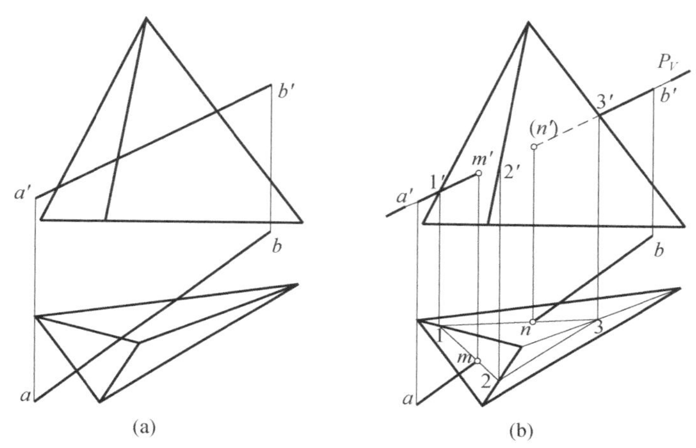

图 6-12　直线 *AB* 与三棱锥相交

分　析　直线 AB 是一般位置直线，与三棱锥相交的贯穿点在三棱锥的棱面上，由于三棱锥的棱面投影没有积聚性，故用辅助平面法求作交点。

作图步骤如图 6-12(b)所示：

① 包含直线 AB 作一正垂面 P_V；

② 求作 P_V 与三棱锥的截交线 $1'$—$2'$—$3'$和 1—2—3；

③ 截交线段 12 与直线 ab 交于 m 点，截交线段 31 与直线 ab 交于 n 点；

④ 由 m 和 n 的投影作出 m'和 n'，即为贯穿点；

⑤ 可见性判别。M 点所在的棱面都可见，则 m 和 m'可见。N 点所在的棱面，其 H 面投影可见，则 n 可见，其 V 面投影不可见，则 n'不可见，用括号标注，直线被立体遮挡的部分不可见，则用虚线画出。直线穿入立体内部的部分不用画出。

【例 6-9】 如图 6-13(a)所示，直线 AB 与圆柱相交，求作贯穿点。

分　析　直线 AB 是一般位置直线，圆柱的 H 面投影有积聚性。从投影位置可判断出其贯穿点在圆柱面上，故贯穿点的 H 面投影也在圆周上，即为已知投影，只需求作 V 面投影即可。

作图步骤如图 6-13(b)所示：

① 在 H 面投影圆周上找出直线与圆周的交点，即贯穿点的 H 面投影 m 和 n。

② 根据 AB 直线上的点的投影特性，作出贯穿点的 V 面投影 m'和 n'。

③ 判断可见性。M 点在圆柱面的前半部，都可见。N 点在圆柱面的后半部，其 V 面投影

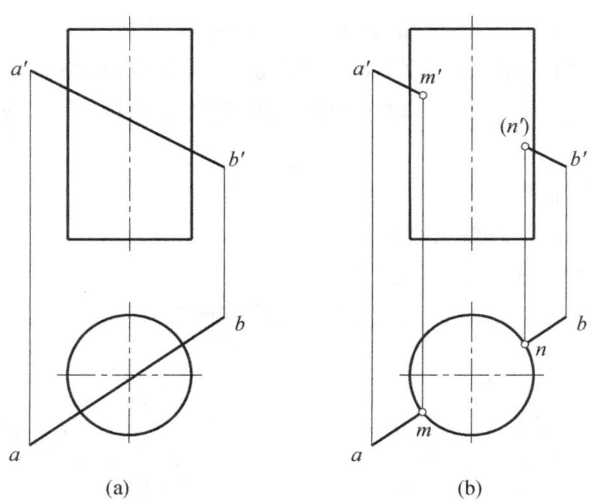

图 6-13　直线 AB 与圆柱相交

不可见,用括号标注。直线被圆柱遮挡的部分用虚线画出。MN 之间的部分在立体内部,不画出。

【例 6-10】 如图 6-14(a)所示,直线 AB 与圆球相交,求作贯穿点。

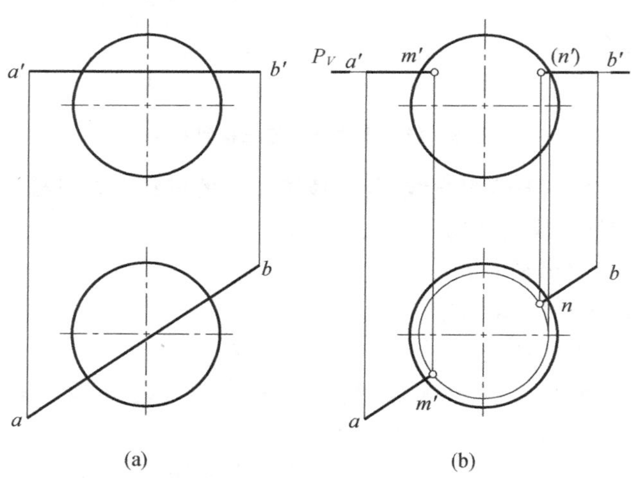

图 6-14　直线 AB 与圆球相交

分　析　直线 AB 为水平线,球体的投影为圆,贯穿点在球面上,需用辅助平面法求作。

作图步骤如图 6-14(b)所示:

① 包含直线 AB 作一水平面 P_V。

② 求出平面 P_V 与球体的截交线,为一水平圆。

③ 在 H 面投影中作出圆与直线的交点 m 和 n,即为贯穿点的水平投影。

④ 由 m 和 n 在直线上作出 m' 和 n'。

⑤ 可见性判别。M 点在球体上半部的前半部,可见;N 点在球体的上半部的后半部,其 H 面投影可见,V 面投影不可见,用括号标注。直线被球体遮挡的部分用虚线画出。MN 之间的部分在立体内部,不画出。

【例 6－11】　如图 6－15(a)所示，直线 AB 与圆锥相交，求作贯穿点。

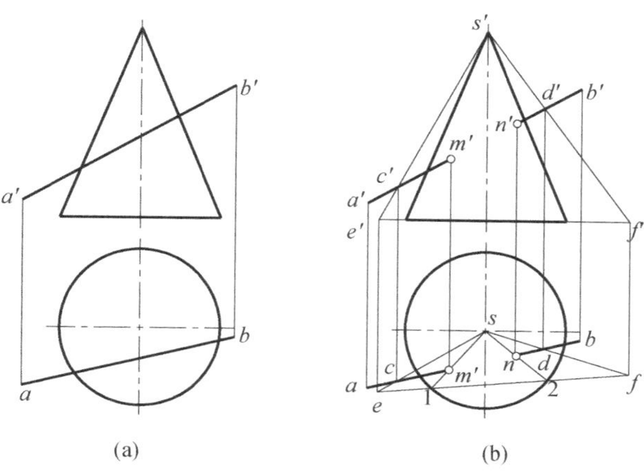

图 6－15　直线 *AB* 与圆锥相交

分　析　此题由于圆锥和直线的投影都没有积聚性，其贯穿点在圆锥面上，需用辅助平面法求作。此题的辅助平面是包含 AB 直线作出，但不能作正垂面或铅垂面(因为它们产生的截交线为曲线，不能精确求作，不利于解题)。根据圆锥截交线的几种形式，可包含 AB 和圆锥的锥顶 S 作一般位置平面，它与圆锥产生的截交线是三角形。直线 AB 与截交线相交，即得贯穿点。

作图步骤如图 6－15(b)所示：

① 作一般位置的辅助平面。在直线 AB 上任取两点 $C(c、c')$ 和 $D(d、d')$，连接 $SC(sc、s'c')$ 和 $SD(sd、s'd')$，将 $s'c'$ 和 $s'd'$ 延长与圆锥底面的平面相交与 e' 和 f'，由 e' 和 f' 作出 e 和 f。则辅助平面 SEF 求作完成。

② 求辅助平面与圆锥的截交线。辅助平面 SEF 的水平投影 sef 与圆锥底圆相交与 1、2 点，连接 $s1$ 和 $s2$，即为截交线。直线 ab 与 $s1$ 和 $s2$ 的交点 m 和 n 为贯穿点。根据直线上的点，可求出 m' 和 n'。

③ 判别可见性。圆锥的水平投影为可见，贯穿点在圆锥的前半部，即 V 面投影可见。

本章小结

1. 平面与立体相交的截交线

(1) 截交线

截交线是平面与立体表面的交线。

(2) 截交线的性质

① 截交线是截平面与立体表面的公共线；

② 截交线是一条封闭的线(折线或曲线)。

2. 平面与平面立体相交

(1) 平面立体截交线的求法

① 交点法：求出各棱线与截平面的交点，然后，同一平面内的交点依次相连得截交线。

② 交线法:求出各棱面与截平面的交线,各段交线组成截交线。

(2) 截交线的作图方法

① 积聚投影法(表面取点法);

② 辅助面法。

(3) 作图步骤

① 分析截交线的形状;

② 求作截交线;

③ 判别可见性(取决于棱面的可见性)。

3. 平面与曲面立体相交

(1) 截交线

一般情况下,截交线是一条封闭的平面曲线。

(2) 作图步骤

① 分析截交线的形状;

② 求作截交线上的特殊点:即截交线上最左、最右、最上、最下、最前、最后,以及可见与不可见的分界点。它可以确定截交线的大致的轮廓形状。

③ 求作一般点(点越多,截交线越精确;但为了作图简便,一般取4～6点)。

④ 判别可见性,并光滑连接。

4. 直线与立体相交

(1) 贯穿点

贯穿点是直线与立体表面相交的交点。

(2) 贯穿点的求作方法

① 积聚投影法:当立体表面或直线有积聚性时,利用这个面或直线在该投影面的积聚投影,求出交点。

② 辅助平面法:过已知直线作一辅助平面;求出辅助平面与立体表面的交线;再求出交线与已知直线的交点,即为贯穿点。(注意:所作的辅助平面一般为投影面的特殊平面。)

(3) 可见性的判别

立体表面可见,则贯穿点可见。直线穿入立体内部的部分,可视为直线与立体融合,故不必画出。

第 7 章　立体与立体相交

在一些机件上，常常会看到两个立体表面的交线，如图 7－1 所示的形状，就是两立体表面相交所产生的。两立体相交时，其表面的交线称为相贯线。把这两个立体看作一个整体，称为相贯体。

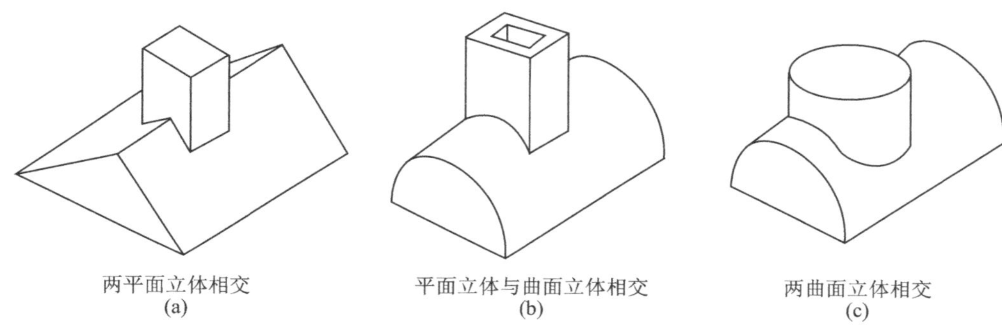

图 7－1　立体相交的相贯线

立体的形状、大小及相对位置不同，相贯线的形式也不同。但相贯线都具有下列两个基本特征：

① 相贯线由两立体相交部分表面上一系列共有点所组成。

② 由于立体具有一定范围，所以相贯线一般是封闭的空间曲线。

7.1　平面立体与曲面立体相交

平面立体与曲面立体相交，其相贯线是由若干段平面曲线结合而成的封闭曲线。每条平面曲线是平面立体上的一个棱面与曲面立体相交所得的截交线。每两条平面曲线的交点称为相贯线上的结合点，它也是平面立体上各棱线对曲面立体的贯穿点。因此，求平面立体与曲面立体的相贯线可归结为求截交线和贯穿点的问题。

【例 7－1】　如图 7－2(a)所示，求作六棱柱与圆锥的相贯线

分　析　圆锥穿过六棱柱顶面，因此，六棱柱的顶面与圆锥相交于一个圆，即为第一条相贯线；而六棱柱 6 个棱面与圆锥相交其截交线为双曲线，所以相贯线是由六段相同的双曲线结合而成的封闭空间曲线，即为第二条相贯线。

作　图　如图 7－2(b)所示，第一条相贯线为水平圆，水平投影反映实形，正面投影和侧面投影重影为一直线。第二条相贯线，由于六棱柱 6 个棱面都是铅垂面，故相贯线的水平投影积聚在六棱柱各棱面的水平投影上。作图时，首先根据水平投影中，六边形的外接圆，定出双曲线的最低值Ⅰ$(1,1',1'')$，然后由水平投影中正六边形的内切圆，定出双曲线的最高点Ⅱ$(2,2',2'')$，再在最高点和最低点之间作一辅助平面 Q，求出一般点Ⅲ$(3,3',3'')$等，依次光滑连接

即得。

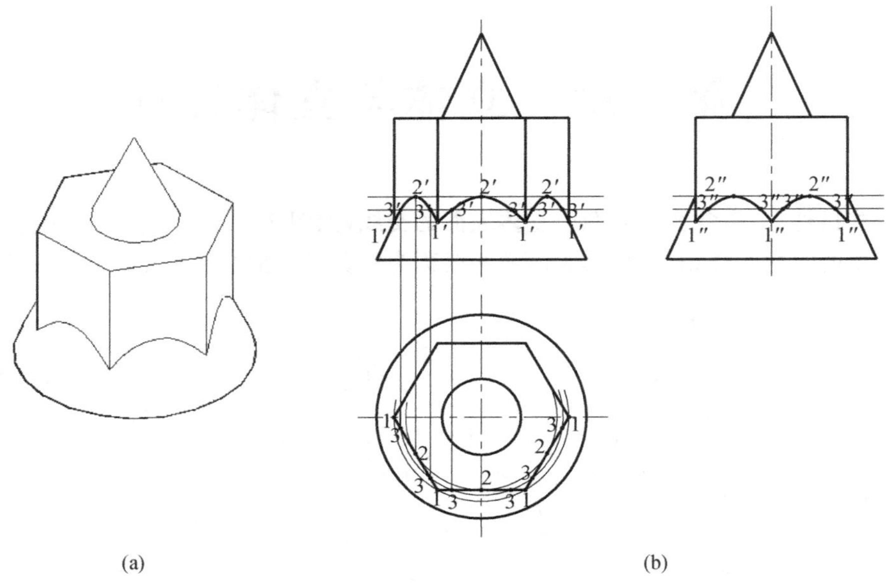

图 7-2 六棱柱与圆锥相贯

【例 7-2】 如图 7-3(a)所示,求作四棱柱与圆柱的相贯线。

分 析 如图 7-3(b)所示,四棱柱上、下两个水平面和前、后两个正平面与圆柱相交并对称,即相贯线也对称。四棱柱 4 个棱面垂直于侧投影面,则相贯线的侧面投影积聚在长方形上;因圆柱轴线垂直于水平投影面,故相贯线的水平投影积聚在圆上(两段圆弧);相贯线正面投影为前、后两平面截切圆柱,其截交线为两条素线,上、下两个平面截切圆柱,截交线为圆,而正面投影积聚成直线。

作 图 如图 7-3(b)所示,前、后两个正平面截切圆柱,其截交线为 A、B 两条素线,上、下两个水平面截切圆柱,截交线为水平圆,正面投影积聚成直线 $a'c'$、$b'd'$。

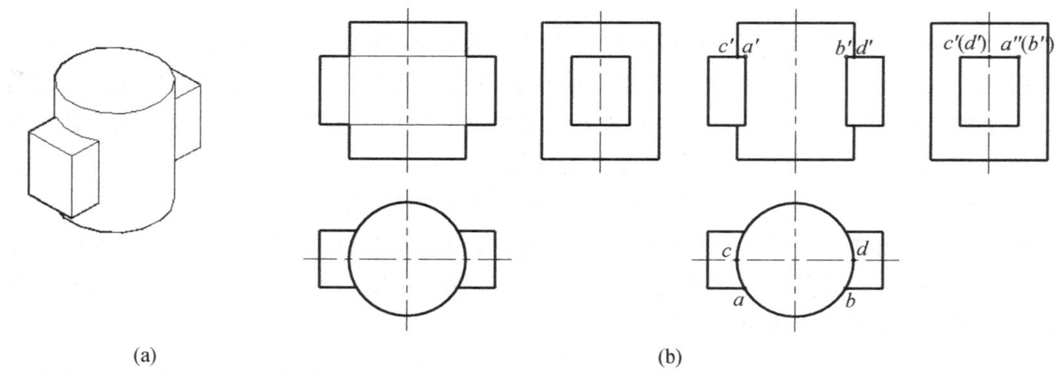

图 7-3 四棱柱与圆柱相交

讨 论 如图 7-4 所示,在圆柱体上穿长方形孔,则相贯线仍看成四棱柱与圆柱相交,其相贯线形状和求法同上,所不同的是用虚线画出两棱线交线。

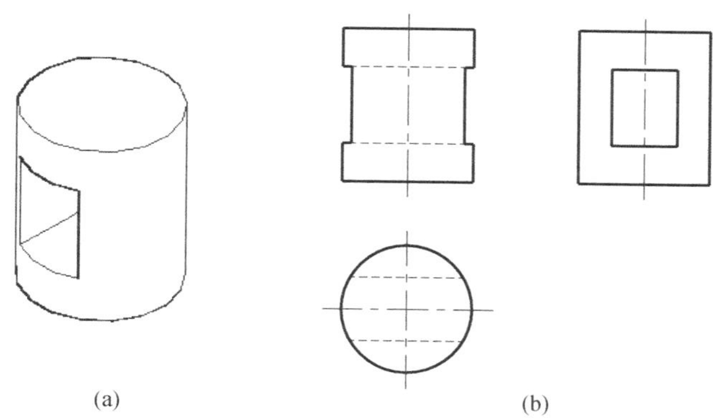

图 7-4　圆柱穿长方形孔

7.2　两回转体的表面相交

曲面立体的相贯线是两曲面立体表面共有点集合而成的共有线，相贯线上的点是两曲面立体表面的共有点。

求作两曲面立体的相贯线的投影时，一般是先作出两曲面立体表面上的一些共有点的投影，再连成相贯线的投影。通常可用辅助面来求作这些点，也就是求出辅助面与这两个立体表面的三面共点，即为相贯线上的点。辅助面可用平面、球面等。当两个立体中有一个立体表面的投影具有积聚性时，可以用在曲面立体表面上取点的方法作出这些点的投影。在求作相贯线上的这些点时，与求作曲面立体的截交线一样，应在可能和方便的情况下，适当地作出一些在相贯线上的特殊点，即能够确定相贯线的投影范围和变化趋势的点，如相贯体的曲面投影的转向轮廓线上的点，以及最高、最低、最左、最右、最前、最后点等，然后按需要再求作相贯线上其他一般点，从而准确地连得相贯线的投影，并表明可见性。只有一段相贯线同时位于两个立体的可见表面上时，这段相贯线的投影才是可见的；否则，就不可见。

本节用表面取点法和辅助平面法阐述了一些常见的两回转体的相贯线画法。

7.2.1　表面取点法

两回转体相交，如果其中有一个是轴线垂直于投影面的圆柱，则相贯线在该投影面上的投影，就重合在圆柱面的有积聚性的投影上。于是求圆柱和另一回转体的相贯线投影的问题，可以看作是已知另一回转体表面上的线的一个投影求其他投影的问题，也就可以在相贯线上取一些点，按已知曲面立体表面上的点的一个投影，求其他投影的方法，即表面取点法，作出相贯线的投影。

如图 7-5 所示，求作两正交圆柱的相贯线的投影。两圆柱的轴线垂直相交，有共同的前后对称面和左右对称面，小圆柱全部穿进大圆柱。因此，相贯线是一条封闭的空间曲线，且前后对称和左右对称。由于小圆柱面的水平投影积聚为圆，相贯线的水平投影便重合在其上；同理，大圆柱面的侧面投影积聚为圆，相贯线的侧面投影也就重合在小圆柱穿进处的一段圆弧上，且左半和右半相贯线的侧面投影相互重合。于是，问题就可归结为已知相贯线的水平投影和侧面投影，求作它的正面投影。因此，可采用在圆柱面上取点的方法，作出相贯线上的一些特殊点和一般点的投影,再顺序连成相贯线的投影。

通过上述分析,可想象出相贯线的大致情况,立体图及作图过程如图7-5所示。

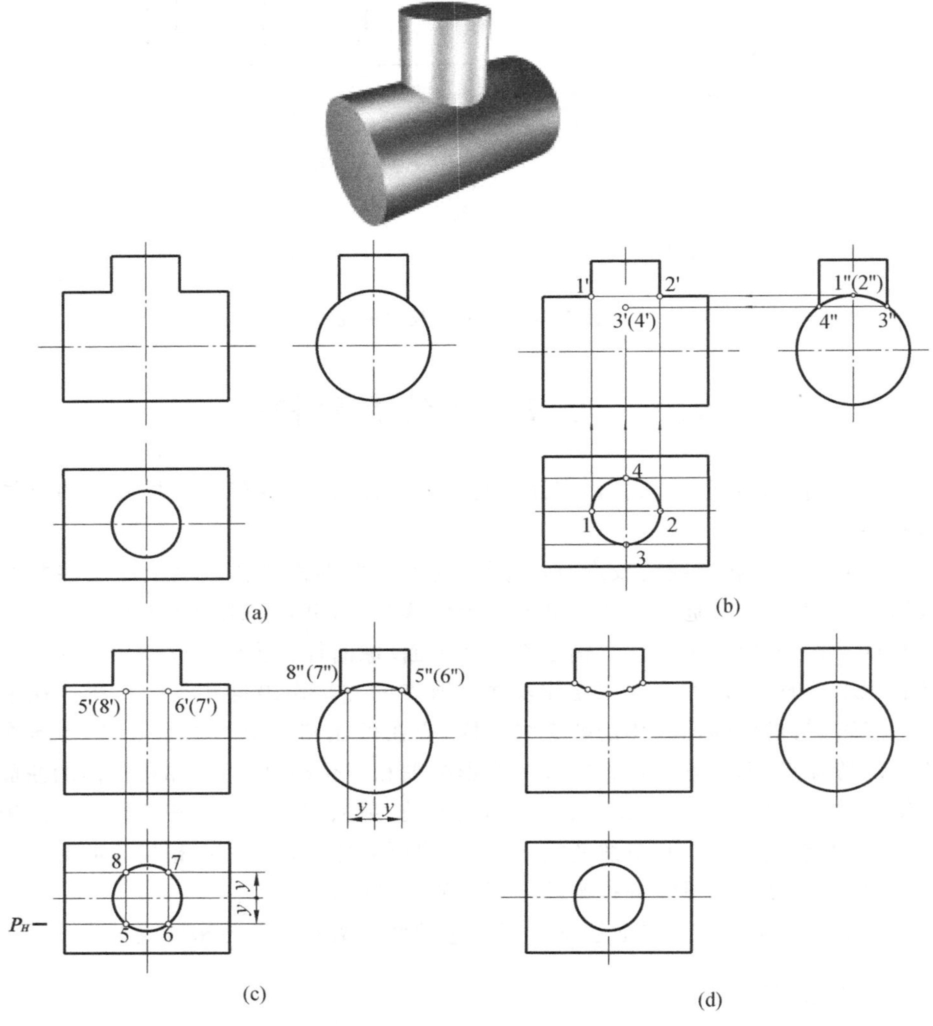

图7-5　作两正交圆柱的相贯线的投影

① 作特殊点。先在相贯线的水平投影上,定出最左、最右、最前、最后点Ⅰ、Ⅱ、Ⅲ、Ⅳ的投影1、2、3、4,再在相贯线的侧面投影上相应地作出1″、2″、3″、4″。由1、2、3、4和1″、2″、3″、4″作出1′、2′、3′、4′。可以看出:Ⅰ、Ⅱ和Ⅲ、Ⅳ分别是相贯线上的最高、最低点。

② 作一般点。在相贯线的侧面投影上,定出左右、前后对称的4个点Ⅴ、Ⅵ、Ⅶ、Ⅷ的投影5″、6″、7″、8″,由此可在相贯线的水平投影上作出5、6、7、8。由5、6、7、8和5″、6″、7″、8″即可作出5′、6′、7′、8′。

③ 按相贯线水平投影所显示的各点的顺序,连接各点的正面投影,即得相贯线的正面投影。对正面投影而言,前半相贯线在两个圆柱的可见表面上,所以其正面投影1′、5′、3′、6′、2′为可见,而后半相贯线的投影1′、7′、4′、8′、2′为不可见,与前半相贯线的可见投影相重合。

两轴线垂直相交的圆柱的相贯线一般有图 7-6 所示的 3 种形式：

① 如图 7-6(a)所示，小的实心圆柱全部贯穿大的实心圆柱，其相贯线是上下对称的两条封闭的空间曲线。

② 如图 7-6(b)所示，圆柱孔全部贯穿实心圆柱，其相贯线也是上下对称的两条封闭的空间曲线，就是圆柱孔的上下孔口曲线。

③ 如图 7-6(c)所示的相贯线，其是长方体内部两个孔的圆柱面的交线，同样是上下对称的两条封闭的空间曲线。在投影图右下方所附的是这个具有圆柱孔的长方体被切割掉前面一半后的立体图。

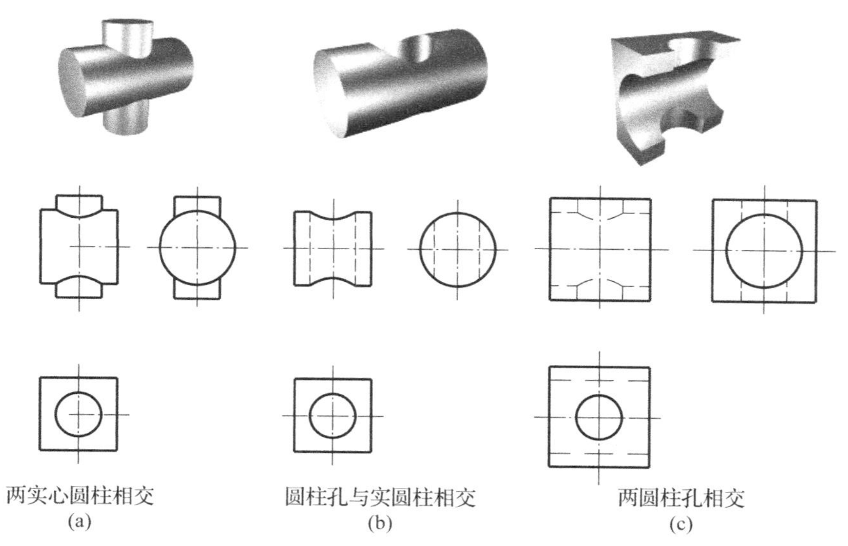

图 7-6　两轴线垂直相交圆柱的相贯线

以上 3 个投影图中所示的相贯线，具有同样的形状，其作图方法也是相同的。为了简化作图，可用如图 7-7 所示的圆弧近似代替这段非圆曲线，圆弧半径为大圆柱半径。必须注意根据相贯线的性质，其圆弧弯曲方向应向大圆柱轴线方向凸起。

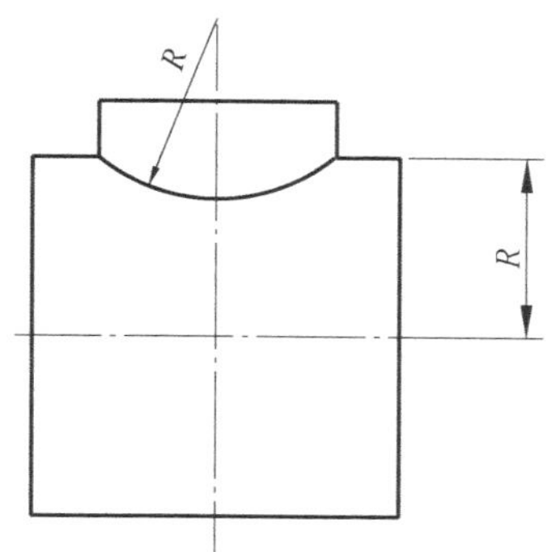

图 7-7　相贯线的简化画法

7.2.2　辅助平面法

求作两曲面立体的相贯线时，假设用辅助平面截切两相贯体，则得两组截交线，其交点是两个相贯体表面和辅助平面的共有点(三面共点)，即为相贯线上的点，如图 7-8 所示。

为了能简便地作出相贯线上的点，一般应选用特殊位置平面作为辅助平面，并使辅助平面与两曲面立体的交线为最简单，如交线是直线或平行于投影面的圆，如图 7-8 所示。

下面以图 7-8、图 7-9 所示圆柱和锥相贯为例来进行分析，并说明作图过程。由图可见相贯线是一条封闭的空间曲线，且前后对称，前半、后半相贯线正面投影相互重合。又由于圆柱面的侧面投影积聚为圆，相贯线的侧面投影也必重合在这个圆上。因此，相贯线的侧面投影是已知的,正面投影和水平投影是要求作的。

为了使辅助平面能与圆柱面、圆锥面相交于素线或平行于投影面的圆,对圆柱而言,辅助平面应平行或垂直于轴线;对圆锥而言,辅助平面应垂直于轴线或通过锥顶。综合以上情况,只能选择如图 7－8 所示的两种辅助平面,即:

平行于柱轴，垂直于锥轴
(a)

通过锥顶，平行于柱轴
(b)

图 7－8　选择辅助平面

① 平行于柱轴,且垂直于锥轴,即水平面,如图 7－8(a)所示。

② 通过锥顶,且平行于柱轴,即通过锥顶的侧垂面或正平面,如图 7－8(b)所示。

根据上述分析,作图过程如图 7－9 所示。

① 如图 7－9(b)所示,通过锥顶作正平面 N,与圆柱面相交于最高和最低两素线,与圆锥面相交于最左素线,在它们的正面投影的相交处作出相贯线上的最高点Ⅰ和最低点Ⅱ的正面投影 1′和 2′。由 1′、2′分别在 N_H 和 N_W 上作出 1、2 和 1″、2″。

通过柱轴作水平面 P,与圆柱面相交于最前、最后两素线,与圆锥面相交于水平面,在它们的水平投影相交处,作出相贯线上的最前点Ⅲ和最后点Ⅳ的水平投影 3 和 4。由 3、4 分别在 P_V、P_W 上作出 3′、4′(3′、4′相互重合)和 3″、4″。

由于 3 和 4 就是圆柱面水平投影的轮廓转向线的端点,也就确定了圆柱面水平投影的轮廓转向线的范围。

② 如图 7－9(c)所示,通过锥顶作与圆柱面相切的侧垂面 Q,与圆柱面相切于一条素线,其侧面投影积聚在 Q_W 与圆柱面侧面投影的切点处;与左圆锥面相交于一条素线,其侧面投影与 Q_W 相重合。这两条素线的交点Ⅴ,就是相贯线上的点,其侧面投影 5″就重合在圆柱面的切线的侧面投影上。由 Q 面与圆柱面的切线和 Q 面与圆锥面的交线的侧面投影,作出它们的水平投影,其交点就是点Ⅴ的水平投影 5,再由 5 和 5″作出 5′。

同理,通过锥顶作与圆柱面相切的侧垂面 S,也可作出相贯线上点Ⅵ的三面投影 6″、6 和 6′。点Ⅴ和Ⅵ是相贯线上的一对前后对称点。

按侧面投影中诸点的顺序,把诸点的正面投影和水平投影分别连成相贯线的正面投影和水平投影。按照“只有同时位于两个立体可见表面上的相贯线,其投影才可见”的原则,可以判断:3 5 1 6 4 可见;2 不可见;1′ 2′ 3′ 5′可见 4′ 6′不可见,且与 3′ 5′重合。

根据圆柱和圆锥的相对位置可以看出,圆柱面的最前、最后素线的水平投影是可见的,所以在圆锥面的水平投影范围内的圆柱面水平投影的转向轮廓线是可见的。

作图结果见图 7－9(d)。

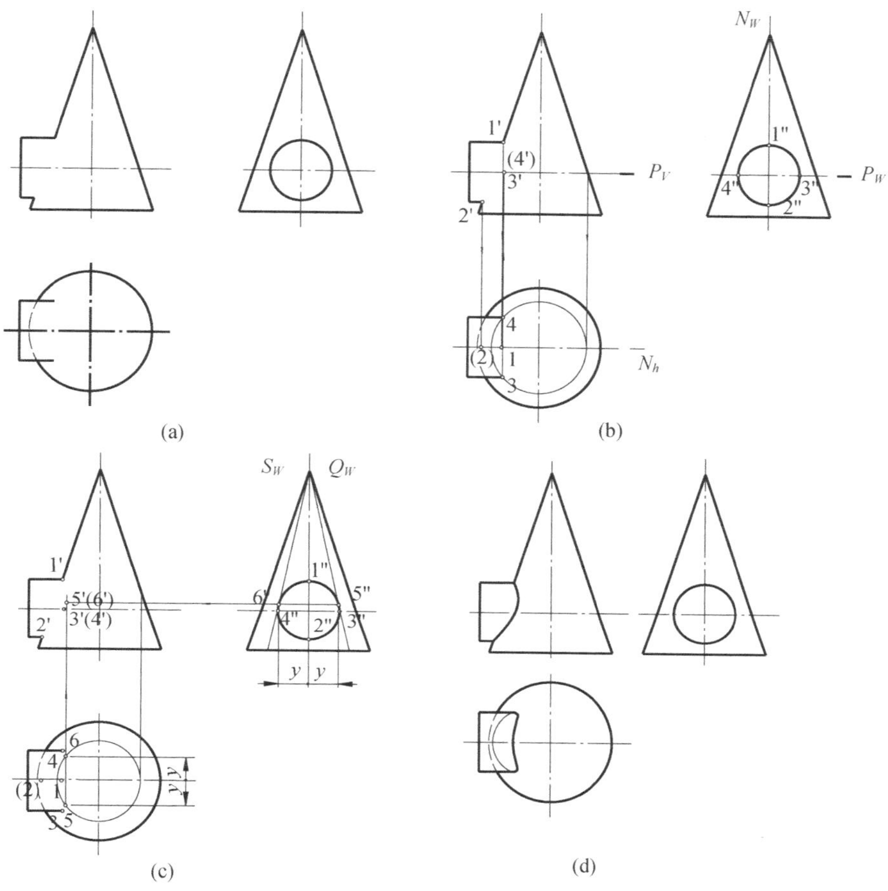

图 7－9　作圆柱和圆锥的相贯线投影

7.2.3　相贯线的特殊情况

在一般情况下，两回转体的相贯线是空间曲线，但在一些特殊情况下，也可能是平面曲线或直线。下面介绍相贯线为平面曲线的两种比较常见的特殊情况。

① 两圆柱轴线相交、直径相等时，其相贯线是两个椭圆，若椭圆是投影面垂直面，其投影积聚成直线段，如图 7－10、图 7－11 所示。

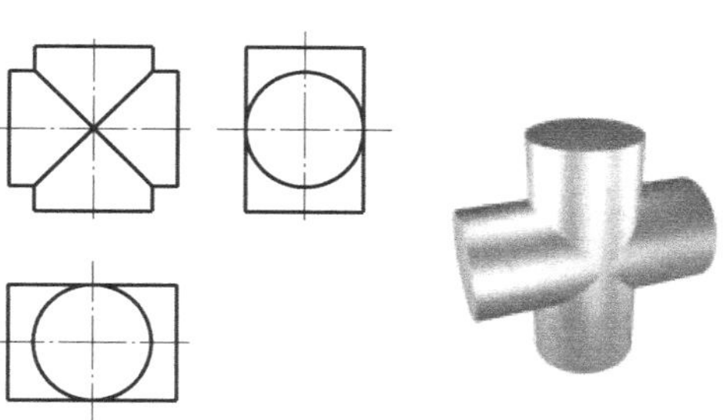

图 7－10　两圆柱轴线正交、直径相等

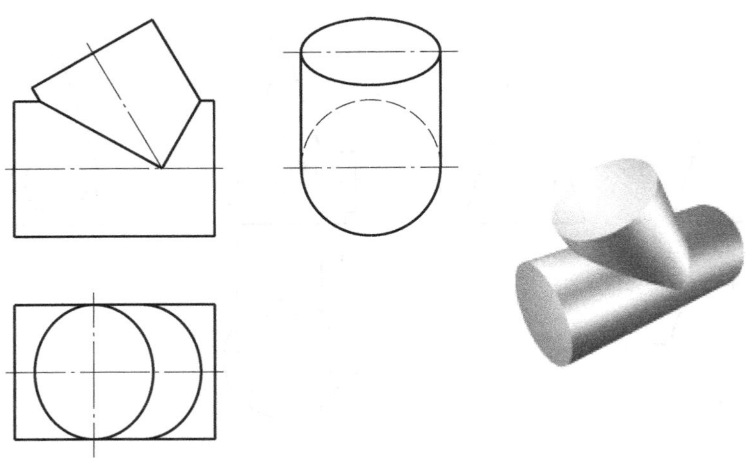

图 7-11 两圆柱轴线斜交、直径相等

② 两个同轴回转体的相贯线,是垂直于轴线的圆。图 7-12(a)所示为圆柱和圆球相贯体,图 7-12(b)所示为圆球和圆锥相贯,图 7-12(c)所示为圆球和回转体相贯,由于它们的轴线都是铅垂线,故相贯线均为水平圆。

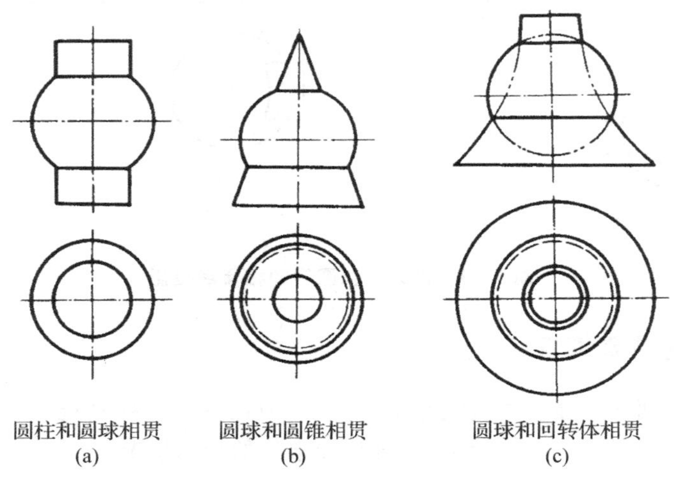

图 7-12 同轴回转体的相贯线

7.2.4 影响相贯线形状的因素

影响相贯线形状的因素有:两相贯体表面的几何性质、两相贯体的相对尺寸大小和相对位置的变化情况。表 7-1 所列为圆柱与圆柱、圆柱与圆锥轴线正交时,当其中一相贯体尺寸发生改变时,相贯线形状的变化趋势;表 7-2 所列为圆柱与圆柱、圆柱与圆锥相交时,若它们的直径保持不变,而使它们的相对位置发生改变,比如正交、斜交和交叉 3 种情况下,相贯线形状的变化情况。

表 7 - 1　轴线正交时表面性质相同而尺寸相对变化对相贯线的影响

相　贯	直立圆柱的直径变化时		
柱、柱相贯	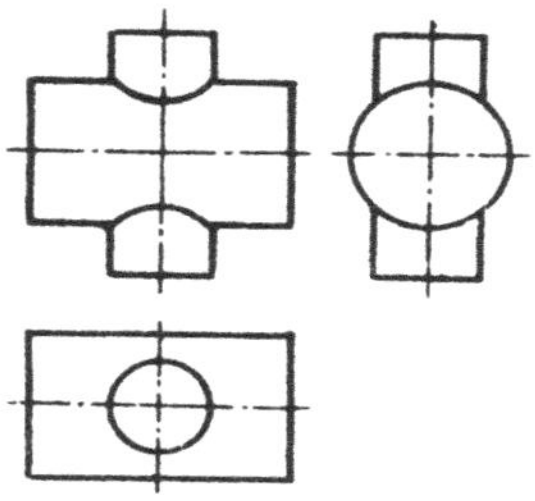	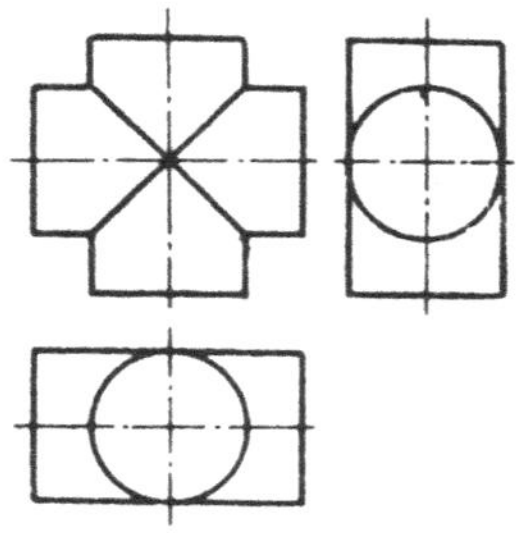	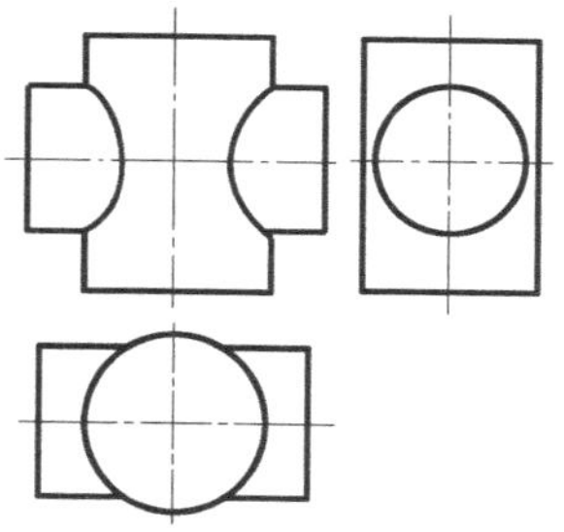
锥、柱相贯	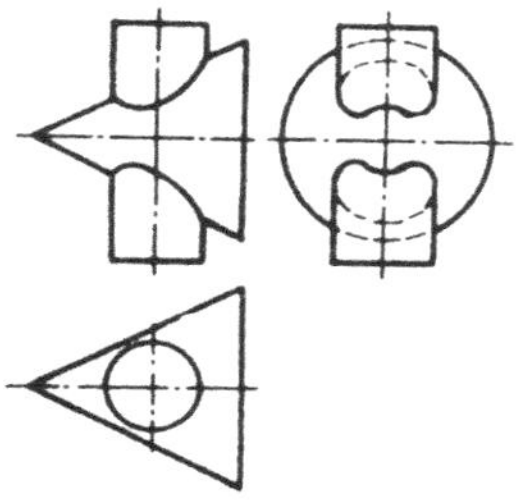	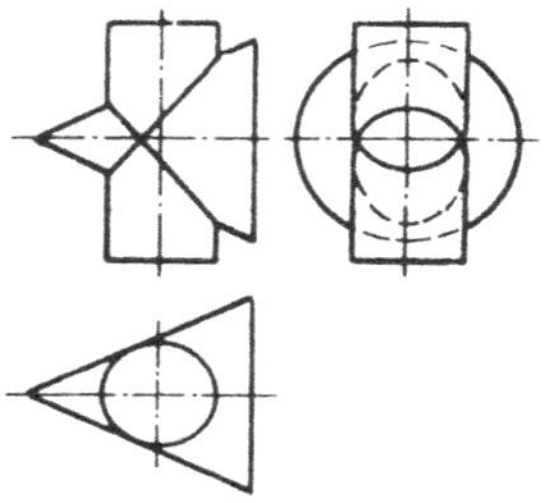	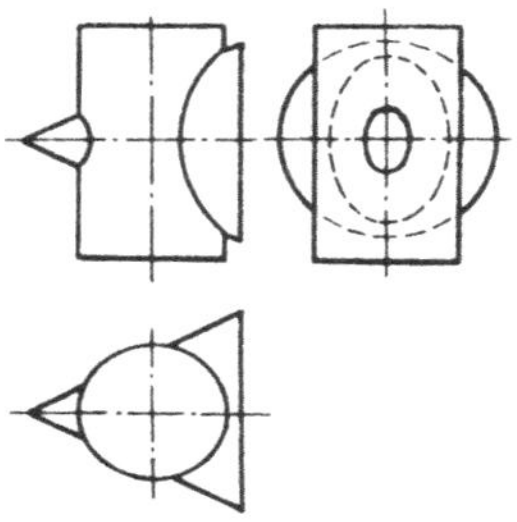

表 7 - 2　相对位置变化对相贯线形状的影响

相　贯	轴线正交	轴线斜交	轴线交叉
柱、柱相贯	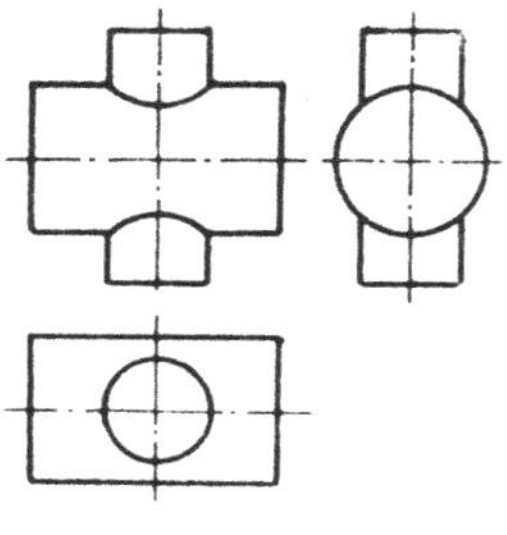	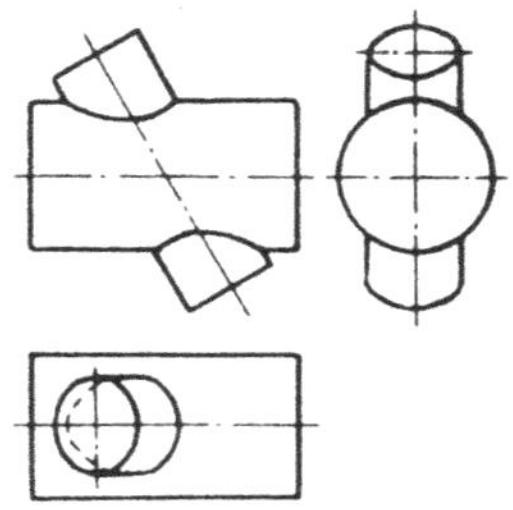	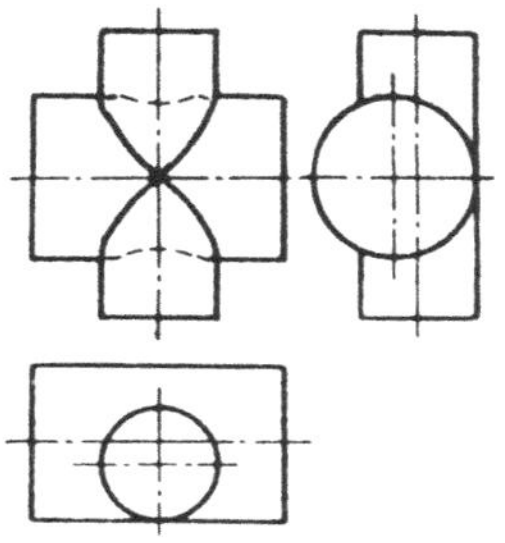
锥、柱相贯	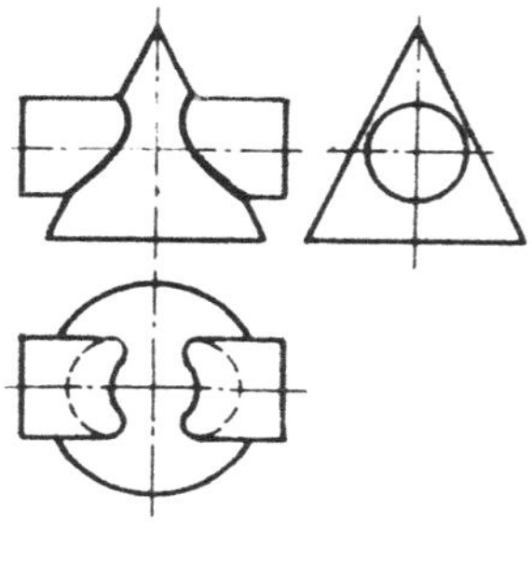	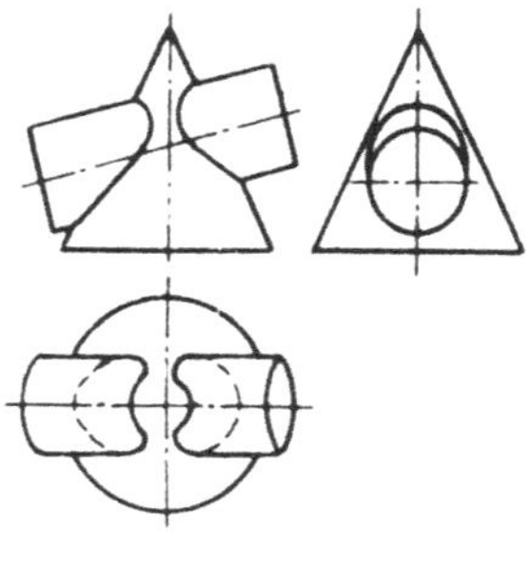	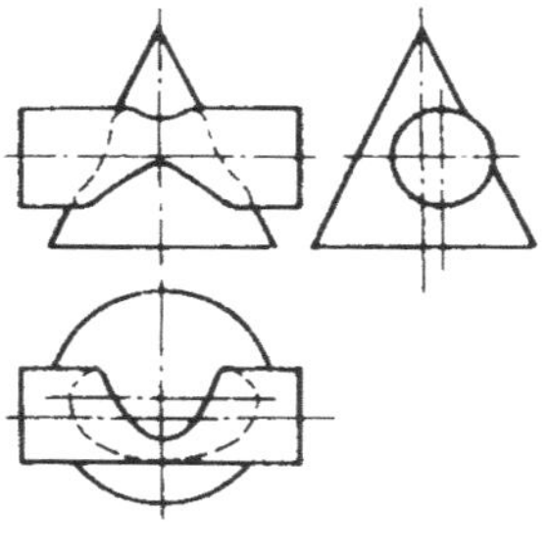

7.2.5 多个立体相交相贯线的画法

前面已经介绍了两立体相交时相贯线的情况及作投影的方法。而实际零件是多个立体的组合,其零件上常常出现 3 个或 3 个以上立体相交的情况,在它们的表面上既有相贯线又存在截交线,此时交线比较复杂。但作图方法与两立体表面交线求作方法相同,只是在作图前,需对零件进行形体分析,弄清各块形体的形状,表面性质和它们之间的相对位置,将它们分解成若干个简单的两形体的相贯问题和平面与立体截交问题,然后逐个作出它们的交线最后将各交线在结合点(三面共点)处分界。

以图 7－13 所示的组合体为例,进行交线分析和作图。

① 分析几何形体及其相互位置关系,判断哪些表面之间有交线,并分析交线趋势,做到心中有数。从图 7－13 可看出,该组合体由 3 个圆柱Ⅰ、Ⅱ、Ⅲ组成。其中Ⅰ与Ⅱ是大、小两圆柱同轴叠加;Ⅲ与Ⅰ和Ⅲ与Ⅱ都是正交关系。因为圆柱Ⅲ的直径较小,所以两条交线应该分别向圆柱Ⅰ及Ⅱ轴线方向凸起。

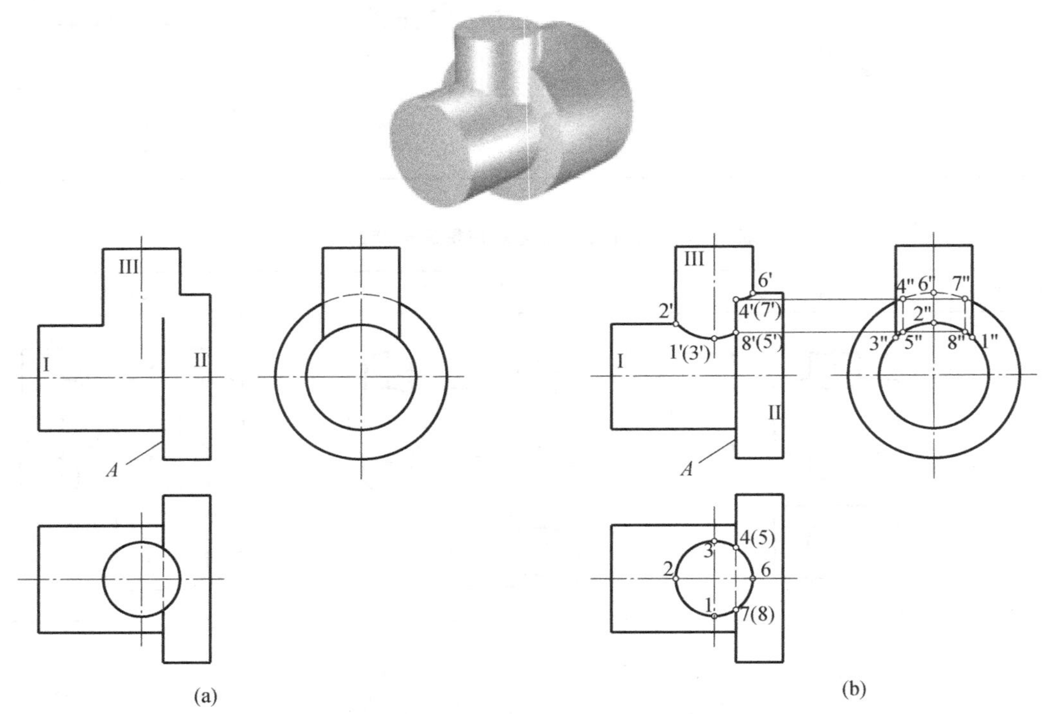

图 7－13 多个立体相交

此外,圆柱Ⅱ的左端面 A 与圆柱Ⅲ也是相交关系,应该有交线(截交线)。因为平面 A 与圆柱Ⅲ的轴线平行,所以交线是两条直线。

② 作图。先根据各形体的尺寸,画出它们的三视图(图 7－13(a))再按照上述分析,逐个地画出各形体之间的交线(图 7－13(b))。例如可用圆弧代替相贯线的近似画法,先画出圆柱Ⅲ与圆柱Ⅰ的交线,再画出圆柱Ⅲ与Ⅱ的交线,最后再画出平面 A 与圆柱Ⅲ的交线。平面 A 与圆柱Ⅲ的交线是两条垂直于水平面的直线,它们的水平投影积聚成点 4≡5 和 7≡8。它们

的侧面投影 4″和 5″及 7″和 8″可根据等宽关系得出。它们的正面投影是一铅直线段 4′5′和 7′8′(位于两段曲交线之间)。因为从左向右看时,直线 4″5″和 7″8″位于圆柱Ⅲ的不可见表面上,所以在左视图上应该是虚线。

本章小结

1. 基本内容

两立体表面相交,其交线即为相贯线。

(1) 相贯线具有的特性

① 相贯线上的点是两立体表面共有点。

② 由于立体具有一定的范围,所以相贯线一般都是封闭的。平面立体与曲面立体相交,相贯线为截交线的结合,结合点为贯穿点。两曲面立体相交,相贯线一般情况下为封闭的空间曲线,特殊情况下为平面曲线。

(2) 影响相贯线的因素

① 两相交立体的几何形状;

② 两立体的相对位置;

③ 两立体的尺寸大小。

(3) 本章重点及注意点

① 两曲面立体相交,尤其是两轴线正交如圆柱与圆柱正交;

② 求相贯线的方法主要掌握平行面法;

③ 要注意两曲面立体的轮廓素线相交之点,只有在对称面上才是相贯线上之点,否则为充盈点。

2. 基本作图方法

根据相贯线的性质,求相贯线的投影,利用积聚性,采用辅助面。辅助面可以是平行面,也可以是球面。采用平行面为辅助面,要求其与两立体相交之截交线为圆或直线。采用辅助球面法,要求两曲面立体的轴线应相交,并同时平行于某一投影面,否则不能用球面法。求解时,要充分利用相贯线有积聚性的投影。求相贯线的作图步骤:

① 分析两立体的形状、大小、相对位置,确定相贯线的性质、投影与辅助面的选择;

② 作图时,首先作出特殊点(最高、最低、最前、最后、最左、最右、虚实分界点等),并注意轮廓素线上的共有点;

③ 在特殊点之间,选择适当的辅助面,求出一定数量的一般点;

④ 判别可见性,依次光滑连接各点的同面投影;

⑤ 补画轮廓素线。

第8章　组合体

组合体，通常是有基本形体组合而成的。它的投影以基本形体的投影为基础。

组合体是机件的抽象，也是形体由几何体向实际机体的过渡。因此，学习组合体的投影，必须紧密联系和运用点、线、面、体的投影特性及基本作图方法。

本章主要阐述中一个图试图的画法，读法以及尺寸标注的基本方法。本章所提到的形体分析法，贯穿于研究和解决问题的始终，它是认识组合体的基本分析方法。线面分析法与形体分析法相互配合，对于一些复杂的组合体的读和画，能起到较好的作用。

通过本章学习，将有助于进一步提高对物体的构型分析能力和空间想象能力。

8.1　概　述

任何复杂的机器零件，如果只考虑它们的形状，大小和表面相对位置，都可以抽象地看成是由基本形体组合而成，故称为组合体。组合体如按其组合方式，通常可分为叠加式和挖切式；如按其组合的复杂程度，可分为简单组合体和综合组合体。

1. 简单组合体

图8-1和图8-2所示为由两个基本形体组成的简单组合体。图8-1(a)(b)所示的简单组合体，是由形状相同、大小不等的两个基本形体叠加而成。由于两者的相对位置不同，虽然它们的正面投影相同，但水平投影却不相同；图8-1(c)(d)(e)所示的简单组合体，它们的正面投影完全相同，但水平投影却各不相同，这说明它们所表达的是形状、大小和相对位置都不相同的简单组合体。

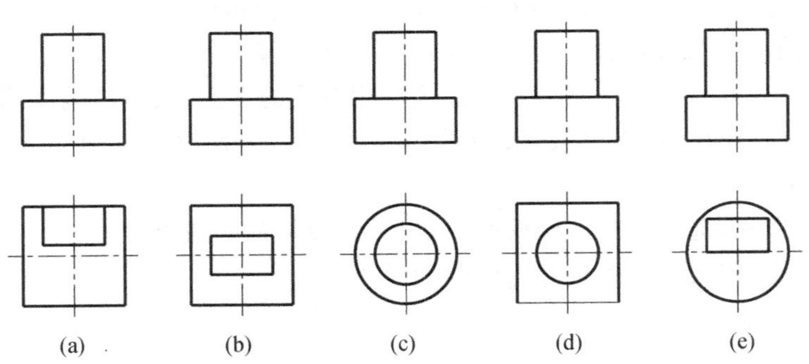

图8-1　叠加立体

而图8-2所示，则是在一个基本形体内，挖切出另一个基本形体所形成的空心立体。这些空心立体，可看成是由内、外圆柱体、圆锥体、棱柱体所形成的简单组合体。绘制这样的组合体的投影图时，不仅要表示出它们的形状及相对位置，同时，还要注意判别内表面投影的可见性。

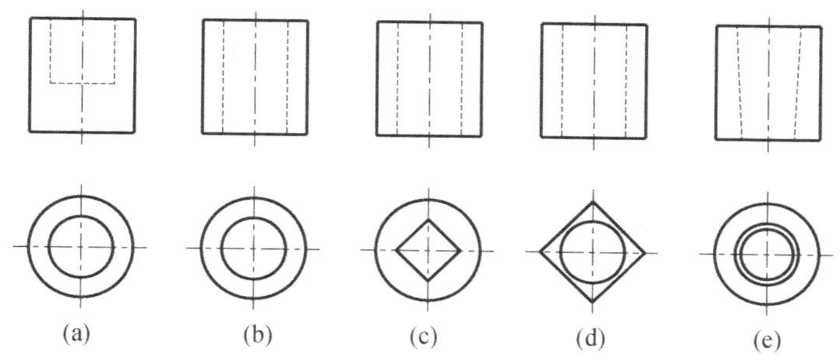

图 8－2　空心立体

2. 综合组合体

不少机器零件，常是由多个基本形体组合而成的。而且，常常是既有叠加，又有挖切的综合组合体。例如，图 8－3 所示的零件——支架，它可以分析成由底板、直立空心圆柱、横置空心圆柱、肋、耳板 5 个基本形体叠加而成。其中，直立空心圆柱、横置空心圆柱两个形体中，又分别挖切出一个内圆柱体，而形成部分“空心”。所以，整个支架为综合组合体。

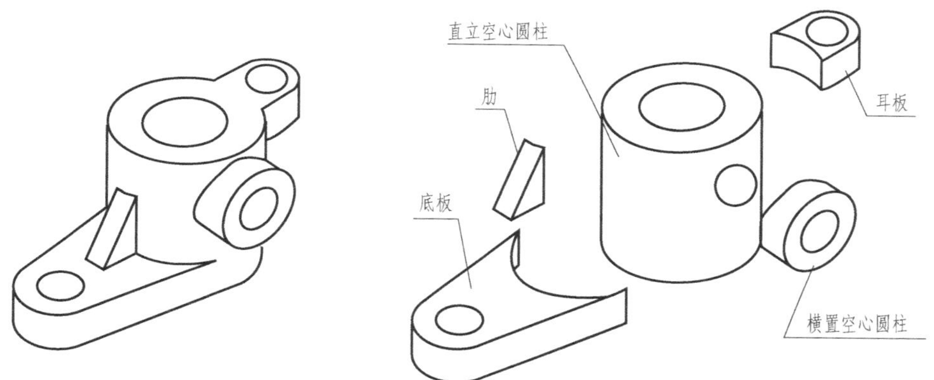

图 8－3　支　架

又如，图 8－4 所示的零件——导向块，也是综合组合体。它可以分析为一个四棱柱体，经顺序切去Ⅰ、Ⅱ、Ⅲ、Ⅳ四个基本形体后所形成。

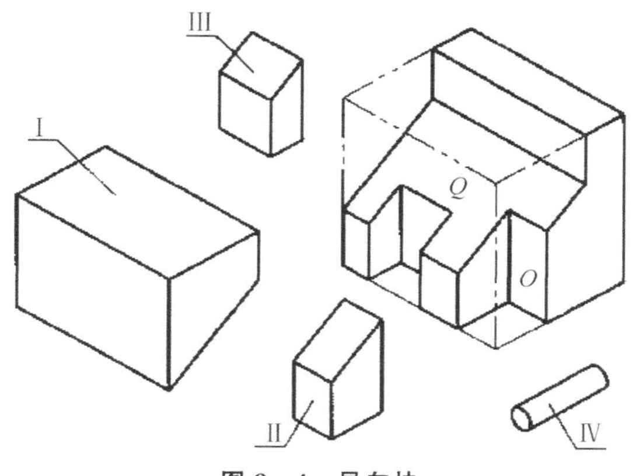

图 8－4　导向块

综上所述,为了方便绘图和读图,可以把机器零件看成是组合体,并将其分析成若干基本形体,以便确定它们的形状、表面相对位置及组合方式等,这样的分析方法称为形体分析法。形体分析法是画图和读图的基本分析法,读者必须通过长时间的学习,以便牢固地掌握。

8.2 组合体视图的画法

8.2.1 三视图的形成

在机械制图里,机器零件的投影称为视图,正面投影为主视图,水平投影为俯视图,侧面投影为左视图。三视图的位置配置为:以主视图为基准,俯视图在主视图的下方,左视图在主视图的右方,如图 8-5 所示。三个视图要满足"长对正、高平齐、宽相等"的规律,保证物体的上、下,左、右和前、后 6 个部位在三视图中的位置及对应。俯视图的下边与左视图的右边都反映物体的前面,俯视图的上边与左视图的左边都反映物体的后面;俯视图与左视图同时反映物体的宽度方向的位置关系,画图时在隐去了投影轴的情况下,通常是在俯、左视图里选取同一作图基准(对称轴线、表面等),作为确定物体宽度方向的位置关系的度量基准,以保证对物体的正确表达。

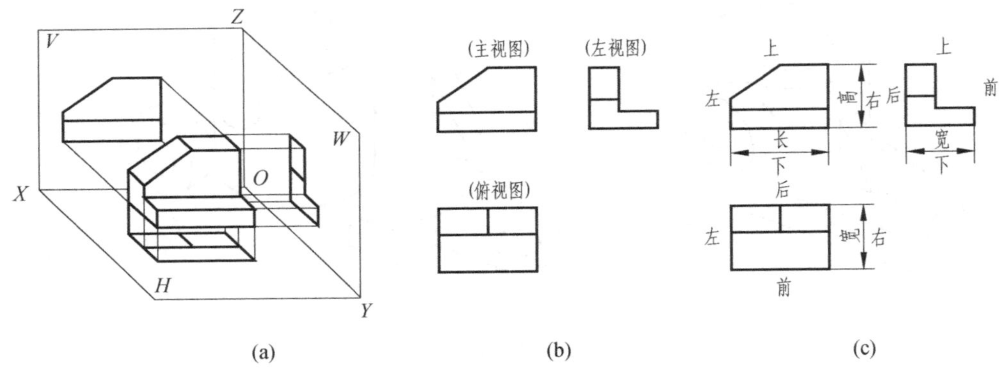

图 8-5　三视图的形成

8.2.2 组合体的画图方法

1. 形体分析法

假想将组合体按照其构成方式分解为若干基本形体,弄清各基本形体的形状及它们间的相对位置和表面间的连接关系,再组合构思出其整体形状。这种分析方法称为形体分析法,如图 8-3 和图 8-4 所示。

2. 线面分析法

组合体也可以看成是由若干面(平面或曲面)、线(直线或曲线)围成。因此,在确定它们之间的相对位置和它们对投影面的相对位置的前提下,可以把组合体分解为若干面和线进行画图和读图。这种分析方法称为线面分析法。

形体分析法与线面分析法虽然是相辅相成的,但一般情况下,在组合体画图和读图时,首先采用形体分析法，然后对局部较难的地方，如形状复杂的斜面以及截交线和相贯线等再采用线面分析法。

8.2.3　表面相对位置分析

为了正确绘制组合体的三视图，必须分析组合体上被叠加或切掉的各基本体之间的相对位置和相邻表面之间的连接关系。组合体表面的相对位置，一般可分为相交、相切和平齐。

1. 平　齐

当两形体的表面平齐时，在视图上无分界线，如图8-6(a)所示；图8-6(b)所示为前面平齐，后表面不平齐，画虚线；图8-6(c)所示为前后表面都不平齐，画实线。

2. 相　切

当两形体的表面相切时，产生切线，但在视图上不画切线的投影，如图8-7所示。

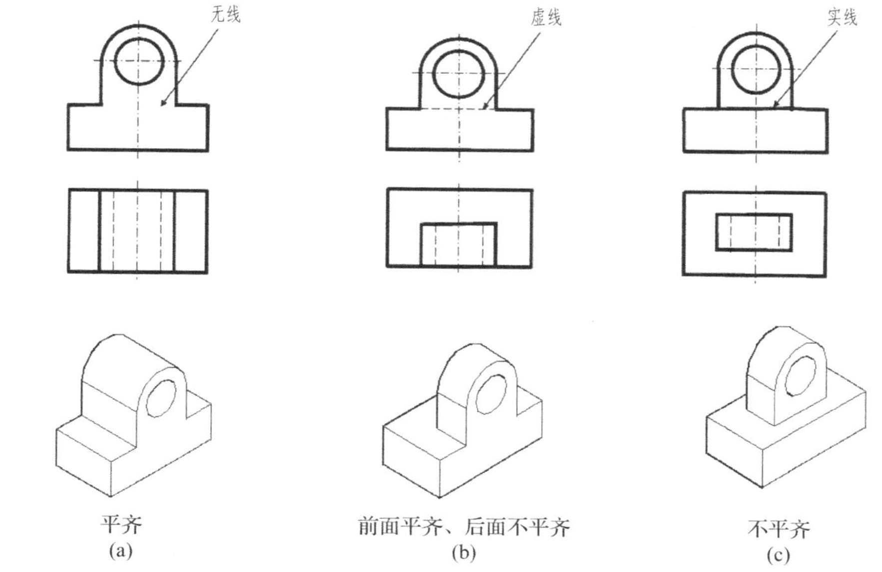

图8-6　表面相对位置(平齐)

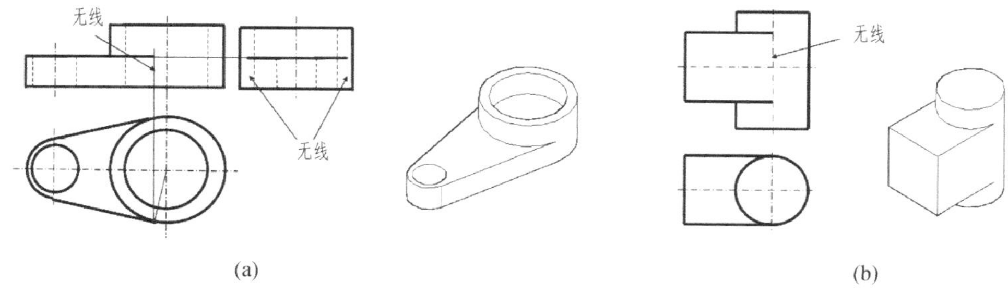

图8-7　两表面相切

3. 相　交

当两形体的表面相交时，产生交线。在视图上必须画出交线的投影，如图8-8所示。

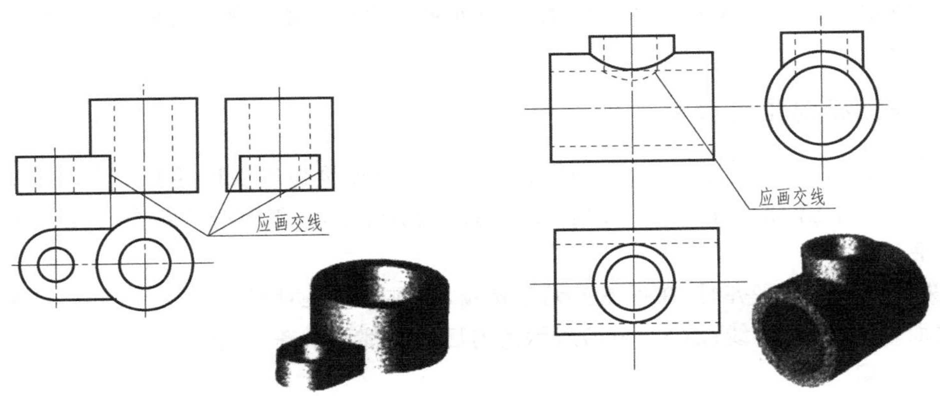

图 8-8　两表面相交

8.2.4　画组合体视图的步骤

在画组合体视图的过程中,利用形体分析法,假想将一个复杂的组合体分解为若干基本体,并对它们的形状和位置关系进行分析,在此基础上画出组合体的视图。现以图 8-9 为例阐述画组合体视图的方法和步骤。

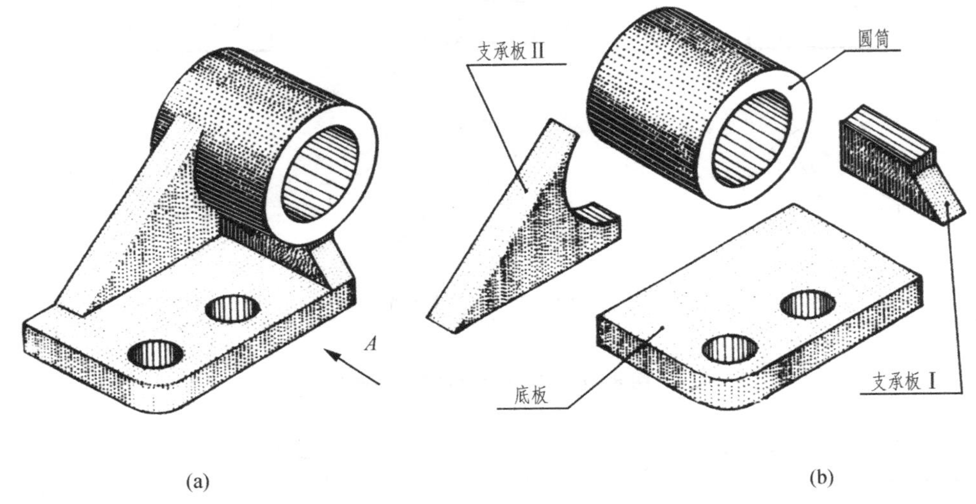

图 8-9　支架及其形体分析

1. 形体分析

图 8-9(a)所示的支架,采用形体分析法,可分解为底板、圆筒和两块支承板,如图 8-9(b)所示。该组合体的组成方式主要是叠加,圆筒在底板的右上方,并用两块支承板与之连接;支承板Ⅰ在底板的右上方,与圆筒相交;支承板Ⅱ在底板的后上方,圆筒的左方,其斜面与圆筒相切。

2. 视图选择

主视图是组合体三视图中最主要的视图,选择主视图应考虑两个原则:一是组合体的摆放位置原则应使主要表面平行于投影面并使形体处于自然安放位置;二是形状特征原则,以最能反映组合体形状特征的方向作为主视图的投影方向，同时要使其他视图虚线最少，图形清晰。

首先选择正面投影方向，如图 8－9(a)所示，图中箭头 A 所示方向作为正面投影的方向，能较好地反映支架各组成部分的形状特征及其之间的相对位置关系。

主视图确定以后，俯视图和左视图的投射方向也就确定了。由于底板和支承板 I 的形状，需分别在水平投影和侧面投影图中才能反映出来，因此，要完整地表达支架的形状，需画出它的三面投影图。

3. 布置视图

视图选定后，即可根据所画组合体的大小及复杂程度，定出画图比例和所需要的图幅尺寸。图形比例，最好选成 1∶1，图幅的尺寸，也应选成标准图幅。在选好的图幅上，应先画出图框线和标题栏，并根据物体长、宽、高单个尺寸大小，在图幅上定出三视图的位置，应注意，三视图的布局要均匀，不要偏向一方或挤在一起，视图之间和视图与图框线之间，均应留出足够的距离，以备标注尺寸等，如图 8－10 所示。

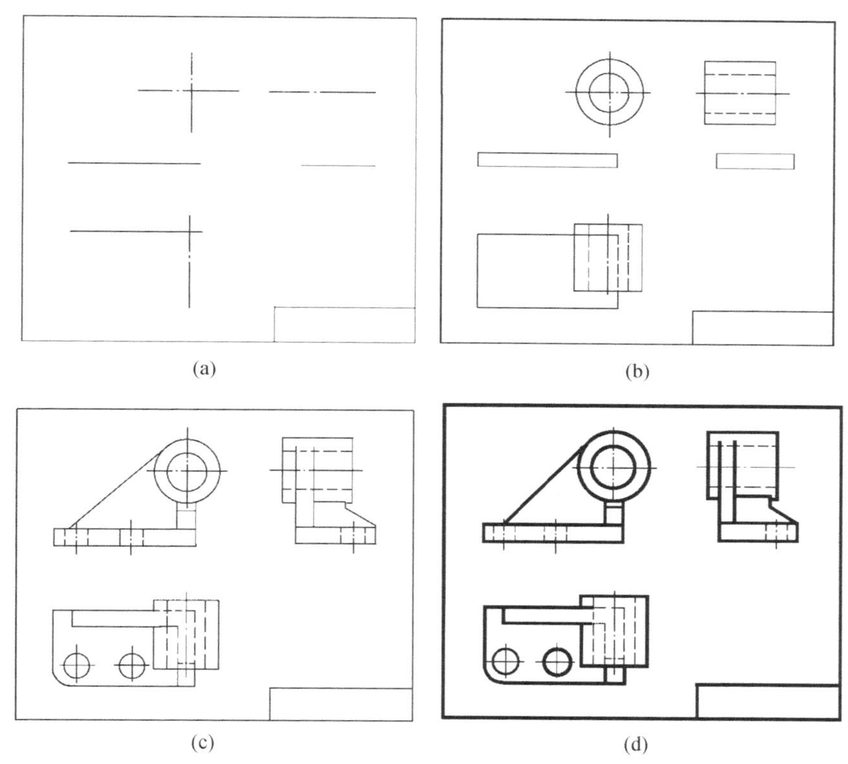

图 8－10　支架的画图步骤

4. 画底稿

在布置好视图位置的图幅上，用细实线绘制各视图的底稿。画底稿时，可先画出各基本形体的定位轴线，对称平面迹线，中心线或最大形体的轮廓线等，然后由大形体到小形体，由主要形状到细部形状，逐个画出各基本形体的三面视图。对每一个基本形体，应从具有形状特征的视图画起，而且要 3 个视图相互联系起来画。

画图时应注意的几个问题：

① 画图时,常常不是画完一个视图后再画另一个视图,而是几个视图配合起来画,以便于用投影之间的对应关系,使作图既准又快。

② 各形体之间的相对位置要保持正确。

③ 各形体之间的表面过渡关系要表示正确。例如,支承板的斜面与圆筒相切,在相切处为光滑过渡,所以切线不应画出。

5. 检查、加深

底稿画完后,要仔细检查有无错误,以及漏掉线条和多画线条等问题,相对位置是否都画对了;表面过渡关系是否都表达正确了;然后擦去作图线,检查没有错误才按规定线型加深。

为保证图线连接光滑,提高加深速度,一般加深图线的次序如下:

① 点划线。先水平线后垂直线。

② 粗实线。先画圆及圆弧,再画直线(先水平线,后垂直线,再倾斜线)。

③ 虚线。

④ 其他细实线。

当几种图线相互重合时,一般应按粗线—虚线—点划线的顺序画出,即粗实线与虚线,点划线重合时画出粗实线,虚线与点划线重合时画出虚线。

【例8-1】 如图8-11所示,画切割式组合体视图。

解 形体分析:

切割式组合体一般由基础体被切割而形成,画切割式组合体三视图,应首先确定基础形体,基础形体一般可由该组合体的最大轮廓范围确定,然后分析基础体是怎样被切割的。图8-11(a)所示的组合体的基础形体是长方体,然后该长方体被切去形体Ⅰ、Ⅱ、Ⅲ。

画三视图的步骤如下:

① 先画出基础形体的视图。

② 作平面 P、Q 切割基本体,切去形体Ⅰ形成的切口,先画其左视图,再画其余视图。

③ 作正垂面 R 切去形体Ⅱ,先画其主视图,再画其余视图。

④ 作铅垂面 S 切去形体Ⅲ,应先画俯视图,再画其余视图。

⑤ 检查、加深。检查时应注意:除检查形体的投影外,特别是检查复杂斜面投影对应的类似形,如图8-11中斜面 R 和 S 的投影形状应类似,如果斜面上的交线画错,可以从检查斜面投影的类似形中查出。

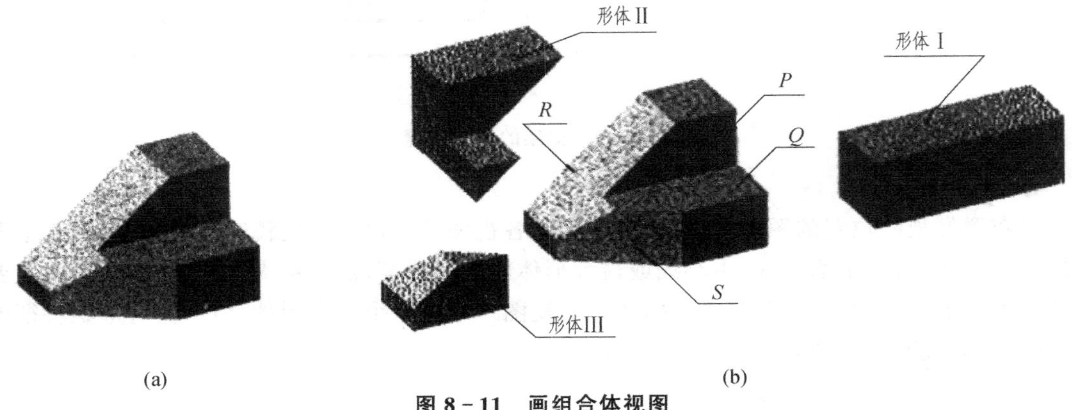

图8-11 画组合体视图

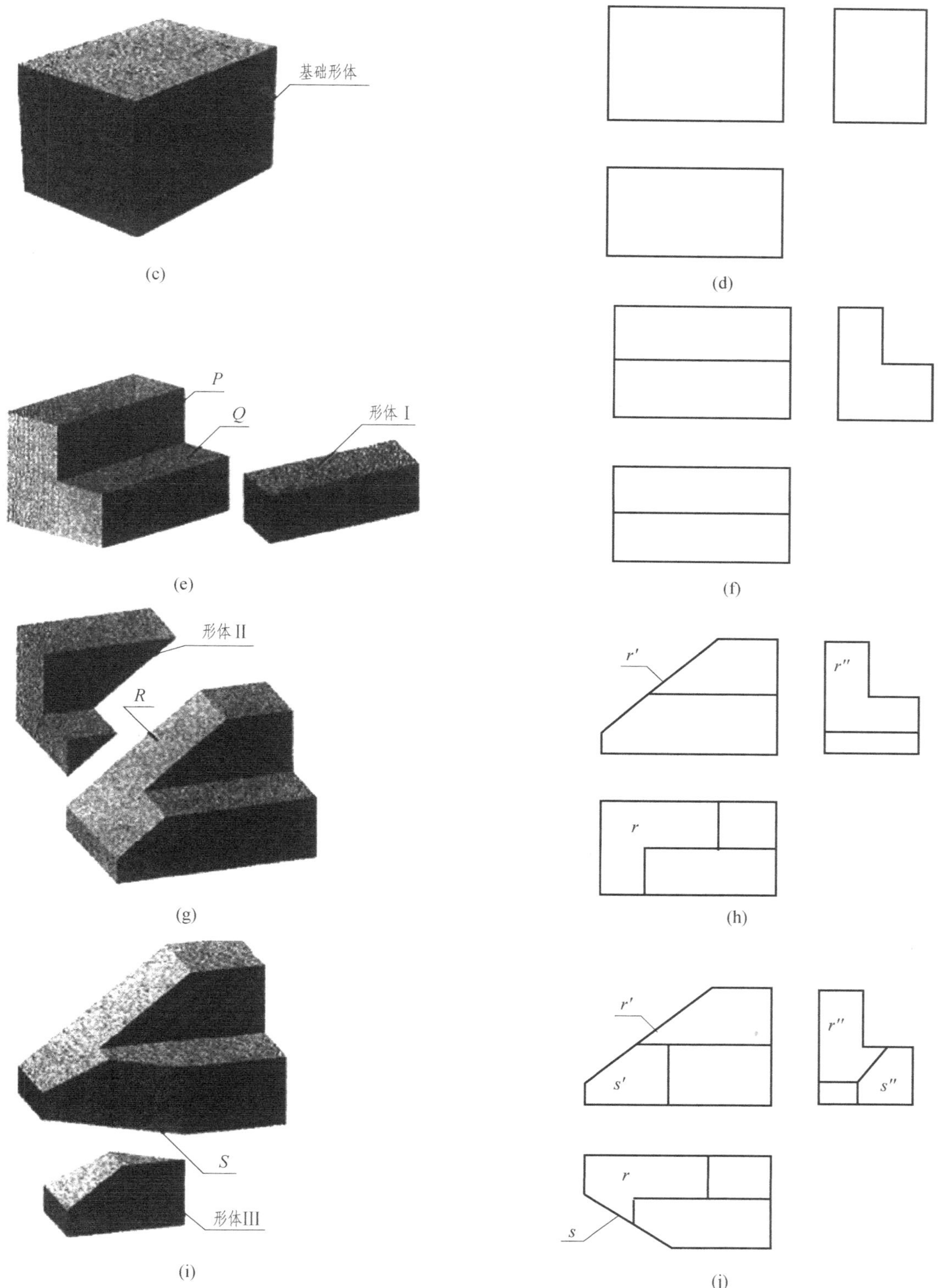

图 8 - 11　画组合体视图(续)

8.3 读组合体视图的方法

根据组合体的视图,想象出它的空间形状,这是读图的根本要求。读图所用的方法是形体分析法和线面分析法。

8.3.1 用形体分析法读图

分析组合体的三面视图可以看出,视图上的封闭线框代表基本形体的轮廓投影。因而,用形体分析法读图时,可将组合体的某一视图(一般选主视图)划分成若干封闭线框,找出与这些封闭线框对应的其他投影,联系线框的各投影进行分析,确定其所表示的基本形体的形状,然后再按各基本形体的相对位置,联系所给视图,综合想象出组合体的形状。现以图 8－12(a)所示的零件为例,分述如下:

1. 联系有关视图,看清投影关系

先从主视图看起,借助于丁字尺、三角板、分规等工具,根据“长对正、高平齐、宽相等”的规律,把几个视图联系起来看清投影关系,做好看图准备。

2. 把一个视图分成几个独立部分加以考虑

一般把主视图中的封闭线框(实线框、虚线框或实线与虚线框)作为独立部分,例如图 8－12(b)的主视图分成 5 个独立部分:Ⅰ、Ⅱ、Ⅲ、Ⅳ、Ⅴ。

3. 识别形体,定位置

根据各部分三视图(或两视图)的投影特点想象出形体,并确定它们之间的相对位置。在图 8－12(b)中,Ⅰ为四棱柱与倒 U 形柱的组合;Ⅱ为倒 U 形柱(槽),前后各挖切出一个 U 形柱;Ⅲ、Ⅳ都是横 U 形柱(缺口);Ⅴ为圆柱(挖切形成圆孔)。它们之间的位置关系,请读者自行分析。

4. 综合起来想整体

综合考虑各个基本形体及其相对位置关系,整个组合体的形状就清楚了。通过逐个分析,可由图 8－12(a)的三面视图,想象出图 8－12(h)所示的物体。

在上述讨论中,反复强调了要把几个视图联系起来看,只看一个视图往往不能确定形体的形状和相邻表面的相对位置关系。在看图过程中,一定要对各个视图反复对照,直至都符合投影规律时,才能最后定下结论,切忌看了一个视图就下结论。

在分析确定各基本形体的形状时,还应注意下述两个问题:

① 一般在无标注的情况下,根据一个视图不能确定物体的形状。在某些情况下,两个视图相同,但第三视图不同,也可能表示两种完全不同的形体,读图时只有将几个视图联系起来进行分析,才能确定物体的形状。

② 读图时,在物体的各视图中,应先找出形状特征视图,再联系其他视图进行分析,就能较为迅速而确切地想象出物体的形状。

8.3.2 用线面分析法读图

根据正投影原理可知,视图上的一条线(直线,曲线),是一个有积聚性表面的投影,或两面交线的投影,或曲面轮廓素线的投影,或曲面轮廓线的投影;视图上的一个封闭线框,是某一表

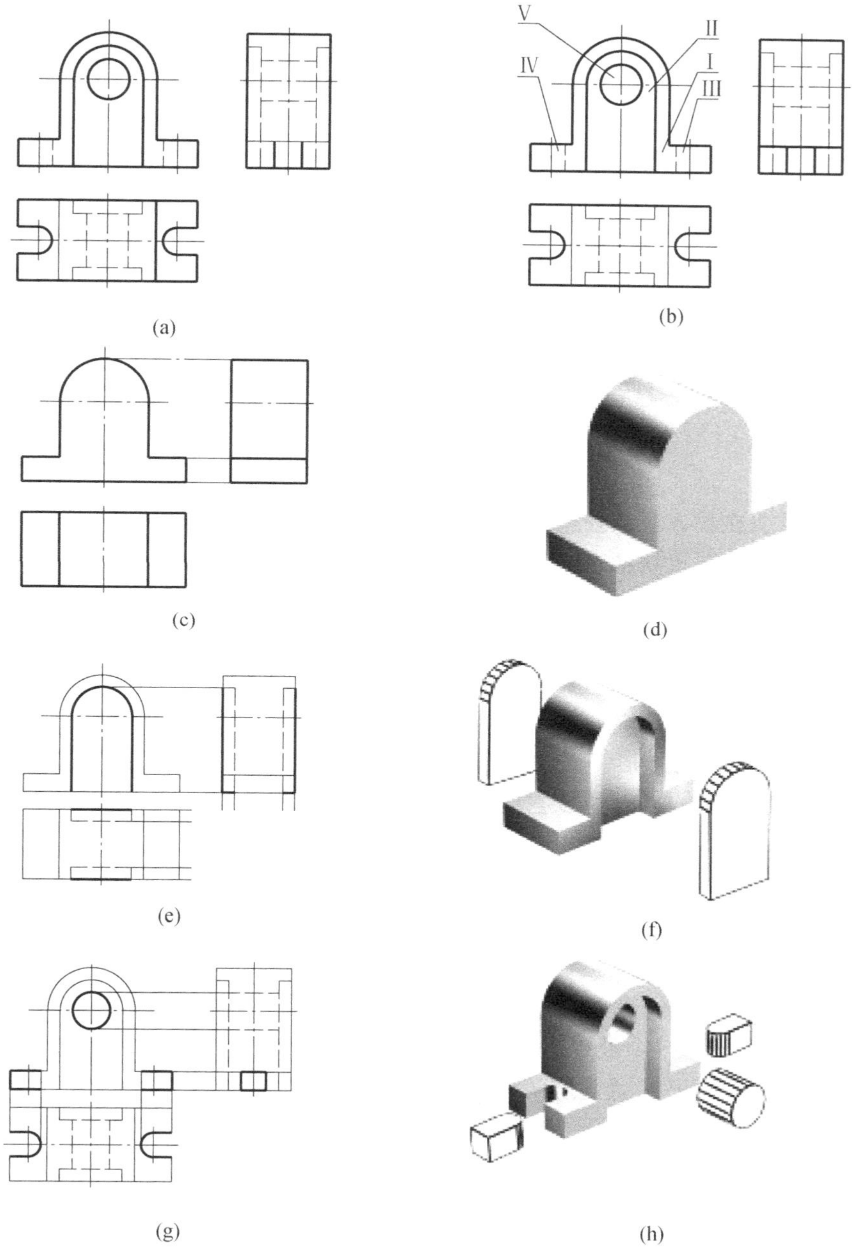

(a)　(b)　(c)　(d)　(e)　(f)　(g)　(h)

图 8-12　形体分析法读图

面(平面,曲面)的投影。利用上述原理来分析组合体的表面性质,形状和相对位置的方法称为线面分析法。如前所述,读图时,应以形体分析法为主,线面分析法为辅。现以图 8-13 所示的压块为例,分述如下:

先分析整体形状。由于压块的 3 个视图的轮廓基本上都是长方形(只缺掉了几个角),所以它的基本形体是一个长方块。

进一步分析细节形状。从主、俯视图可以看出,压块右方从上到下有一阶梯孔。主视图的

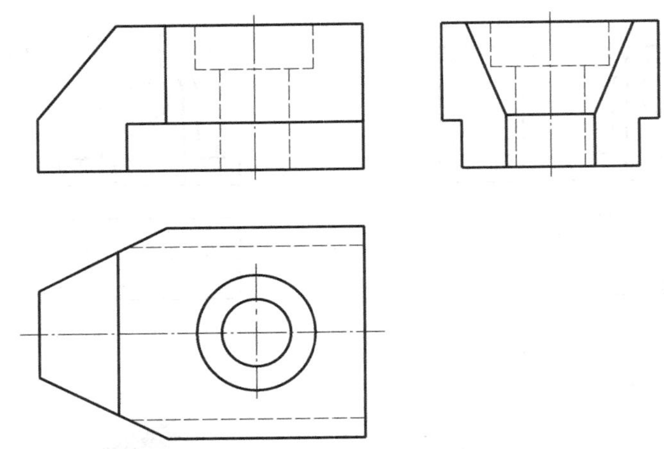

图 8－13 压块的三视图

长方形缺个角,说明在长方块的左上方切掉一角。俯视图的长方形缺两个角,说明长方块左端切掉前、后两角。左视图也缺两个角,说明前后两边各切去一块。

用这样的形体分析法,压块的基本形状就大致有数了。但是,究竟是被什么样的平面切的？截切以后的投影为什么会是这个样子？还需要用线、面分析法进行分析。

下面我们应用三视图的投影规律,找出每个表面的 3 个投影。

① 先看图 8－14(a),从俯视图中的梯形线框出发,在主视图中找出与它对应的斜线 p',可知 P 面是垂直于正面的梯形平面,长方块的左上角就是由这个平面切割而成的。平面 P 对侧面和水平面都处于倾斜位置,所以它的侧面投影 p''和水平投影 p 是类似图形,不反映 P 面的真形。

② 再看图 8－14(b)。由主视图的七边形 q'出发,在俯视图上找出与它对应的斜线 q,可知 Q 面是垂直于水平面的。长方块的左端,就是由这样的两个平面切割而成的。平面 Q 对正面和侧面都处于倾斜位置,因而侧面投影 q''也是一个类似的七边形。

③ 然后,从主视图上的长方形 r'入手,找出面的三个投影(见图 8－14(c));从俯视图的四边形 S 出发,找到 S 面的三个投影(见图 8－14(d))。不难看出,R 面平行于正面,S 面平行于水平面。长方块的前后两边,就是这两个平面切割而成的。在图 8－14(d)中,$a'b'$线不是平面的投影,而是 R 面与 Q 面的交线。$c'd'$线是哪两个平面的交线？请读者自行分析。

其余的表面比较简单易看,不需一一分析。这样,我们既从形体上,又从线、面的投影上,彻底弄清了整个压块的三面视图,就可以想象出图 8－15 所示物体的空间形状了。

看图时一般是以形体分析法为主,线、面分析法为辅。线、面分析方法主要用来分析视图中的局部复杂投影,对于切割式的零件用得较多。

通过以上分析不难看出,如果在形体分析的基础上,再配合线面分析,进一步读懂各表面的形状,以及每条线段所表示的内容,将会帮助我们更加彻底地读懂组合体的三面视图。

8.3.3 已知两视图补画第三视图

已知两视图补画第三视图,是将读图与画图相互结合起来,提高空间想象力的一种有效方法。因此,应先读懂所给的两视图,并想象出组合体的空间形状,然后再画出所求的第三视图。

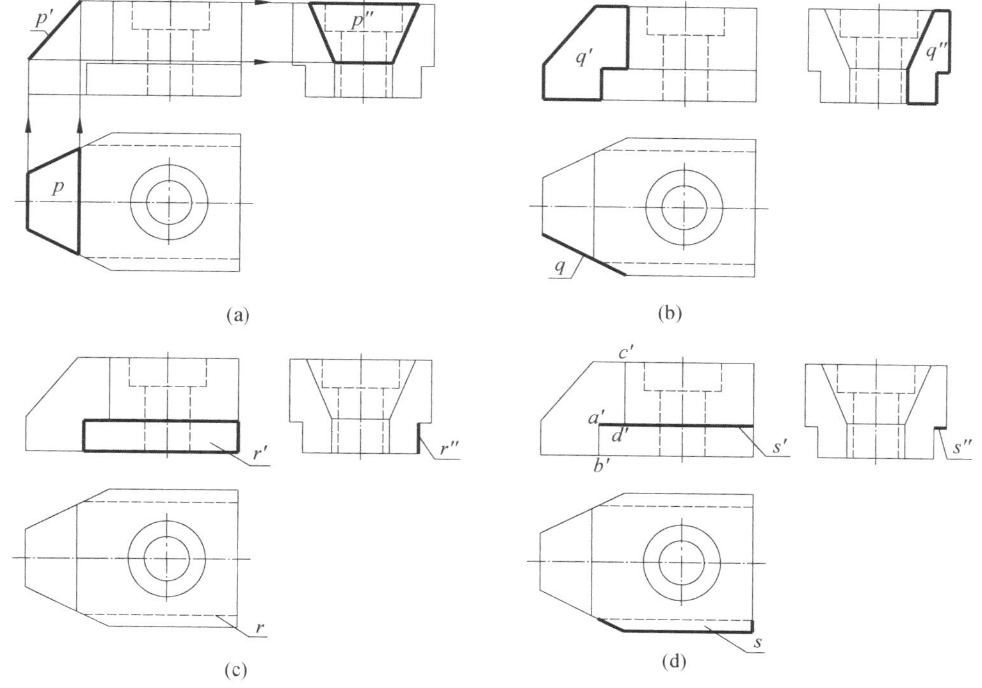

图 8 - 14　压块的看图方法

图 8 - 15　压　块

【例 8 - 2】　已知支架的两面投影，补画侧面投影，如图 8 - 16 所示。

分　析　根据已知的两面投影，对支架进行形体分析可知，该支架是由直立空心圆柱Ⅰ、扁空心圆柱Ⅱ、水平空心圆柱Ⅲ、底板Ⅳ、搭子Ⅴ和肋板Ⅵ 6 部分组成的。根据正面投影和水平投影，分别想象出各组成部分的空间形状，如图 8 - 17 所示，然后补画出它们的侧面投影。

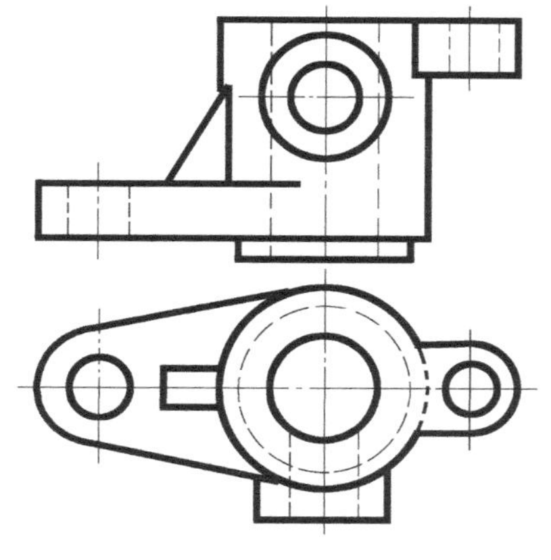

图 8 - 16　补画侧面投影图

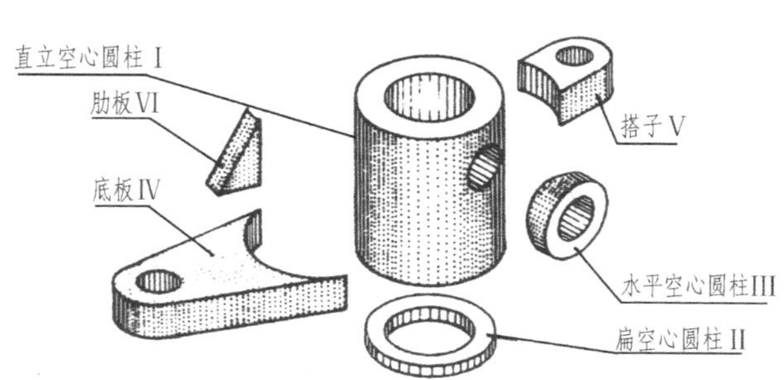

图 8 - 17　支架各组成部分的形状

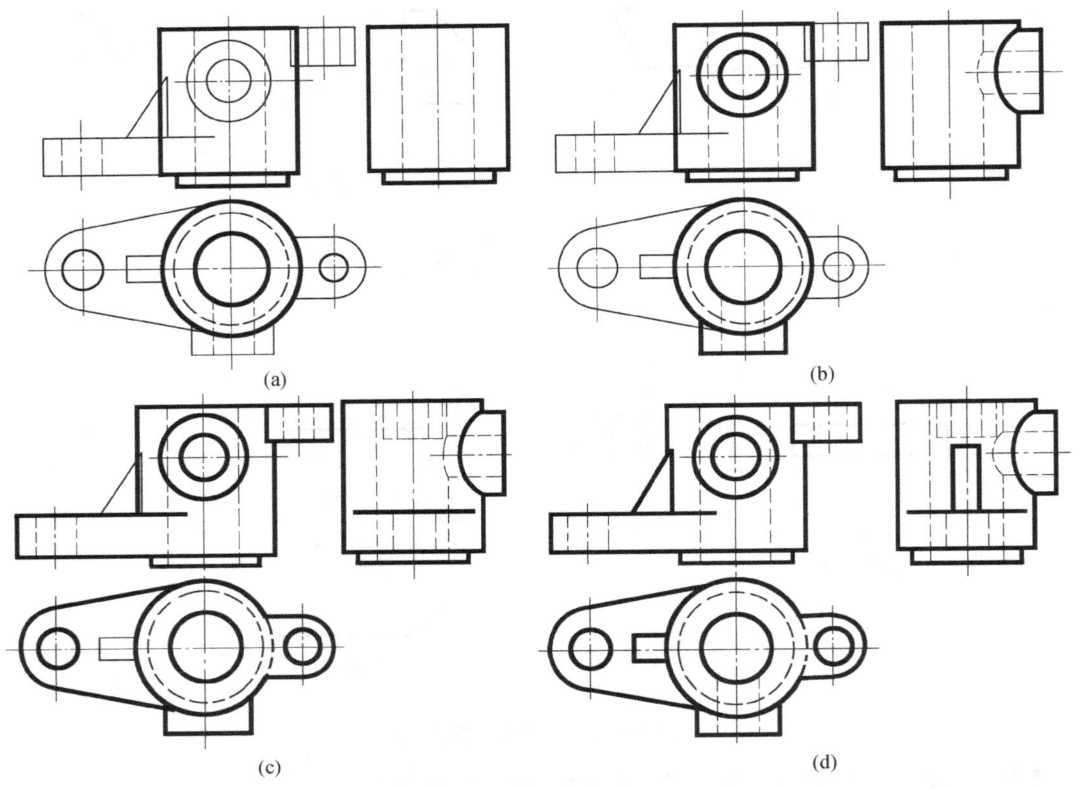

图 8-18　补画支架的侧面投影

作图步骤：

① 从两面投影可知，支架的Ⅰ、Ⅱ两部分叠加在一起，故先补画直立空心圆柱Ⅰ和扁空心圆柱Ⅱ的侧面投影(见图 8-18(a))；

② 补画水平空心圆柱Ⅲ的侧面投影(见图 8-18(b))；

③ 补画底板Ⅳ和搭子Ⅴ的侧面投影(见图 8-18(c))；

④ 补画肋板Ⅵ的侧面投影(见图 8-18(d))。

根据投影中各组成部分的相对位置，综合起来想象出支架的整体形状，如图 8-19 所示。

【例 8-3】 已知组合体的两面投影，补画其水平投影(见图 8-20)。

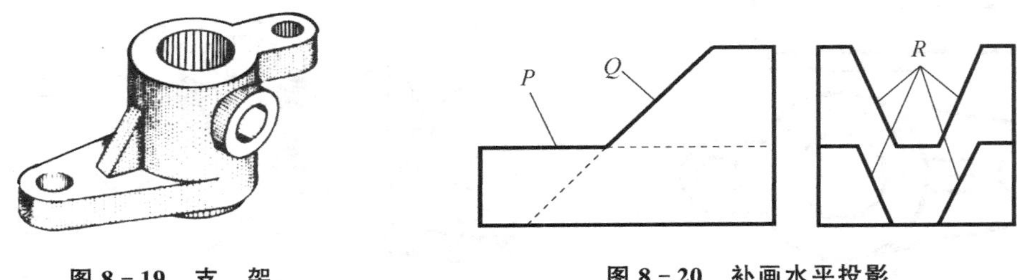

图 8-19　支　架　　　　图 8-20　补画水平投影

分　析　根据已知的两面投影，知该组合体属切割式，是由四棱柱被水平面 P、正垂面 Q 和侧垂面 R 等平面切割而成的。故看图时宜用线面分析法。

作图步骤：

① 补画出切割前四棱柱的水平投影(见图 8－21(a))；

② 依据投影面平行面的投影特性，补画出组合体上五个水平面的水平投影(见图 8－21(b))；

③ 依据投影面垂直面的投影特性，补画出组合体上四个侧垂面 R 的水平投影(见图 8－21(c))；

④ 根据一个线框表示一面，以 Q 面为例，检查补画出来的水平投影正确与否，然后加粗加深图线，完成作图(见图 8－21(d))。

综合起来想象该组合体的整体形状，如图 8－22 所示。

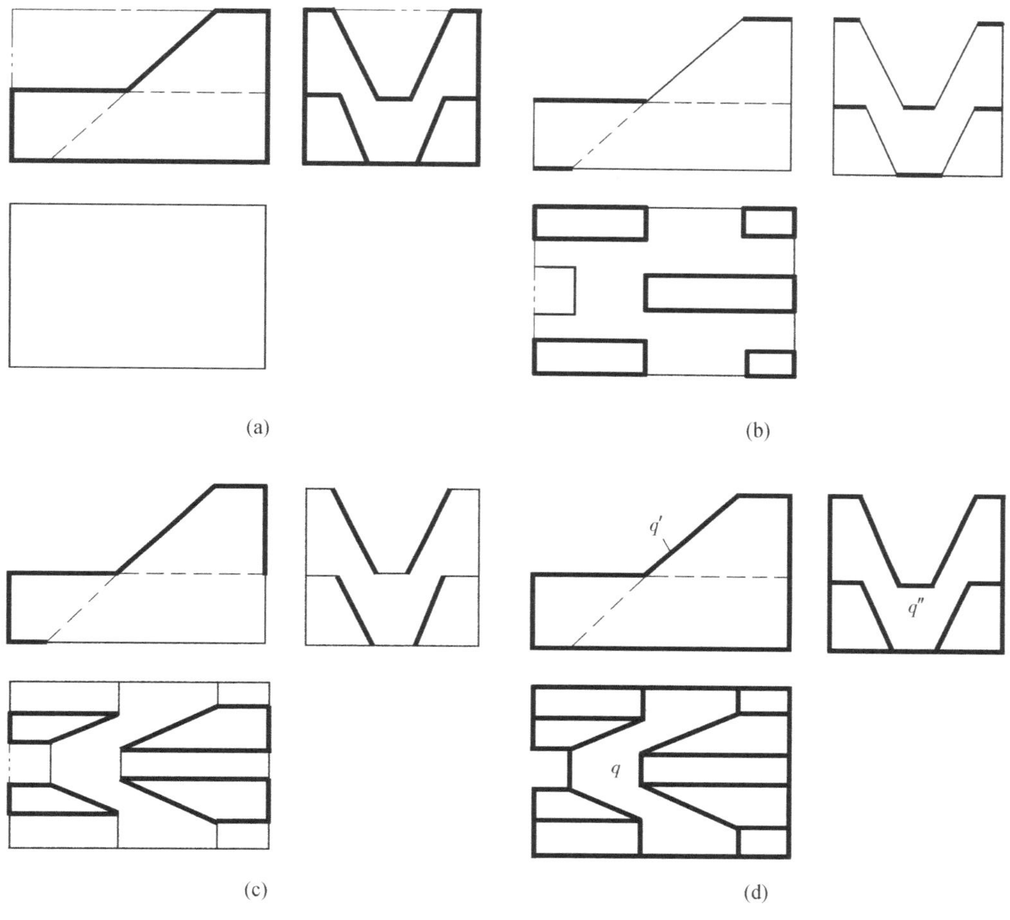

(a)　(b)

(c)　(d)

图 8－21　补画组合体的水平投影

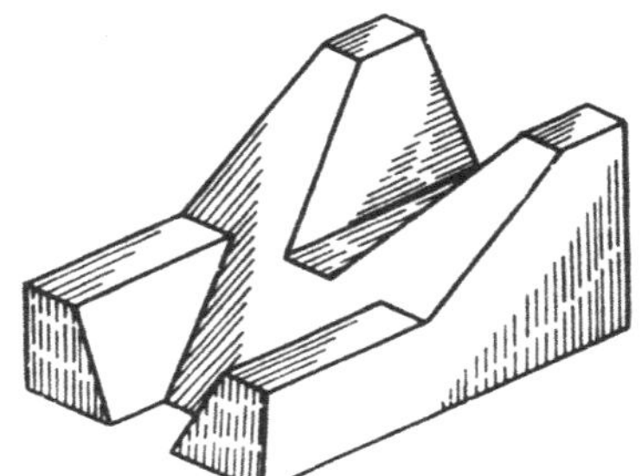

图 8－22　组合体的整体形状

8.4 组合体视图中的尺寸标法

组合体的视图主要用于表达事物的形状,而物体的真实大小,则要由视图上所标注的尺寸数值来确定。因此,标注尺寸时应该做到:完整清晰,注写正确并有助于读图。本节主要讨论基本形体和组合体的尺寸注法。

8.4.1 基本形体的尺寸注法

标注基本形体的尺寸时,除必须遵守国家标准的有关规定外,还应结合各个形体的形状特点,标注适当数量的尺寸。

对于图 8-23 所示的一些基本形体,一般应注出它的长、宽、高 3 个方向的尺寸,但并不是每一个形体都需要在形式上注全这 3 个方向的尺寸。如标注圆柱、圆锥的尺寸时,在其投影为非圆的视图上注出直径方向(简称径向)尺寸"ϕ"后,不仅可以减少一个方向的尺寸,而且还可以省略一个视图,因为尺寸"ϕ"具有双向尺寸功能;标注球尺寸时,只要在其直径代号 ϕ 前加注 S,即可用一个视图及一个尺寸,确定球体的形状和大小,因为"$S\phi$"本身具有 3 个方向尺寸的功能。

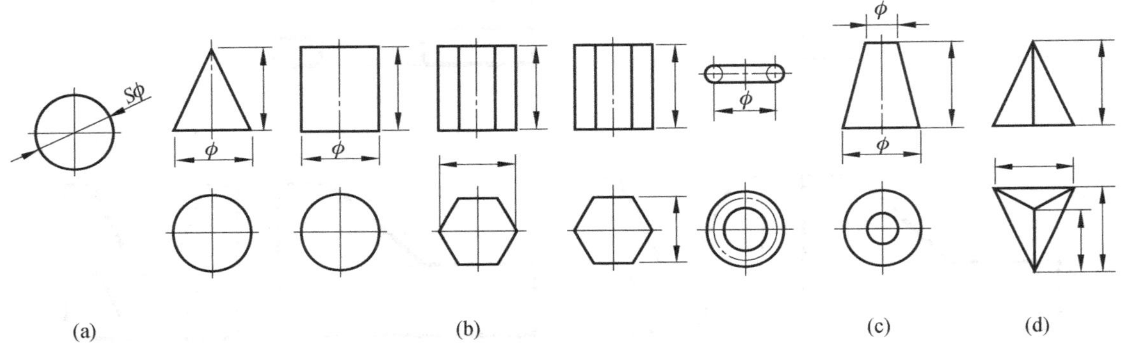

图 8-23 基本形体的尺寸标注

图 8-24 所示为几个具有斜截面或缺口的几何形体的尺寸注法。

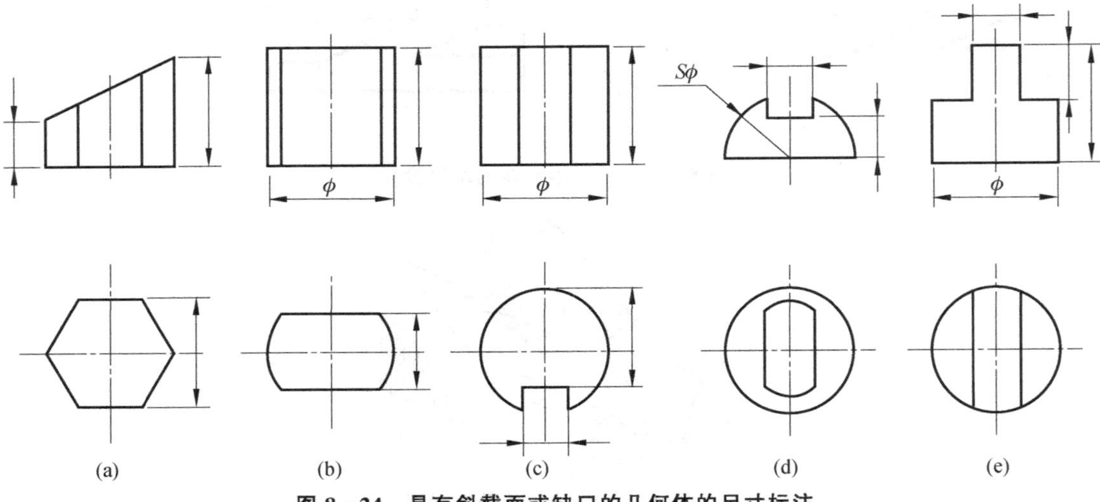

图 8-24 具有斜截面或缺口的几何体的尺寸标注

图 8－25 所示为几种不同形状板件的尺寸标注方法。

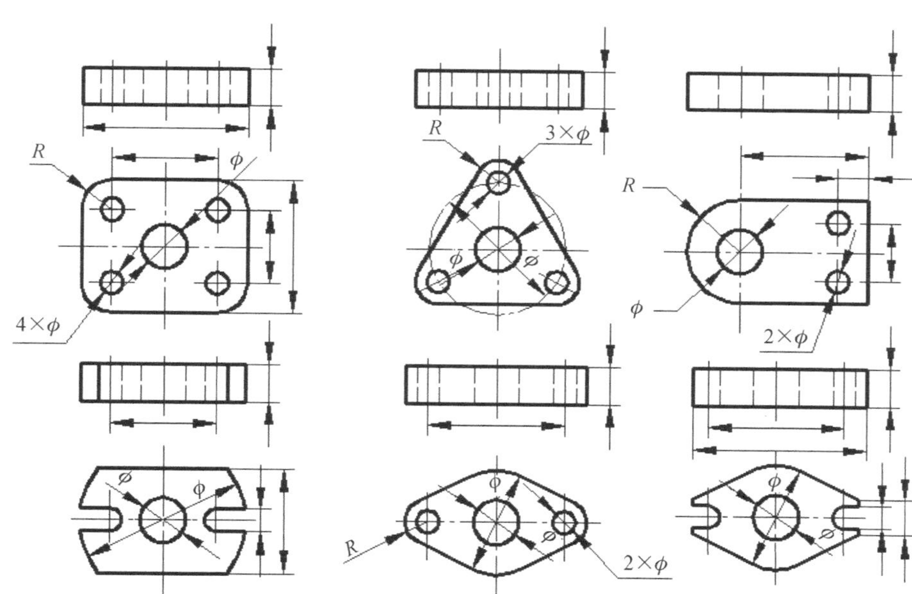

图 8－25　几种底板件的尺寸注法

8.4.2　组合体的尺寸注法

如前所述，按照形体分析的方法，可将组合体分析成由若干基本形体组合而成。因此，对组合体应标注下列 3 种尺寸：

定型尺寸——用于确定各基本形体的形状大小。图 8－23 所示各基本形体的尺寸都是用以确定形体大小的定型尺寸。

定位尺寸——用于确定各基本形体的相互位置。图 8－26 所示主视图中的 21，以及俯视图中的尺寸 27、14，都是确定形成组合体的各基本形体间相互位置的定位尺寸。

标注定位尺寸时，必须在长、宽、高 3 个方向分别选出尺寸基准，以便确定各基本形体间的相对位置。所谓尺寸基准，即标注尺寸的起点，通常可选用组合体的地面、重要端面、对称平面以及回转体的轴线等作为尺寸基准。

总体尺寸——用于确定组合体的总长，总宽和总高。总体尺寸不一定都直接注出。如图 5－10 所示，支架的总高可由 21 和 $R8$ 确定；长方形底板的长度 35 和宽度 18，即为该支架的总长和总宽。

标注尺寸时应注意的问题：

① 每一尺寸只标注一次，不应出现重复和多余尺寸。

② 组合体表面的截交线和相贯线上不允许标注尺寸，只应标出生产这些交线的有关形体或截平面的定型尺寸和定位尺寸。

③ 尺寸应尽可能标注在形状特征最明显的视图上，半径尺寸应标注在反映圆弧的视图上，如图 8－25 中的半径 R 和图 8－26 中的 $R8$。要尽量避免从虚线引出尺寸。

④ 同一个基本形体的尺寸，应尽量集中标注，如图 8－27 主视图中的 34 和 2。

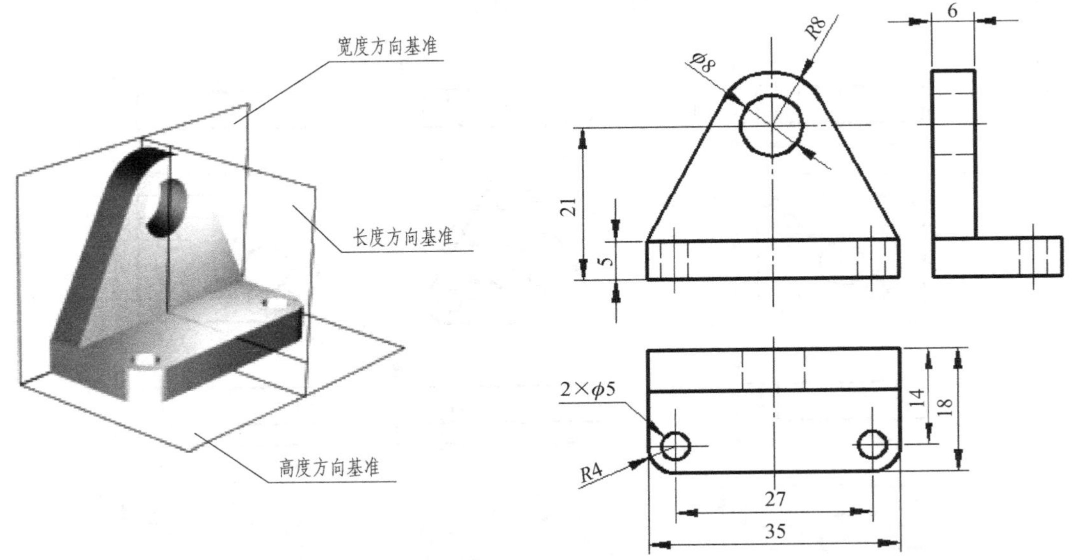

图 8-26　组合体的尺寸标注

⑤ 尺寸尽可能标注在视图外部,但为了避免尺寸界线过长或与其他图线相交,必要时也可注在视图内部,如图 8-27 中肋板的定型尺寸 8。

⑥ 与两个视图有关的尺寸,尽可能标注在两个视图之间,如图 8-26 中主、俯图间的 34、70、52 及主、左视图间的 10、38、16 等。

⑦ 尺寸布置要齐整,避免分散和杂乱。在标明同一方向的尺寸时,应该小尺寸在内,大尺寸在外,以免尺寸线与尺寸界线相交。

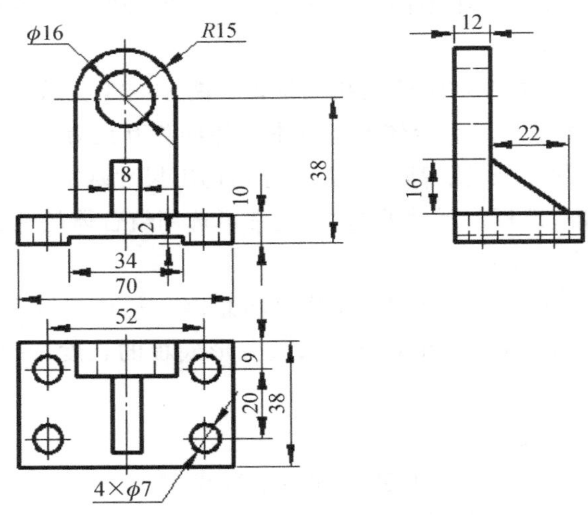

图 8-27　组合体的尺寸标注

8.5　第三角投影简介

在国际上使用的有两种投影制，即第一角投影和第三角投影。我国和前苏联等国家采用第一角投影，美国、日本等国家采用第三角投影。

在三投影面体系中，若将物体放在第三分角内，并使投影面处于观察者和物体之间，这样所得的投影称为第三角投影，如图 8－28 所示。

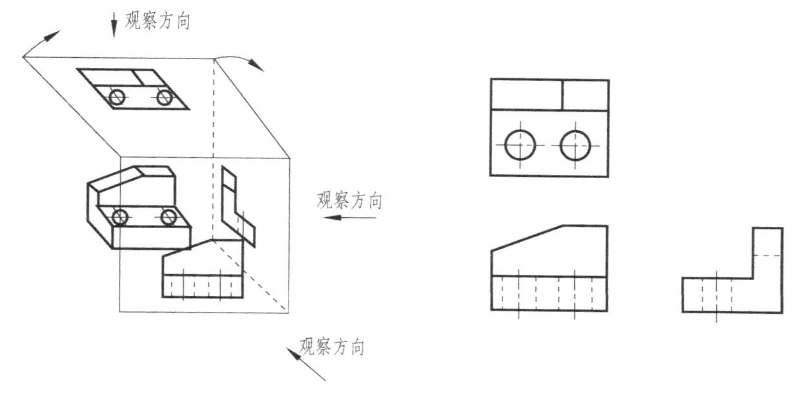

图 8－28　第三角投影

图 8－29 所示是对同一物体分别进行第一角投影和第三角投影时的轴测图。从图可以看出，第一、三角投影主要有如下区别：

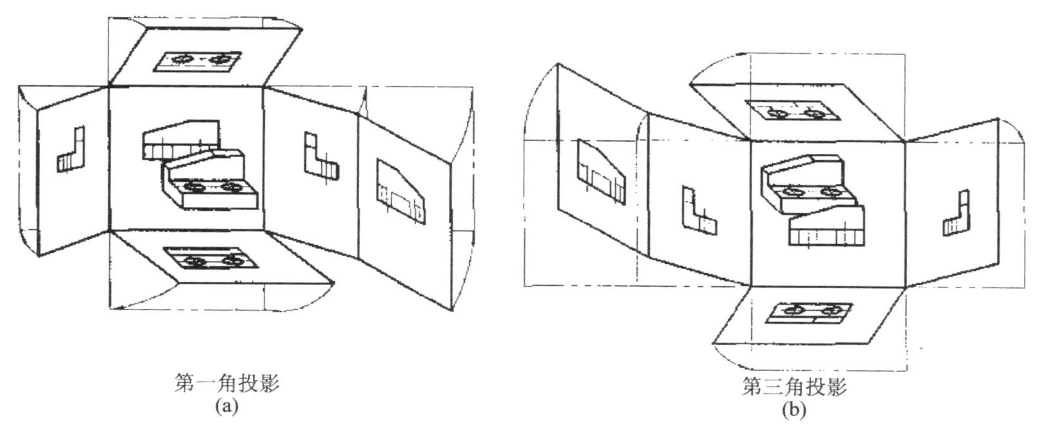

图 8－29　投影轴测图

第一角投影：是将物体放在观察者与投影面之间进行投影，这时，保持人—物—面的相对关系，由物体向投影面投影时所作的投影线，与人的视线方向相同。第三角投影，是将投影面放在观察者与物体之间进行投影，这时，保持人—面—物的相对关系，由物体向投影面投影时所作的投影线，与人的视线方向相反，而且，假定投影面为透明的平面。

第一角投影的三个投影面：以 V H W 标志，与各投影面上投影图形对应的视图名称：正面投影为主视图,水平投影为俯视图,侧面投影为左视图。第三角投影的三个投影面以 *F H P* 标志,与各投影面上投影图形的视图名称对应:在前立面上的投影称为前视图,在水平面上的投影称为顶视图,在侧立面上的投影称为右视图。

第一角投影各投影面展开的方法:*H* 面向下旋转,*W* 面向后方旋转。第三角投影各投影面展开的方法:*H* 面向上旋转,*P* 面向右前旋转。因而,第一、三角投影的三视图配置也不相同,如图 8-30 所示。

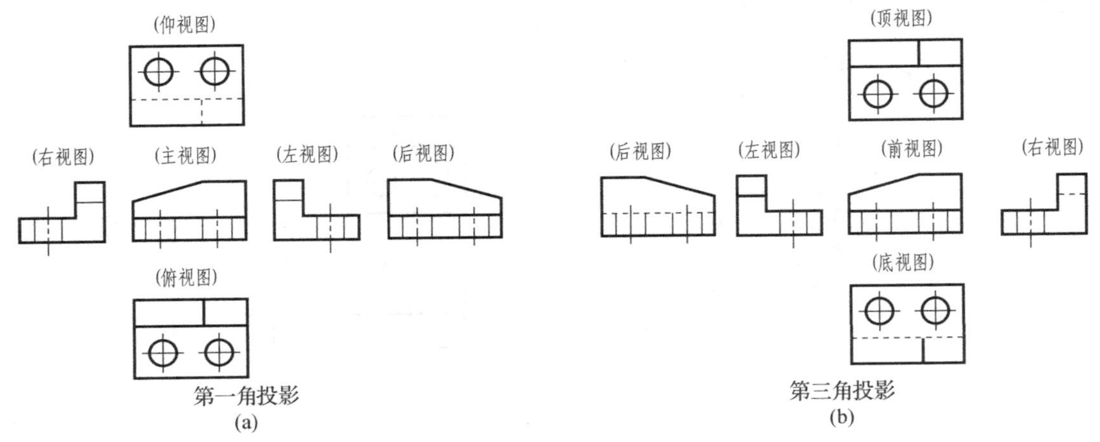

图 8-30 视图布置

第一、三角投影的三面视图,都遵守"长对正,高平齐,宽相等"的对应规律。第一角投影,俯视图的下方和左视图的右方都表示物体的前面,俯视图的上方和左视图的左方都表示物体的后面;第三角投影,顶视图的下方和右视图的左方都表示物体的前面,顶视图的上方和右视图的右方都表示物体的后面,这一对应关系,第一、三角投影恰恰相反。

工程图样上,为了区别两种投影制,允许在图样的适当位置,画出第一、三角投影的特征标志符号,该符号以圆锥台的两面视图表示,如图 8-31 所示。

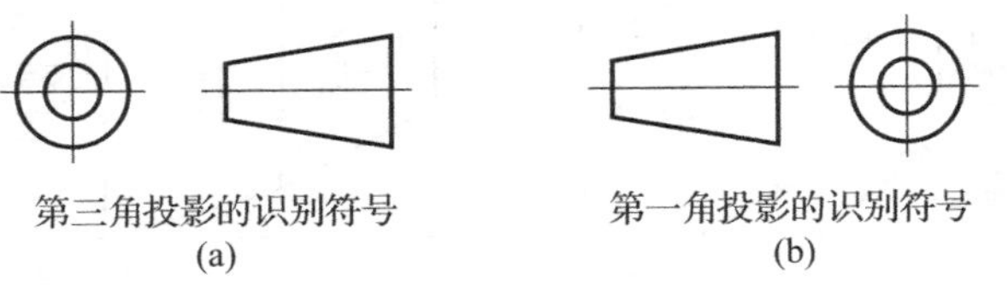

图 8-31 识别符号

本章小结

本章内容是对于前几章所述基本知识的综合运用。因此在学习本章时,应紧密联系前面各章的有关内容,这是学好本章的前提条件。只有学好本章内容,才能为以后的学习,做好必要的准备。

组合体画图和读图的最基本方法都是形体分析法,只有当组合体比较复杂、形体不完整时,才辅以线面分析法,以便确定由于截切或相互贯穿而产生的各种交线的投影方位。要特别注意的是,形体分析法仅仅是一种帮助分析组合体形体特征的思考方法,以便认识它的构成,从而简化画图和读图的过程。然而，组合体本身实为一个不可分割的整体。因此，在画图和读图过程中，对于参加组合的基本形体各表面之间的相对位置——相交、相切、平行和平齐等各种处理，应有清醒的认识。

组合体的尺寸标注，同样运用形体分析法，即以基本形体的尺寸标注作为基础，以利化繁为简。任何一组合体，只要注出各基本形体的定型尺寸和定位尺寸，再加上组合体的总体尺寸就可以了。

标注尺寸应做到：完整——不多，也不少；清晰——布置恰当，符合国家标准；合理——满足设计与工艺的要求(本章不予研究)。本章只是对组合体的尺寸标注，进行了一般的分析和研究，为以后学习机器零件的尺寸标注打下必要的基础。最后，简要介绍了第三角投影法。

第 9 章　轴测投影图

轴测投影图(简称轴测图)通常称为立体图,直观性强,是生产中的一种辅助图样,常用来说明产品的结构和使用方法等。

9.1　轴测投影的基本知识

9.1.1　轴测图的形成

轴测图是将物体连同其参考直角坐标系,沿不平行于任一坐标面的方向,用平行投影法将其投射在单一投影面上所得到的图形。它能同时反映出物体长、宽、高 3 个方向的尺度,富有立体感,但不能反映物体的真实形状和大小,度量性差。

轴测图的形成一般有两种方式:一种是改变物体相对于投影面的位置,而投影方向仍垂直于投影面,所得轴测图称为正轴测图;另一种是改变投影方向使其倾斜于投影面,而不改变物体对投影面的相对位置,所得投影图为斜轴测图。

如图 9－1 所示,改变物体相对于投影面位置后,用正投影法在 P 面上作出四棱柱及其参考直角坐标系的平行投影,得到了一个能同时反映四棱柱长、宽、高 3 个方向的富有立体感的轴测图。其中,平面 P 称为轴测投影面;坐标轴 OX、OY、OZ 在轴测投影面上的投影 O_1X_1、O_1Y_1、O_1Z_1 称为轴测投影轴,简称轴测轴;每两根轴测轴之间的夹角 $\angle X_1O_1Y_1$、$\angle X_1O_1Z_1$、$\angle Y_1O_1Z_1$,称为轴间角;空间点 A 在轴测投影面上的投影 A_1 称为轴测投影;直角坐标轴上单位长度的轴测投影长度与对应直角坐标轴上单位长度的比值,称为轴向伸缩系数,X、Y、Z 方向的轴向伸缩系数分别用 p、q、r 表示。

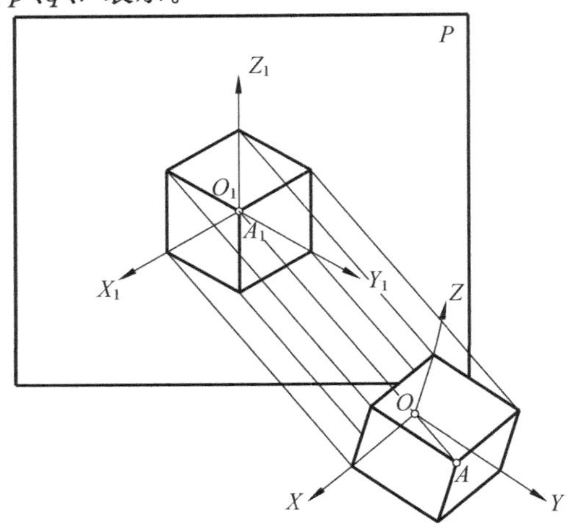

图 9－1　轴测图的概念

9.1.2　轴测图的分类

根据投影方向不同，轴测图可分为两类：正轴测图和斜轴测图。根据轴向伸缩系数不同，每类轴测图又可分为 3 类：3 个轴向伸缩系数均相等的，称为等测轴测图；其中只有两个轴向伸缩系数相等的，称为二测轴测图；3 个轴向伸缩系数均不相等的，称为三测轴测图。

以上两种分类方法结合，得到 6 种轴测图，分别简称为正等测、正二测、正三测、斜等测、斜二测和斜三测。工程上使用较多的是正等测和斜二测，本章只介绍这两种轴测图的画法。

9.2　正等轴测图的画法

9.2.1　轴间角和轴向伸缩系数

在正投影情况下，当 $p=q=r$ 时，3 个坐标轴与轴测投影面的倾角都相等，均为 35°16′。由几何关系可以证明，其轴间角均为 120°，三个轴向伸缩系数均为：$p=q=r=\cos 35°16' \approx 0.82$。

在实际画图时，为了作图方便，一般将 O_1Z_1 轴取为铅垂位置，各轴向伸缩系数采用简化系数 $p=q=r=1$。这样，沿各轴向的长度都均被放大 1/0.82≈1.22 倍，轴测图也就比实际物体大，但对形状没有影响。图 9－2 给出了轴测轴的画法和各轴向的简化轴向伸缩系数。

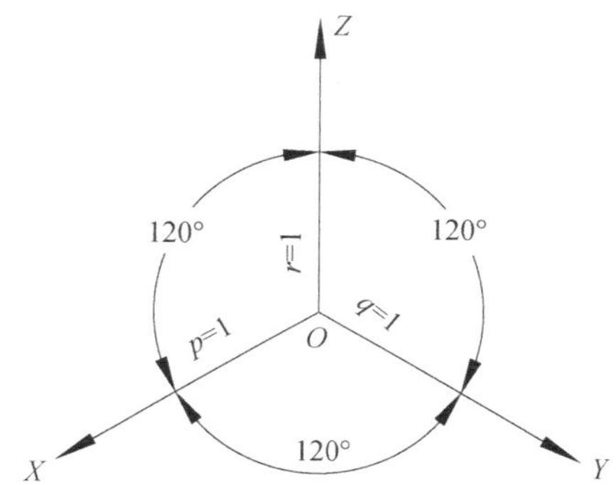

图 9－2　正等测图的轴间角和简化轴向伸缩系数

9.2.2　平面立体的正等测图

画平面立体正等测图的方法有：坐标法、切割法和叠加法。

1. 坐标法

使用坐标法时，先在视图上选定一个合适的直角坐标系 $OXYZ$ 作为度量基准，然后根据物体上每一点的坐标，定出其轴测投影。

【例 9－1】　如图 9－3 所示，画出正六棱柱的正等测图。

解　首先进行形体分析，将直角坐标系原点 O 放在顶面中心位置，并确定坐标轴；再作轴测轴，并在其上采用坐标量取的方法，得到顶面各点的轴测投影；接着从顶面 1_1、2_1、3_1、6_1 点沿 Z 向向下量取 h 高度，得到底面上的对应点；分别连接各点，用粗实线画出物体的可见轮

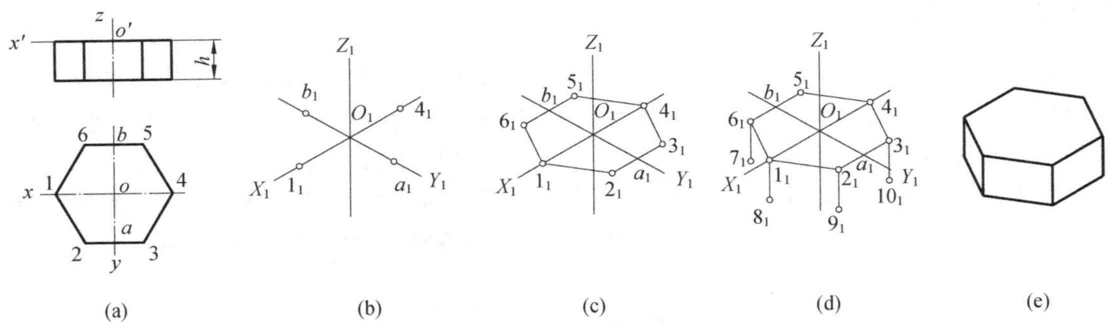

图 9-3 坐标法画正等测图

廓,擦去不可见部分,得到六棱柱的轴测投影。

在轴测图中,为使画出的图形明显起见,通常不画出物体的不可见轮廓,上例中坐标系原点放在正六棱柱顶面有利于沿 Z 轴方向从上向下量取棱柱高度 h,避免画出多余作图线,使作图简化。

2. 切割法

切割法又称方箱法,适用于画由长方体切割而成的轴测图,它是以坐标法为基础,先用坐标法画出完整的长方体,然后按形体分析的方法逐块切去多余的部分。

【例 9-2】 画出如图 9-4(a)所示三视图的正等测图。

解 首先根据尺寸画出完整的长方体;再用切割法分别切去左上角的三棱柱、左前方的三棱柱;擦去作图线,描深可见部分即得垫块的正等测图。

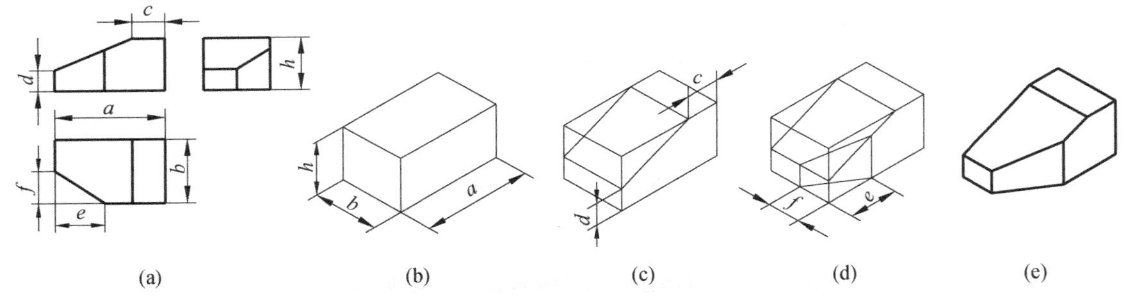

图 9-4 切割法画正等测图

3. 叠加法

叠加法是先将物体分成几个简单的组成部分,再将各部分的轴测图按照它们之间的相对位置叠加起来,并画出各表面之间的连接关系,最终得到物体轴测图的方法。

【例 9-3】 画出如图 9-5(a)所示三视图的正等测图。

解 先用形体分析法将物体分解为底板Ⅰ、竖板Ⅱ和筋板Ⅲ三个部分;再分别画出各部分的轴测投影图,擦去作图线,描深后即得物体的正等测图。

切割法和叠加法都是根据形体分析法得来的,在绘制复杂零件的轴测图时,常常是综合在一起使用的,即根据物体形状特征,决定物体上某些部分是用叠加法画出,而另一部分需要用切割法画出。

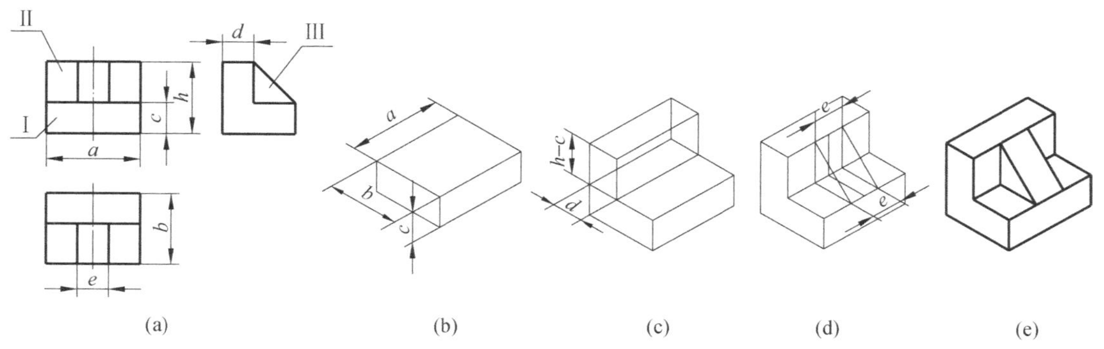

(a)　(b)　(c)　(d)　(e)

图 9－5　叠加法画正等测图

9.2.3　回转体的正等测图

1. 平行于坐标面圆的正等测图画法

常见的回转体有圆柱、圆锥、圆球和圆台等。在作回转体的轴测图时，首先要解决圆的轴测图画法问题。圆的正等测图是椭圆，三个坐标面或其平行面上的圆的正等测图是大小相等、形状相同的椭圆，只是长短轴方向不同，如图 9－6 所示。

在实际作图中，一般不要求准确地画出椭圆曲线，经常采用"菱形法"进行近似作图，将椭圆用四段圆弧连接而成。下面以水平面上圆的正等测图为例，说明"菱形法"近似作椭圆的方法。如图 9－7 所示，其作图过程如下：

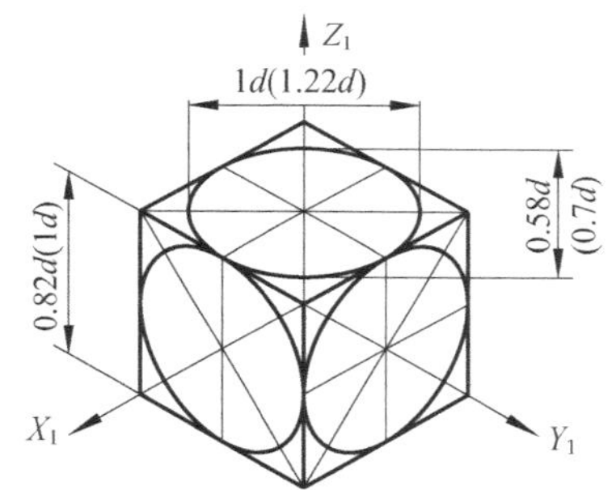

图 9－6　平行于坐标面圆的正等测投影

① 通过圆心 O 作坐标轴 OX 和 OY，再作圆的外切正方形，切点为 1、2、3、4(见图 9－7(a))；

② 作轴测轴 O_1X_1、O_1Y_1，从点 O_1 沿轴向量得切点 1_1、2_1、3_1、4_1，过这 4 点作轴测轴的平行线，得到菱形，并作菱形的对角线(见图 9－7(b))；

③ 过 1_1、2_1、3_1、4_1 各点作菱形各边的垂线，在菱形的对角线上得到 4 个交点 O_2、O_3、O_4、O_5，这 4 个点就是代替椭圆弧的 4 段圆弧的中心(见图 9－7(c))；

④ 分别以 O_2、O_3 为圆心，O_21_1、O_33_1 为半径画圆弧 1_12_1、3_14_1；再以 O_4、O_5 为圆心，O_41_1、O_52_1 为半径画圆弧 2_13_1、1_14_1，即得近似椭圆(见图 9－7(d))；

⑤ 加深 4 段圆弧，完成全图(见图 9－7(e))。

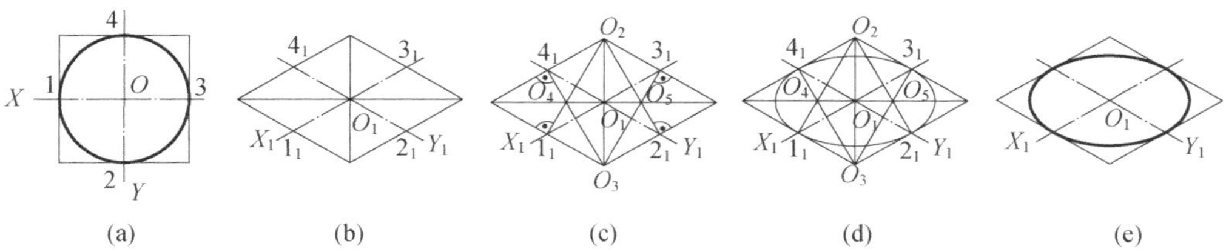

(a)　(b)　(c)　(d)　(e)

图 9－7　菱形法求近似椭圆

【例 9-4】 画出如图 9-8(a)所示视图的圆柱的正等测图。

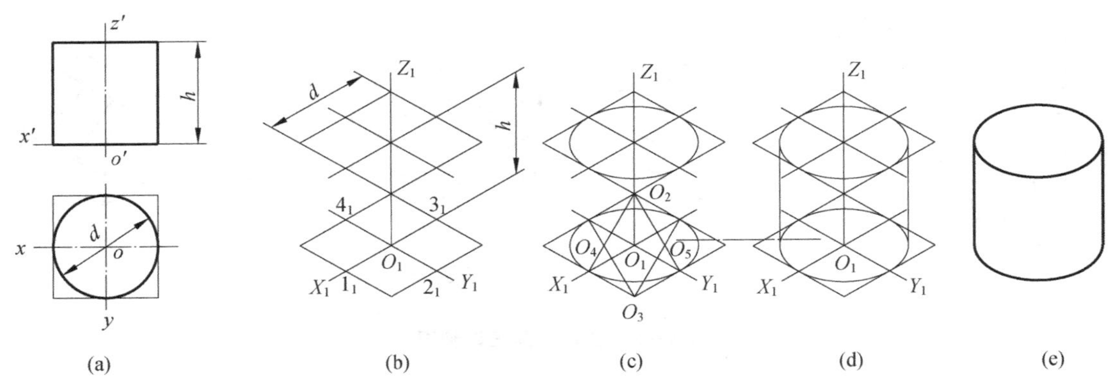

图 9-8 作圆柱的正等测图

解 先在给出的视图上定出坐标轴、原点的位置,并作圆的外切正方形;再画轴测轴及圆外切正方形的正等测图的菱形,用菱形法画顶面和底面上椭圆;然后作两椭圆的公切线;最后擦去多余作图线,描深后即完成全图。

2. 圆角的正等测图画法

在产品设计上,经常会遇到由四分之一圆柱面形成的圆角轮廓,画图时就需画出由四分之一圆周组成的圆弧,这些圆弧在轴测图上正好近似椭圆的 4 段圆弧中的一段。因此,这些圆角的画法可由菱形法画椭圆演变而来。

如图 9-9 所示,根据已知圆角半径 R,找出切点 1、2、3、4,过切点作切线的垂线,两垂线的交点即为圆心。以此圆心到切点的距离为半径画圆弧,即得圆角的正等轴测图。顶面画好后,采用移心法将 O_1、O_2 向下移动 h,即得下底面两圆弧的圆心 O_3、O_4。画弧后描深即完成全图。

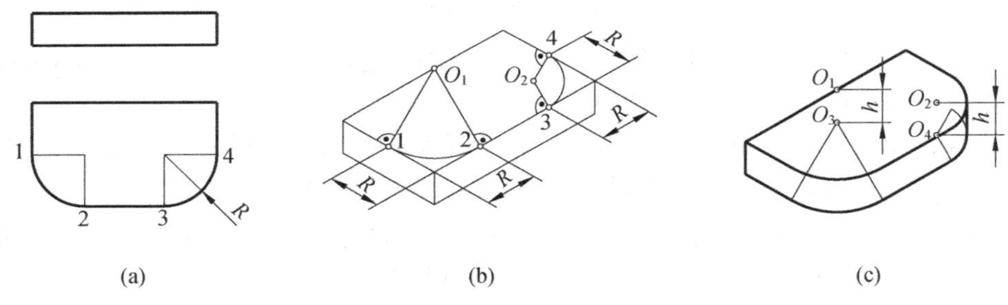

图 9-9 作圆角的正等测图

9.2.4 组合体的正等测图

组合体是由若干个基本形体经叠加、切割、相切或相贯等连接形式组合而成。因此在画正等测图时,应先用形体分析法分析组合体的组成部分、连接形式和相对位置,然后逐个画出各组成部分的正等轴测图,最后按照它们的连接形式,完成全图。

【例 9-5】 画出如图 9-10(a)所示三视图的组合体的正等测图。

解 作图过程如图 9-10(b)~(f)所示。

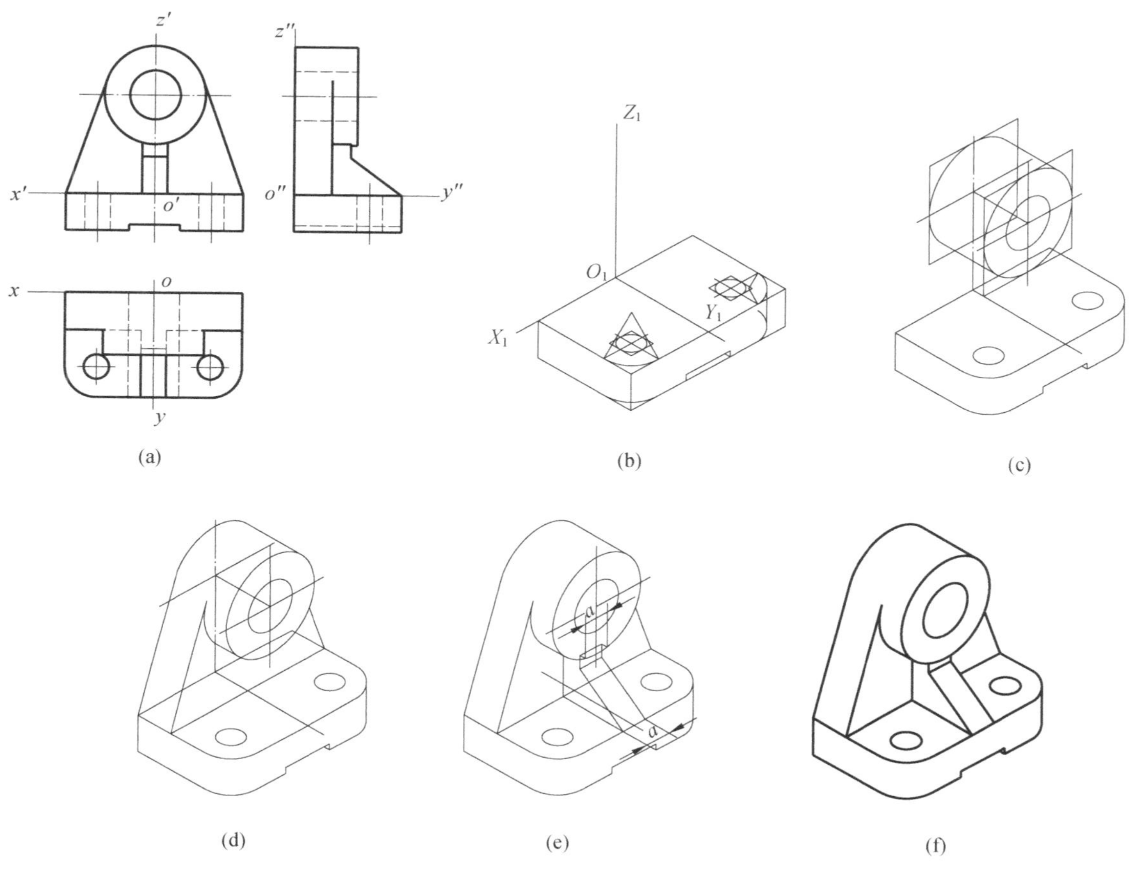

图 9-10　作组合体的正等测图

9.3　斜二测图的画法

9.3.1　轴间角和轴向伸缩系数

由于空间坐标轴与轴测投影面的相对位置可以不同,投影方向对轴测投影面倾斜角度也可以不同,所以斜轴测投影可以有许多种。最常采用的斜轴测图是使物体的 XOZ 坐标面平行于轴测投影面,称为正面斜轴测图。通常将斜二测图作为一种正面斜轴测图来绘制。

在斜二测图中,轴测轴 X_1 和 Z_1 仍为水平方向和铅垂方向,即轴间角$\angle X_1O_1Z_1=90°$,物体上平行于坐标 XOZ 的平面图形都能反映实形,轴向伸缩系数 $p=r=2q=1$。为了作图简便,并使斜二测图的立体感强,通常取轴间角$\angle X_1O_1Y_1=\angle Y_1O_1Z_1=135°$。图 9-11 给出了轴测轴的画法和各轴向伸缩系数。

9.3.2　平行于坐标面圆的斜二测图画法

平行于 $X_1O_1Z_1$ 面上的圆的斜二测投影还是圆,大小不变。平行于 $X_1O_1Y_1$ 和 $Z_1O_1Y_1$ 面上的圆的斜二测投影都是椭圆,且形状相同,它们的长轴与圆所在坐标面上的一根轴测轴成

7°9′20″(可近似为7°)的夹角。根据理论计算,椭圆长轴长度为1.06d,短轴长度为0.33d。如图9-12所示,由于此时椭圆作图较繁,所以当物体的某两个方向有圆时,一般不用斜二测图,而采用正等测图。

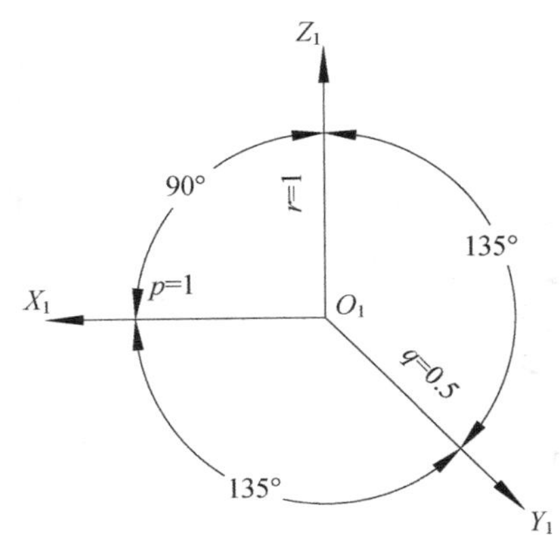

图9-11 斜二测图的轴间角和轴向伸缩系数

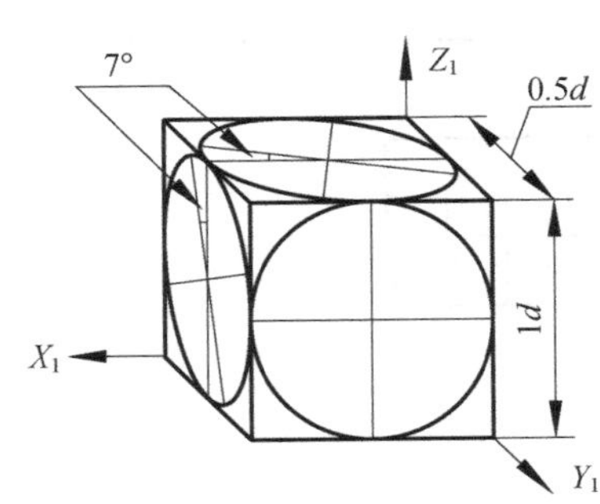

图9-12 平行于坐标面圆的斜二测投影

9.3.3 组合体斜二测图的画法

由于斜二测图能如实表达物体正面的形状,因而它适合表达某一方向的复杂形状或只有一个方向有圆的物体。

【例9-6】 画出如图9-13(a)所示轴套的斜二测图。

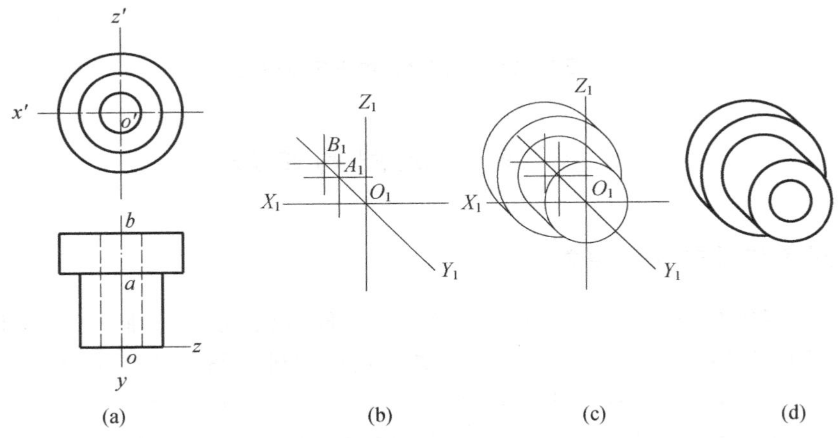

图9-13 作轴套的斜二测图

解 轴套上平行于XOZ面的图形都是同心圆,而其他面的图形则很简单,所以采用斜二测图。作图时,先进行形体分析,确定坐标轴;再作轴测轴,并在Y_1轴上根据$q=0.5$定出各个圆的圆心位置O_1、A_1、B_1;然后画出各个端面圆的投影、通孔的投影,并作圆的公切线;最后擦去多余作图线,加深完成全图。

本章小结

轴测图与多面投影图相比，其最大优点就是立体感强，因此经常作为设计、生产过程中的辅助图样。轴测图的种类繁多，常用的是正等侧和斜二测。选择轴测图的原则是：

① 立体感强；

② 作图方便。

无论哪种轴测图，在绘制时都必须严格遵守：

① 沿轴测轴方向找点；

② 按规定的简化轴向变形系数度量。

绘制轴测图的方法很多，也比较灵活。但是，一般都先从形体分析入手，逐一画出各个组成形体的完整形状，然后再完成局部和细节。凡属不可见轮廓，如无必要，均应省略。因此，画正轴测图时，多由上而下逐步完成。对于柱状立体，还常用先画端面，后沿轴平移的方法进行作图；画斜二测时，则多从前到后，依次完成。

第 10 章　机件常用的表达方法

在生产实际中，由于各种零件的结构不同，仅采用前面介绍的主、俯、左 3 个视图，往往不能将它们表达清楚，还需要采用其他几种表达方法，才能使画出的图形清晰易懂且制图简便。在国家标准《机械制图》图样画法中，对各种表达方法做了明确的规定。

10.1　视　图

用正投影法将机件向投影面进行投影所得到的图形，称为视图。视图主要用于表达机件的外部形状，所以一般只画出可见部分，必要时才画出它的不可见部分。在国家标准《机械制图》图样画法(GB/T 17451—1998)中规定，视图通常有基本视图、向视图、局部视图和斜视图。

1. 基本视图

物体向基本投影面投射所得的视图，称为基本视图。国家标准《机械制图》规定了以正六面体的 6 个面作为绘制机件图样时所采用的基本投影面，绘制时，假想将机件放在正六面体内，并采用第一角投影法，分别向 6 个基本投影面投影，然后保持正立投影面不动，按图 10-1 所示把其余投影面展开，使其与正立投影面摊平在一个平面内。这时可得到主视图、俯视图、左视图、右视图、仰视图、后视图的配置关系，如图 10-2 所示。当 6 个视图画在一张图纸内，且按图 10-2 配置，此时可不标注视图的名称。

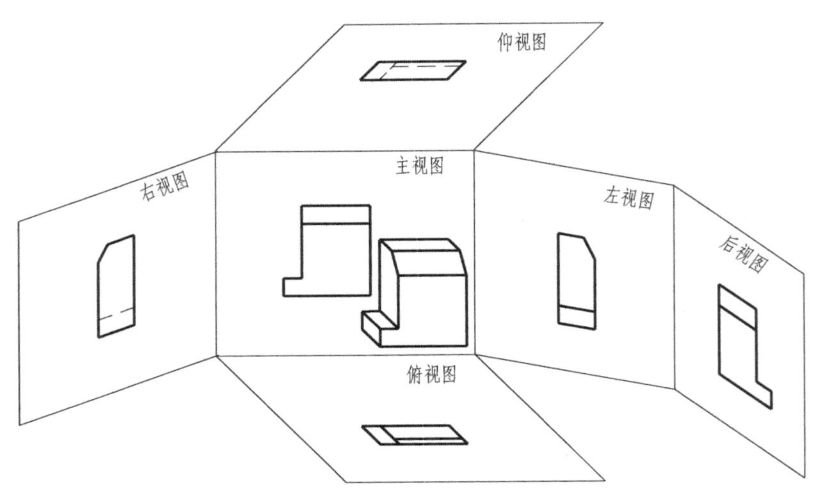

图 10-1　6 个基本视图的形成

6 个视图的投影仍然遵循“长对正、高平齐、宽相等”的规律。

实际上并不是所有的机件都需要画出 6 个基本视图，对于任何一个机件除主视图以外，所需其他视图的数量应根据机件的形状、结构和表达方法来确定，在明确表示物体的前提下，使视图(包括剖视图和断面图)的数量为最少,尽量避免虚线表达物体的轮廓及棱线。

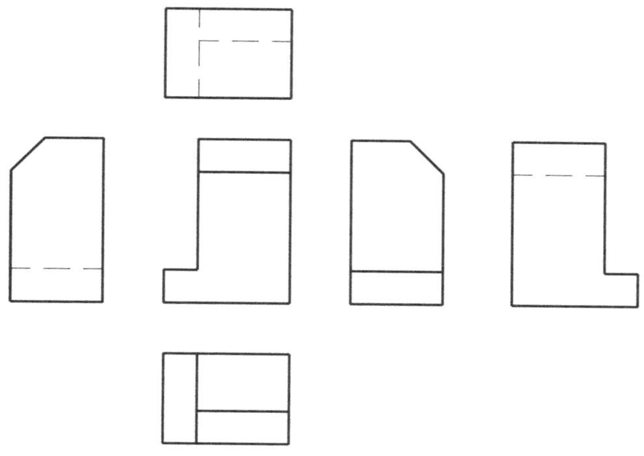

图 10-2　6 个基本视图的配置

2. 向视图

向视图是可自由配置的视图。如果基本视图不能按图 10-2 配置时,应在视图上方用大写拉丁字母标出视图的名称,在相应的视图附近用箭头指明投影方向,并注上相同的字母,如图 10-3 所示。

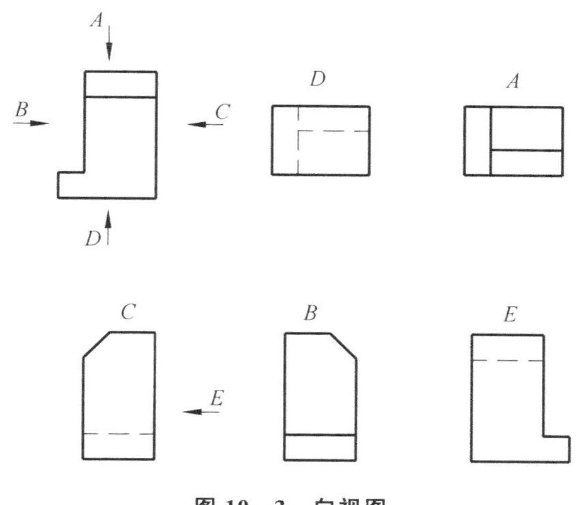

图 10-3　向视图

3. 局部视图

将物体的某一部分向基本投影面投射所得的视图,称为局部视图。

当机件的局部形状没有表达清楚,而又没有必要画出完整的基本视图时,可采用局部视图的表达方法,图 10-4 所示机件的俯视图采用局部视图,省略了在俯视图不能反映实形的右半部分;图 10-5 所示机件左方的凸台,在主视图和俯视图中,都未能清晰地表达出它的形状,如果画出完整的左视图又显得不太必要,此时可采用局部视图。这样,凸台的形状被重点表达出来而又简化了绘图工作。

画局部视图时,必须在视图的上方标出视图的名称,并在相应的视图附近用箭头指明投影方向和注上相同的字母(见图 10－5),局部视图的断裂边界用波浪线表示,波浪线确定了表达物体表面的断裂范围,注意该线不应超越断裂表面的轮廓线。

当表达的局部形状外形轮廓完整且又成封闭图形时,不必画波浪线(见图 10－5 的A 向)。

当局部视图按投影关系配置,中间又没有被其他视图隔开时,可省略标注(见图 10－4)。

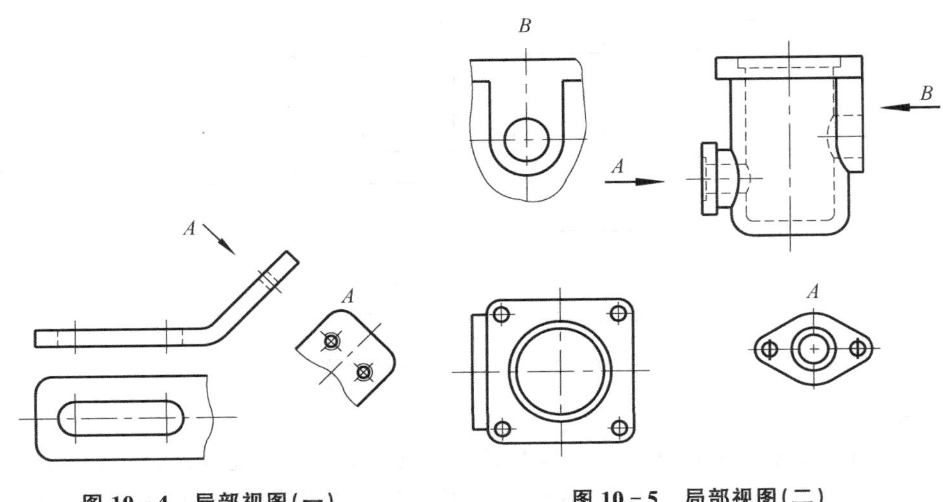

图 10－4　局部视图(一)　　图 10－5　局部视图(二)

对称构件或零件的视图可只画一半或四分之一,并在对称中心线的两端画出两条与其垂直的平行细实线,如图 10－6 所示。

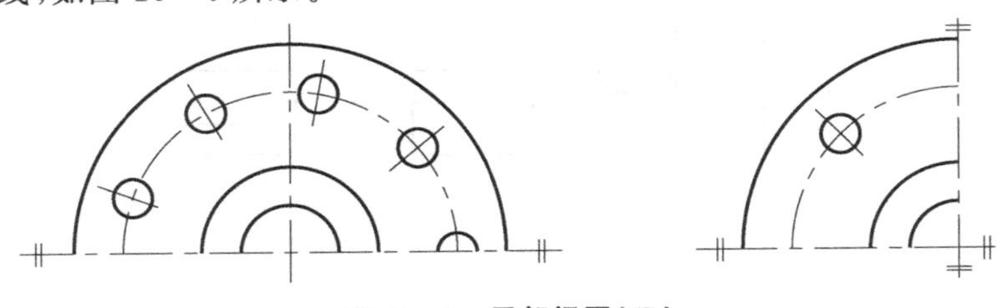

图 10－6　局部视图(三)

4. 斜视图

将物体向不平行于基本投影面的平面投射所得的视图,称为斜视图。

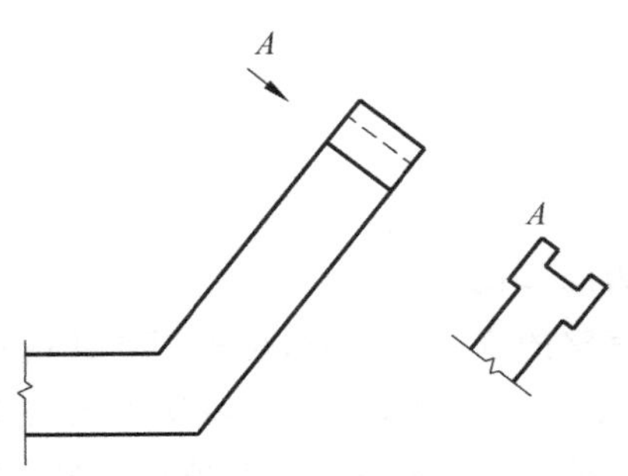

图 10－7　斜视图(一)

当机件上的倾斜表面在基本视图上无法表达出真实形状时,可采用斜视图的表达方法,即用换面法求出它的真实形状,如图 10－7 所示。

画斜视图时,必须在视图的上方标出视图的名称,并在相应的视图附近用箭头指明投影方向和注上相同的字母。斜视图通常按向视图的配置形式配置,必要时,允许将斜视图旋转配置,表示该视图名称的大写拉丁字母应靠近旋转符号的箭头端,如图 10－8 所示,也允许将旋转角度标注在字母之后,如图 10－9 所示。

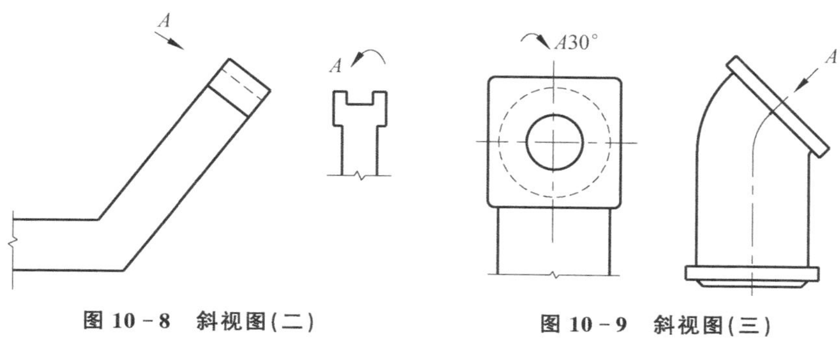

图 10-8　斜视图(二)　　图 10-9　斜视图(三)

10.2　剖视图

当物体的外部形状和内部结构比较复杂时，如果仍然采用视图进行表达，则会在图形上出现很多虚线以及虚线与实线交叉重叠的现象，这样图形不清晰，造成画图和看图都不方便，标注尺寸也很困难。根据国家标准 GB/T 17452—1998 规定，可采用剖视的方法。

10.2.1　剖视图的基本概念和画法

1. 剖视图的概念

假想用剖切面剖开物体，将处在观察者和剖切面之间的部分移去，而将其余部分向投影面投射所得的图形，称为剖视图。剖视图可简称剖视。如图 10-10 所示，剖切面沿着物体的对称面剖开，该物体上原来不可见的内部结构就变为可见轮廓，图 10-11(a)所示的主视图就是利用该剖切面剖开物体所得的剖视图。在剖视图上，一般只画出物体的可见部分，必要时才画出剖切面后方的不可见部分。同时，在采用剖视图后，若物体的内部结构已表达清楚，则其在对应视图上的虚线可省略。图 10-11(a)所示是采用基本视图的画法，物体的内部结构只能用虚线表示，造成虚实线重叠。

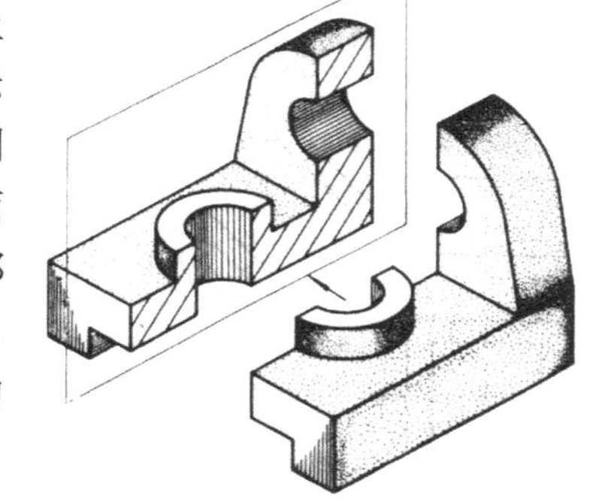

图 10-10　剖视图的基本概念

2. 剖视图的画法

首先必须先确定剖切面的位置，剖切面一般应选取投影面平行面或垂直面，并尽量与物体内孔、槽等的轴线或对称平面重合，这样，在剖视图上就可以反映出被剖切形体的真实形状和尺寸。其次，求出剖切面与物体相交的截交线，即断面形状，并画上剖面符号。画出断面后即为所有可见轮廓的投影。

剖视图一般应按视图的投影关系进行配置，当剖切面平行于基本投影面时，可配置在基本视图的位置，也可以根据需要配置在其他适当的位置。

3. 剖面符号

为了区分物体的实心部分和空心部分，国家标准规定在断面图形上要画出剖面符号。如果不需在剖面区域中表示材料类别时，可采用通用剖面线表示，通用剖面线的使用应注意以下几个问题：

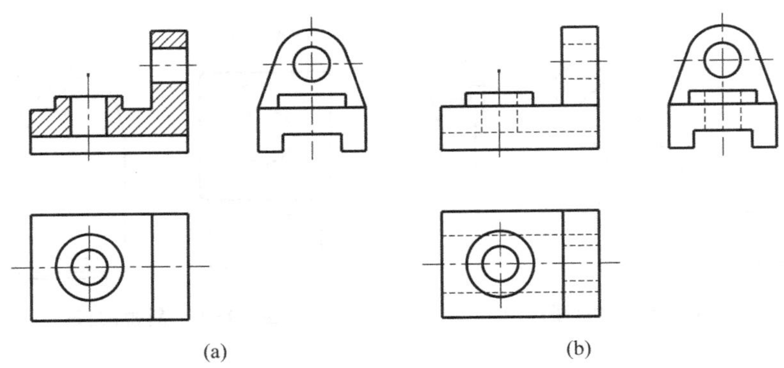

(a) (b)

图 10-11 剖视图的基本概念

① 通用剖面线应以适当角度的细实线绘制,最好与主要轮廓或剖面区域的对称线成 45°,如图 10-12 所示。

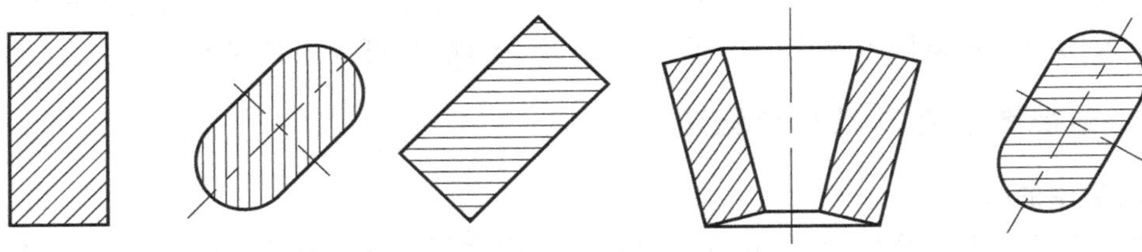

图 10-12 通用剖面线(一)

② 同一物体的各个剖面区域,其剖面线画法应一致,在装配图中相邻物体的剖面线必须以不同的方向或以不同的间隔画出,如图 10-13 所示。

③ 在保证最小间隔要求的前提下,剖面线间隔应按剖面区域的大小选择,如图 10-14 所示。

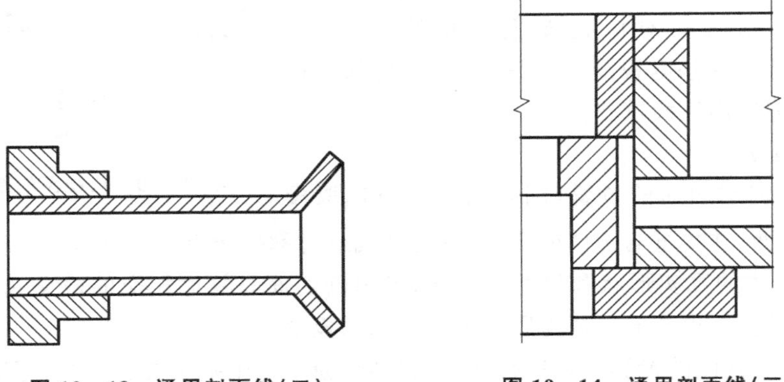

图 10-13 通用剖面线(二)　　图 10-14 通用剖面线(三)

④ 当同一物体在两平行面上的剖切图紧靠在一起画出时,剖面线应相同,若要表示得更清楚,可沿分界线将两剖切图的剖面线错开,如图 10-15 所示。

⑤ 允许沿着大面积区域的轮廓画出剖面线,如 10-16 所示。

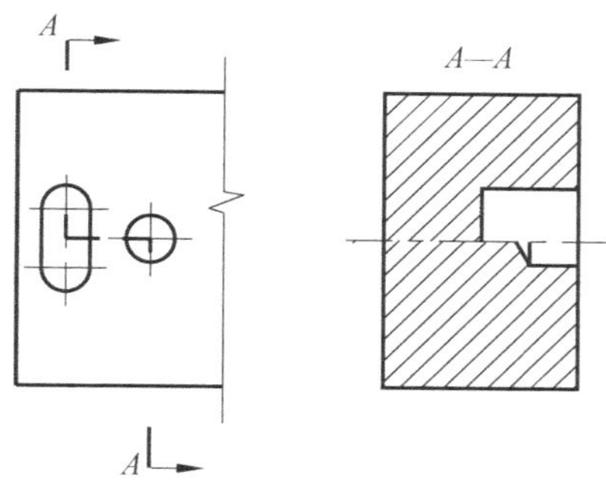

图 10－15　通用剖面线(四)

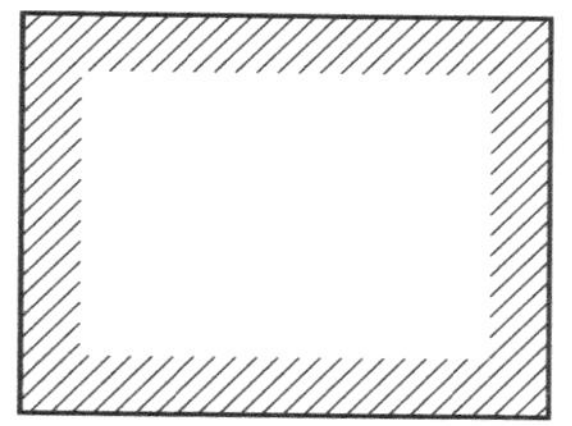
图 10－16　通用剖面线(五)

⑥ 剖面区域内标字母或数字等处的剖面线必须断开,如图 10－17 所示。

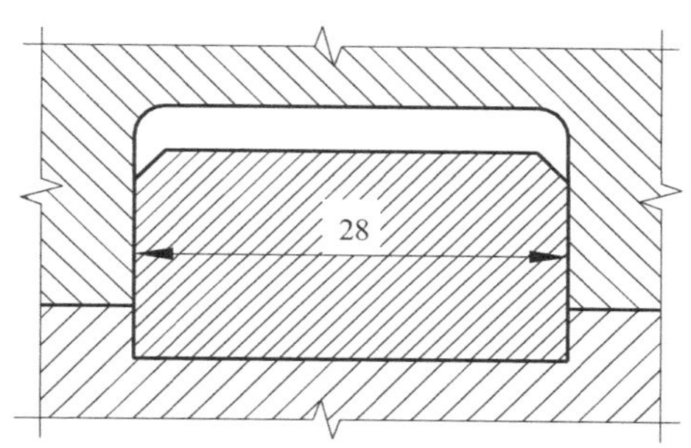

图 10－17　通用剖面线(六)

如果需要在剖面区域中表示材料的类别时,应采用特定的剖面符号表示,不同的材料采用不同的剖面符号,各种材料的剖面符号见表 10－1。

表 10－1　剖面符号

材料类型	剖面符号	材料类型	剖面符号	材料类型	剖面符号
金属材料(已有规定剖面符号者除外)		混凝土		木材(横剖面)	
非金属材料(已有规定剖面符号者除外)		钢筋混凝土		木材(纵剖面)	
线圈绕组元件		型砂、添砂、砂轮、陶瓷及硬质合金		液体	
转子、电枢、变压器和电抗器的叠钢片		砖		玻璃及供观察使用的其他透明材料	

4. 画剖视图应注意的问题

① 剖视图是一种假想剖开物体,而表达内部结构的方法,实际上并没有把物体的任何一部分去掉,因而,在画其他视图时,仍按完整的物体画出,不受该剖切面的影响。

② 剖切面应尽量通过被剖切物体的对称平面或孔、槽的轴线,避免剖出不完整的结构要素。

③ 一般情况下,在视图中不要出现虚线,但如画少量虚线可以减少视图,而又不影响视图清晰时,可以画出这种虚线。

④ 对于一些典型结构要认真加以总结。

10.2.2 剖视图的分类

按照国家标准规定,剖视图分为全剖视图、半剖视图和局部剖视图 3 种。

1. 全剖视图

用剖切面完全地剖开物体所得的剖视图,称为全剖视图。

(1) 全剖视图的应用场合与画法

当零件的外形比较简单或外形已经在其他视图表达清楚,内部结构比较复杂而且不对称时,常采用全剖视图来表达零件的内部结构,画剖视时可根据需要在某一视图上采用剖视,也可以同时在几个视图上采用剖视,它们之间相互独立,不受影响。图 10 - 18 所示的左视图是用侧平面沿着物体左右对称平面完全地剖开后画出的剖视图,主要表达了该物体上孔的结构,其俯视图是用水平面 A 完全剖开物体后画出的剖视图,主要表达了肋板的形状。

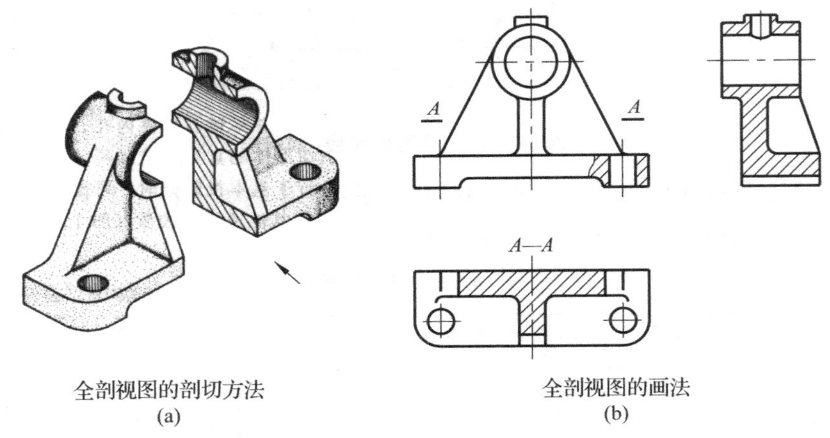

全剖视图的剖切方法
(a)

全剖视图的画法
(b)

图 10 - 18 全剖视图(一)

图 10 - 19 所示的物体虽然形状对称,但其外形简单,所以主视图也采用全剖视图。

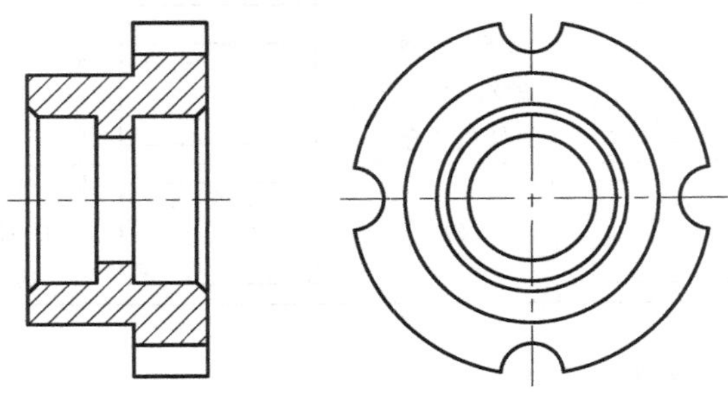

图 10 - 19 全剖视图(二)

(2) 全剖视图的标注

根据国家标准规定，绘制剖视图时一般应标注剖视图的名称“X—X”（X 为大写拉丁字母或阿拉伯数字），在相应的视图上用剖切符号（线宽 b～1.5b，断开的粗实线，要求尽可能不与图形的轮廓线相交）表示剖切位置，用箭头表示投射方向，并标注相同的字母。在下列情况下，可简化或省略标注：

① 当剖视图按基本视图的投影关系配置，中间又没有其他图形隔开时，可省略箭头；

② 当剖切平面通过物体的对称平面，且剖视图按基本视图的投影关系配置，中间又没有其他图形隔开时，可省略标注。

2. 半剖视图

当物体具有对称平面时，向垂直于对称平面的投影面上投射所得的图形，可以以对称中心线为界，一半画成剖视图，另一半画成视图，这种组合的图形，称为半剖视图。其剖切方法与全剖视一样，如图10-20所示。

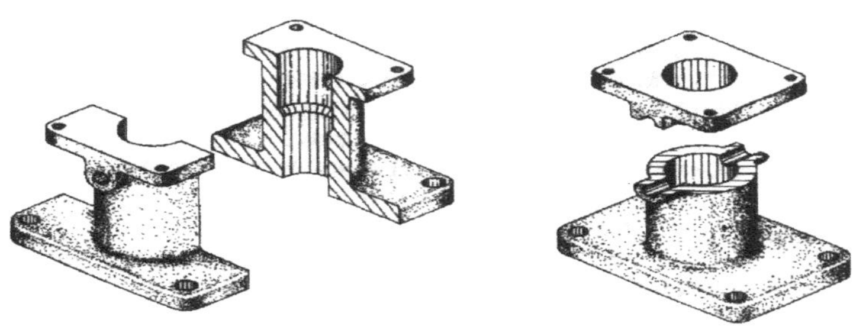

图10-20　半剖视图的剖切方法

(1) 半剖视图的应用场合

剖视图主要反映物体的内部结构，视图主要反映物体的外部形状。可见，半剖视图在一个视图上，既能保留物体的外部形状，又能表达它的内部结构，所以半剖视图主要用于表达具有对称平面物体的外部形状和内部结构。若物体的形状接近于对称，且不对称部分已有其他视图表示清楚时，也可画成半剖视图。

半剖视图的画法可以认为是把同一投影面上的基本视图和全剖视图各取一半拼合而成，如图10-21～图10-23所示。

(2) 画半剖视图要注意的问题

① 半个视图和半个剖视图的分界线是点划线，不能是其他任何线条。

② 半剖视图中的虚线通常省略不画。

③ 有时物体虽然对称，但位于对称面上其外形或内形有轮廓线时，不宜作半剖视。剖视图剖切位置的标注方法与全剖视图一样。

3. 局部剖视图

用剖切面局部地剖开物体所得的剖视图，称为局部剖视图。

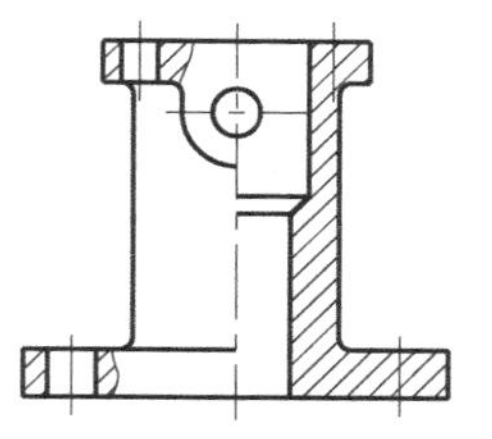

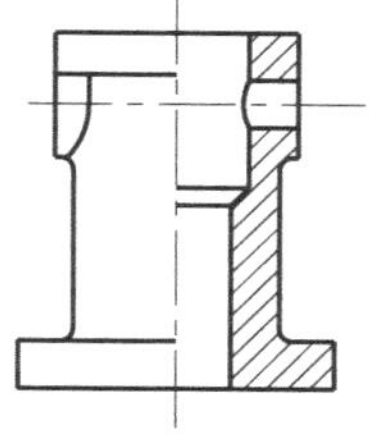

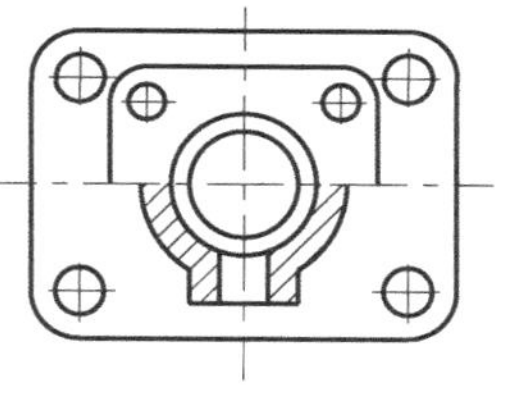

图10-21　半剖视图(一)

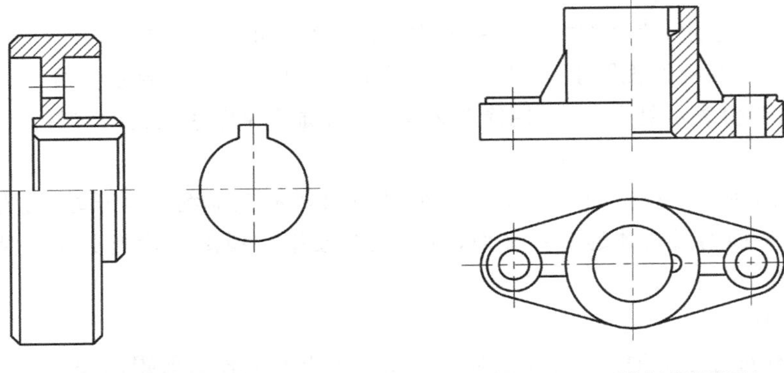

图 10－22　半剖视图(二)　　图 10－23　半剖视图(三)

(1) 局部剖视图的画法

采用局部剖视图时,物体上位于剖切平面前方的部分,可视需要断开。物体的断裂边界,在视图中用波浪线表示,它是视图与局部剖视图的分界线,同时也相应地确定了剖切范围的大小,如图 10－24 所示。波浪线只画在物体的实体部分,而不可画在物体的空心部位,更不能画在视图的轮廓线上;波浪线不能与视图上的其他线条重合,如图 10－25 所示。

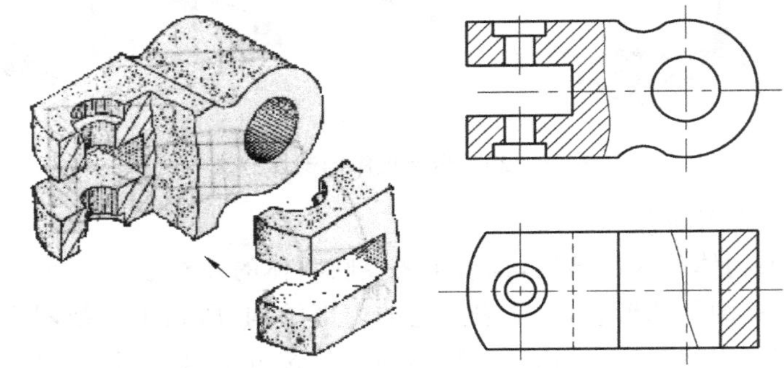

图 10－24　局部剖视图(一)

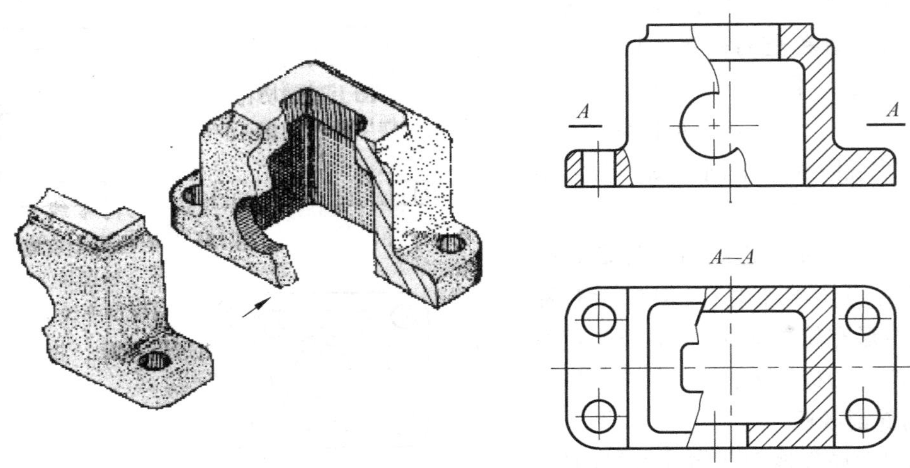

图 10－25　局部剖视图(二)

局部剖视图的剖切位置和范围大小可根据表达需要来确定，既可独立使用也可与其他剖视图配合使用，因而它是一种比较灵活的表达方法，但在一个视图中，选用次数不宜过多，否则会影响视图清晰，给看图带来困难。

(2) 局部剖视图的应用场合

局部剖视图主要用于表达物体的局部内形，对于不对称物体需要表达内、外形状或对称物体不宜作半剖时，均可采用局部剖视图来表达，如图 10－26 所示。

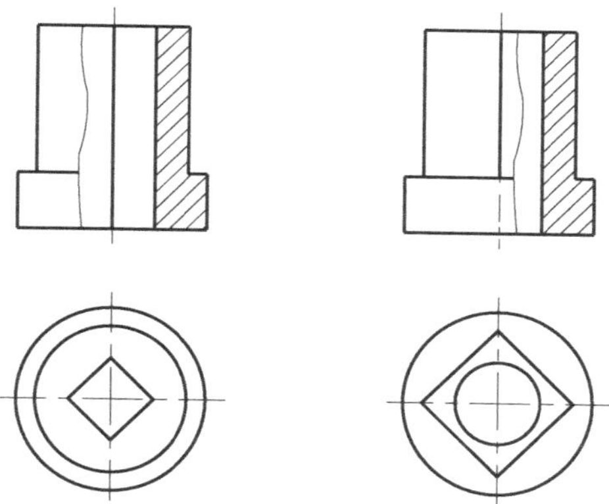

图 10－26　局部剖视图(三)

10.2.3　剖切面的种类

1. 单一剖切面

用一个剖切面剖开物体，这个剖切面一般情况是用平行于某一投影面的平面，前面介绍的全剖视、半剖视图和局部剖视图都是采用单一剖切平面。

2. 几个平行的剖切平面

用几个平行的剖切平面剖开物体的方法称为阶梯剖。

当物体的内部形状和结构分层并列，其中心线又不位于同一平面内时，可采用阶梯剖的方法表达，如图 10－27 所示。

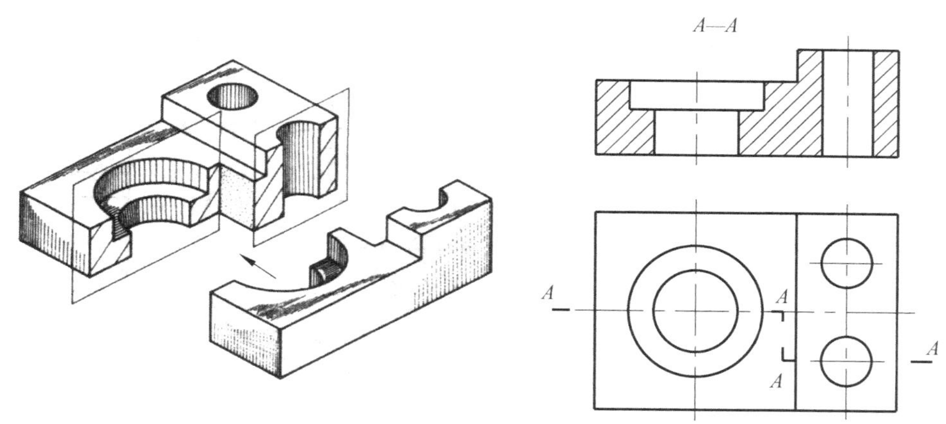

图 10－27　阶梯剖(一)

画阶梯剖要注意以下几点：

① 阶梯剖是用几个平行的剖切平面，共同剖开物体所得的剖视图，因而在剖视图上的各剖切平面的转折处不应画出分界线；

② 一般情况下应避免在视图上出现不完整的要素或通过孔中心转折，仅当两个要素在图形上具有公共对称中心线或轴线时，可以各画一半，且应以对称中心线或轴线为界，如图 10－28 所示；

③ 剖切平面的转折处不能与机件的轮廓线重合，如图 10－29 所示。

阶梯剖的标注如图10-30所示,在剖切平面的转折处画上转折线,并标上同样的字母。

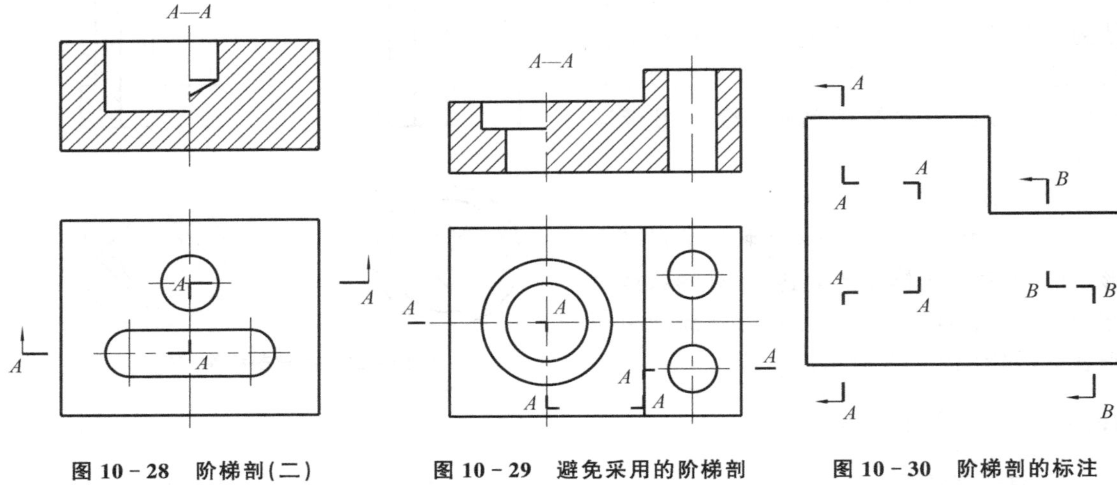

图10-28 阶梯剖(二)　　图10-29 避免采用的阶梯剖　　图10-30 阶梯剖的标注

3. 两个相交的剖切平面

用两个相交的剖切平面(交线垂直于某一基本投影面)剖开物体的方法,称为旋转剖。

具有回转轴的物体,其内部形状用单一的剖切平面剖开后仍不能表达清楚时,可采用旋转剖的表达方法。用这种方法画剖视图时,先假想按剖切位置剖开物体,然后将被剖切平面剖开的结构及有关部分旋转到与选定的投影面平行后再进行投影,如图10-31所示。

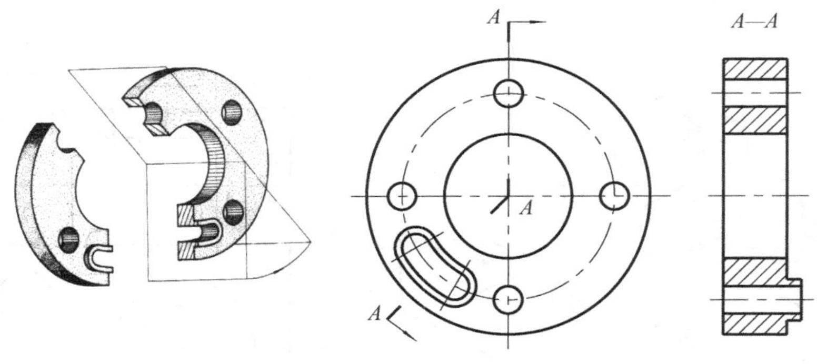

图10-31 旋转剖(一)

采用旋转剖时,两剖切平面的交线应垂直于对应的投影面并与物体的轴线重合。还应注意:

① 位于剖切平面后方的其他结构一般仍按原来位置投影,如图10-32所示的小孔;

② 当剖切后的图形上出现不完整的要素时,应将这部分仍按不剖切绘制,如图10-33所示的平板臂;

③ 旋转剖的标注和阶梯剖的一样,在剖切平面的转折处要画出剖切符号并标字母。

4. 组合的剖切平面

除旋转剖、阶梯剖以外,用组合的剖切平面剖开物体的方法,称为复合剖。

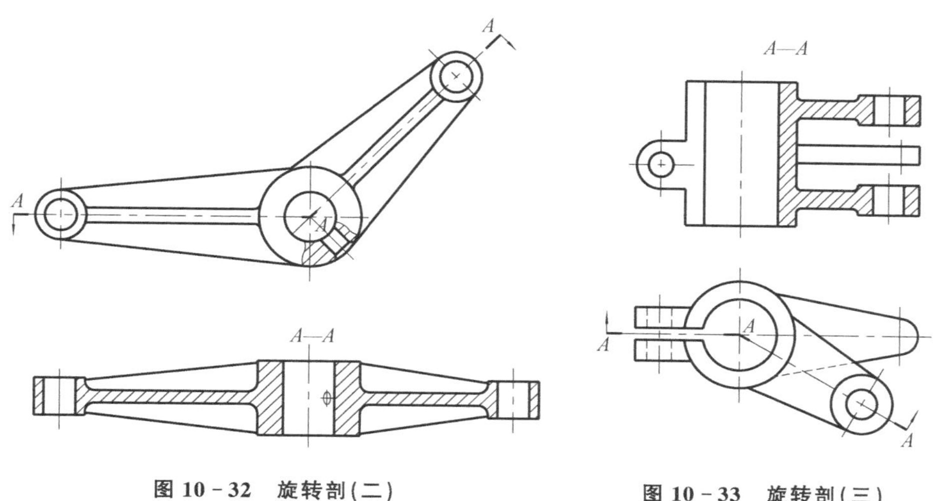

图 10-32　旋转剖(二)　　图 10-33　旋转剖(三)

如图 10-34 所示，当物体上的孔、槽等内部结构分布较为复杂，用旋转剖或阶梯剖不能完全表达清楚时，可采用复合剖的表达方法。

采用如图 10-35 所示的方法画剖视图时，可用展开画法，此时标注“*X*—*X* 展开”。

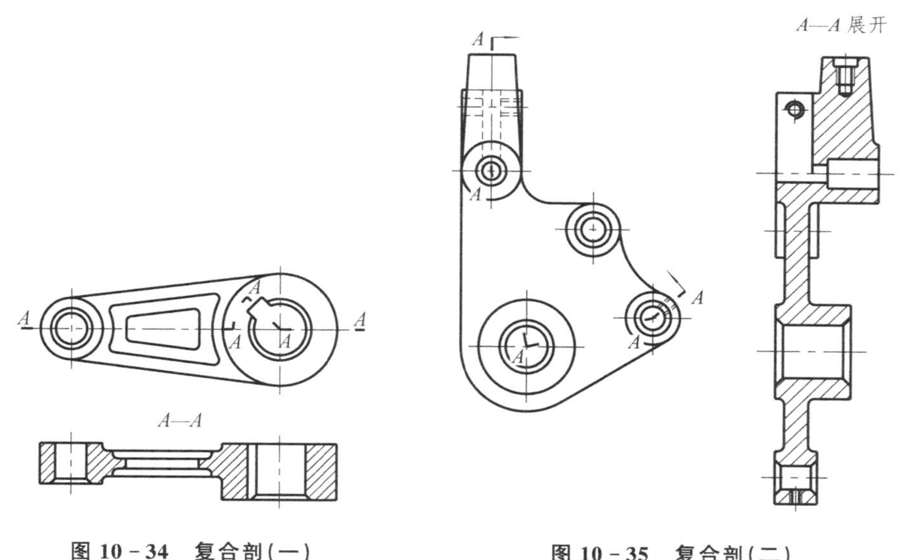

图 10-34　复合剖(一)　　图 10-35　复合剖(二)

5. 不平行于任何基本投影面的剖切平面

用不平行于任何基本投影面的剖切平面剖开物体，称为斜剖。

采用这种方法画剖视图时，剖视图一般按投影方向配置，如图 10-36(a)所示；在不致引起误解时，允许将图形旋转，如图 10-36(c)所示；斜剖视可根据需要画成局部的或完整的图形。

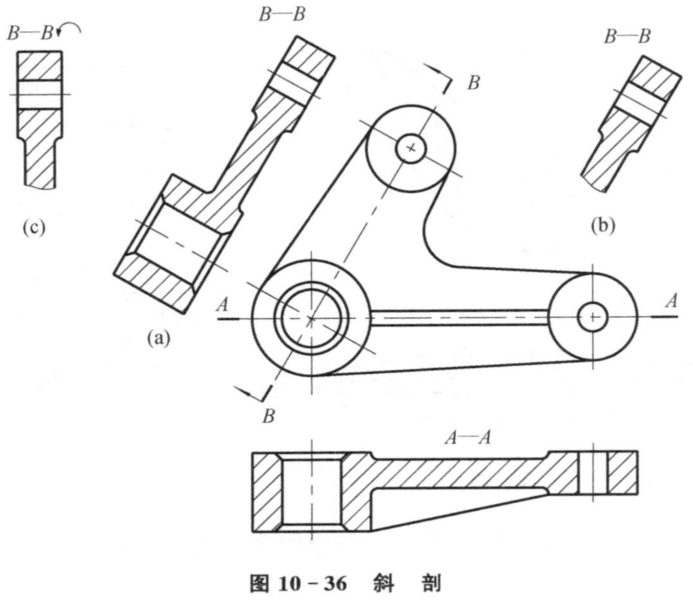

图 10-36 斜 剖

10.3 断面图

假想用剖切平面将物体的某处切断,仅画出断面的图形,称为断面图。

断面图和剖视图的主要区别是:断面图仅画出物体被剖切断面的图形,如图 10-37(a)所示,而剖视图则要画出剖切平面后所有可见部分的投影,如图 10-37(b)所示。

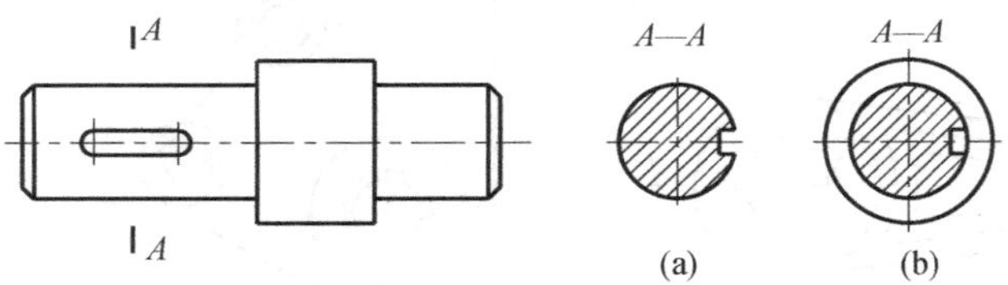

图 10-37 断面与剖视的区别

断面图的剖面符号和标注方法与剖视图一样。断面图主要用于表达物体某部分的断面形状,如物体上的肋板、轮辐、键槽、杆件及型材的断面等。

断面图分为移出断面和重合断面两种。

10.3.1 移出断面

画在视图外的断面,称为移出断面。移出断面的轮廓线用粗实线绘制。

1. 移出断面的画法

移出断面应尽量配置在剖切符号或剖切平面迹线的延长线上如图 10-38 所示,剖切平面的迹线是剖切平面与投影面的交线,用细点画线表示。

必要时可将移出断面配置在其他适当的位置上,在不致引起误解时,允许将图形旋转,其标注形式如图 10-39 所示。

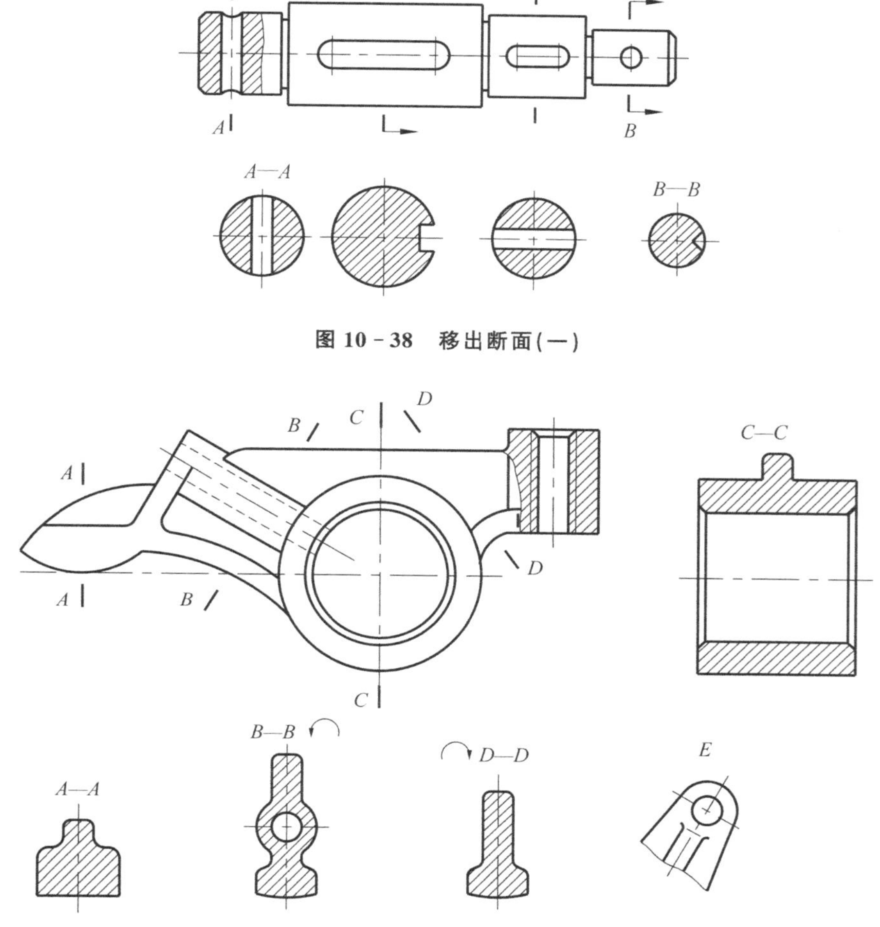

图 10-38　移出断面(一)

图 10-39　移出断面(二)

断面图也可以画在视图的中断处，如图 10-40 所示。

断面主要用于表达物体某一断面的真实形状，因而剖切平面应垂直于所要表达部分的轮廓线，由两个或多个相交的剖切平面剖切出的移出断面，中间应以波浪线断开，如图 10-41 所示。

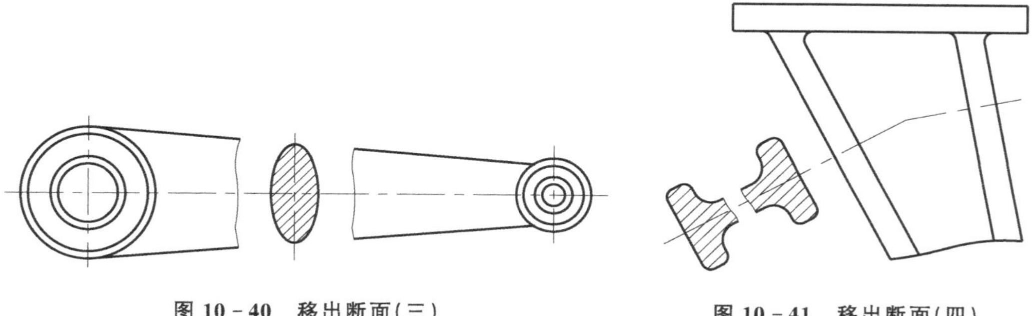

图 10-40　移出断面(三)　　图 10-41　移出断面(四)

断面图只画出断面的图形,但当剖切平面通过回转面形成的孔或凹坑的轴线时,这些结构应按剖视绘制,如图 10-42(a)所示。

当剖切平面通过非圆孔会导致出现完全分离的两个断面时,这些结构也应按剖视绘制,如图 10-42(b)所示。

2. 移出断面的标注

① 移出断面一般用剖切符号表示剖切位置,用箭头表示投射方向,并注上字母,在断面图上方应用同样的字母标出相应的名称,如图 10-38 所示的 *B—B* 断面。

② 配置在剖切符号延长线上的不对称移出断面,不必标注字母,但要画出带箭头的剖切符号,如图 10-38 所示。

③ 不配置在剖切符号延长线上的对称移出断面,如图 10-38 所示,以及按投影关系配置的不对称移出断面,如图 10-42(b)所示,均可省略箭头。

④ 配置在剖切符号延长线上的对称移出断面,如图 10-38 所示,以及配置在视图中断处的对称的移出断面如图 10-40 所示,均不标注。

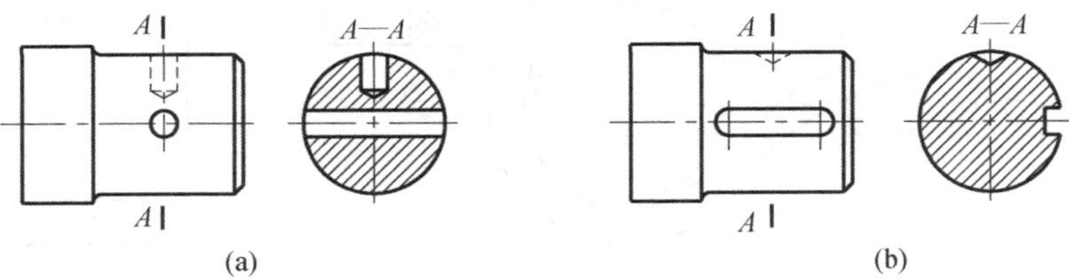

图 10-42 移出断面(五)

10.3.2 重合断面

画在视图内的断面,称为重合断面。重合断面的轮廓线用细实线绘制。

当视图中的轮廓线与重合断面的轮廓线重叠时,视图中的轮廓线应完整画出,不可中断,如图 10-43 所示。

对称的重合断面不标注,如图 10-43 所示。不对称的重合断面应画出带箭头的剖切符号,如图 10-44 所示。

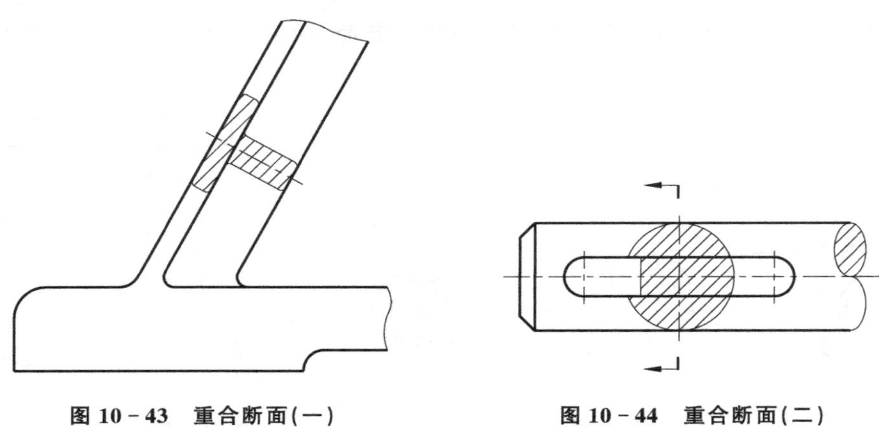

图 10-43 重合断面(一)　　**图 10-44 重合断面(二)**

10.4 其他画法

对于物体中一些常见的结构，国家标准规定了局部放大图、简化画法(GB/T 16675—1996)等其他表达方法。

10.4.1 局部放大图

当物体上某些局部的结构过小或不便在图中标注尺寸时，可将该处结构用大于原图的比例另行放大画出，这种图形称为局部放大图。

局部放大图可以画成视图、剖视或断面，它与被放大部位的表达方式无关。局部放大图应尽量配置在被放大部位的附近。标注时，应当用细实线圈出被放大的部位。当同一个物体上有几处需要放大时，必须用罗马数字依次标明被放大部位，并在局部放大图的上方标出相应的罗马数字和采用的比例，如图 10-45 所示。

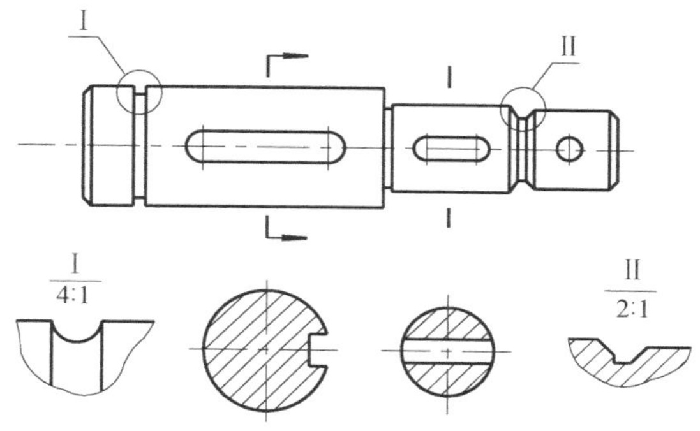

图 10-45 局部视图(一)

当物体上被放大的部位仅有一处时，罗马数字可以省略，只要在局部视图的上方注明采用的比例，如图 10-46 所示。

同一物体上有不同部位的局部放大图，当图形相同或对称时，只需画出一个，如图 10-47 所示。必要时，可用几个图形来表达同一个被放大部分的结构，如图 10-48 所示。

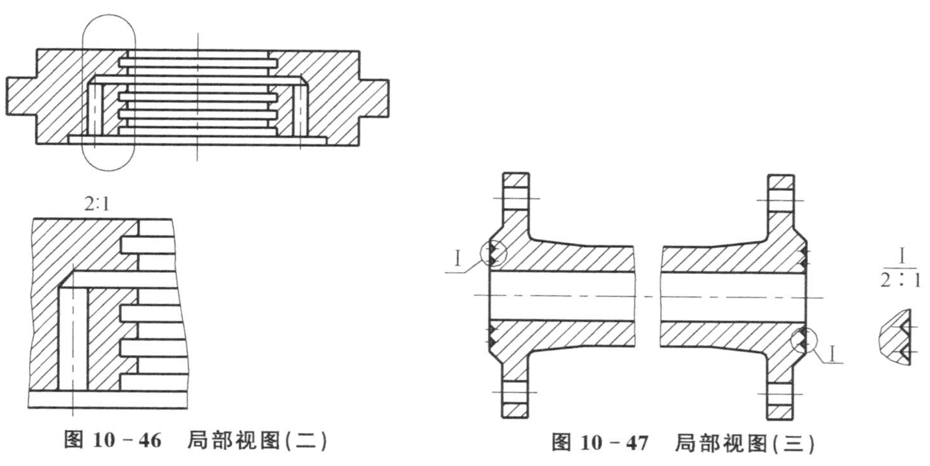

图 10-46 局部视图(二)

图 10-47 局部视图(三)

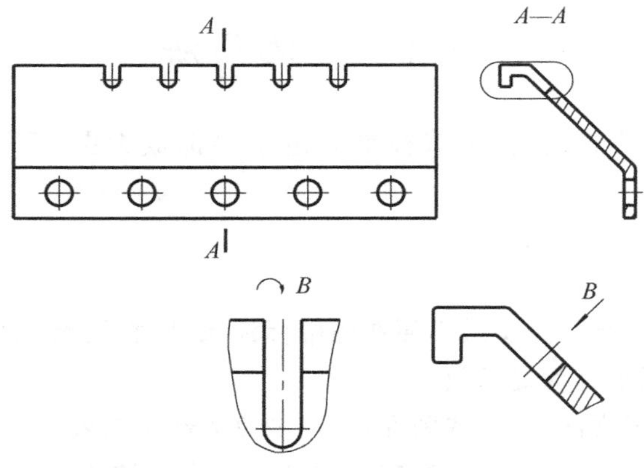

图 10－48　局部视图(四)

10.4.2　简化画法及其他规定画法

简化画法及其他规定画法如表 10－2 所列。

表 10－2　简化画法及其他规定画法

简化后	简化前	说　明
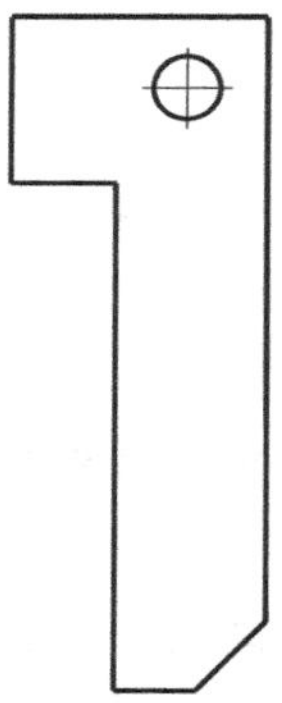 零件 1(LH)如图 零件 2(RH)对称	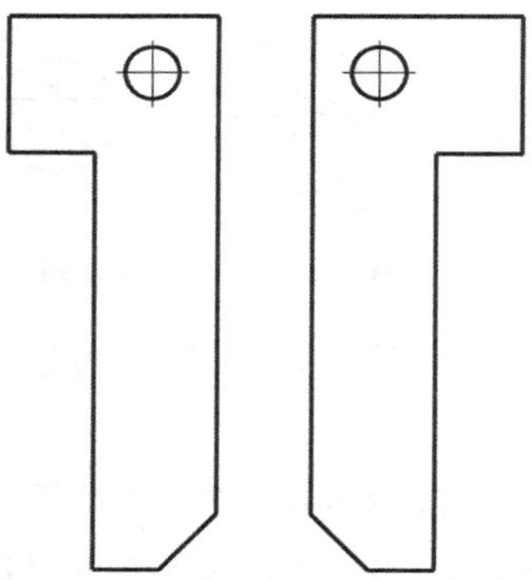 零件 1(LH)　零件 2(RH)	对左右手零件,允许仅画出其中一件,另一件则用文字说明,其中“LH”为左件,“RH”为右件
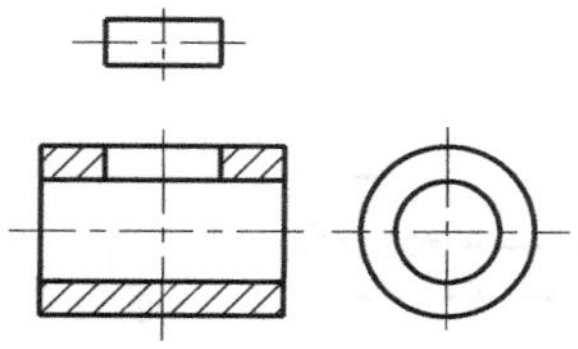	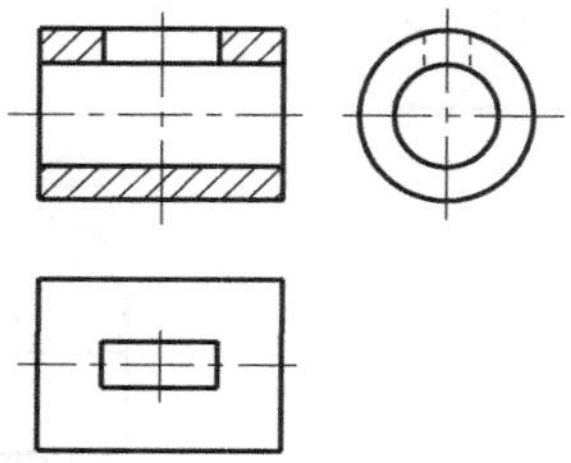	零件上对称结构的局部视图,可按左图(简化后)所示方法绘制

续表 10－2

简化后	简化前	说　明
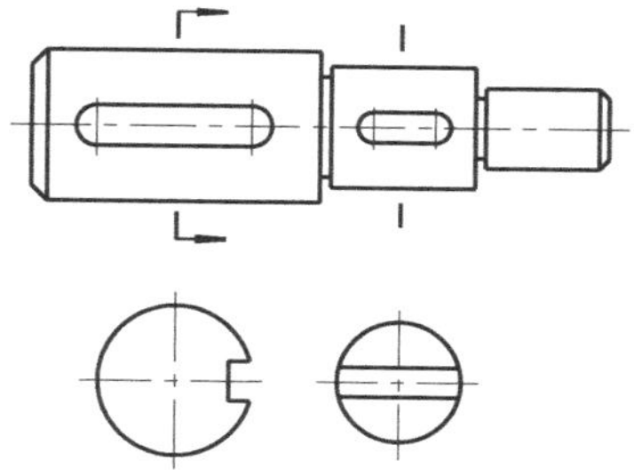	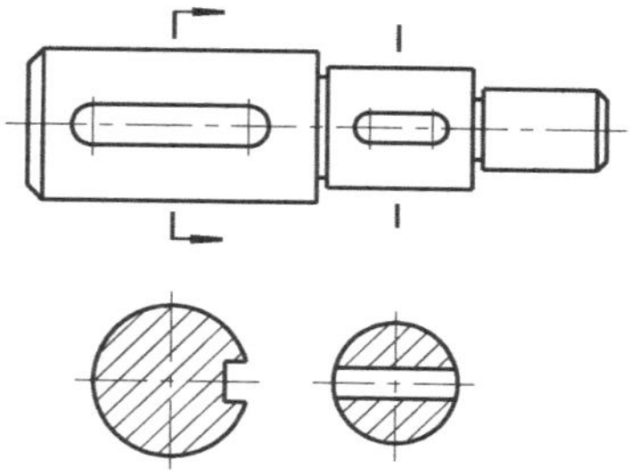	在不致引起误解的情况下，剖面符号可省略
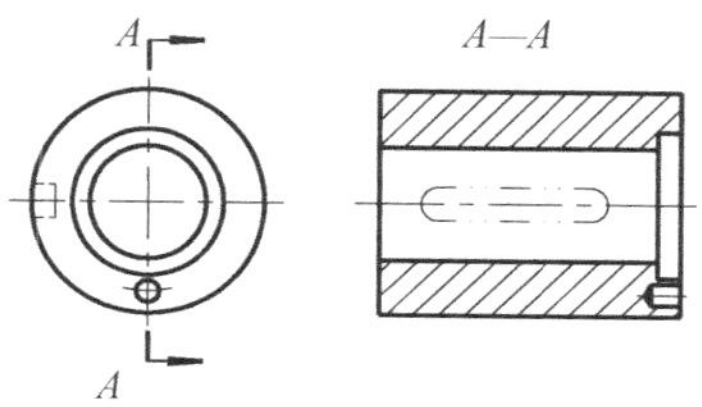	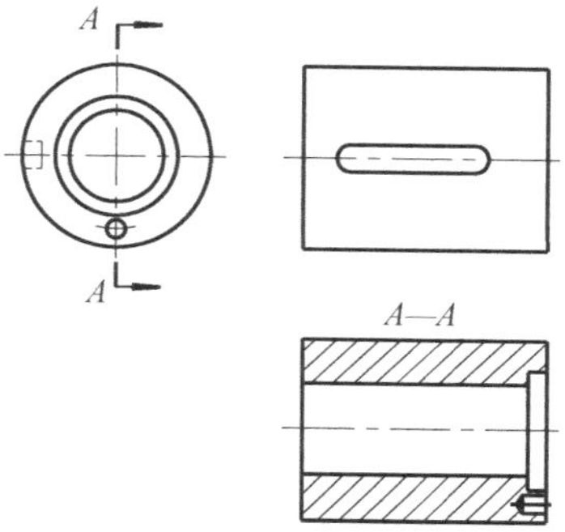	在需要表示位于剖切平面前的结构时，这些结构按假想的轮廓线绘制
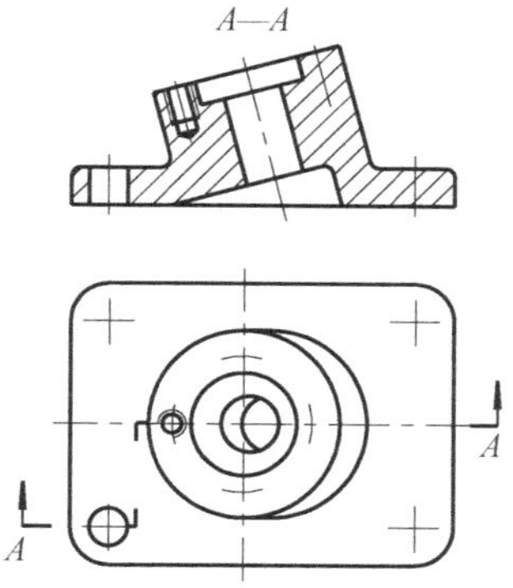	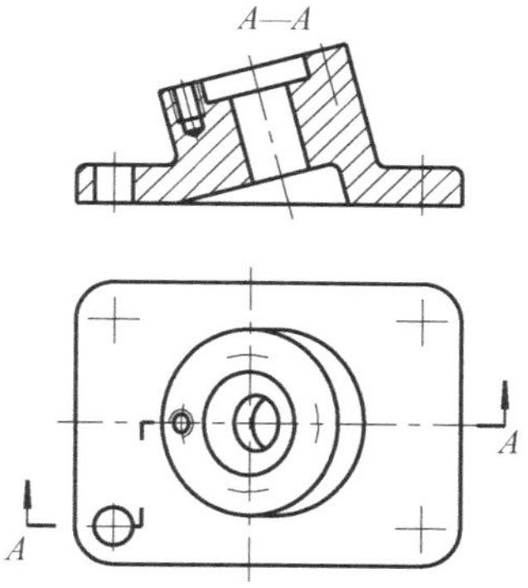	与投影面倾斜角度小于或等于 30°的圆或圆弧，其投影可用圆或圆弧代替
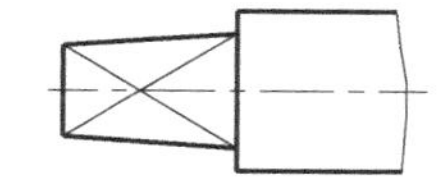	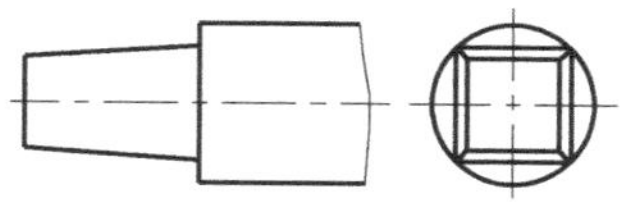	当回转体上的平面在图形中不能充分表达时，可用两条相交的细实线表示这些平面
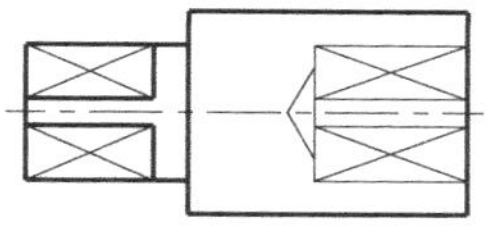	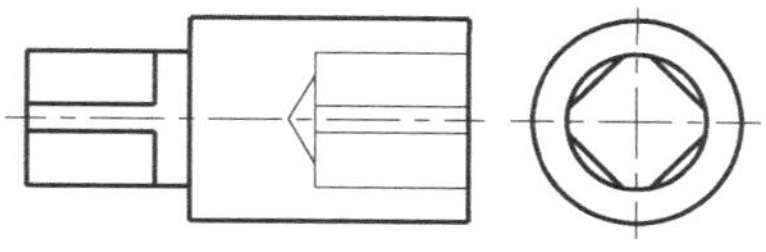	

续表 10-2

简化后	简化前	说明
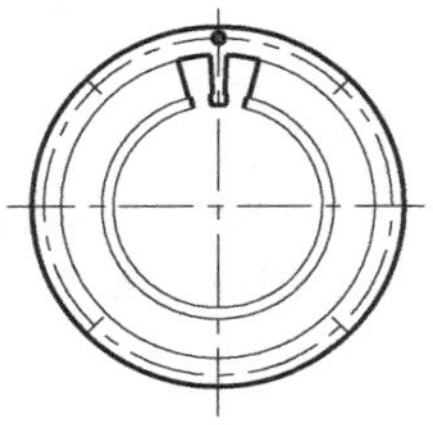	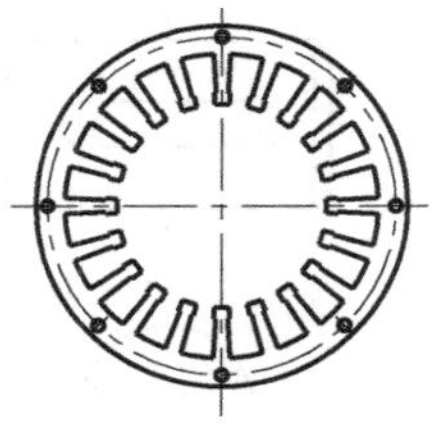	当物体具有若干相同结构并按一定规律分布时,只需画出几个完整的结构,其余用细实线连接,但须注明该结构的总数
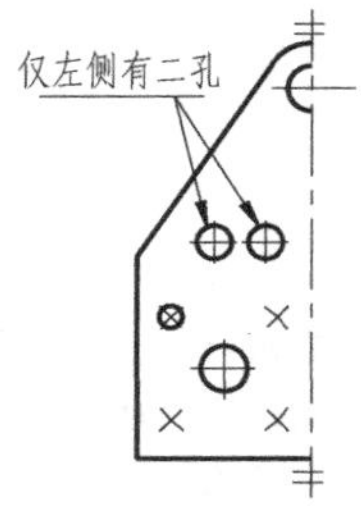 仅左侧有二孔	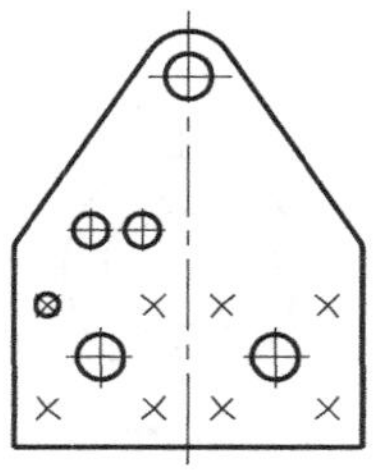	当图形对称时,可以只画一半;局部不对称,但不影响视图的表达,也可以只画一半

10.5 机件表达方法综合举例

在绘制机械图样时,应根据零件的具体情况而综合应用视图、剖视和断面等各种表达方法,而且一个零件往往可以选用几种不同的表达方案,在确定表达方案时,还应结合标注尺寸等问题一起考虑。下面举例说明。

图 10-49 所示为一泵体,其表达方法分析如下:

① 分析零件形状。泵体的上面部分主要由直径不同的两个圆柱体、圆柱体内腔、左右两个凸台以及背后的锥台等组成;下面部分是一个长方形底板,它将上下两部分连接起来。

② 选择表达方法。通常选择最能反映零件特征的投影方向作为主视图的投影方向。由于泵体最前面的圆柱直径最大,它遮住了后面直径较小的圆柱,为了表达它的形状和左右两端的螺孔以及底板上的两个安装孔,主视图上应取剖视;但泵体前端的大圆柱及均布的 3 个螺孔也需表达,考虑到泵体左右是对称的,因而选用半剖视图,同时表达它的内部结构和外部形状。选择左视图表示泵体上部沿轴线方向的结构,为了表示内腔形状应取剖视,但若作全剖视,则由于下部分都是实心体,没有必要全部剖切,因而采用局部剖视,这样可以保留一部分外形,便于看图。俯视图采用全剖视图,剖切位置选在图上的 $A—A$ 处,表达了底板及中间连接块和其两边肋板的形状。

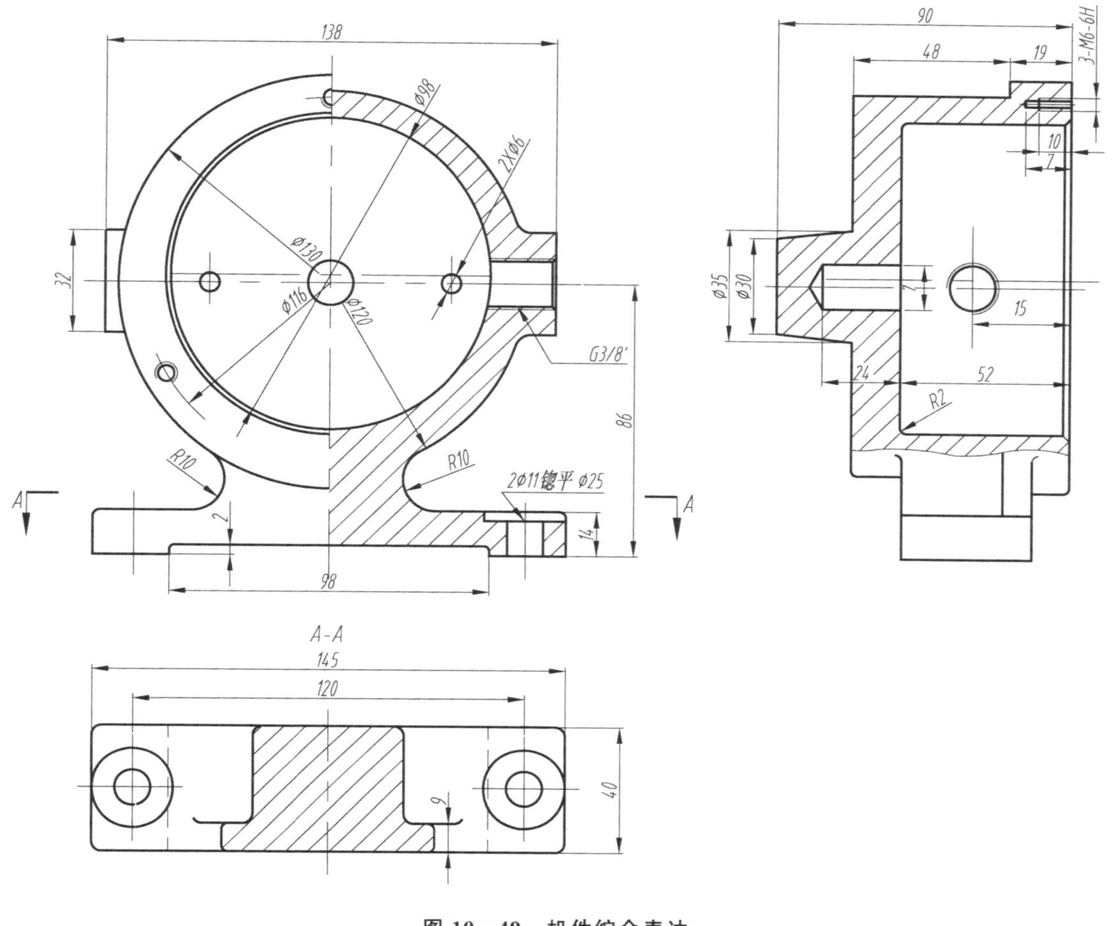

图 10－49　机件综合表达

本章小结

本章根据国家标准中的规定，介绍了视图、剖视、剖面的画法、用途和标注规则。

1．基本视图和辅助视图

首先要弄清它们的基本概念，了解增加视图数量和作各种辅助视图的目的，是表达不同复杂程度和不同形状特点的机件形状。了解当增加视图数量和改变视图方向之后，要采取相应的视图配置规定和标注规则，弄清视图间的投影关系。

2．剖　视

剖视的目的是表达机件内部形状，所以剖切平面的数量和投影方向的选择，必须有利于清楚地表达内形和真实情况。

机件是假想被剖开的，剖切后的图形只反映在对应的剖视图上，并不影响其他视图的绘制。

必须对剖切后留下的全部形体进行投影（同时要弄清虚线取舍的原则）。

3. 全剖视图、半剖视图、局部剖视图的区别

在于同一视图所表示的剖视部分的大小不同。剖视部分的大小,根据该视图所要表达的内容灵活掌握,若表达内形,可取全剖视图;若兼顾内外形状,则取半剖视图或局部剖视图。局部剖视图应用最广泛。

除此,还要了解半剖视图和局部剖视图中,内外形之间分界线的区别。

4. 断面图

要了解剖视与断面的不同概念和用途。掌握不同断面的选择原则和规定画法。

第 11 章　零件图

机械工程常用技术图样有零件图和装配图，表达单个零件的技术图样称为零件图。在生产实践中，零件图是主要的基本技术文件之一，起着指导生产的重要作用。本章主要阐述零件图的相关内容。

11.1　零件图的内容

1. 零件与机器或部件的关系

任何机器都是由若干部件和零件按一定的要求装配而成的。装配时，一般先把零件装配成部件，然后再将相关部件和零件组装成机器或成套设备。可见，零件是机器或部件的基础单元，机器、部件和零件反映了整体和局部的关系。机器或部件生产时，首先要完成零件生产，然后才能组装成机械产品，因此，零件的制造质量在很大程度上决定着机器或部件的制造质量，零件的性能直接影响着机器或部件的性能及其使用寿命，零件对机器、部件的重要性不言而喻。

图 11－1 所示为齿轮泵构成图，齿轮泵由泵体、左端盖、右端盖、传动齿轮轴、从动齿轮、螺钉、螺母等装配而成。其中，左、右端盖通过螺钉、密封垫安装在泵体两侧，密封垫起到端面的密封作用。传动齿轮轴和从动齿轮相互啮合并支承在左、右端盖上，这样泵体内腔与相互啮合的齿轮共同构成了泵的工作腔。填料密封安装在右端盖与传动齿轮轴之间用以防止液体泄漏，密封盖通过螺纹连接在右端盖上，起到压紧填料密封的作用。齿轮通过键联接与齿轮轴相连，并用螺母和垫圈固定。齿轮泵中主要零件所起作用各不相同，结构也不一样，并影响着齿轮泵的工作性能和使用寿命。

2. 零件图的作用和内容

表达单个零件的技术图样称为零件图。零件图是制造、检验、生产管理的主要技术文件，反映了设计者的意图，表达了机器或部件对零件的要求，在机器的制造过程中起着不可替代的作用。零件图应当提供制造零件所需的全部技术资料，如结构形状，尺寸大小、质量要求和材料属性等，用来指导零件生产，现以图 11－2 所示的传动齿轮轴零件图为例，介绍一张完整的零件图必须具备的内容。

(1) 一组视图

用一组视图，采用国家标准规定的机件形状表达方法，准确、完整、清晰地表达出零件的内外结构形状。图 11－2 采用了主视图表达轴的基本结构，其轴线水平放置，其中齿轮和螺纹部分用规定画法绘出，除主视图外，还用了断面、局部放大图表达键槽、退刀槽的结构形状，仅用 4 个图形就清晰地表达出传动齿轮轴的结构形状。

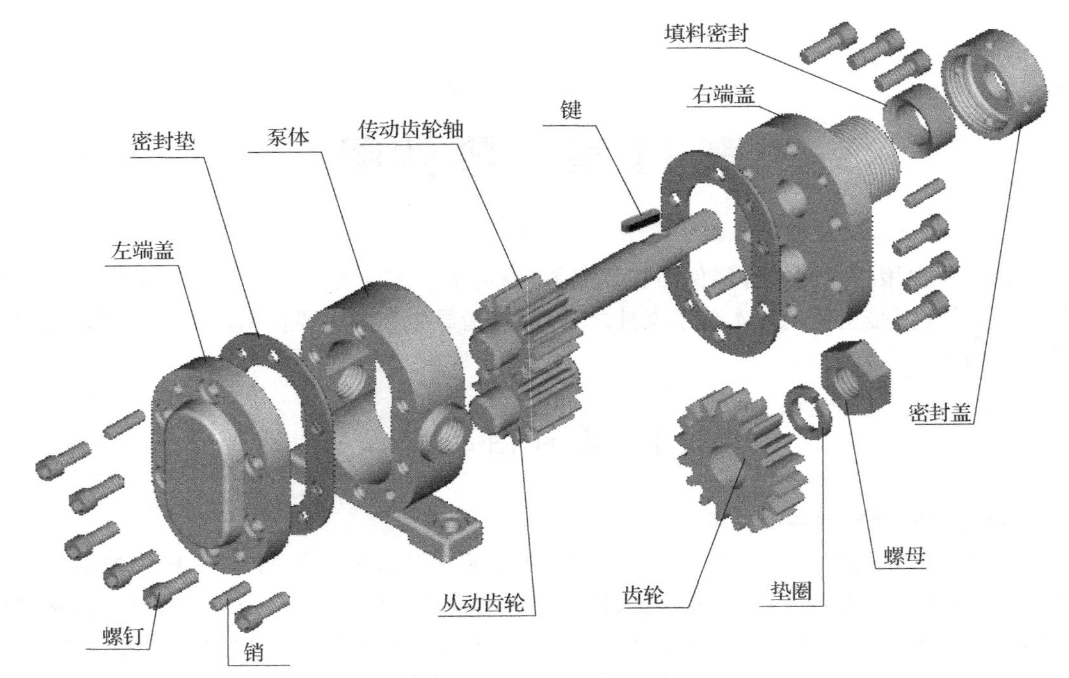

图 11－1　齿轮泵构成图

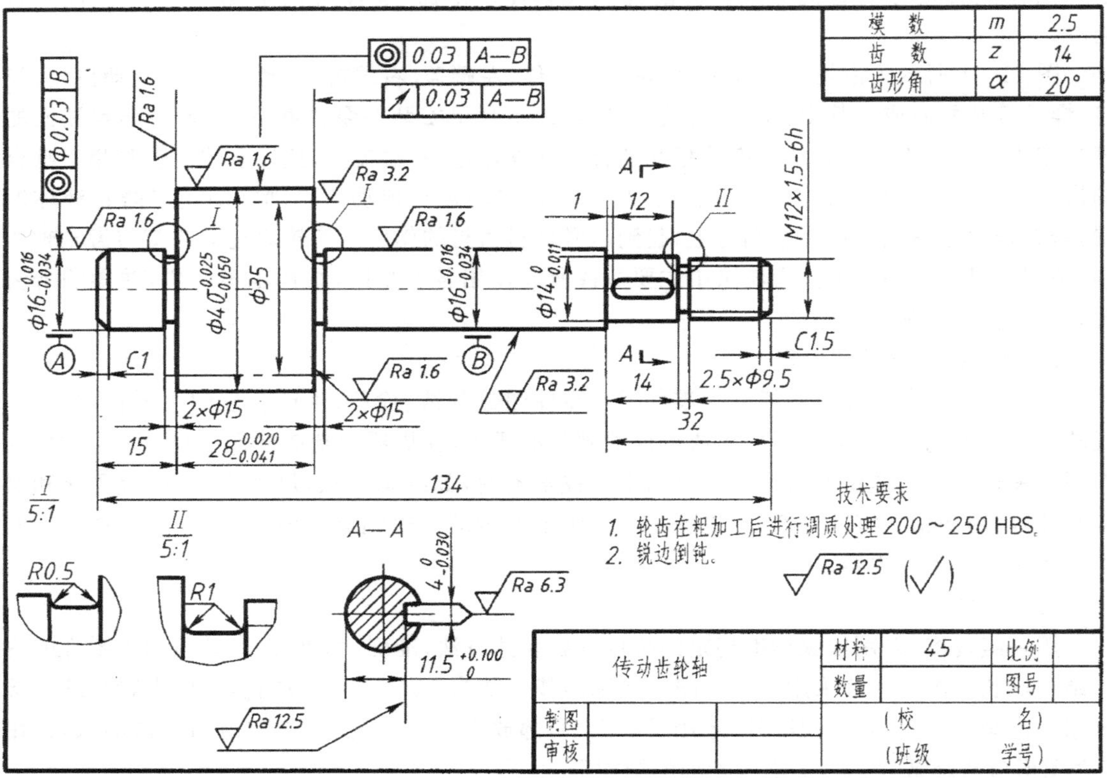

模数	m	2.5
齿数	z	14
齿形角	α	20°

技术要求

1. 轮齿在粗加工后进行调质处理 200～250 HBS。
2. 锐边倒钝。

Ra 12.5 (√)

传动齿轮轴		材料	45	比例	
		数量		图号	
制图			（校 名）		
审核			（班级 学号）		

图 11－2　传动齿轮轴零件图

(2) 完整的尺寸

零件图中应正确、完整、清晰、合理地标注出制造零件和检验零件所需的全部尺寸。如图 11－2 所示，传动齿轮轴轴向主要尺寸有 134、$28^{-0.020}_{-0.041}$、15、32，径向主要尺寸 $\phi35$、$\phi40^{-0.025}_{-0.050}$ 表示齿轮的分度圆直径和齿顶圆直径、$\phi16^{-0.016}_{-0.034}$ 为轴支承直径、$\phi14^{\ 0}_{-0.011}$ 为齿轮安装直径、M12×1.5－6h 为固定齿轮用螺纹标记。

(3) 必要的技术要求

用规定的符号、数字或文字说明零件制造、检验时应达到的技术指标。技术要求包括表面结构、尺寸公差、形位公差、热处理及表面处理等。图 11－2 中技术要求有多项尺寸公差要求、形位公差要求、表面结构要求(分别有 Ra6.3、3.2、1.6 μm 等)及热处理要求等。

(4) 标题栏

在标题栏中一般应填写单位名称、零件的名称、材料、图号及绘图比例、设计、审核的签名与日期等。

11.2　零件图的视图选择

零件图进行视图选择，拟定表达方案时，要遵循 GB/T 17451—1998 中的指导原则，首先要考虑看图方便。要根据零件的结构特点，用恰当的表达方法，选择适当的图形数量。在正确、完整、清晰地表达零件结构的前提下，力求制图简单。拟定零件表达方案，一般需要经过零件结构分析、主视图的选择和其他视图的选定等。

11.2.1　零件的结构分析

要满足国家标准的基本要求，就需要对零件进行结构分析，而零件的结构取决于零件在机器或部件中的功能以及零件的制造工艺要求。图 11－2 所示的传动齿轮轴，是图 11－1 所示齿轮泵中的一个主要零件，它在齿轮泵中的作用是由泵体外的传动齿轮通过键将扭矩传递给该轴，在左、右端盖的支承下，轴上齿轮与传动齿轮轴上的齿轮在泵体内啮合实现旋转运动，从而完成齿轮泵吸排液体的功能。根据传动齿轮轴的作用，中间部分需要一个齿轮结构，为了使左、右端盖支承传动齿轮轴，在齿轮两侧各设一段光轴；为了使动力传入该轴，在稍细的轴段上设计一处键槽，以便联接外部的动力齿轮；为了防止动力齿轮的轴向松脱，在传动齿轮轴最右端加工有螺纹，用螺母将齿轮轴向固定。考虑传动齿轮轴加工工艺要求，其上齿轮和螺纹附近设计了退刀槽。因此，做好零件表达方案，不仅要熟悉零件的功能特点，而且要考虑零件的制造工艺。在此基础上，灵活运用机件形状表达方法，综合各方因素，确定主视图，再辅以适当数量的其他图形，就可较好地完成零件的表达。可见，拟定零件结构形状表达方案，关键是合理选择主视图和其他视图。

11.2.2　主视图的选择

一般来说，主视图是表达零件结构形状的主要视图，是表达零件形状的关键，是一组视图的核心，反映了较多的零件结构信息。主视图选择合理与否，直接影响其他视图的选择以及表达方案的好坏、绘图和看图是否方便。而选择主视图，先要确定零件的安放位置和投射方向，也就是确定零件在多面投影体系中的位置。

1. 确定零件的安放位置

零件的安放位置一般有两种:一种是零件在机器或部件中的工作位置;另一种是零件主要工作部位所处的加工位置。不管采用哪一种零件的安放位置,都要围绕主视图的选择而定,应该使主视图尽可能反映零件更多的结构形状信息。

工作位置安放法,是从机器或部件的整体出发,考虑零件的工作位置而确定的。适用于结构复杂,加工工序较多,加工过程中装夹位置经常变化的零件。如支架、箱体类零件等。这种布置方法使零件图便于与装配图联系,校核零件的形状和尺寸的正确性。

机器中有些零件的工作位置处于倾斜位置,如按其倾斜位置安放主视图,则会给绘图和看图带来不便,一般将这些零件放正画出,并尽量使零件上较多的表面处于基本投影面的平行位置。

加工位置安放法,是从零件加工角度考虑而定的放置位置。适用于主要结构为回转体的零件,这类零件结构相对简单,如轴、套,轮盘等零件,主要结构都在车床或磨床上加工完成。

轴类零件的加工位置如图 11-3 所示。轴类零件的主视图其轴线水平放置,便于操作者看图,利于加工。图 11-2 所示的主视图就是以加工位置安放法绘制而成。

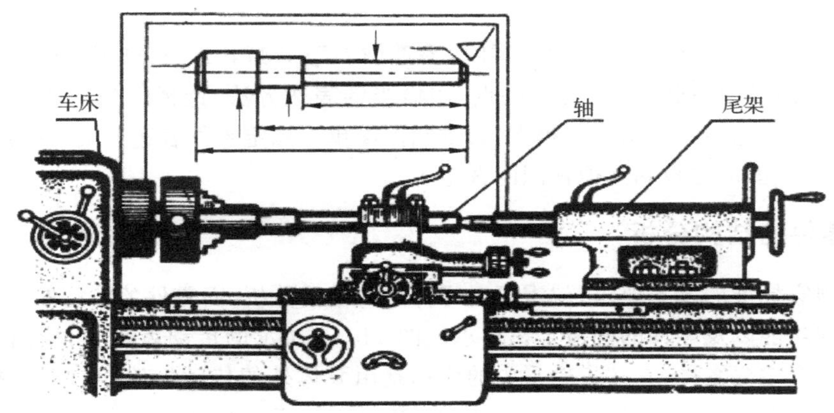

图 11-3 轴类零件的加工位置

2. 确定投射方向

零件的安放位置已定,投射方向的选择实际是选哪个投影作为主视图的问题,根据 GB/T 17451—1998 的主视图选择原则,投射方向一定要选择能表达尽可能多的零件结构信息的那个投影面投影作为主视图,也就是较明显反映零件的主要结构形状和各部分相对位置关系的投影作为主视图,据此确定投射方向。图 11-4 所示为机床尾架零件,主视图的投影方向应该

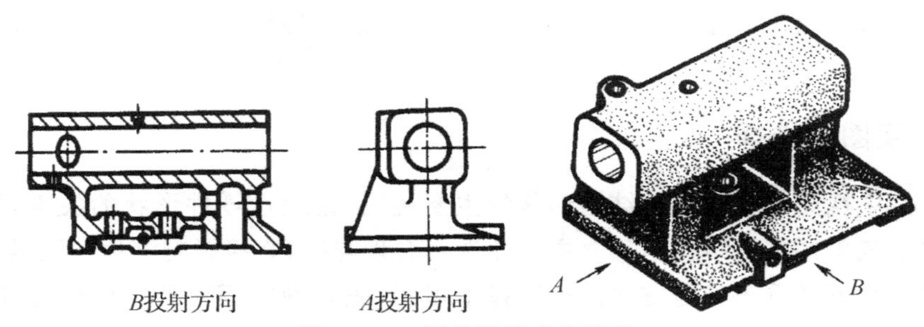

图 11-4 零件投影方向确定

选择 B 向投射方向。

11.2.3　选择其他视图

GB/T 17451—1998 中指出，当需要其他视图（包括剖视图和断面图）时应按下述原则选取：

① 在明确表示物体的前提下，使视图（包括剖视图和断面图）的数量为最少。

② 尽量避免使用虚线表达物体的轮廓及棱线。

③ 避免不必要的细节重复。

根据以上原则，主视图选定之后，选择其他视图时，应以主视图为基础，运用组合体分析的类似方法，分析主视图中哪些结构尚未表达清楚，针对这些结构选定所需的其他视图，其他视图的数量选择要以完整、清晰地表达清楚零件结构为原则，使每个视图表达有所侧重，避免重复，各个视图互相配合，尽量减少视图数量，使制图和读图简便。其他视图的表达方法，优先选用基本视图以及在基本视图上作适当的剖视，基本视图中没有表达清楚或不够清晰的次要结构、细小结构和局部形状用局部视图、局部放大图、断面等方法表达。选用基本视图时，如左视和右视、俯视和仰视表达的内容相同，应优先选用左视和俯视。图形配置尽量按投影关系配置，以便于看图。

11.2.4　典型零件的视图表达方案示例

零件的结构形状多种多样，但机械零件依据其结构特点，一般可分为轴套类、轮盘类、叉架类、箱体类零件。在如图 11－5 所示的减速器中，其中轴、轴套即为轴套类零件，齿轮、端盖为轮盘类零件，箱盖、箱体为箱体类零件。

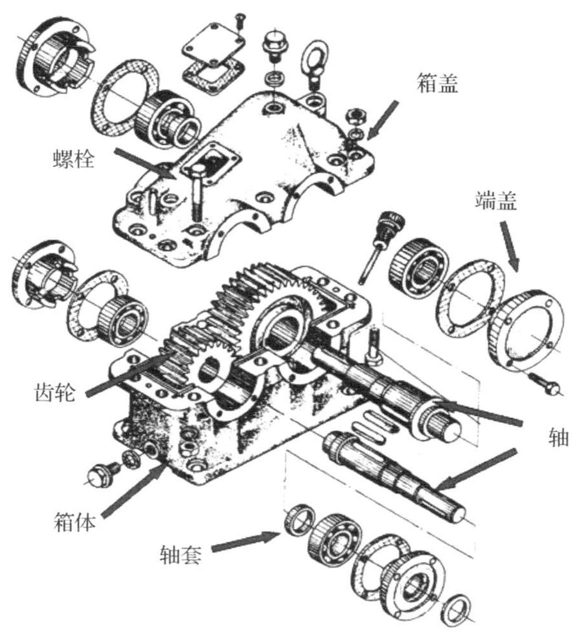

图 11－5　减速器构成

1. 轴套类零件

(1) 结构分析

轴套类零件的主体结构为回转体。轴类零件主要用来支承传动零件和传递扭矩,轴有直轴、曲轴、光轴和阶梯轴、实心轴和空心轴之分,一般由直径、长度大小不同的同轴圆柱体沿轴线叠加而成,具有轴向尺寸比其径向尺寸大的特点。轴上常设有轴肩、倒角、退刀槽、键槽、中心孔、螺纹等结构套类零件一般装在轴上或机体孔中,起到支撑、导向、定位等作用,套类零件的中心为孔。

(2) 视图选择

轴类零件的结构简单,其表达方案常用一个主视图配以断面图作为其一组视图的主要部分。主视图的投射方向垂直于轴线,零件的放置为其加工位置,形成轴线水平放置的主视图,轴类零件由于其结构多为同轴圆柱所构成,主视图中标注的直径符号就可辅助表达其回转体结构,因此一般不需要其他基本视图,可以配置断面图,局部放大图来辅助表达主视图中未表达清楚的键槽、退刀槽等局部结构。

套类零件视图的选择与轴类基本相同,所不同的是主视图常用剖视表达法,以表达其内外的阶梯圆柱结构。除此之外,有时端面需要左视图或右视图表达其次要结构部分。图 11-6 所示为套类零件的表达方案,其中主视图主要表达出该轴套主体结构为空心的阶梯圆柱形状,*A*—*A* 断面图配合主视图,表达出该空心圆柱轴套左端设有十字形的通孔,*A*—*A* 断面图还表达出该轴套左端前后圆柱表面加工的键槽断面形状,另一个断面表达该套靠近右端部自上而下的垂直小孔,*B* 向视图主要表达轴套右端螺孔及槽的分布位置。

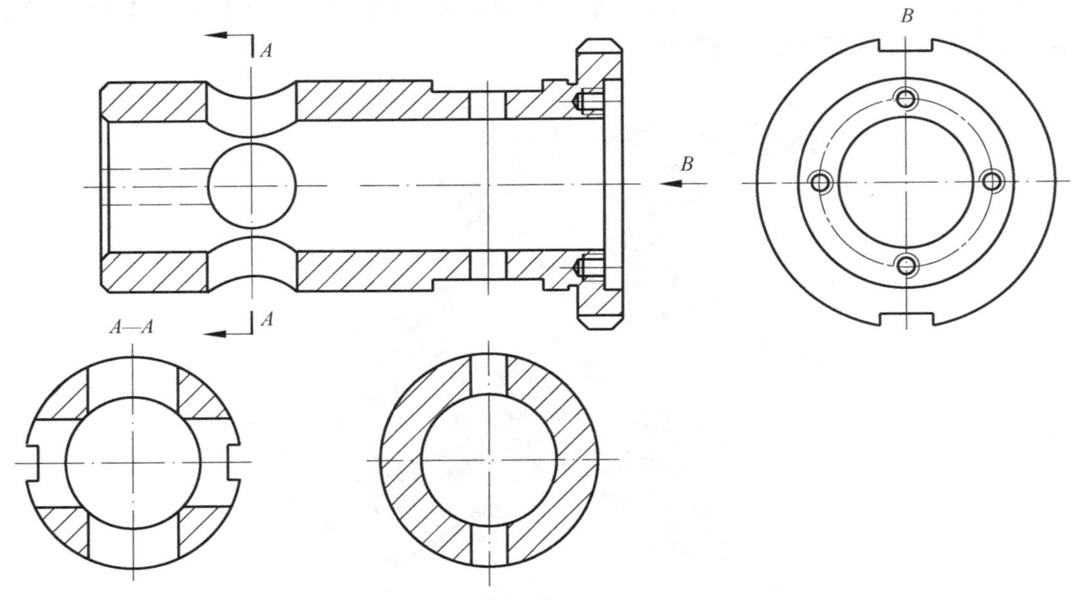

图 11-6 轴套表达方案

2. 轮盘类零件

(1) 结构分析

轮盘类零件的主体结构一般是扁平的回转体。轮类零件一般用键或销与轴连接,用来传递扭矩，其结构一般由轮毂、轮辐、轮缘三部分构成。盘类零件起着支撑、定位、密封的作用。轮类零件常见的有带轮、齿轮、链轮、飞轮等。盘类零件有圆形、方形等各种形状的法兰盘、端盖等。如图 11－5 所示的减速器中的齿轮、端盖以及机动车辆方向盘等均属此类。

(2) 视图选择

轮盘类零件一般用主视图和左视图或右视图来表达。轮盘类零件主视图的安放位置也是轴线水平放置，既符合加工位置又符合工作位置。主视图的投射方向垂直于轴线，常用非圆视图作为主视图，并采用剖视表达内部结构。其他视图主要表达端面上的结构或其他部位的结构。

图 11－7 所示为端盖轴测图，属盘类零件，其表达方案如图 11－8 所示，其中，主视图表达端盖轴向结构特征，采用了全剖视图，表达了内外圆柱表面结构和上部带螺纹的进(出)通口，左视图表达了端面上螺孔和沉孔的布置及其相对位置，采用两个视图就可完整、清楚地表达端盖形状。

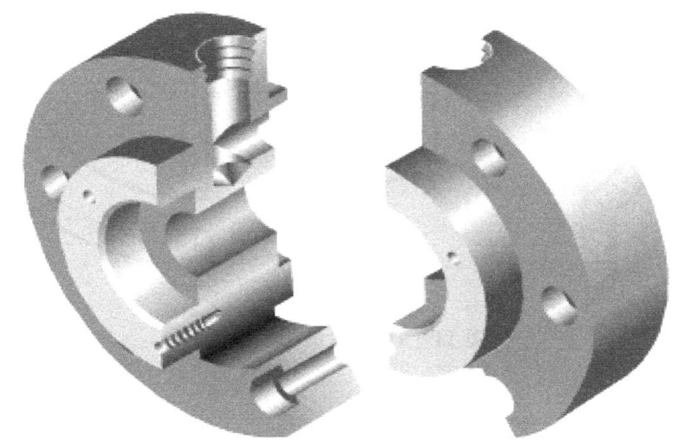

图 11－7　端盖轴测图

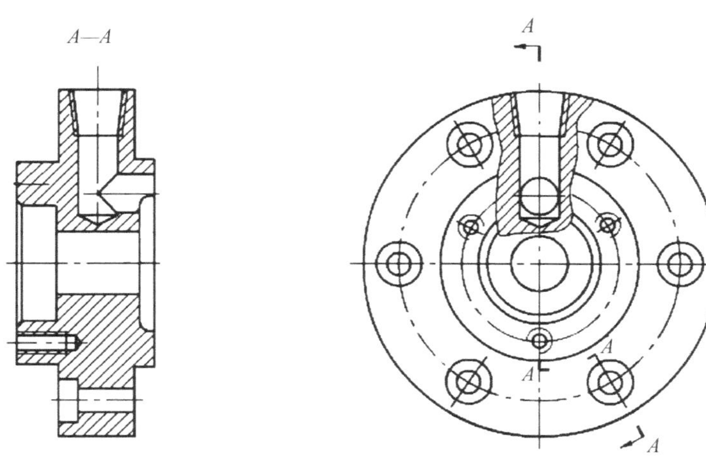

图 11－8　端盖表达方案

轮类零件像机动车辆方向盘这类零件，一般选用主视图和左视图或右视图两个主要视图，主视图一般采用剖视表达轮毂和轮缘及轮辐的结构,左视图或右视图表达轮辐的径向分布以及与其他结构的相对位置,轮辐有时还需配以断面图用来表达轮辐的断面形状,如图 11-9 所示某轮盘的表达方案,主视图采用剖视表达了轮毂和轮辐以及轮缘结构形状,还表达了轮缘上的沉孔结构。*A* 向视图表达了轮毂内表面上的键槽、轮辐的径向分布、轮缘断面形状及沉孔分布,还表达了它们之间的相对位置。

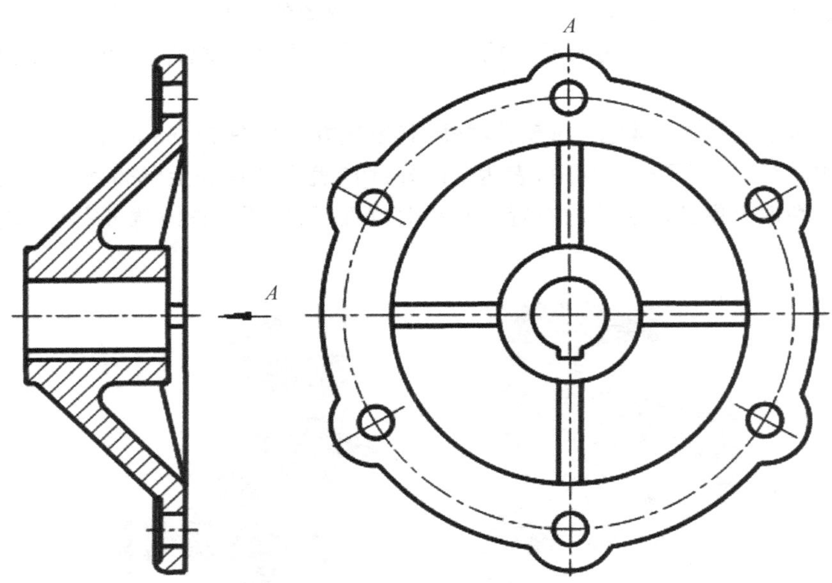

图 11-9　轮盘的视图表达

3. 叉、架类零件

这类零件包括拨叉、支架、支座等。

(1) 结构分析

拨叉是变速箱中拨动变速齿轮移位的零件,其一端装在轴上,另一端骑在齿轮上,拨叉由下端的安装孔、上部的叉槽和中间的连接板 3 部分所构成。

图 11-10 所示为支架零件,用来支承轴承和轴的,是由铸造毛坯加工而成。主要有支承圆筒、底板、支撑板组合而成。圆筒端面上设有 3 个辐射状均布的小孔,相应地在圆筒表面设有圆柱形凸台,圆筒用来安装轴承和轴,小孔是为安装两端端盖而设。圆筒顶部设有马蹄形凸台,凸台上加工有螺孔以便安装油杯。支撑板断面为 U 形槽结构,底板上设有连接孔,用以安装整个支架,下部设有 U 形槽结构,以减小加工面积。支架表面多处有圆角结构,利于铸造。

(2) 视图选择

叉架类零件的主视图以工作位置安放,投射方向为反映结构信息最多的方向。其他视图的选择除一些必要的基本视图外,往往还需要向视图、局部视图、断面图以表达零件倾斜表面上的结构或其他一些局部结构,在此基础不上灵活运用剖视表达法选择最佳视图表达方案。

图 11-10 所示为支架轴测图及其主视图。根据零件的立体图,选定的主视图主要表达了支架上、中、下 3 部分主体结构及其相互位置,除此之外还需要俯视图表达底板安装孔及顶部马蹄形凸台信息,需要左视图表达槽型支撑板结构及上部通孔结构。考虑到表达上部通孔,中部 U 形槽结构,下部通槽结构,需要采取适当的剖视表达法。

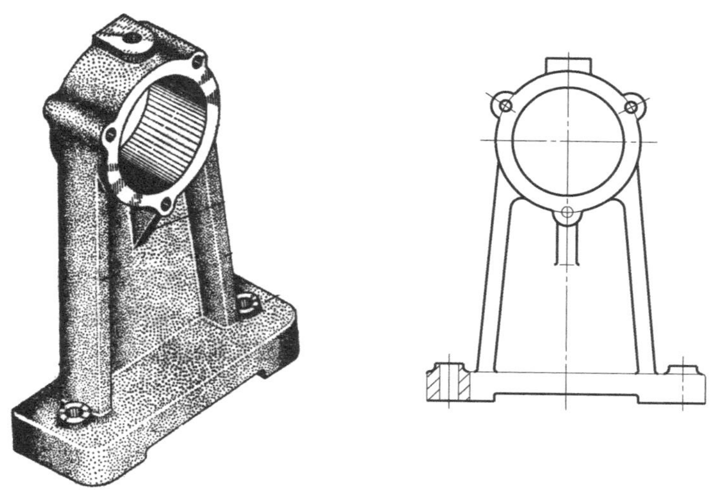

图 11－10　支架轴测图及其主视图

零件结构形状表达方案，一般来说不是唯一的，需要择优而定。图 11－11～图 11－13 所示为支架的 3 种表达方案。其中，第一方案如图 11－11 所示，左视图采用剖视较好地表达了支承板腹板以及套筒上的通孔和底板上的通槽等主要结构形状，用 D 向视图表达底板上安装孔的分布和底板形状及其上通槽结构，用 C 向视图表达套筒顶部马蹄形凸台，另用 $B—B$ 移出断面图表达支承板槽型断面及套筒支承筋。缺点是表达方案中 D 向视图底板通槽的表达与左视图重复，图形也比其他方案多。

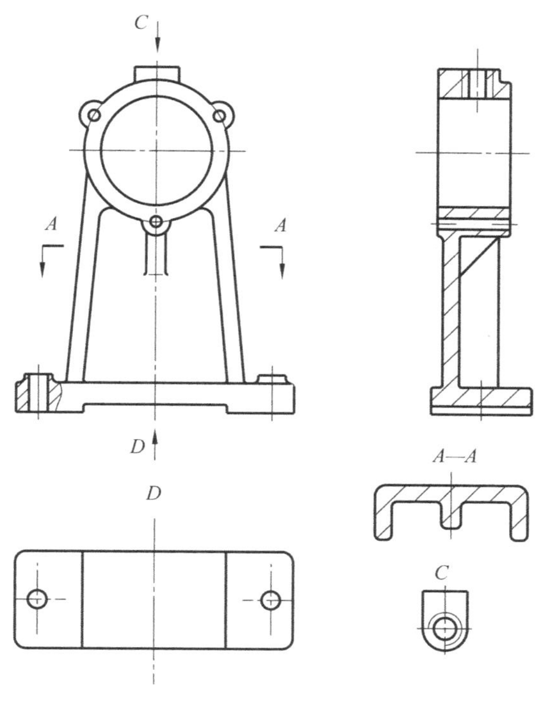

图 11－11　支架第一方案

第二方案如图11-12所示,与第一方案相比,主、左视图互换,俯视图采用剖视,综合地表达了底板形状及其上安装孔的分布和支撑板的断面形状,其他与第一方案一样。缺点是该方案图幅布局尺寸较大,主视图信息比较少。

第三方案如图11-13所示,与第一方案相比,俯视图采用剖视,综合地表达了底板形状及其上安装孔的分布和支撑板的断面形状,其他与第一方案一样,俯视图采用剖视从而减少了视图数量,在清晰、完整、正确表达支架结构形状的前提下,做到了制图简练。

通过分析、比较支架的3个方案,第三方案为最佳表达方案。

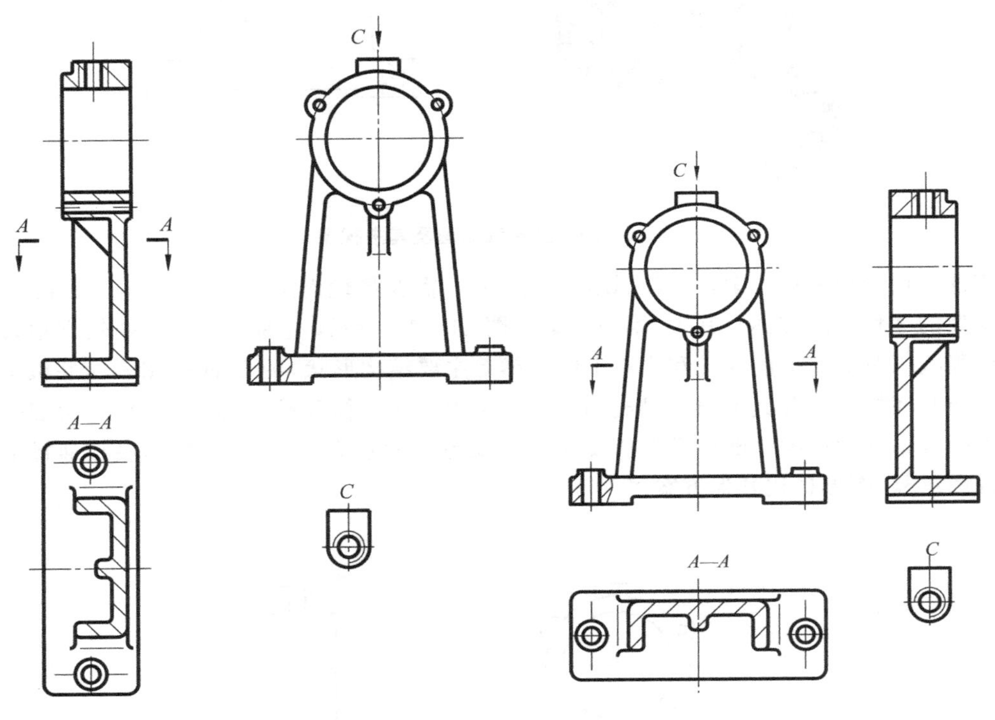

图11-12 支架第二方案　　**图11-13 支架第三方案**

4. 箱体类零件

与前几类零件结构形状相比,箱体类零件是最复杂的一类零件,一般也是部件或机器中尺寸最大的零件。箱体一般为铸造或焊接成型,然后经加工而成。

(1) 结构分析

箱体作为机器或部件的基础,起着包容、保护、定位、密封、支撑箱内零件的作用,其结构形状比较复杂。根据箱体的作用,箱体主体结构为带有空腔的组合体,空腔用于容纳其他零件,箱体端面上多有螺孔、销孔、凸缘、凸台以及支撑孔,以便于支撑连接端盖、箱盖。箱体的底板或凸缘上常设有安装孔,以便于将产品或部件安装在基础之上。

(2) 视图选择

箱体类零件主视图以工作位置安放,箱体类零件结构复杂,加工工序较多,加工位置多变,因此选择箱体安装位置放置,这一位置往往与箱体上主要加工位置相吻合。投射方向为反映箱体主体结构信息最多的方向。一般反映箱体主体结构信息最多的方向为主要端面的垂直方向。

箱体类零件内外结构比较复杂，除主视图外，选择其他视图的数量一般为两个或两个以上基本视图，用来表达箱体其他部位的结构。表达方法上，常用视图与剖视以及局部视图、断面等相结合的方法，清晰地表达箱体外形和内腔以及其他次要结构。箱体结构复杂，视图中要尽量避免使用虚线表达内部结构，每个视图要有不同的表达目的，避免不必要的表达重复，在正确、完整地表达清楚各部分结构基础上，做到制图简单，读图方便。

图 11－14 所示为齿轮泵泵体的表达方案，主视图选择工作位置安放，也是其内腔主要结构的加工位置，主视图的投射方向选择垂直于端面的方向。共选用 3 个视图，主视图表达了泵体结构的内部形状和外部形状、断面上的定位孔和连接螺孔的分布、进出液孔、安装孔。左视图采用全剖，表达了内腔及各孔均为通孔结构。俯视图表达安装孔的位置及其他外形。

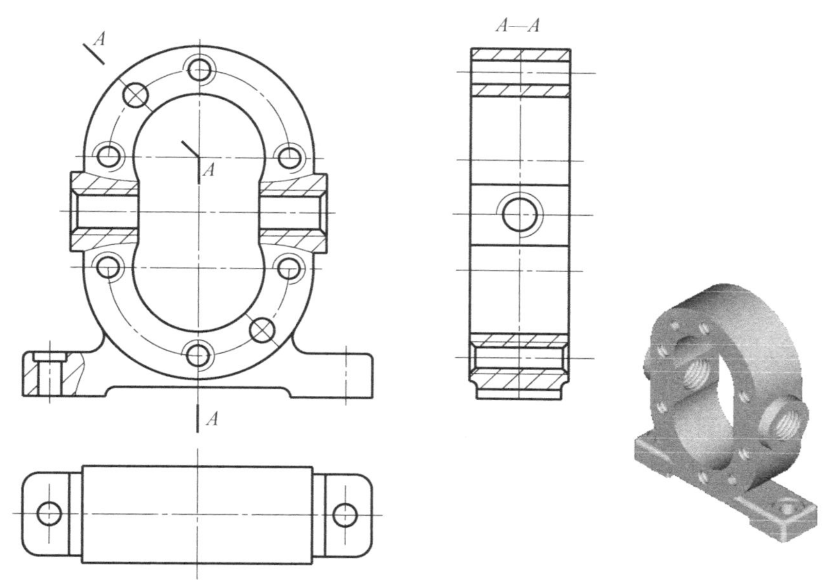

图 11－14　齿轮泵泵体轴测图及其表达方案

11.3　零件图的尺寸标注

零件的形状由一组视图表达，形状大小由尺寸决定。零件图上的尺寸是零件图另一主要内容之一，是零件加工制造、质量检验的主要依据，零件图上的尺寸不仅确定零件形状的大小，而且对零件的加工工艺过程影响较大，因此，零件图的尺寸标注除了要满足前面章节所讲到的正确、齐全、清晰的要求之外，还要使其满足合理性要求。如何使零件图上所标尺寸满足正确、齐全、清晰的要求，在制图基本知识、组合体等章节中均有介绍，在此不再重复，本节重点探讨标注尺寸的合理性问题。

所谓标注尺寸合理是指所标注的尺寸既要满足设计要求，保证机器的使用性能，又要满足加工工艺要求,便于零件的加工和检测。诚然,要达到这样的要求,必须具备一定的生产实际经验和掌握机械制造工艺方面的专业知识,有鉴于此,本节只能概括讨论零件图尺寸标注的一般方法和步骤、合理标注尺寸应考虑的原则及其注意事项等。

11.3.1 合理选择基准

1. 基准合理选择原则

从前几章的学习知道,尺寸标注首先要确定基准,基准是尺寸标注的灵魂,要使标注尺寸合理,首先要合理选择尺寸基准。尺寸基准是确定尺寸起始位置的点、线、面,是确定基本形体之间相对位置的基本几何要素。

要合理选择基准,首先要了解基准的作用,基准根据其作用不同分为设计基准和工艺基准。出于设计考虑,根据零件结构和设计要求所确定的尺寸基准为设计基准。依据设计基准所标注的尺寸,主要反映设计要求,保证零件在机器或部件中的功能。出于加工工艺考虑,根据加工,检测的经济性要求所确定的尺寸基准为工艺基准。依据工艺基准所标注的尺寸,主要反映工艺要求,方便加工和测量。由此可见,利用不同的基准所标注的尺寸是不同的,这就有标注尺寸合理与否的问题。从标注尺寸的合理性出发,基准选择时,应使设计基准和工艺基准重合,也就是“基准重合原则”。

但是有些复杂零件,本身加工工艺分为多道工序完成,需要经过多次的安装定位,同一方向的工艺基准很可能就有多个,基准就有主要与辅助之分,同样的道理,由于零件的结构复杂,同一方向的设计基准也有很多,也有主要与辅助之分。主、辅基准之间基准尽量做到“基准统一原则”,以减少基准数量利于主要问题解决。标注零件尺寸要使主要设计基准与主要的工艺基准重合。但是,出于加工经济性考虑,有时很难做到工艺基准与设计基准的完全重合,在此种情况下,标注零件的尺寸就要依据设计基准,在满足设计要求的前提下,力求满足其他工艺要求。辅助基准仅仅满足设计或工艺要求就可。

2. 基准的选择

零件是一个三维立体,都有长、宽、高 3 个方向的尺寸,每个尺寸都有一个基准,每个方向不止一个尺寸,因此每个方向至少都有一个基准,多个基准中只有一个主要基准,其余的为辅助基准。用于确定主要尺寸的基准为主要基准,而零件的尺寸重要性等级依次为:影响部件、机器规格或质量要求的尺寸,影响零件在机器中的位置尺寸,零件之间连接尺寸,确定零件形体之间的定位尺寸,机器的安装尺寸,零件的其他轮廓形状尺寸等。

选择基准时,首先要确定各方向的主要基准,主要基准一般都选设计基准。通常选择零件上较大的加工面、与其他零件的结合面、结构对称面、重要端面、回转体共同轴线、主体孔的轴线、轴肩端面等。

如图 11－15 所示,泵体高度方向的主要基准为下端安装面,既是设计基准,也是加工内腔的工艺基准。而上部内孔水平中心线是高度方向的辅助基准,用来确定上下两孔的中心距及端面上各孔的位置。泵体左右对称面为长度方向的基准,泵体前后对称面为宽度方向的基准。如图 11－16 所示,轴承座高度方向的主要基准为下端安装面,既是设计基准,也是加工轴承孔的工艺基准。上部小端面是高度方向的辅助基准,它是加工 M8×0.75－7H 螺孔的工艺辅助基准。轴承座左右对称面为长度方向的基准,既是设计基准,也是长度方向的工艺基准。轴承孔后端端面是宽度方向的基准。选定 3 个方向的基准后,其尺寸标注如图 11－16 所示。

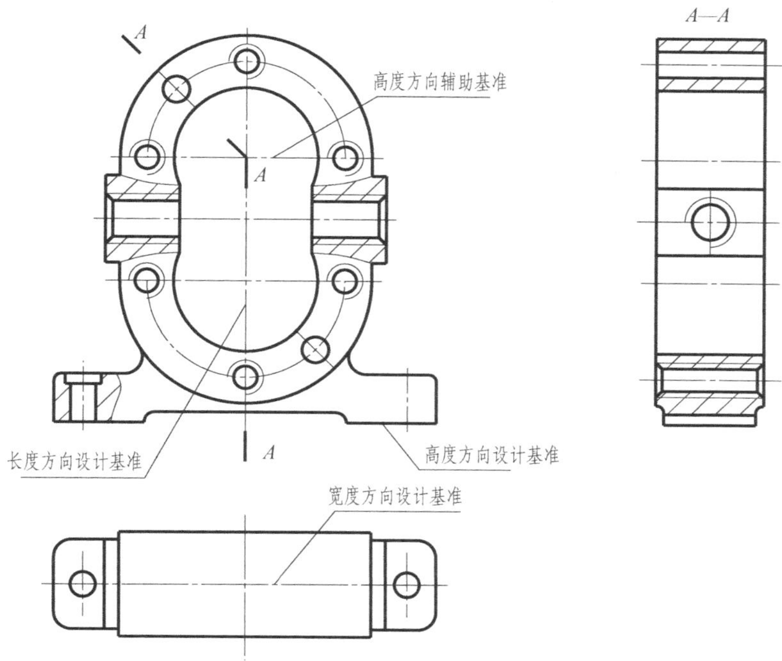

A
A
A
A—A
高度方向辅助基准
长度方向设计基准
高度方向设计基准
宽度方向设计基准

图 11－15　泵体基准的选择

长度方向基准
φ10
φ30
A
A
φ12
45
8
10
12
2×φ6
35
66
高度方向基准
A—A
90
8
8
17
30
R7
高度方向辅助基准
30
M8×0.75－7H
6
15
φ16$^{+0.027}_{0}$
宽度方向基准
5
2
40±0.02
60
未注圆角R1

图 11－16　轴承座基准的选择、尺寸标注及模型图

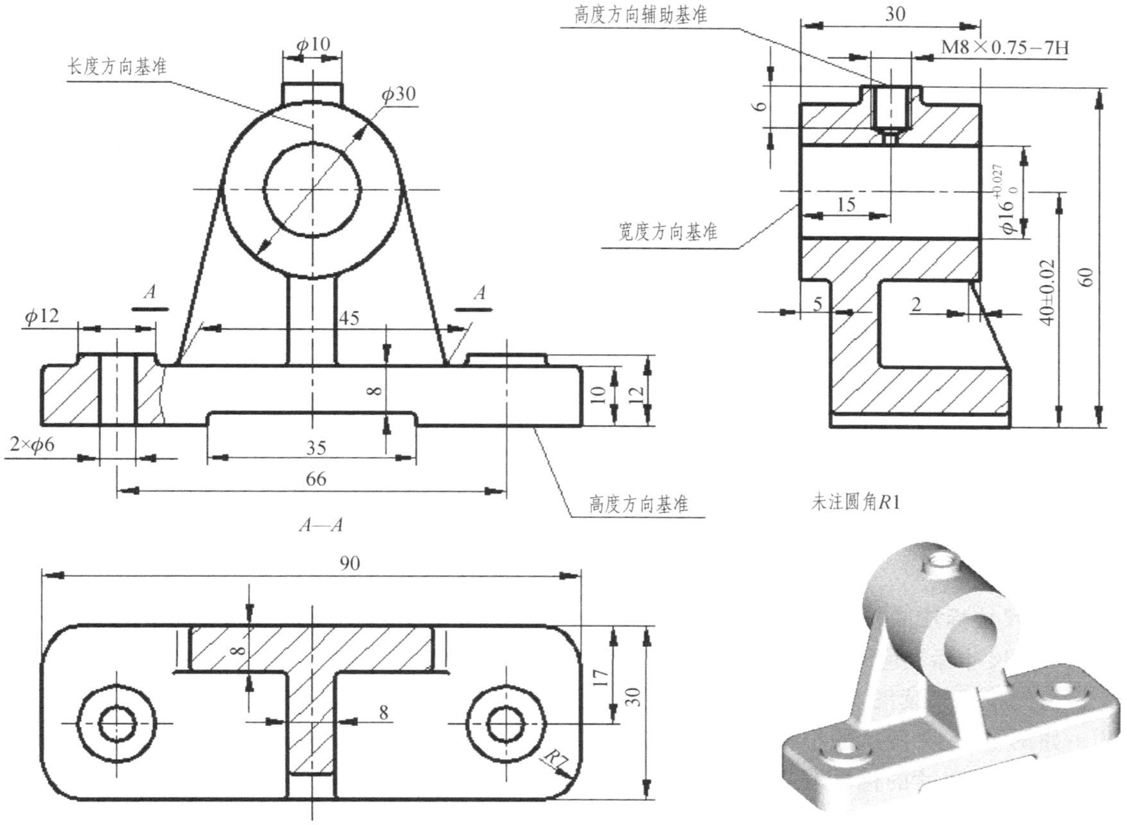

11.3.2 合理标注尺寸的原则

1. 主要尺寸必须直接注出

主要尺寸是指影响部件、机器工作性能、规格或质量要求的尺寸,准确确定与其他零件相对位置的尺寸、确定零件形体之间的定位尺寸、机器的安装尺寸、零件的其他重要轮廓形状尺寸。这些尺寸一般要求较高,是加工过程中须要重点保证的尺寸,要在零件图上直接注出。

图 11－17(a)所示为带轮与支架的装配图,从图中可以看出,支架两臂中间的尺寸 A 是影响到支架与带轮装配性能的尺寸,为主要尺寸,出于保证设计性能、减少加工累积误差的考虑,该尺寸必须直接注出以满足装配要求,保证使用性能。

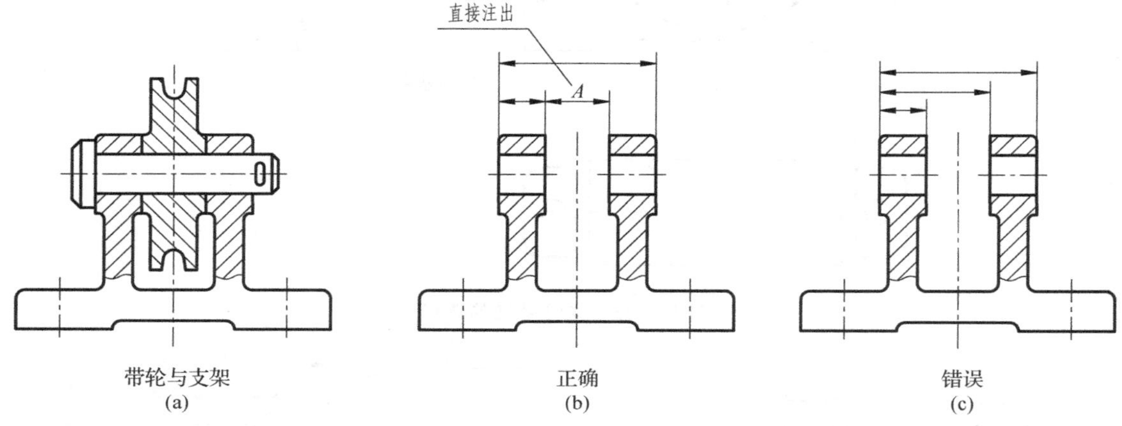

图 11－17 主要尺寸直接标注(一)

图 11－18(a)中轴承座轴承孔距底面的距离 a,轴承座的安装孔 $2\times\phi6$ 的孔距,均为主要尺寸,必须直接标注,而不能采用图(b)那样的间接标注方法。

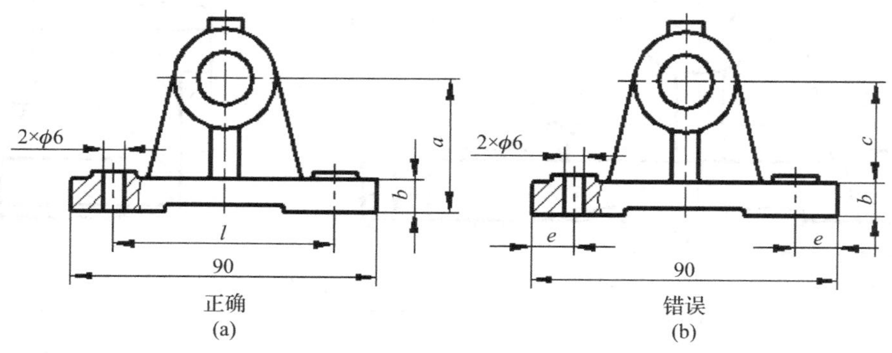

图 11－18 主要尺寸直接标注(二)

2. 尺寸标注应符合加工顺序及加工工艺

(1) 尺寸标注应符合加工顺序

为便于工人读图及加工操作,尺寸标注应从加工工艺角度出发,应符合加工顺序及加工工艺。如图 11－19 所示的小轴,该轴除键槽加工为铣削外,其他形状的加工均在车床上车削而成,长度方向尺寸的标注符合加工顺序。其中尺寸 20 是长度方向的主要尺寸,应直接注出,长度方向其余尺寸都体现了加工顺序。图 11－19 中(1)～(6)简图即是该轴的加工顺序。加工时首先是下料，注出轴的总长 68，其次是加工左端 $\phi20$ 的轴颈及倒角，注出长度尺寸 12，然后调头加工右端 $\phi20$，保证长度方向主要尺寸 20，接着加工 $\phi16$ 轴颈、$2\times\phi12$ 的退刀槽，注出尺寸 18，再加工倒角、螺纹轮廓，最后是铣削键槽。这样既保证了设计要求，又符合车削加工顺序。

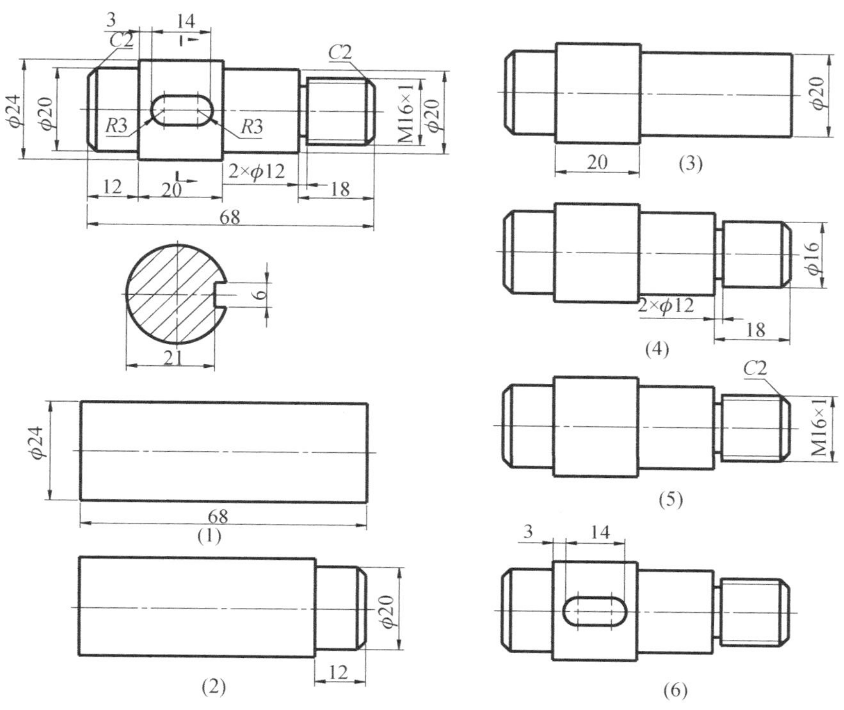

图 11－19　轴的加工顺序和尺寸标注

(2) 标注的尺寸应符合加工工艺

尺寸标注时，应注意不同的加工工艺尺寸，要分类集中标注，如图 11－19 所示的小轴。键槽需要铣削完成，因此键槽的主要尺寸集中标在断面图中。图 11－20 中，退刀槽的宽度是由切槽刀的宽度决定的，因此其宽度应直接标出。

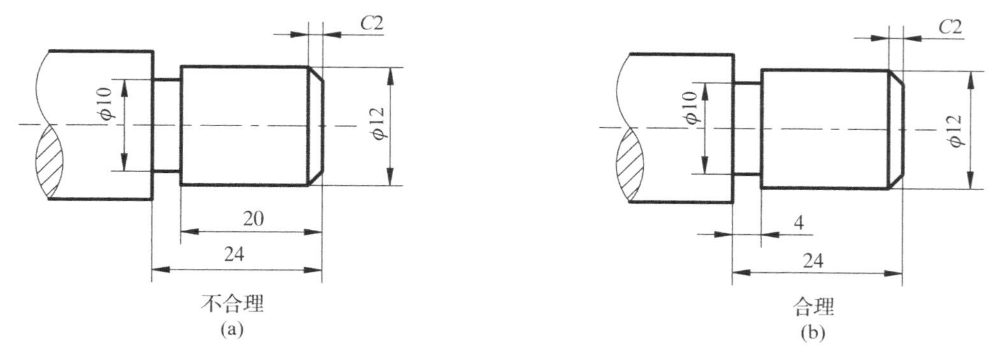

图 11－20　尺寸标注应符合加工工艺

3. 尺寸标注应便于测量

零件图上尺寸不仅要方便加工，还要考虑所标注的尺寸便于测量、检验。图 11－21 所示为常见的几种断面形状，其中图 11－21(a)所示的标注形式无法直接用卡尺准确测量得到，需要计算间接获取,不便测量。而图11-21(b)所示的标注形式可用卡尺直接量取(参见图11-22),测量方便,此种标注合理。同理,图11-23(a)所示的标注形式,套筒中的尺寸 B 测量不便,为不合理标注,图11-23(b)所示的标注形式,A、C 均测量方便,为合理标注。

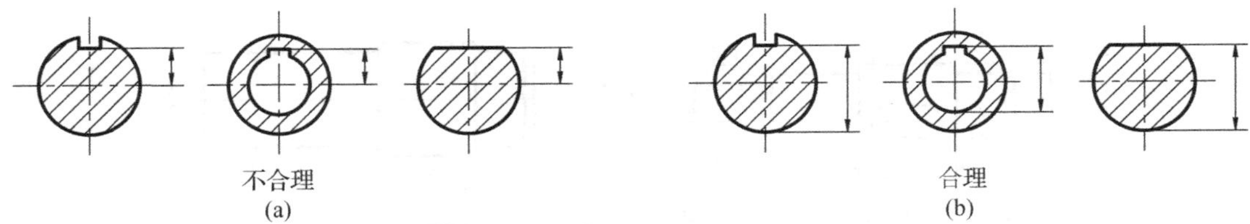

图11-21 常见断面形状的尺寸标注

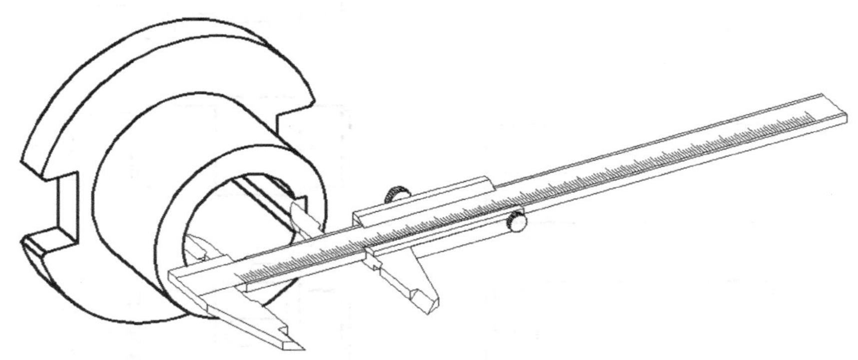

图11-22 键槽尺寸的测量

图11-23 套筒内尺寸标注

4. 避免形成封闭的尺寸链

封闭的尺寸链是指某方向上的一组尺寸,首尾相连,形成链条式的封闭状态。如图11-24(a)所示。尺寸 L 与尺寸 A、B、C 构成封闭尺寸链。其中尺寸 L 为尺寸 A、B、C 之和,其加工精度取决于尺寸 A、B、C 的精度,也就是说尺寸 A、B、C 的加工误差都会积累到尺寸 L 上,这样 L 尺寸精度就很难达到较高水平,若要保证尺寸 L 的精度,就必然要提高尺寸 A、B、C 每一段的精度,使生产成本增加,给加工带来困难,甚至造成废品。因此,当几个尺寸形成封闭的尺寸链时,需要选择一个相对次要的尺寸不标,作为开口环,如图11-24(b)所示,尺寸 C 作为开口环不标注,加工后,开口环尺寸误差将等于其他各尺寸的误差之和。

5. 相互关联尺寸

同一机器中相邻零件之间的相互关联尺寸,尺寸基准、标注形式要统一。

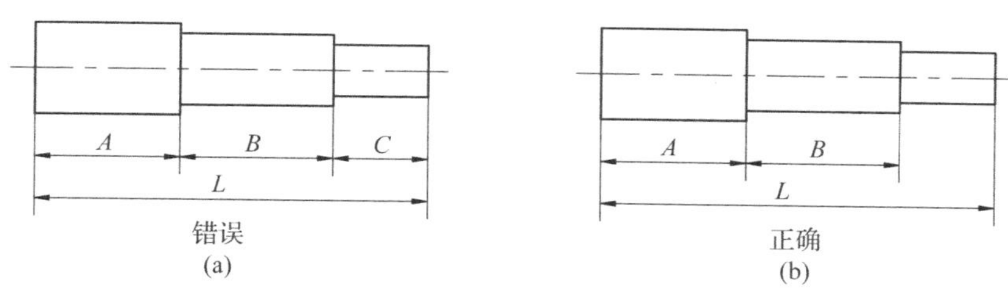

图 11-24 避免形成封闭的尺寸链

6. 加工面与非加工面之间的尺寸标注

零件中常有一些非去除材料形成的表面(如一些铸件或锻件)不需要加工,这些表面为非加工表面。而去除材料形成的表面则为加工表面。非加工面之间的尺寸,应单独标注,而同一个方向的加工面与非加工面之间只能有一个联系尺寸。图 11-25 中铸件的高度方向有 3 个非加工面 B,C 和 D,如果按图 11-25(a)所示的形式标注,3 个非加工面 B、C 和 D 都与加工面 A 有联系,加工 A 面时,很难同时保证与此相关的 8、24、30 这 3 个尺寸的精度。按图 11-25(b)所示的形式标注,只有 D 面与加工面 A 有尺寸联系,相关尺寸 30 易于加工保证,而非加工面之间的尺寸 22 和 6 应由铸造工艺保证。

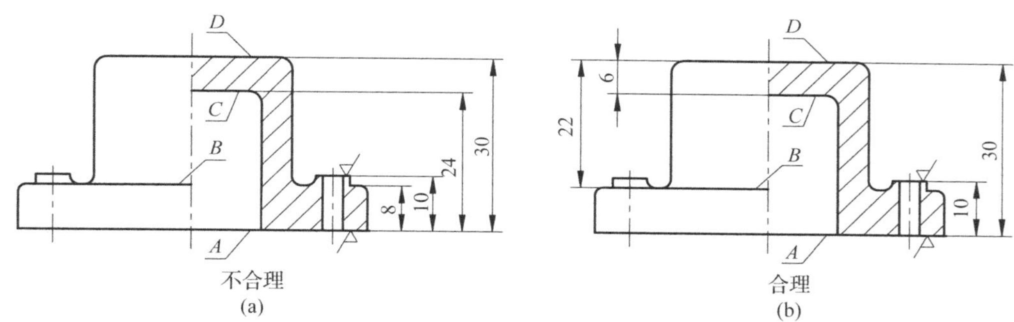

图 11-25 非加工面的尺寸标注

11.3.3 尺寸标注的形式

由于零件的设计要求、加工方法和尺寸基准各不相同,零件图上同一方向的尺寸标注形式也不尽相同,主要有链状式、坐标式和综合式 3 种尺寸标注形式,如图 11-26 所示。

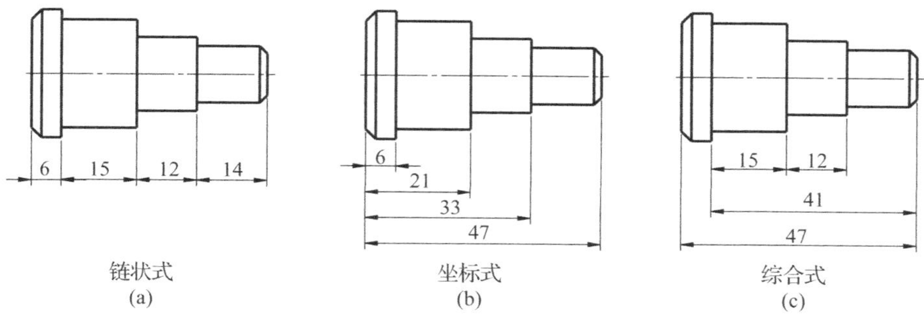

图 11-26 零件尺寸的标注形式

1. 链状式

链状式又称串联式,就是把同一方向的各个尺寸以链状的形式逐段依次标注,前一个尺寸的终止处就是后一个尺寸的基准,如图 11 - 26(a)所示。其优点是每段尺寸的加工误差容易控制,从基准面到某一加工位置的误差等于其间各段尺寸的误差之和,缺点是不易保证主要结构尺寸,这种标注形式适于一些次要结构。

2. 坐标式

坐标式又称并联式,是把同一方向的各个尺寸从同一个基准开始标注,如图 11 - 26(b)所示。其优点是从基准到任一加工位置的误差不受其他尺寸影响,便于加工、测量,但难以保证其中某段的尺寸误差。

3. 综合式

综合式就是综合运用上述两种尺寸标注方法进行标注,如图 11 - 26(c)所示。具有它们各自的优点,更容易满足零件的设计和工艺要求,是实际应用中普遍采用的标注形式。

11.3.4 尺寸标注的方法及步骤

零件图标注尺寸时,一般应对零件各组成结构形状的作用进行分析,在此基础上分清尺寸的主次,确定主要基准和辅助基准,按照尺寸标注合理性原则,从主要基准出发标注主要尺寸,从辅助基准出发标注次要尺寸,通常按下述方法和步骤进行尺寸标注。

1. 对零件进行结构分析

对零件结构的分析,要从零件在机器或部件中的作用开始,逐个分析构成零件的各部分形体,才能完全搞清楚零件各部分形体的作用。

2. 分清尺寸主次,确定 3 个方向的主要基准

在零件结构分析的基础上,根据零件各部分的功能重要性,确定其尺寸的主次,然后综合考虑,选择 3 个方向的主要基准,一般将设计基准作为主要基准。结构复杂时还需要确定辅助基准,一些辅助的工艺基准常作为辅助基准。

3. 按照尺寸标注合理性原则,标注主要尺寸和次要尺寸

零件图尺寸标注一定要遵循尺寸标注合理性原则,要从定形和定位两方面入手,标注主要尺寸和次要尺寸,一个方向标注完成再进行下一个方向,做到完整、清晰、正确、合理。

4. 检查、调整

检查、调整所标尺寸。

11.3.5 尺寸标注注意事项

零件图上尺寸标注不仅要考虑上述一些合理性原则要求,还必须注意以下几点:

① 机件每一结构要素的特性尺寸,一般只能标注一次,不应重复出现。这样不仅节省绘图时间,减少图中不必要的线条,更主要的是避免产生两者不一致的错误。

② 尺寸的配置必须清晰,尺寸标注在什么位置,对看图是否方便有很大的关系。尺寸应配置在反映该结构最清楚的图形上。如孔分布的定位尺寸、圆弧的半径尺寸、弧长及角度等,都应该标注在反映它们实形的视图上,圆的直径除外;同一结构要素的尺寸应尽量集中标注在一处,如孔的直径和深度、槽的深度和宽度;加工顺序不同的尺寸应尽量分别标注;尽量避免在不可见的轮廓线处标注尺寸。

③ 一些常见结构尺寸标注参照表 11－1 和表 11－2 所列。

表 11－1　零件中常见孔的尺寸注法

类　型	旁注法	普通注法	说　明
光孔	 4XΦ5↧10　4XΦ5↧10	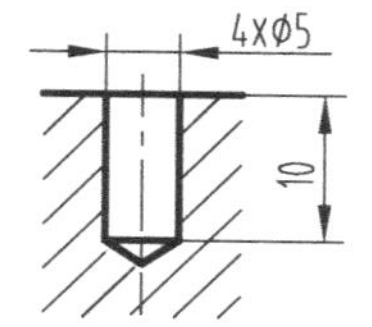 4XΦ5　10	表示直径为 5，深度为 10，均匀分布的 4 个光孔
	 4XΦ5H7↧10 ↧12　4XΦ5H7↧10 ↧12	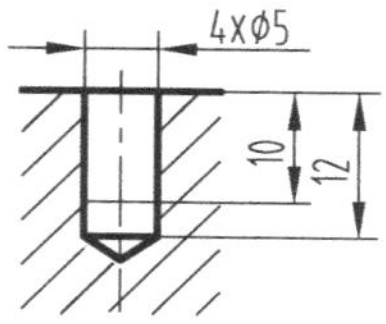 4XΦ5　10　12	表示直径为 5，深度为 12，精加工深度为 10，均匀分布的 4 个光孔
沉孔	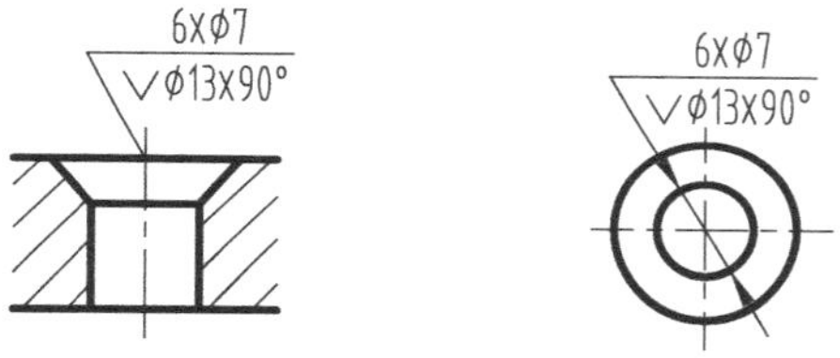 6XΦ7 ∨Φ13X90°　6XΦ7 ∨Φ13X90°	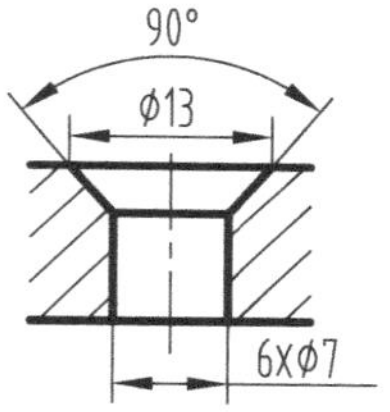 90°　Φ13　6XΦ7	表示直径为 7，锥形孔直径为 13，锥角为 90°，均匀分布的 6 个锥形沉孔
	 4XΦ6 ⌴Φ10↧3.5　4XΦ6 ⌴Φ10↧3.5	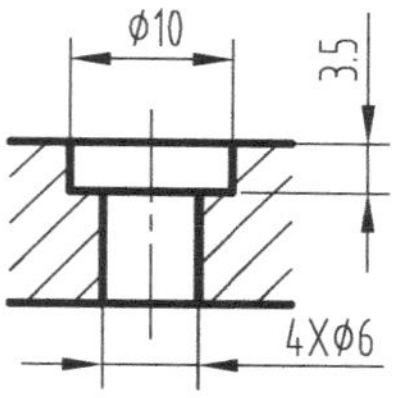 Φ10　3.5　4XΦ6	表示小直径为 6，大直径为 10，深度为 3.5，均匀分布的 4 个柱形沉孔
	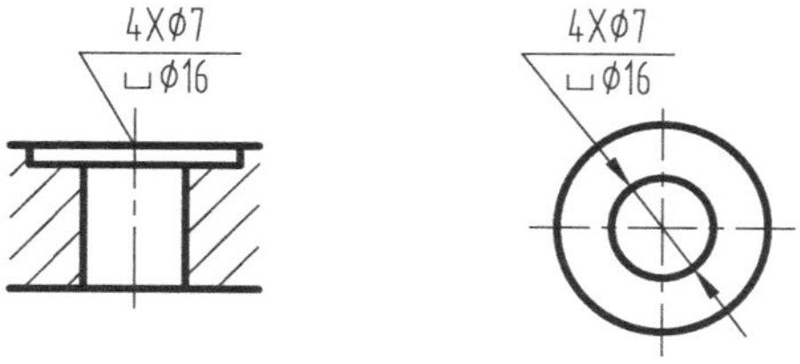 4XΦ7 ⌴Φ16　4XΦ7 ⌴Φ16	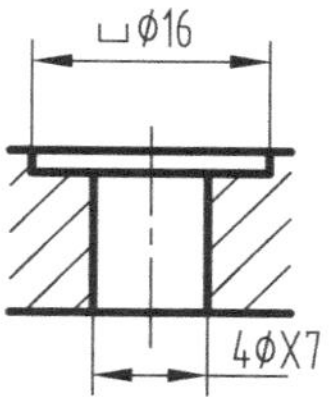 ⌴Φ16　4ΦX7	锪平面 φ16 的深度不需标注，一般锪平到不出现毛坯面为止
螺孔	 3XM6-7H　3XM6-7H	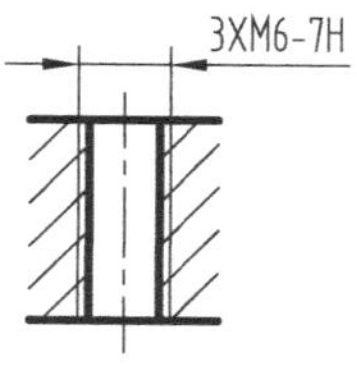 3XM6-7H	表示螺纹大径为 6，中径、顶径公差代号为 7H，均匀分布的 3 个螺孔

续表 11-1

类型	旁注法		普通注法	说明
螺孔	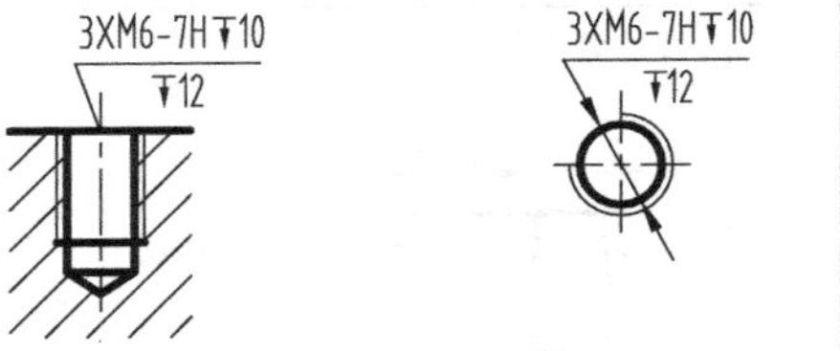 3XM6-7H↧10 ↧12	3XM6-7H↧10 ↧12	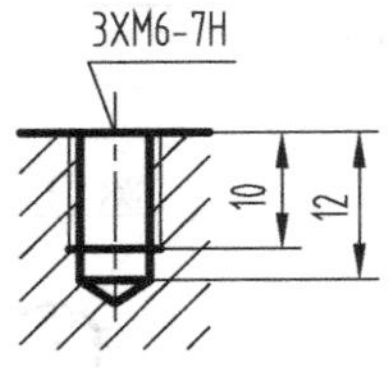 3XM6-7H 10 12	表示螺纹大径为 6，螺孔深度为 10,钻孔深度为 12,均匀分布的 3 个螺孔
	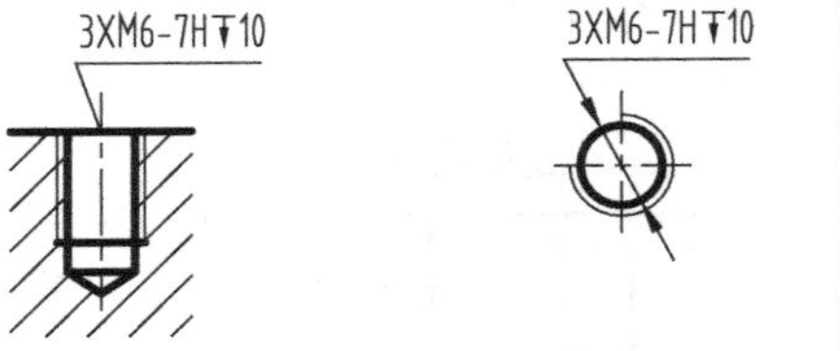 3XM6-7H↧10	3XM6-7H↧10	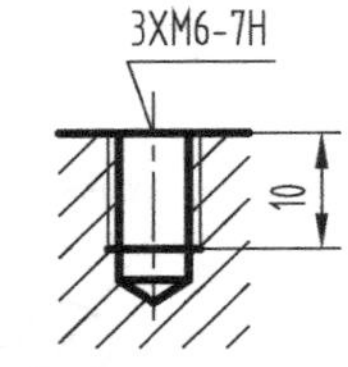 3XM6-7H 10	对钻孔深度无一定要求,可不标注,一般加工到比螺孔稍深即可

表 11-2　零件上常见倒角和退刀槽的尺寸注法

类型	标注方法	说明
倒角	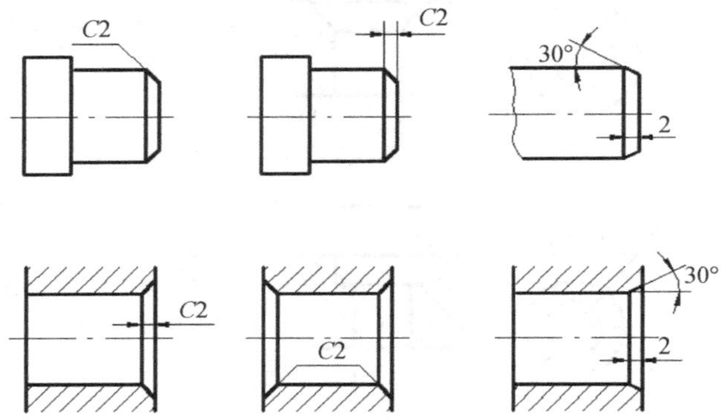 C2　C2　30°　2 C2　C2　30°　2	一般 45°倒角按“*C* 倒角宽度”注出。非 45°倒角,应分别注出倒角宽度和角度
退刀槽或越程槽	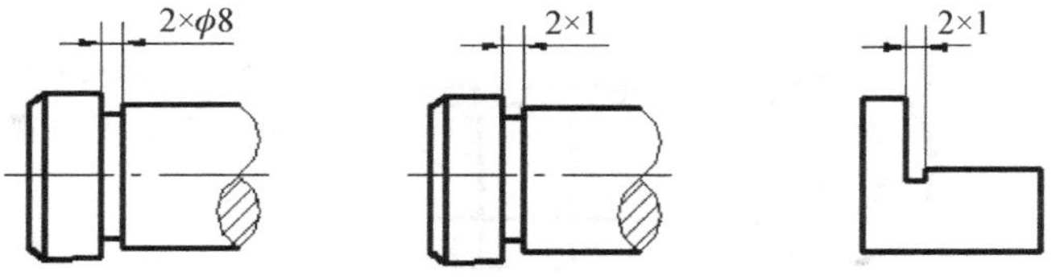 2×*ϕ*8　2×1　2×1	为了便于选择割槽刀,一般按“槽宽×槽深”或“槽宽×直径”注出

11.3.6　尺寸标注示例

齿轮泵泵体的尺寸标注。

泵体是泵中的箱体零件,作用是包容内部的齿轮,支承齿轮所安装的轴,其内腔构成泵的工作容积,左右两个端面安装端盖,底面是泵的安装面,中部左右两个螺纹孔为进出液口。以上这些结构为泵体主要结构,其尺寸为主要尺寸。根据泵体的功能结构,高度方向的主要基准选择为下端安装面,既是设计基准,也是加工内腔的工艺基准。而上部内孔水平中心线是高度方向的辅助基准,用来确定上下两孔的中心距及端面上各孔的位置。泵体左右对称面为长度方向的基准，泵体前后对称面为宽度方向的基准。根据前面所讲的原则，泵体尺寸标注如图 11－27 所示。

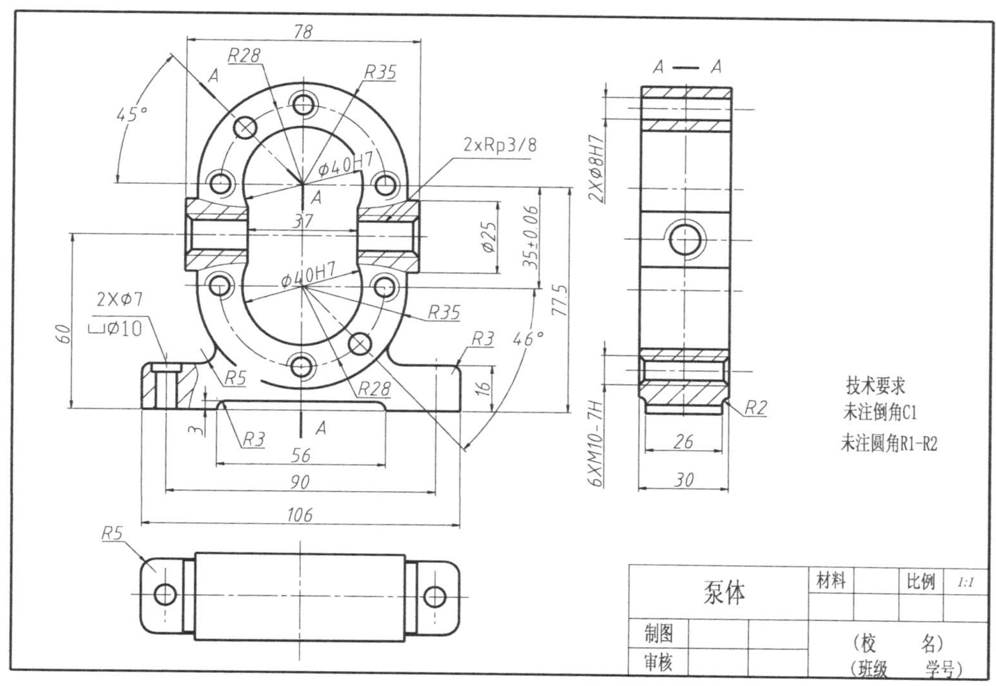

图 11－27　泵体尺寸标注

11.4　表面结构要求及其标注

零件的形状及其大小取决于视图及尺寸，而零件制造的质量要求，则由零件图上的技术要求所决定，零件的技术要求内容主要有表面结构要求、尺寸公差、形状和位置公差、镀涂及热处理要求等。本节概括介绍零件图中表面结构要求的表示方法，相关内容可参见国家标准：GB/T1031—1995《表面粗糙度参数及其数值》，GB/T 3505—2000《表面结构（粗糙度、波纹度和原始轮廓）的术语、定义和参数》，GB/T131—2006《技术文件中表面结构的表示方法》。

11.4.1　表面结构的相关概念

1. 表面结构的概念

零件的表面结构指零件表面的几何特征，是有限区域上的表面粗糙度、表面波纹度、原始几何形状的总称。表示零件表面结构技术要求时，涉及的参数有 R-轮廓（粗糙度参数）、W-轮廓（波纹度参数）、P-轮廓（原始轮廓参数）。

零件表面的几何特征可通过零件的表面轮廓测定，零件的表面轮廓为平面与实际表面相交所得的轮廓如图 11－28 所示。

大多数零件表面轮廓（见图 11－29 最上方图）是由粗糙度轮廓、波纹度轮廓及形状误差（原始轮廓）综合而成。但由于 3 种特性对零件功能影响各不相同，分别采用不同波长的滤波

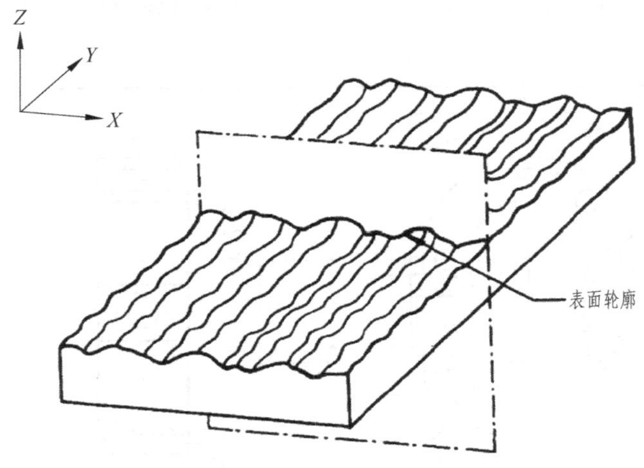

图 11－28　零件表面轮廓

器测出它们是很有用的。原始轮廓为应用 λ_s(短波长)滤波器之后的总的轮廓(见图 11－29 中 C),原始轮廓是评定原始轮廓参数的基础;粗糙度轮廓是对原始轮廓采用 λ_s(长波波长)滤波器抑制长波成分以后形成的轮廓(见图 11－29 中 A),这是故意修正的轮廓,粗糙度轮廓是评定粗糙度轮廓参数的基础;波纹度轮廓是对原始轮廓连续应用 λ_f(界限波长)和 λ_c 两个滤波器以后形成的轮廓(见图 11－29 中 B),采用 λ_f 滤波器抑制长波成分,而采用 λ_c 滤波器抑制短波成分,这也是故意修正的轮廓,波纹度轮廓是评定波纹度轮廓参数的基础。

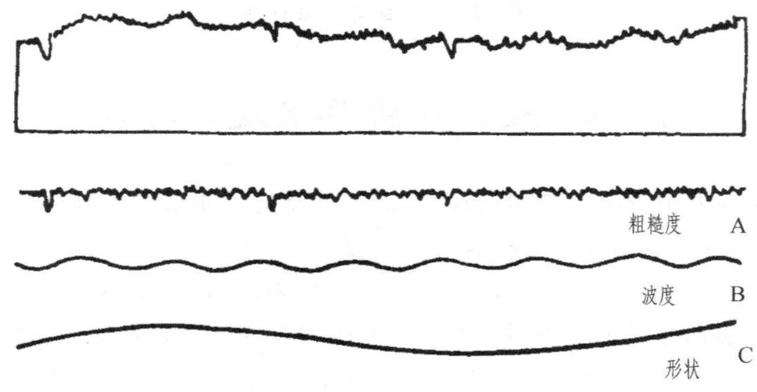

图 11－29　表面结构包含的几何特征

2. 零件表面结构的形成及对零件功能的影响

零件表面结构是由刀具与零件之间运动、摩擦,机床的振动以及零件的塑性变形等多种因素作用而形成,表面粗糙度轮廓的形成主要是由所采用的加工方法所决定,如在切削过程中工件加工表面上的刀具痕迹以及切削撕裂时的材料塑性变形等。表面波纹度轮廓主要由机床或工件的绕曲、振动、材料应变以及其他一些外部因素等所形成。表面原始几何形状一般由机器运动或工件的绕曲、导轨误差等因素所形成。表面结构直接影响着机械零件的功能,如摩擦磨损、疲劳强度、接触刚度、冲击强度、密封性能、振动和噪声、镀涂及外观质量等,这些直接关系机械产品的使用性能和工作寿命。

3. 表面结构参数

表面结构参数是评定表面结构质量的技术指标，它有 3 组，分别是 R-参数；W-参数；P-参数，3 个表面结构参数组已经标准化并与完整符号一起使用。使用时指定其中之一，3 组中一般常用 R-参数，R-参数中常用 Ra 和 Rz。Rz 为粗糙度轮廓的最大高度，是在一个取样长度内，最大轮廓峰高和最大轮廓谷深之和的高度，见图 11-30。Ra 是粗糙度轮廓算术平均偏差，是在一个取样长度 l 范围内，被测表面粗糙度轮廓曲线 $Z(x)$ 的算术平均偏差。Ra 由下式计算确定。

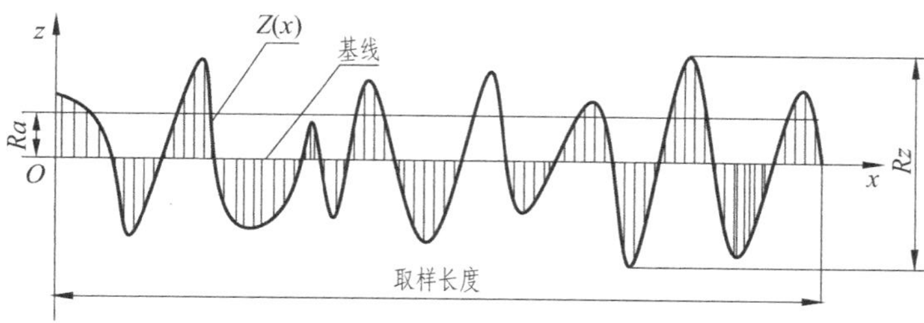

图 11-30　表面粗糙度轮廓

$$Ra = \frac{1}{l}\int_0^l |Z(x)| \, dx$$

由上式可知：Ra 值越小，零件表面结构就越平整，表面质量则高；Ra 值越大，零件表面结构就越粗糙，表面质量则低。在国家标准 GB/T 1031—1995 中，规定了 Ra、Rz 的数值有两个系列，见表 11-3，选用时优先采用第 1 系列。

表 11-3　表面粗糙度的数值范围

第 1 系列	第 2 系列	第 1 系列	第 2 系列	第 1 系列	第 2 系列	第 1 系列	第 2 系列
	0.008	0.1					
	0.01		0.125		1.25	12.5	
0.012			0.16	1.6			16
	0.016	0.2			2		20
	0.02		0.25		2.5	25	
0.025			0.32	3.2			32
	0.032	0.4			4		40
	0.04		0.5		5	50	
0.05			0.63	6.3			63
	0.065	0.8			8		80
	0.08		1		10	100	

11.4.2　常用表面结构参数的确定

表面结构参数组中，R-参数组最为常用，而 R-参数组中 Ra 最常用，不妨以 Ra 为例来阐述表面结构参数的确定原则和方法。零件的表面结构不仅与使用性能有关，而且与加工工艺和加工成本有关,表面结构参数数值越小,零件表面越光整、平滑,但加工成本越高。因此,表面结构参数的确定一般原则是既要考虑表面质量要求,又要兼顾加工经济合理性,就是在满足零件使用要求前提下,尽可能选取较大的参数数值。具体选用时,可以参考已有类型零件,用类比法确定参数大小。零件的工作表面、配合表面、密封表面、相对运动表面等,一般取较小的数值;零件的非工作表面、非配合表面、尺寸精度较低的表面等,一般取较大的数值。相配合孔表面的参数值大于轴的,同一公差等级的小尺寸表面的参数值小于大尺寸表面的。可参考表 11-4 选取 *Ra* 参数大小。

表 11-4　各种加工方法的表面粗糙度

Ra/μm 不大于	表面特征	加工方法		应用举例
50	明显可见刀痕	粗加工面	粗车、粗刨、粗铣、钻孔等	一般很少使用
25	可见刀痕			钻孔表面,倒角、端面,穿螺栓用的光孔、沉孔、要求较低的非接触面
12.5	微见刀痕			
6.3	可见加工痕迹	半精加工面	精车、精刨、精铣、精镗、铰孔、刮研、粗磨等	要求较低的静止接触面,如轴肩、螺栓头的支撑面,一般盖板的结合面;要求较高的非接触表面,如支架、箱体、离合器、皮带轮、凸轮的非接触面
3.2	微见加工痕迹			要求紧贴的静止结合面以及有较低配合要求的内孔表面,如支架、箱体上的结合面等
1.6	看不见加工痕迹			一般转速的轴孔,低速转动的轴颈;配合用的内孔,如衬套的压入孔,箱体的滚动轴承孔;齿轮的齿廓表面,轴与齿轮、皮带轮的配合表面等
0.8	可辨加工痕迹的方向	精加工面	精磨、精铰、抛光、研磨、金刚石车、刀精车、精拉等	较高转速的轴颈;定位销、孔的配合面;要求保证较高定心及配合的表面;较高精度的刻度盘;需镀铬抛光的表面
0.4	微辨加工痕迹的方向			要求保证规定的配合特性的表面,如滑动导轨面,高速工作的滑动轴承;凸轮的工作表面
0.2	不可辨加工痕迹的方向			精密机床的主轴锥孔;活塞销和活塞孔;要求气密的表面和支撑面
0.1	暗光泽面	光加工面	细磨、抛光、研磨	保证精确定位的锥面
0.05	亮光泽面			精密仪器摩擦面;量具工作面;保证高度气密的结合面;量规的测量面;光学仪器的金属镜面
0.025	镜状光泽面			
0.012	雾状镜面			
0.006	镜面			

11.4.3　零件图中表面结构的表示方法(GB/T 131—2006/ISO1302:2002)

1. 表面结构图形符号、代号

(1) 表面结构图形符号

表面结构图形符号有基本图形符号、扩展图形符号、完整图形符号,如表 11-5 所列。

表 11－5　各种表面结构图形符号

序　号	符　号	含　义
1		基本图形符号，未指定工艺方法的表面，当通过一个注释解释时可单独使用
2		扩展图形符号，用去除材料方法获得的表面；仅当其含义是“被加工表面”时可单独使用
		扩展图形符号：不去除材料的表面，也可用于表示保持上道工序形成的表面，不管上道工序形成的表面是通过去除材料或不去除材料形成的
3		完整图形符号，在基本符号与扩展符号上加一横线构成完整图形符号，用于标注表面结构有关参数要求及补充要求
4	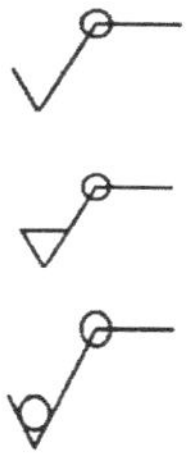	在上述 3 个符号加一小圆，用于某一视图方向封闭表面，具有相同的表面结构要求时所使用的完整图形扩展符号，参见图 11－31

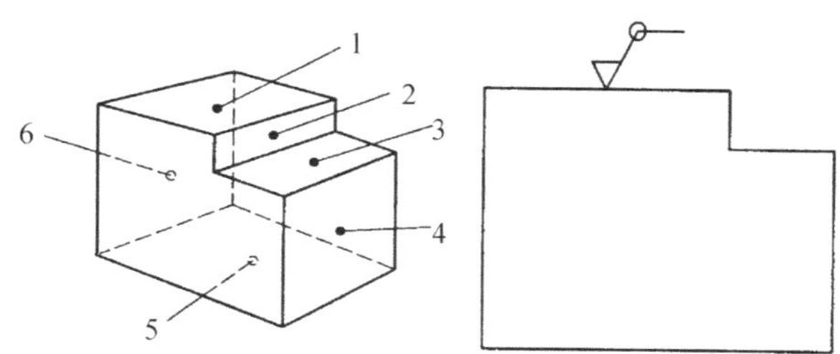

图 11－31　某一视图方向封闭表面具有相同的表面结构要求所使用的完整图形扩展符号

(2) 表面结构代号

在表面结构图形符号上注写所要求的参数代号及其数值和其他一些补充要求，就构成了表面结构代号。补充要求包括传输带、取样长度、加工工艺、表面纹理及方向、加工余量等。GB/T 131—2006 标准中表面结构参数代号及其数值和一些补充要求注写位置如图 11－32 所示。

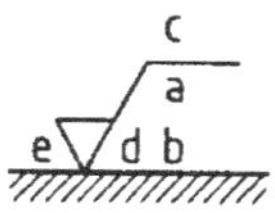

图 11－32　表面结构相关参数标注位置

① 位置 a。注写表面结构的单一要求，标注表面结构参数代号、极限值和传输带或取样长度。为了避免误解，在参数代号和极限值间应插入空格。传输带或取样长度后应有一斜线“/”，之后是表面结

构参数代号,最后是数值。

② 位置 a 和 b。注写两个或多个表面结构要求,在位置 a 注写第 1 个表面结构要求,方法同①。在位置 b 注写第 2 个表面结构要求。如果要注写第 3 个或更多个表面结构要求,图形符号应在垂直方向扩大,以空出足够的空间。扩大图形符号时,a 和 b 的位置随之上移。

③ 位置 c。注写加工方法、表面处理、涂层或其他加工工艺要求等。如车、磨、镀等加工表面。

④ 位置 d。注写表面纹理方向代号,如"=""X""M"。

⑤ 位置 e。注写所要求的加工余量,以毫米为单位给出数值。

表面结构代号及其含义示例如表 11-6 所列。

表 11-6 表面结构代号及其含义示例

序 号	代 号	含 义
1	*Rz* 0.4	表示不允许去除材料,单向上限值,默认传输带,*R* 轮廓,粗糙度的最大高度 0.4 μm,评定长度为 5 个取样长度(默认),"16 %规则"(默认)
2	*Rz*max 0.2	表示去除材料,单向上限值,默认传输带,*R* 轮廓,粗糙度最大高度的最大值 0.2 μm,评定长度为 5 个取样长度(默认),"最大规则"
3	0.008—0.8/*Ra* 3.2	表示去除材料,单向上限值,传输带 0.008—0.8 mm,*R* 轮廓,算术平均偏差 3.2 μm,评定长度为 5 个取样长度(默认),"16 %规则"(默认)
4	—0.8/*Ra*3 3.2	表示去除材料,单向上限值,传输带:根据 GB/T 6062,取样长度 0.8 μm(λ_s 默认 0.002 5 mm),*R* 轮廓,算术平均偏差 3.2 μm,评定长度包含 3 个取样长度,"16 %规则"(默认)
5	U *Ra*max 3.2 L *Ra* 0.8	表示不允许去除材料,双向极限值,两极限值均使用默认传输带,*R* 轮廓,上限值:算术平均偏差 3.2 μm,评定长度为 5 个取样长度(默认),"最大规则",下限值:算术平均偏差 0.8 μm,评定长度为 5 个取样长度(默认),"16 %规则"(默认)
6	0.8—25/*Wz*3 10	表示去除材料,单向上限值,传输带 0.8—25 mm,*W* 轮廓,波纹度最大高度 10 μm,评定长度包含 3 个取样长度,"16 %规则"(默认)
7	0.008—/ *P*tmax 25	表示去除材料,单向上限值,传输带 λ_s=0.008 mm,无长波滤波器,*P* 轮廓,轮廓总高 25 μm,评定长度等于工件长度(默认),"最大规则"
8	0.0025—0.1// *Rx* 0.2	表示任意加工方法,单向上限值,传输带 λ_s=0.002 5 mm,*A*=0.1 mm,评定长度 3.2 mm(默认),粗糙度图形参数,粗糙度图形最大深度 0.2 μm,"16 %规则"(默认)
9	/10/ *R* 10	表示不允许去除材料,单向上限值,传输带 λ_s=0.008 mm(默认),*A*=0.5 mm(默认),评定长度 10 mm,粗糙度图形参数,粗糙度图形平均深度 10 μm,"16 %规则"(默认)
10	*W* 1	表示去除材料,单向上限值,传输带 *A*=0.5 mm(默认),*B*=2.5 mm(默认),评定长度 16 mm(默认),波纹度图形参数,波纹度图形平均深度 1 mm,"16 %规则"(默认)
11	—0.3 /6/ *AR* 0.09	表示任意加工方法,单向上限值,传输带 λ_s=0.008 mm(默认),*A*=0.3 mm(默认),评定长度 6 mm,粗糙度图形参数,粗糙度图形平均间距 0.09 mm,"16 %规则"(默认)

注:"16 %规则"(见 GB/T 10610—1998 中 5.2)——对于按一个参数的上限值规定要求时,如果在所选参数都用同一

评定长度上的全部实测值中，大于图样或技术文件中规定值的个数不超过总数的 16 %，则该表面是合格的；对于给定表面参数下限值的场合，如果在同一评定长度上的全部测得值中，小于图样或技术文件中规定值的个数不超过总数的 16 %，该表面也是合格的。

为了指明参数的上下限值，所用参数符号没有“max”标记，16 %规则是所有表面结构要求标注的默认规则。

“最大规则”(见 GB/T 10610—1998 中 5.3)——检验时，若规定了参数的最大值要求，则在被检的整个表面上测得的参数值一个也不应超过图样或技术文件中的规定值。

如果最大规则应用于表面结构要求，则参数代号中应加上“max”。最大规则不适用于图形参数。

(3) 表面纹理的标注

表面纹理的标注如表 11－7 所列。

表 11－7　表面纹理的标注

符　号	解　释	示　例
=	纹理平行于视图所在的投影面	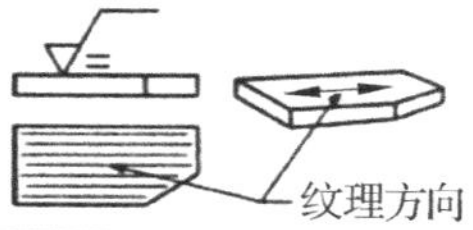 纹理方向
⊥	纹理垂直于视图所在的投影面	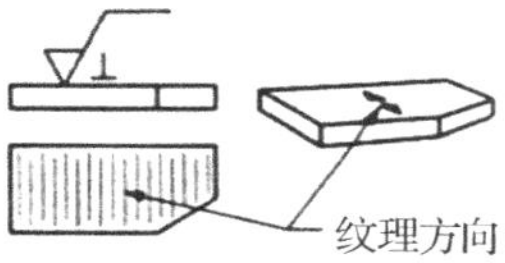 纹理方向
X	纹理呈两斜向交叉且与视图所在的投影面相交	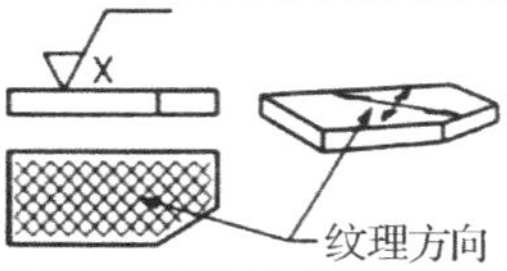 纹理方向
M	纹理呈多方向	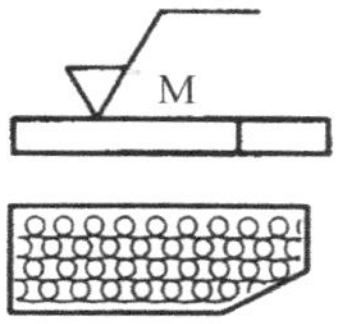 M
C	纹理呈近似同心圆且圆心与表面中心相关	 C
R	纹理呈近似放射状且与表面圆心相关	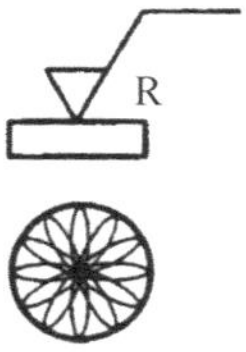 R
P	纹理呈微粒、凸起，无方向	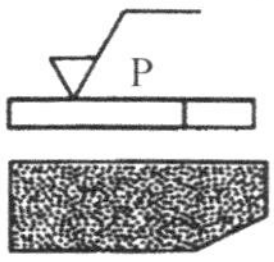 P

如果表面纹理不能清楚地用这些符号表示，必要时，可以在图样上加注说明。

2. 表面结构符号画法

为了协调表面结构符号尺寸与技术图样中的其他符号的尺寸,应根据图 11－33～图 11－35 中给出的规则,绘制表面结构基本图形符号和附加部分,图形符号和附加标注的尺寸如表 11－8 所列。

如图 11－33(b)所示符号的水平线长度取决于其上下所标注内容的长度。图 11－34(c)～(g)中的符号形状与 GB/T 14691(B 型,直体)中相应的大写字母相同,尺寸为文本字体的高度。

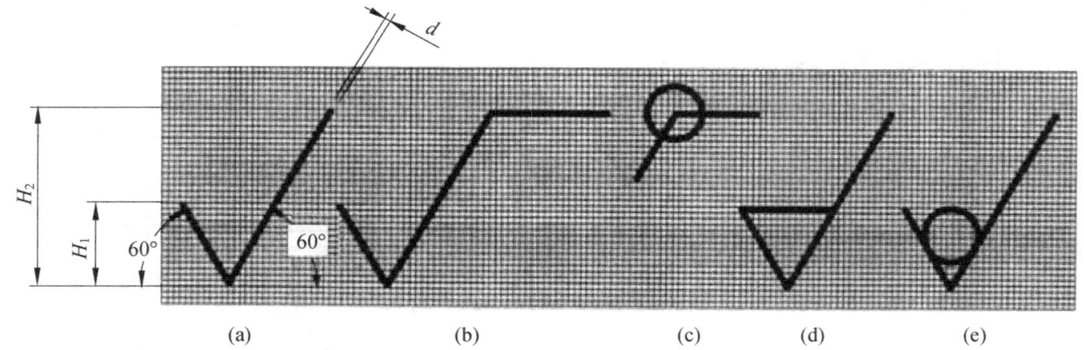

图 11－33　表面结构图形符号尺寸及画法

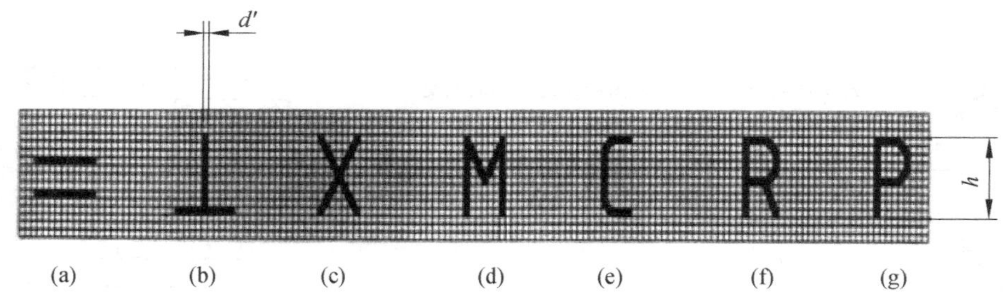

图 11－34　表面纹理方向符号

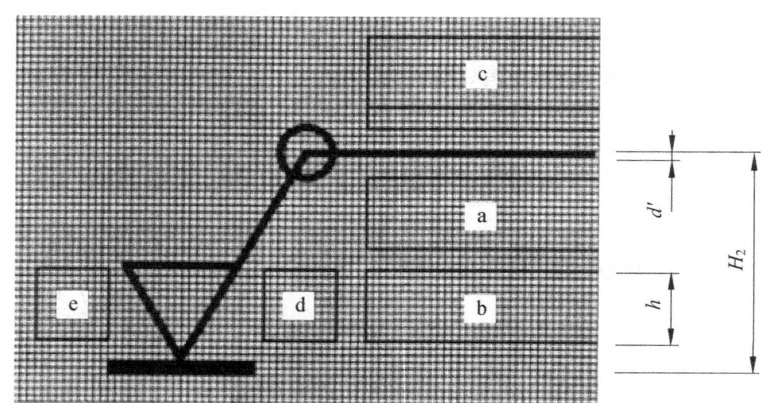

图 11－35　完整表面结构符号尺寸和画法

图 11－35 中在“a”“b”“d”“e”区域中的所有字母高应该等于 h 。在位置“a” 至“e”处注写

表面结构要求。

在图 11－35 所示区域 c 中的字体可以是大写字母、小写字母或汉字，这个区域的高度可以大于 h，以便能够写出小写字母的尾部。

表 11－8　表面结构图形符号尺寸

mm

数字和字母高度 h(见 GB/T 14690)	2.5	3.5	5	7	10	14	20
符号线宽 d' 字母线宽 d	0.25	0.35	0.5	0.7	1	1.4	2
高度 H_1	3.5	5	7	10	14	20	28
高度 H_2(最小值)①	7.5	10.5	15	21	30	42	60

① H_2 取决于标注内容的多少。

3. 表面结构在图样上的标注方法

表面结构要求对每一表面一般只标注一次，并尽可能注在相应的尺寸及其公差的同一视图上。除非另有说明，所标注的表面结构要求是对完工零件表面的要求。表面结构在图样上的标注图例及其解释见表 11－9。

表 11－9　表面结构在图样上的标注

序　号	标注示例	解　释
1	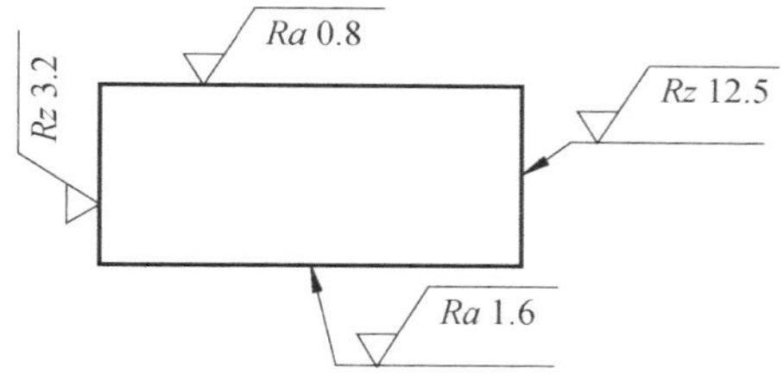 *Ra* 0.8 *Rz* 3.2 *Rz* 12.5 *Ra* 1.6	① 表面结构代号的注写和读取方向与尺寸的注写和读取方向一致 ② 表面结构代号可标注在轮廓线上，或带箭头的轮廓指引线上 ③ 表面结构参数符号及其极限值，一律注写在完整图形符号横线下方
2	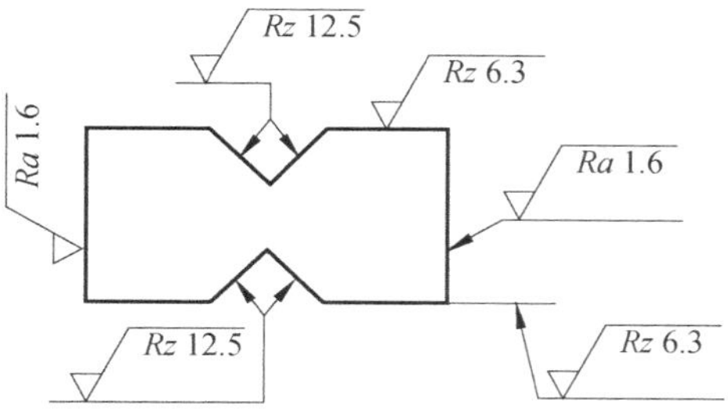 *Rz* 12.5 *Rz* 6.3 *Ra* 1.6 *Ra* 1.6 *Rz* 12.5 *Rz* 6.3	④ 表面结构代号应从材料外指向材料并接触表面 ⑤ 相邻表面具有相同的表面结构要求，可以引出共同的引线进行标注 ⑥ 表面结构要求可以标注在轮廓线的延长线
3	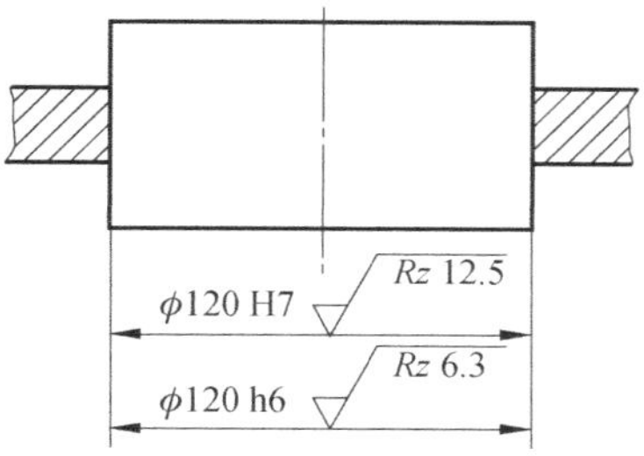 *Rz* 12.5 ϕ120 H7 *Rz* 6.3 ϕ120 h6	⑦ 在不致引起误解时，表面结构要求可以标注在给定的尺寸线上

续表 11－9

序　号	标注示例	解　释
4	铣 Rz 3.2　车 Rz 3.2　φ28	⑧ 表面结构要求也可用带黑点的指引线引出标注 ⑨ 获取表面的加工方法,标注在完整图形符号横线上方
5	Ra 1.6　Rz 6.3　Rz 6.3　Rz 6.3　Ra 1.6	⑩ 表面结构要求标注在圆柱特征的延长线上或尺寸界线上
6	Ra 1.6　▱ 0.1　(a)　Rz 6.3　φ10±0.1　⊕ φ0.2 A B　(b)	⑪ 表面结构要求可标注在形位公差框格的上方
7	Ra 3.2　Ra 1.6　Ra 6.3　Ra 3.2	⑫ 圆柱和棱柱表面的表面结构要求只标注一次。如果每个棱柱表面有不同的表面结构要求,则应分别单独标注
8	Rz 6.3　Rz 1.6　Ra 3.2 (√)	⑬ 如果在工件的多数(包括全部)表面有相同的表面结构要求,则其表面结构要求可统一标注在图样的标题栏附近。此时(除全部表面有相同要求的情况外),表面结构要求的符号后面应有:在圆括号内给出无任何其他标注的基本符号

续表 11-9

序　号	标注示例	解　释
9	Rz 6.3 Rz 1.6 Ra 3.2 (Rz 1.6 Rz 6.3)	在圆括号内给出不同的表面结构要求
10	z y z = U Rz 1.6 =L Ra 0.8 y = Ra 3.2	⑭ 当多个表面具有相同的表面结构要求或图纸空间有限时，可以采用以下两种简化注法 用带字母的完整符号的简化注法。可用带字母的完整符号，以等式的形式，在图形或标题栏附近，对有相同表面结构要求的表面进行简化标注
11	= Ra 3.2 = Ra 3.2 = Ra 3.2	多个表面结构要求的简化注法，未指定工艺方法 多个表面结构要求的简化注法，不允许去除材料 多个表面结构要求的简化注法，要求去除材料
12	Fe/Ep · Cr25b Ra 0.8 Rz 1.6 φ50 h7	⑮ 同时给出镀覆前后的表面结构要求的注法
13	C2 A A Ra 6.3 A—A Ra 3.2	⑯ 倒角的表面结构要求的标注，键槽侧壁的表面结构要求的标注

续表 11-9

序　号	标注示例	解　释
14	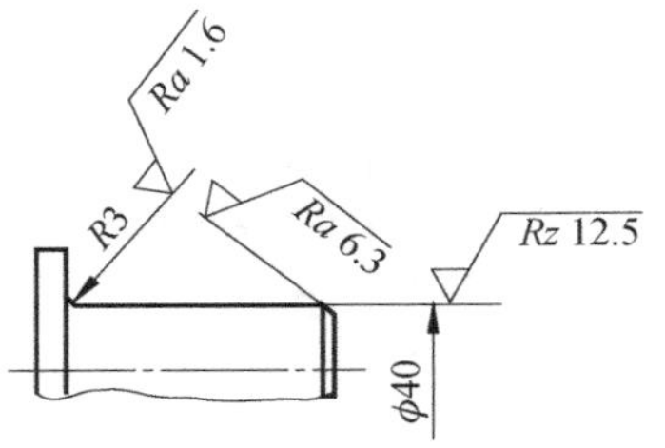 Ra 1.6; R3; Ra 6.3; Rz 12.5; φ40	⑰ 圆角的表面结构要求的标注
16	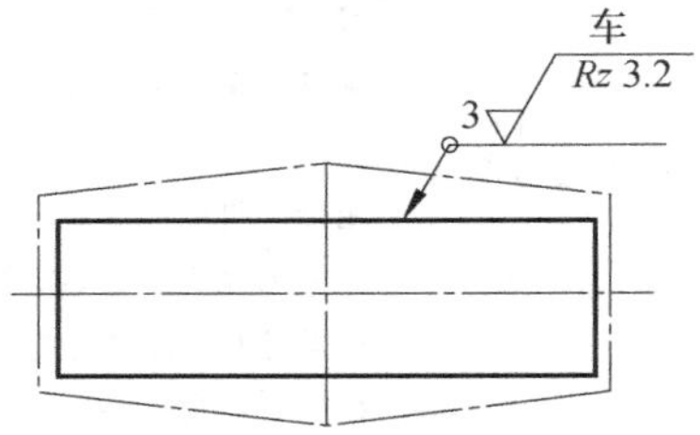 车; Rz 3.2; 3	⑱ 在表示完工零件的图样中给出加工余量的注法(所有表面均有 3 mm 加工余量)

11.5　极限与配合以及形位公差简介

尺寸公差以及形状和位置公差,是零件图上的重要技术要求,也是检验产品质量的重要技术指标。国家质量监督检验总局发布了有关极限与配合的标准:GB/T 1800.1—1997、GB/T 1800.2—1998、GB/T 1800.3—1998、GB/T 1800.4—1999 和《形状和位置公差》GB/T 1182—1996 零件图上标注尺寸公差以及形状和位置公差,就需要了解上述这些标准的有关内容,按照机械制图尺寸公差与配合注法标准:GB/T 4458.5—2003、《形状和位置公差》GB/T 1182—1996 提供的标注方法进行图上标注。

11.5.1　极限与配合的相关概念

1. 零件的互换性

大规模生产的机器产品或部件,这些零件在生产时只需要按照零件图的要求进行批量生产,机器或部件装配时,从一批规格相同的零件中任取一件,不经任何选择或修配,就能立即装到机器或部件上,并能保证机器或部件的设计和使用要求,零件间的这种性质称为互换性。在现代化大规模生产中,零件具有互换性,可给机器或部件的装配、维修带来极大的便利,不仅提高了生产效率,降低了生产成本,而且使产品质量的稳定性得到了根本的保证。

2. 尺寸公差

零件加工过程中,由于机床精度、刀具的磨损、测量误差等因素的影响,零件完工后的尺寸总会出现一定的误差,为了保证零件的互换性,必须将零件的实际尺寸控制在允许变动的范围内,这个允许的尺寸变动量称为尺寸公差。实际生产中,在保证零件具有互换性的前提下,考虑零件加工的经济性,并根据使用要求的不同,国家制定了极限与配合的相关标准,形成一系列概念。下面以图 11-36 所示的孔为例,说明一些与公差相关的术语。

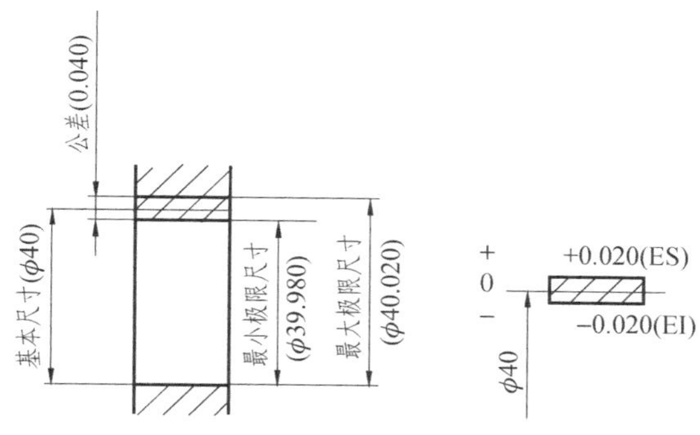

图 11-36　尺寸公差有关术语及公差带图

(1) 基本尺寸

根据零件强度和结构要求，设计确定的尺寸。通过它，利用上、下偏差可算出极限尺寸。

(2) 实际尺寸

零件制成后，通过测量获得的尺寸。

(3) 极限尺寸

一批零件中，允许零件尺寸变化的两个界限值。其中，允许的最大尺寸称为最大极限尺寸，允许的最小尺寸称为最小极限尺寸。

(4) 尺寸偏差(简称偏差)

某一尺寸(实际尺寸、极限尺寸)减去其基本尺寸所得的代数差。尺寸偏差有极限偏差。

极限偏差：极限尺寸减去其基本尺寸所得的代数差。极限偏差包括上偏差和下偏差。上、下偏差统称为极限偏差。

上偏差＝最大极限尺寸－基本尺寸。孔和轴的上偏差分别用 ES 和 es 表示。

下偏差＝最小极限尺寸－基本尺寸。孔和轴的下偏差分别用 EI 和 ei 表示。

(5) 尺寸公差(简称公差)

允许的尺寸变动量。尺寸公差＝最大极限尺寸－最小极限尺寸

公差＝上偏差－下偏差。由于最大极限尺寸总是大于最小极限尺寸，上偏差总是大于下偏差，所以尺寸公差总是正值。

如图 11-36 所示：

孔的基本尺寸＝ϕ40

最大极限尺寸＝ϕ40.020

最小极限尺寸＝ϕ39.980

上偏差 ES＝最大极限尺寸－基本尺寸＝40.020－40＝＋0.020

下偏差 EI＝最小极限尺寸－基本尺寸＝39.980－40＝－0.020

公差＝上偏差－下偏差＝＋0.020－(－0.020)＝0.040

(6) 公差带、公差带图

如图 11-36 中的右图所示，由代表最大极限尺寸和最小极限尺寸或上、下偏差的两条直线所限定的一个区域，称为公差带。这种表示上、下偏差和基本尺寸之间关系的简图，称为公差带图。图中表示基本尺寸的一条水平直线称为零线，零线左端标上“0”和“＋”“－”号，零线

上方偏差为正,零线下方偏差为负,零线是确定偏差和公差带位置的基准线。从公差带图可以看出,公差带由公差大小和公差带相对于零线的位置确定。

(7) 标准公差

标准公差是国家标准规定用来确定公差带大小的任一公差。公差等级是确定尺寸精确程度的等级。标准公差等级代号,由表示标准公差的符号“IT”和表示公差等级的数字组成,共分20个等级,依次为IT01,IT0,IT1,IT2,…,IT18。从IT01到IT18,公差等级依次降低。对于一定的基本尺寸,公差等级越高,公差数值越小,尺寸精度就越高。IT01~IT11用于配合尺寸,IT12~IT18用于非配合尺寸。国家标准将500 mm以内的基本尺寸范围分为13段,按不同的公差等级列出了各段基本尺寸的标准公差值,可从表11-10中查阅。

(8) 基本偏差

基本偏差是用来确定公差带相对于零线位置的上偏差或下偏差,一般是指靠近零线的那个偏差。公差带在零线上方时,基本偏差为下偏差;公差带在零线下方时,基本偏差为上偏差,如图11-37所示。公差大小由标准公差确定,而公差带相对于零线的位置则由基本偏差确定。

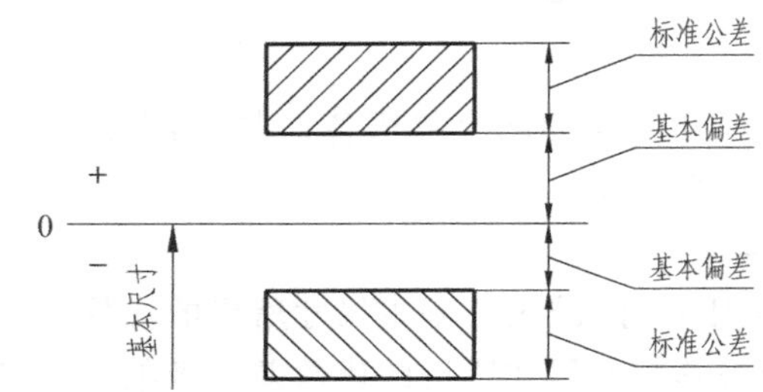

图11-37 基本偏差与公差带

根据实际需要,国家标准分别对孔和轴各规定了28个不同的基本偏差代号,形成基本偏差系列,如图11-38所示。其中,孔用大写字母A,B,…,ZC表示,轴用小写字母a,b,…,zc表示。从图中可以看到:孔的基本偏差A~H为下偏差,J~ZC为上偏差;轴的基本偏差a~h为上偏差,j~zc为下偏差;JS和js没有基本偏差,其上下偏差关于零线上下对称,孔和轴的上、下偏差分别为+IT/2、-IT/2。基本偏差仅确定公差带相对于零线位置,不确定公差带的大小,因此图中公差带是开口的,而开口端的位置是由标准公差限定。

由上可知,如某一基本尺寸的标准公差已知,基本偏差确定,另一偏差可由基本偏差和标准公差计算而得。

(9) 孔、轴公差带代号

由基本偏差代号和公差等级代号组成,并且要用同一字号书写。

例如:ϕ50H8表示基本尺寸为ϕ50的孔,其基本偏差代号为H,公差等级为8级。由这些信息就可查阅表11-10和图11-38,得知标准公差值以及基本偏差是下偏差,并可计算该孔上偏差,从而确定其公差带范围。

ϕ50f6表示基本尺寸为ϕ50的轴,其基本偏差代号为f,公差等级为6级。由这些信息就可查阅表11-10和图11-38,得知标准公差值以及基本偏差是上偏差,并可计算该轴下偏差,从而确定其公差带范围。

表 11 - 10　标准公差数值(GB/T 1800.3—1998)

基本尺寸/mm		标准公差等级																		
		(μm)												(mm)						
大于	至	IT01	IT0	IT1	IT2	IT3	IT4	IT5	IT6	IT7	IT8	IT9	IT10	IT11	IT12	IT13	IT14	IT15	IT16	IT17	IT18
—	3	0.3	0.5	0.8	1.2	2	3	4	6	10	14	25	40	60	0.1	0.14	0.25	0.40	0.60	1.0	1.4
3	6	0.4	0.6	1	1.5	2.5	4	5	8	12	18	30	48	75	0.12	0.18	0.30	0.48	0.75	1.2	1.8
6	10	0.4	0.6	1	1.5	2.5	4	6	9	15	22	36	58	90	0.15	0.22	0.36	0.58	0.90	1.5	2.2
10	18	0.5	0.8	1.2	2	3	5	8	11	18	27	43	70	110	0.18	0.27	0.43	0.70	1.10	1.8	2.7
18	30	0.6	1	1.5	2.5	4	6	9	13	21	33	52	84	130	0.21	0.33	0.52	0.84	1.30	2.1	3.3
30	50	0.6	1	1.5	2.5	4	7	11	16	25	390	62	100	160	0.25	0.39	0.62	1.00	1.60	2.5	3.9
50	80	0.8	1.2	2	3	5	8	13	19	30	46	74	120	190	0.30	0.46	0.74	1.20	1.90	3.0	4.6
80	120	1	1.5	2.5	4	6	10	15	22	35	54	87	140	220	0.35	0.54	0.87	1.40	2.20	3.5	5.4
120	180	1.2	2	3.5	5	8	12	18	25	40	63	100	160	250	0.40	0.63	1.00	1.60	2.50	4.0	6.3
180	250	2	3	4.5	7	10	14	20	29	46	72	115	185	290	0.46	0.72	1.15	1.85	2.90	4.6	7.2
250	315	2.5	4	6	8	12	16	23	32	52	81	130	210	320	0.52	0.81	1.30	2.10	3.2	5.2	8.1
315	400	3	5	7	9	13	18	25	36	57	89	140	230	360	0.57	0.89	1.40	2.30	3.60	5.7	8.9
400	500	4	6	8	10	15	20	27	40	63	97	155	250	400	0.63	0.97	1.55	2.50	4.00	6.3	9.7

注：基本尺寸小于或等于 1 mm 时，无 IT14～IT18。

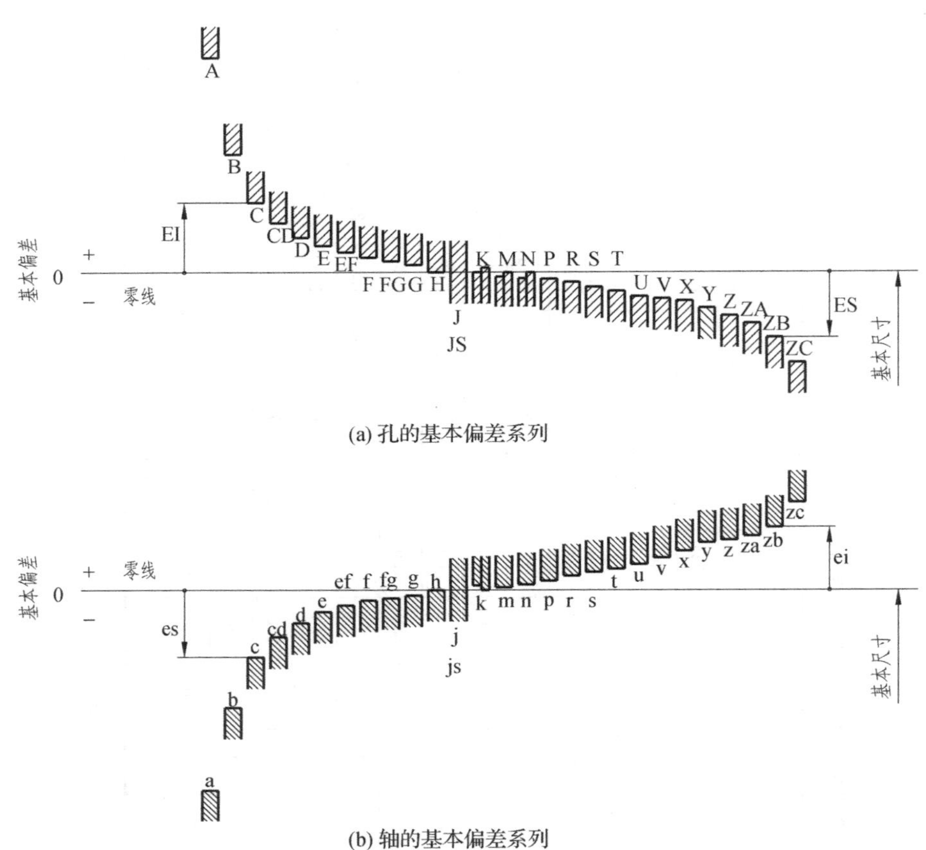

图 11-38　基本偏差系列

3. 配　合

配合是指基本尺寸相同的相互结合的孔和轴公差带之间的关系。

(1) 配合制

为了便于零件的设计和制造,相互配合的零件中的一种零件作为基准件,使其基本偏差固定,通过改变另一个非基准件的偏差,获得各种不同性质的配合制度称为配合制,国家标准规定了基孔制和基轴制两种配合制。

① 基孔制配合。基本偏差为一定的孔的公差带,与不同基本偏差的轴的公差带形成各种配合的一种制度,如图 11-39 所示。基孔制的孔称为基准孔,其基本偏差代号为"H"。孔的公差带在零线之上,下偏差为零。

② 基轴制配合。基本偏差为一定的轴的公差带,与不同基本偏差的孔的公差带形成各种配合的一种制度,如图 11-40 所示。基轴制的轴称为基准轴,其基本偏差代号为"h"。轴的公差带在零线之下,轴的上偏差为零。

(2) 配合的种类

相互配合的孔和轴,公差带之间相对位置不同,孔和轴之间的配合会产生不同的松紧情况。形成不同性质的配合种类。配合分为间隙配合、过盈配合和过渡配合 3 类。

① 间隙配合。孔的公差带在轴的公差带之上,具有间隙(包括最小间隙等于零)的配合。

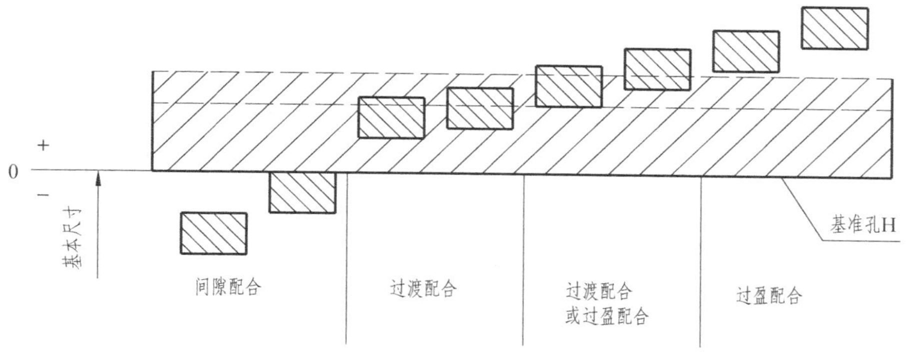

图 11-39　基孔制配合

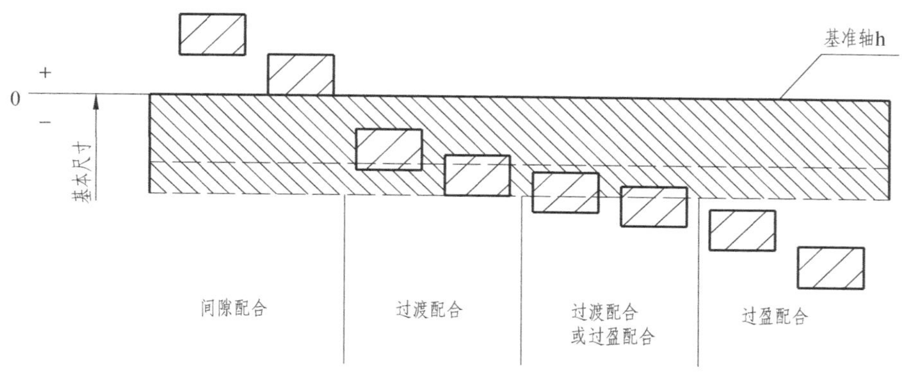

图 11-40　基轴制配合

在此种情况下,孔的实际尺寸不小于轴的实际尺寸,如图 11-41(a)所示。主要用于孔和轴之间有相对运动或需要方便装拆的配合。

② 过盈配合。孔的公差带在轴的公差带之下,具有过盈(包括最小过盈等于零)的配合。在此种情况下,轴的实际尺寸不小于孔的实际尺寸,如图 11-41(b)所示。主要用于孔和轴之间没有相对运动,需要传递一定扭矩的配合。

③ 过渡配合。孔的公差带和轴的公差带相互交叠,可能具有间隙或过盈的配合,如图 11-41(c)所示。主要用于孔和轴之间没有相对运动,又需要便于装拆的配合。

4. 极限与配合的选用

(1) 优先和常用配合

国家标准规定的标准公差有 20 个等级,基本偏差有 28 种,孔、轴可以组成大量的不同位置和大小的公差带,从而可以组成大量的配合。生产实践中,为了便于设计与制造,对基本尺寸≤500 mm 的配合,国家标准规定了基孔制的常用配合 59 种,其中优先配合 13 种,见表 11-11;基轴制的常用配合 47 种,其中优先配合 13 种,见表 11-12。表中加注"▲"符号的为优先配合。

在基孔制配合中,轴的基本偏差 a～h 用于间隙配合,j～n 一般用于过渡配合,p～zc 用于过盈配合;在基轴制配合中,孔的基本偏差 A～H 用于间隙配合,J～N 一般用于过渡配合,P～ZC 用于过盈配合。

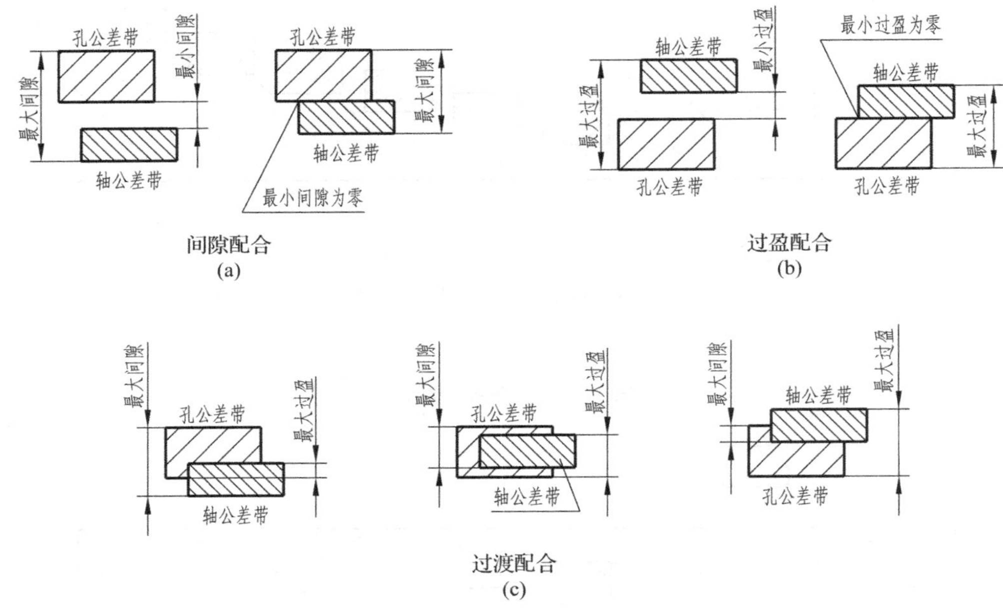

图 11-41 配合种类

(2) 极限与配合的选用

通常孔比轴相对难加工一些,在一般情况下优先采用基孔制配合,这样可以减少定值刀具和量具的规格数量。当零件与标准件配合时,应按标准件选择基准制,例如,滚动轴承的内圈与轴的配合应按基孔制,而外圈与孔的配合应按基轴制。

表 11-11 和表 11-12 所列为基本尺寸≤500 mm,国家标准规定的优先和常用配合(GB/T 1801—1999)。

表 11-11 基孔制优先、常用配合

基准孔	轴																				
	a	b	c	d	e	f	g	h	js	k	m	n	p	r	s	t	u	v	x	y	z
	间隙配合								过渡配合			过盈配合									
H6						H6/f5	H6/g5	H6/h5	H6/js5	H6/k5	H6/m5	H6/n5	H6/p5	H6/r5	H6/s5	H6/t5					
H7						H7/f6	H7/g6▲	H7/h6▲	H7/js6	H7/k6▲	H7/m6	H7/n6▲	H7/p6▲	H7/r6	H7/s6▲	H7/t6	H7/u6▲	H7/v6	H7/x6	H7/y6	H7/z6
H8					H8/e7	H8/f7▲	H8/g7	H8/h7▲	H8/js7	H8/k7	H8/m7	H8/n7	H8/p7	H8/r7	H8/s7	H8/t7	H8/u7				
				H8/d8	H8/e8	H8/f8		H8/h8													
H9			H9/c9	H9/d9▲	H9/e9	H9/f9		H9/h9▲													
H10			H10/c10	H10/d10				H10/h10													
H11	H11/A11	H11/b11	H11/c11▲	H11/d11				H11/h11▲													

续表 11－11

基准孔	轴																				
	a	b	c	d	e	f	g	h	js	k	m	n	p	r	s	t	u	v	x	y	z
	间隙配合								过渡配合			过盈配合									
H12		H12/b12						H12/h12													

注：$\frac{H6}{n5}$、$\frac{H7}{p6}$在基本尺寸小于或等于 3 mm 和$\frac{H8}{r7}$在小于或等于 100 mm 时，为过渡配合。

表 11－12 基轴制优先、常用配合

基准轴	孔																				
	A	B	C	D	E	F	G	H	JS	K	M	N	P	R	S	T	U	V	X	Y	Z
	间隙配合								过渡配合			过盈配合									
h5						F6/h5	G6/h5	H6/h5	JS6/h5	K6/h5	M6/h5	N6/h5	P6/h5	R6/h5	S6/h5	T6/h5					
h6						F7/h6	G7/h6▲	H7/h6▲	JS7/h6	K7/h6▲	M7/h6	N7/h6▲	P7/h6▲	R7/h6	S7/h6▲	T7/h6	U7/h6▲				
h7					E8/h7	F8/h7▲		H8/h7▲	JS8/h7	K8/h7	M8/h7	N8/h7									
h8				D8/h8	E8/h8	F8/h8		H8/h8													
h9				D9/h9▲	E9/h9	F9/h9		H9/h9▲													
h10				D10/h10				H10/h10													
h11	A11/H11	B11/h11	C11/h11▲	D11/h11				H11/h11▲													
h12		B12/h12						H12/h12													

11.5.2 尺寸公差的标注

1. 在零件图上的标注

在零件图中标注尺寸公差的方法，世界各国常用的有标注公差带代号、标注极限偏差、同时标注公差带代号和极限偏差以及标注极限尺寸等 4 种形式。其中标注极限尺寸的形式主要为美国、加拿大等国所采用，其余 3 种形式为多数国家所采用，我国也是主要采用前 3 种形式的国家。这 3 种形式可依具体情况自由选择，并无优先和其次之分，分别介绍如下：

① 标注公差带代号：在基本尺寸右边注出公差带代号，如图 11－42 (a)所示。这种形式对于用量规(公差带代号往往就是量规的代号)检验的场合十分简便。标注公差带代号对公差等级和配合性质的概念都比较明确，在图样中标注也简单。但缺点是具体的尺寸极限偏差不能直接看出。采用万能量具进行测量时就比较麻烦。

② 标注极限偏差：在基本尺寸右上方注出上偏差，在基本尺寸的同一底线注出下偏差。上下偏差的字号应比基本尺寸的数字的字号小一号，如图 11－42 (b)所示。

③ 同时标注公差带代号和极限偏差:在基本尺寸右边同时标注公差带代号和极限偏差数值,后者加圆括号,如图 11－42 (c)所示。

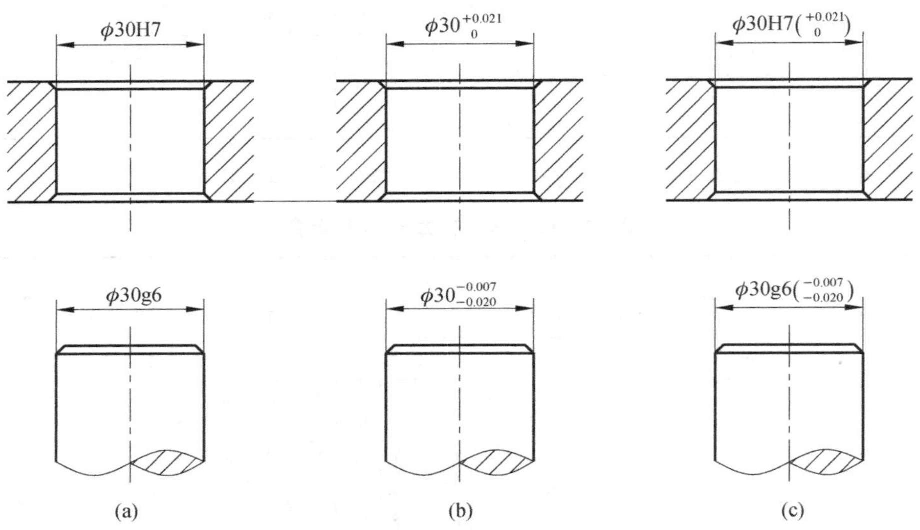

图 11－42　零件图上的尺寸公差标注

在零件图上的标注公差时应注意:

① 当标注极限偏差时,上下偏差的小数点必须对齐,小数点后右端“0”一般不予注出;如果为了使上、下偏差值的小数点后的位数相同,表明测量的有效数位,须用“0”补齐。

② 当上偏差或下偏差为“零”时,用数字“0”标出,并与下偏差或上偏差的小数点前的个位数对齐。

③ 当上下偏差的绝对值相同时,偏差数字可以只注写一次,并应在偏差数值与基本尺寸之间注出符号“±”,且两者数字高度相同。

④ 同一基本尺寸的表面,若有不同的尺寸偏差数值时,应用细实线区分不同表面,再按上述尺寸公差注法所规定的形式分别标注不同的尺寸偏差数值,如图 11－43 所示。

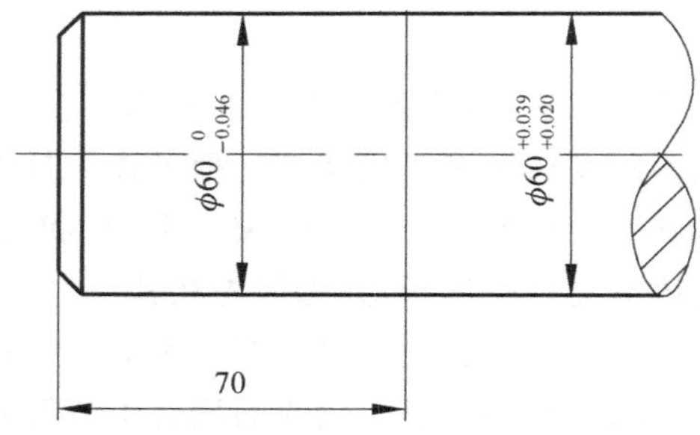

图 11－43　同一表面不同要求的标注

2. 在装配图上的标注

在装配图上标注尺寸配合代号时,必须在基本尺寸右边用分数的形式注出,分子和分母的位置分别标注孔和轴的公差带代号,其一般标注格式如下:

$$\text{基本尺寸}\frac{\text{孔的公差带代号}}{\text{轴的公差带代号}}$$

配合代号在装配图中的标注形式如图 11－44 所示。

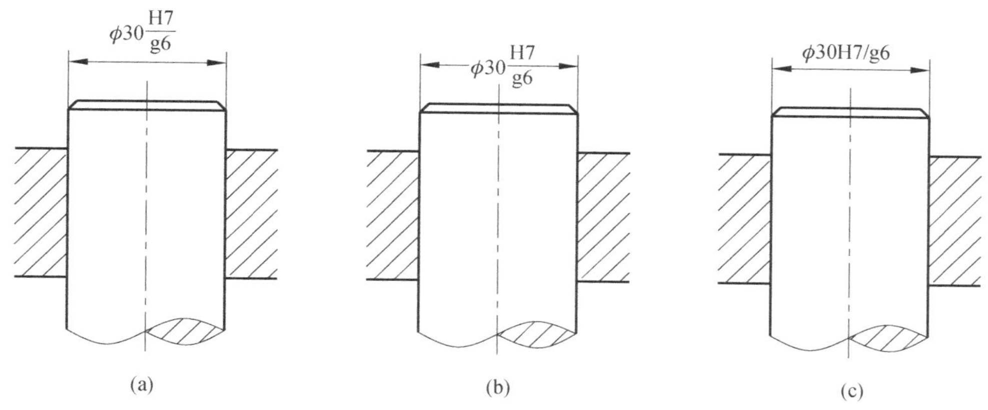

图 11－44　配合代号的标注

根据配合代号的标注可知道配合制，如分子中的基本偏差代号为 H，则孔为基准孔，孔与轴的配合为基孔制配合；若分母中的基本偏差代号为 h，则轴为基准轴，孔与轴的配合为基轴制配合。

【例 11－1】　孔与轴的配合代号为 ϕ80H8/f7，解释其含义并查表确定极限偏差。

解　① ϕ80H8：ϕ65 表示基本尺寸为直径 80 mm，H 表示孔的基本偏差代号，基孔制配合，8 表示公差等级为 8 级，即标准公差 IT8。

极限偏差：查附表得到孔的上、下偏差分别为＋0.046 mm、0 mm，在零件图上标注时可写成 ϕ80H8、$\phi 80^{+0.046}_{\ \ 0}$ 或 ϕ80 H8($^{+0.046}_{\ \ 0}$)的形式。

查表时要注意尺寸段的划分，本例中的 ϕ80 应划在＞65～80 mm 的尺寸段内，而不能划在＞80～100 mm 的尺寸段。

② ϕ80f7：ϕ80 表示基本尺寸为直径 80 mm，f 表示轴的基本偏差代号，7 表示公差等级为 7 级，即标准公差 IT7。

极限偏差：查附表得到轴的上、下偏差分别为－0.030 mm、－0.060 mm，零件图上标注时可写成 ϕ80 f7、$\phi 80^{-0.030}_{-0.060}$ 或 ϕ80 f7($^{-0.030}_{-0.060}$)的形式。

③ ϕ80H8/f7：基本尺寸为直径 80 mm，基孔制配合，孔的公差等级为 8 级，轴的公差等级为 7 级，孔与轴间隙配合。

11.5.3　形位公差及其标注简介

1. 形状和位置公差的基本概念

零件图上的技术要求除表面粗糙度，尺寸公差之外，还有形状和位置公差要求。零件加工后，反映零件几何特征的点、线、面等几何要素，与理想状态相比也不会完全一致，其形状和位置必须有一定的准确度，才能满足零件的使用和装配要求，保证互换性。因此，形状和位置公差同尺寸公差、表面粗糙度一样，是评定零件质量的一项重要技术指标。

形状和位置公差是零件的实际形状和位置相对于理想形状和位置的允许变动量，简称形位公差。形位公差要求,是保证零件几何形状及其基本几何要素相对位置精确度的技术指标。

2. 形位公差的符号及代号

(1) 形位公差的项目及符号

国家标准(GB/T 1182—2008)规定形状和位置公差分为两大类,共有 14 个项目。其中形状公差不需要基准,而位置公差需要基准,位置公差分为定向公差和定位公差两类,轮廓度可以作为形状公差使用,也可以作为位置公差使用,形位公差各项目的名称及对应符号见表 11-13。

表 11-13 形位公差特征项目的符号

<table>
<tr><th>公差类型</th><th>几何特征</th><th>符 号</th><th>有或无基准要求</th><th>公差类型</th><th>几何特征</th><th>符 号</th><th>有或无基准要求</th></tr>
<tr><td rowspan="6">形状公差</td><td>直线度</td><td>—</td><td rowspan="6">无</td><td rowspan="9">位置公差</td><td>位置度</td><td>⌖</td><td>有或无</td></tr>
<tr><td>平面度</td><td>⏥</td><td rowspan="2">同心度
(用于中心线)</td><td rowspan="4">◎</td><td rowspan="10">有</td></tr>
<tr><td>圆度</td><td>○</td></tr>
<tr><td>圆柱度</td><td>⌭</td><td rowspan="2">同轴度
(用于轴线)</td></tr>
<tr><td>线轮廓度</td><td>⌒</td></tr>
<tr><td>面轮廓度</td><td>⌓</td><td rowspan="2">对称度</td><td rowspan="2">⌯</td></tr>
<tr><td rowspan="5">方向公差</td><td>平行度</td><td>//</td><td rowspan="5">有</td></tr>
<tr><td>垂直度</td><td>⊥</td><td>线轮廓度</td><td>⌒</td></tr>
<tr><td>倾斜度</td><td>∠</td><td>面轮廓度</td><td>⌓</td></tr>
<tr><td>线轮廓度</td><td>⌒</td><td rowspan="2">跳动公差</td><td>圆跳动</td><td>↗</td></tr>
<tr><td>面轮廓度</td><td>⌓</td><td>全跳动</td><td>⌰</td></tr>
</table>

(2) 形位公差的代号

国家标准规定形位公差应采用代号的形式标注在图纸上,生产实际中,当无法采用代号标注时,允许在技术要求中用文字说明。

形位公差的代号由公差项目符号、基准符号、框格、带箭头的指引线、公差数值和有关符号组成。公差框格是用细实线绘出矩形方框,由两格或多格组成,水平或垂直放置。框格高为图中字高的两倍,即 $2h$,框格中的字母和数字高应为 h。框格内从左到右填写公差特征的符号、公差数值、基准代号的字母和其他有关符号(可查阅 GB/T 1182—1996),如图 11-45 所示。

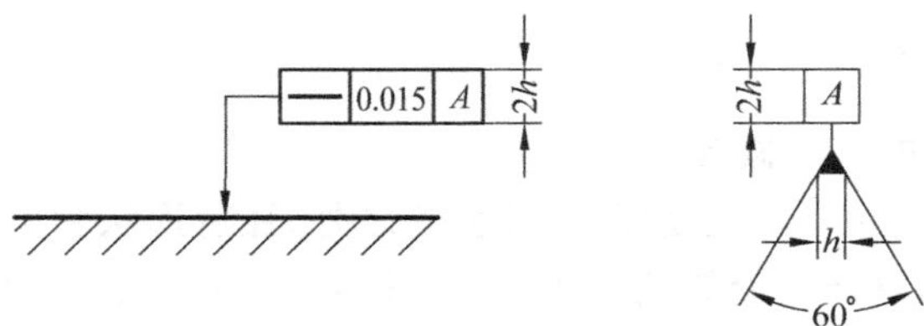

图 11-45 形位公差代号

(3) 基准代号

对位置公差有要求的零件,应在图上注明基准代号。

基准代号由基准符号、圆圈、连线和字母组成。基准符号用一段短粗实线表示,应靠近基准要素的可见轮廓线或轮廓线延长线,圆圈用细实线绘制,其直径与框格高度相同;基准符号与圆圈之间用细实线相连,连线应是圆圈的径向,另一端垂直于基准符号;圆圈内填写与公差框格内相应的大写字母,高度同尺寸数字相同,如图 11－45、图 11－46(a)所示。不论基准代号的方向如何,字母都应水平书写,如图 11－46 (b)所示。

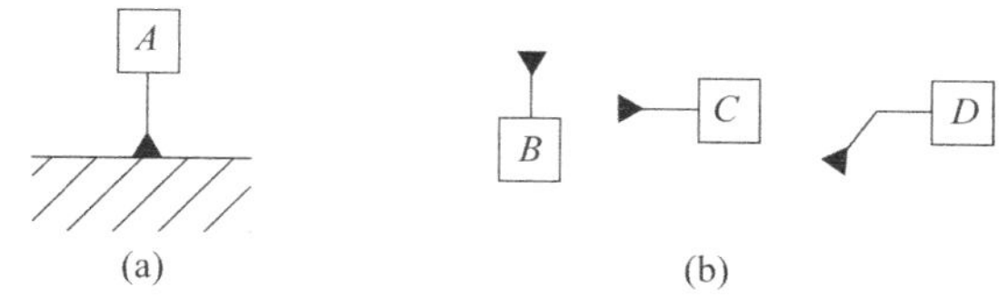

图 11－46　基准代号及其标注

基准代号应布置于:

① 基准要素是轮廓线或表面时,在要素的外轮廓线上或在它的延长线上,但应与尺寸线明显错开,

② 基准要素是轴线或中心平面或由带尺寸的要素确定的点时,则基准符号中的细实线与尺寸线一致(见图 11－47),如尺寸线处安排不下两个箭头,则另一箭头可用短横线代替。

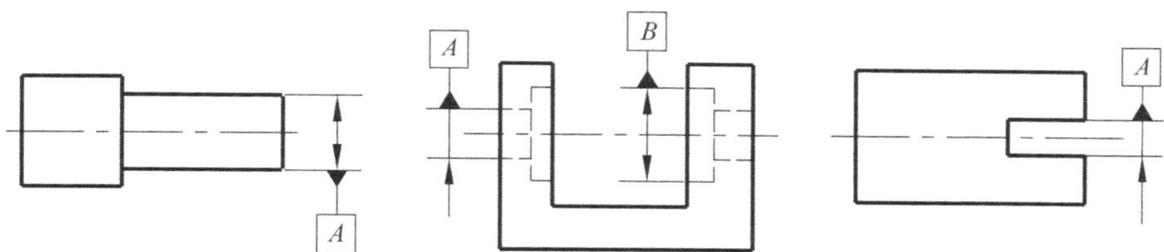

图 11－47　基准代号的配置

3. 形位公差的标注方法

① 用带箭头的指引线将框格与被测要素相连,按以下方式标注:

➤ 当公差涉及轮廓线或表面时,将箭头置于轮廓线或轮廓线的延长线上(但必须与尺寸线明显分开),如图 11－48 所示。

➤ 当指向实际表面时,箭头可置于带点的参考线上,该点指在实际表面上,如图 11－48(c)所示。

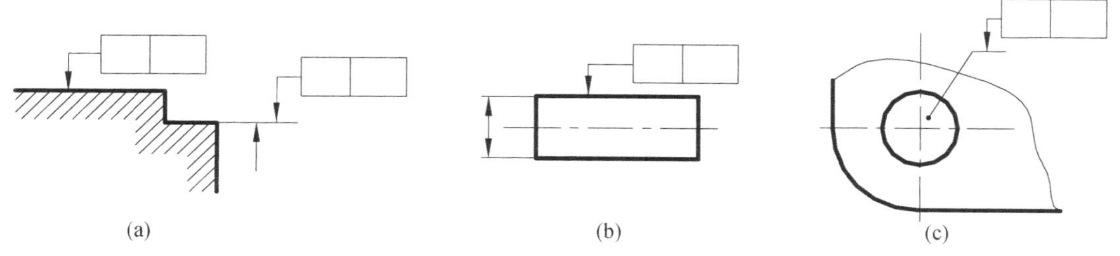

图 11－48　被测要素的引出

➤ 当公差涉及轴线、中心平面或由带尺寸要素确定的点时,则带箭头的指引线须与尺寸线

的延长线重合,如图 11－49 所示。

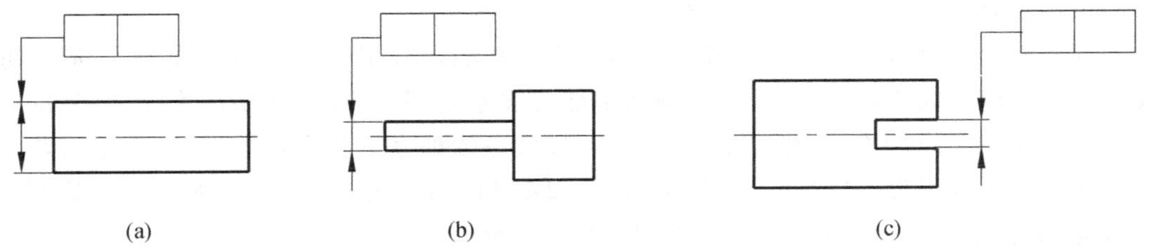

图 11－49　被测要素为轴线对称面

② 标注位置公差,单一要素作为基准时,可按图 11－50 所示标注。基准代号中的字母与框格中的基准字母要一致,基准代号布置在要素的外轮廓线上或在它的延长线上,但应与尺寸线明显错开。

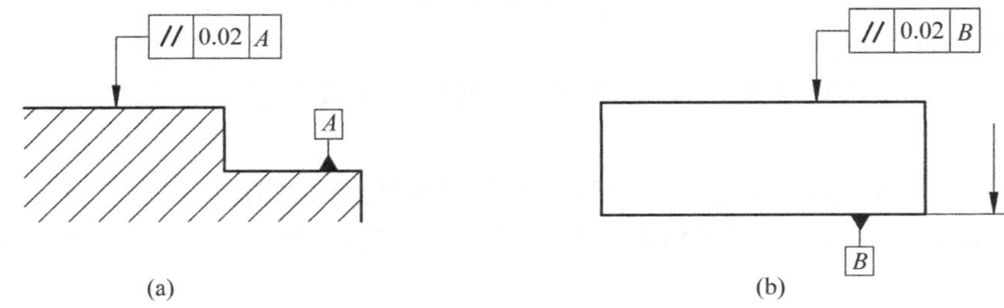

图 11－50　位置公差标注

③ 由两个要素组成的公共基准,公差框格中用由横线隔开的两个大写字母表示,如图 11－51 所示。

④ 同一要素有多项形位公差要求时,可采用公差框格并列的形式标注,如图 11－51(a)所示。多个被测要素有相同形位公差要求时,可以从公差框格引出的指引线上绘制多个指示箭头并分别与被测要素相连,如图 11－51(b)所示。

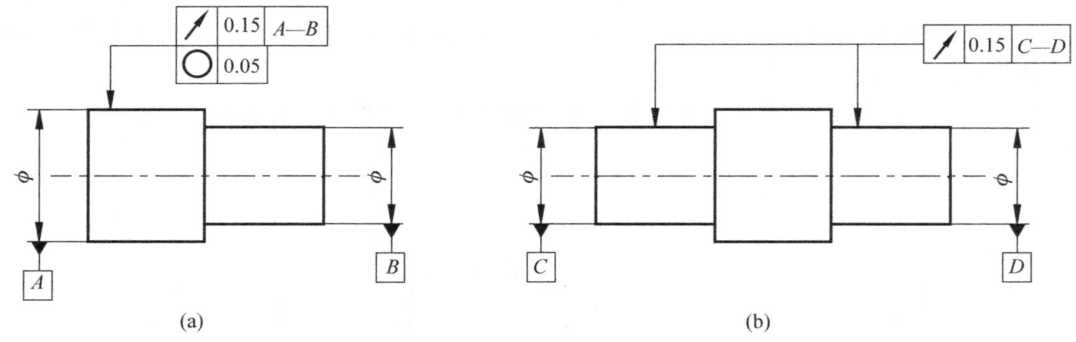

图 11－51　多项要求的标注方法

⑤ 在公差框格的周围(一般是上方或下方), 可附加文字以说明公差框格中所标注形位公差的其他附加要求,如说明内容是属于被测要素数量的,规定在上方;属于解释性的,规定在下方,如图 11－52 所示。

图11－52　附加说明的标注方法

4．形位公差在图样上的标注示例

形位公差在图样上的标注示例如图11－53所示。

[↗ | 0.03 | A]：*SR*750的球面对ϕ16f7轴线的圆跳动公差为0.03；

[⌭ | 0.005]：ϕ16f7圆柱体的圆柱度公差为0.005；

[◎ | ϕ0.1 | A]：M8×1螺孔的轴心线对ϕ16f7轴心线的同轴度公差为ϕ0.1。

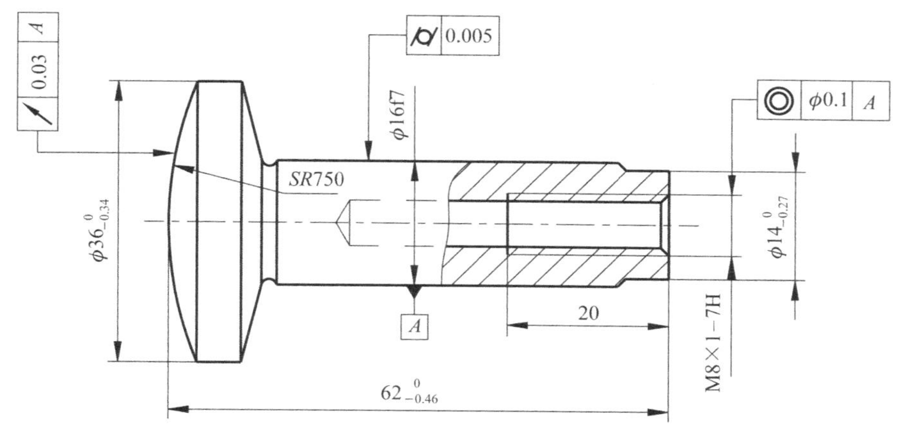

图11－53　形位公差标注示例

11.6　零件的常见工艺结构

11.6.1　铸造工艺对零件结构的要求

1．过渡线

零件锻造、铸造成型时，为了防止锻件、铸件冷却时产生裂纹等制造缺陷及便于制造，相邻两个毛坯表面之间都设有圆角。由于相邻表面之间圆角的存在，这两表面的交线不很明显，但为了区分不同形体的表面，仍要画出这条交线，这种表面交线称为过渡线。过渡线的画法和立体表面交线的画法大部分相同，只是其端点处不与圆角轮廓线接触。过渡线用细实线绘制。图11－54所示为平面与平面、平面与曲面、曲面与曲面之间的过渡线画法。

2．拔模斜度

在铸造零件毛坯时，为便于将木模从砂型中取出，零件的内、外壁沿起模方向应有一定的斜度，称为拔模斜度，如图11－55(a)所示。与铸造类似，模锻制造零件毛坯时，也需要类似的锻造斜度。若这些斜度较小，可不在图上画出，但需在技术要求中统一说明。若斜度较大，则应画出。

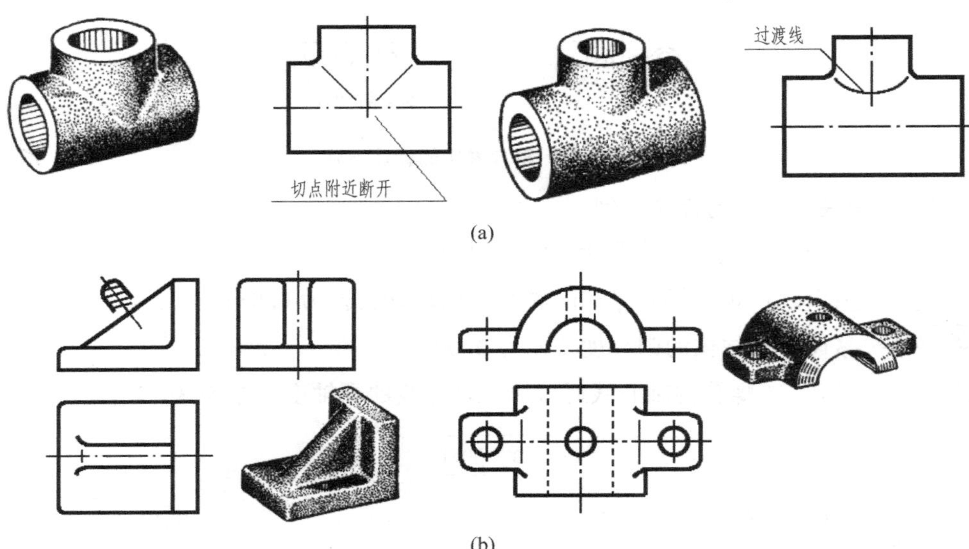

(a)

(b)

图 11-54 过渡线画法

相交的两铸造(或锻造)表面相交处应有圆角,以免铸件冷却时产生缩孔或裂纹,同时防止脱模时砂型落砂如图 11-55(b)所示。

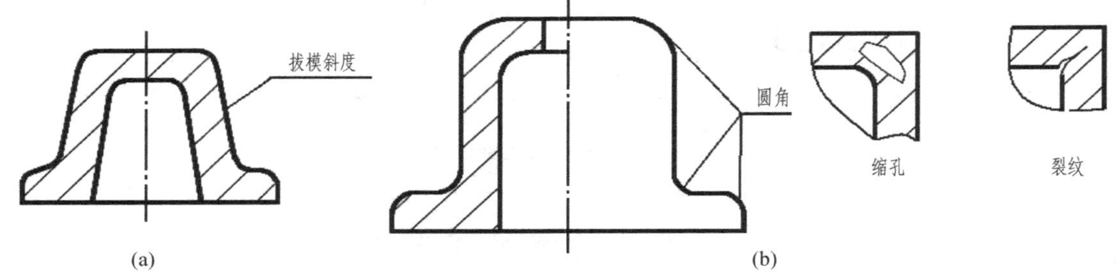

(a) (b)

图 11-55 拔模斜度和圆角

3. 铸件壁厚

零件铸造成型时,为防止浇铸零件由于冷却速度不同而产生缩孔和裂纹。在设计铸件时,壁厚须尽量均匀,或逐渐过渡,如图 11-56 所示。

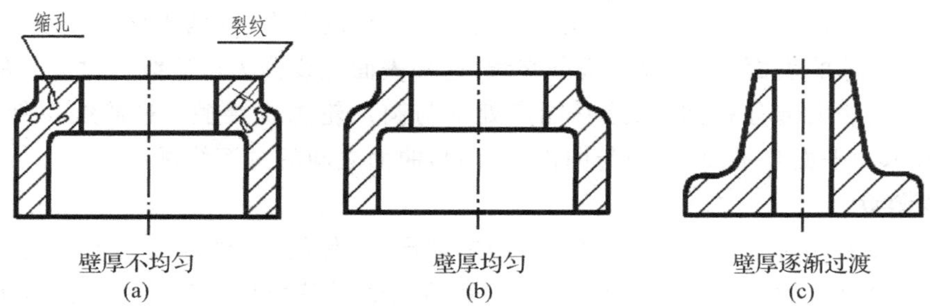

壁厚不均匀 (a)　壁厚均匀 (b)　壁厚逐渐过渡 (c)

图 11-56 铸件壁厚的处理

11.6.2　机械加工工艺对零件结构的要求

1. 倒角与圆角

为了便于装配和装配时的操作安全，常将轴端和孔端的尖角加工成一个小圆锥面，称为倒角，倒角一般与轴线成 45°，有时也用 60°或 30°、15°（轴上装密封圈时，轴端常为 15°倒角）。为避免轴类零件局部应力集中，产生裂纹，在轴肩处往往加工成圆角过渡，称为倒圆。倒角和圆角的标注如图 11－57 所示。倒角与圆角的具体尺寸可查相关设计手册。

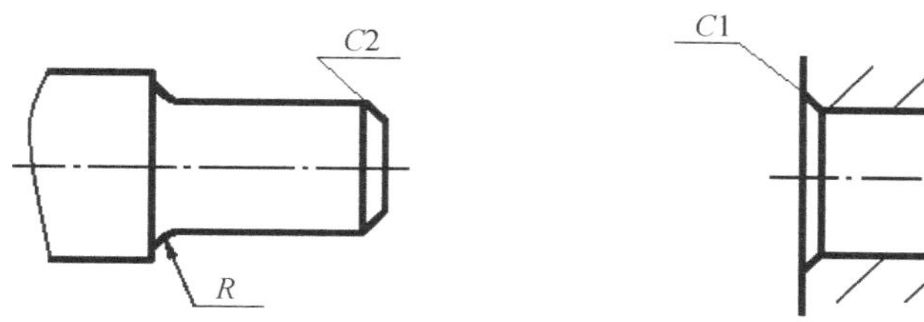

图 11－57　加工倒角或圆角

2. 退刀槽和砂轮越程槽

零件切削加工中，为便于退刀或装配时零件的可靠定位，通常需要在被加工轴上或孔中，加工出退刀槽；精加工磨削时，为防止伤及邻近表面或留下微小台阶，影响零件的使用，需要在被加工轴上或孔中设有砂轮越程槽，退刀槽或砂轮越程槽的尺寸可按如图 11－58 所示标注，也可按照“槽宽×槽深”或“槽宽×直径”的形式标注，如表 11－2 所列。其具体尺寸可查相关设计手册。

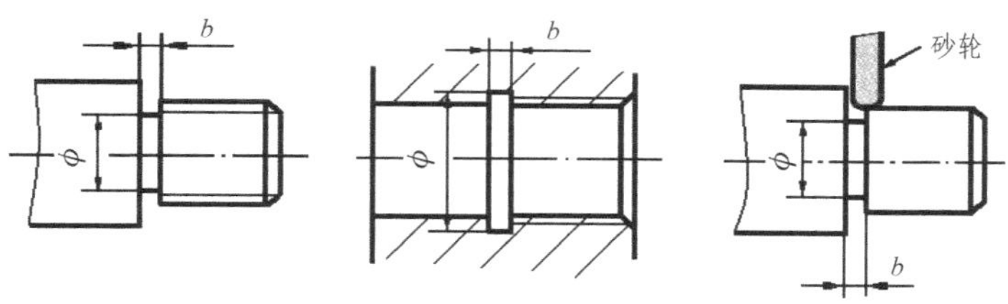

图 11－58　退刀槽和砂轮越程槽

3. 钻孔结构

钻孔加工时，如果零件表面与孔轴线不垂直，钻头头部就会受力不均，会发生钻头折断或钻孔倾斜，为避免钻头折断或钻孔倾斜，设计零件上的孔时，应使孔的端面与孔轴线垂直，并且尽量设计完整的孔，如图 11－59 所示。零件上的盲孔、阶梯孔，考虑到钻头的头部尺寸，钻出孔的底部为 120°锥面，阶梯孔的过渡部分也是如此，如图 11－60 所示。

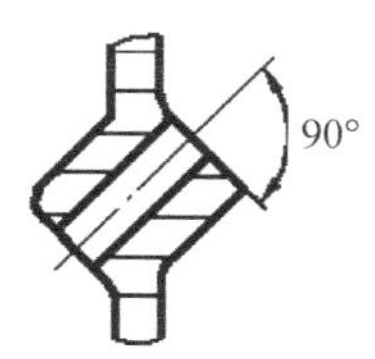

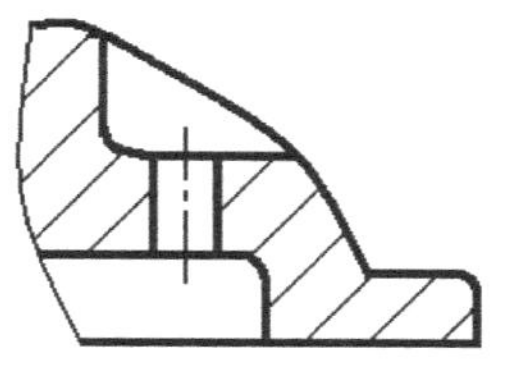
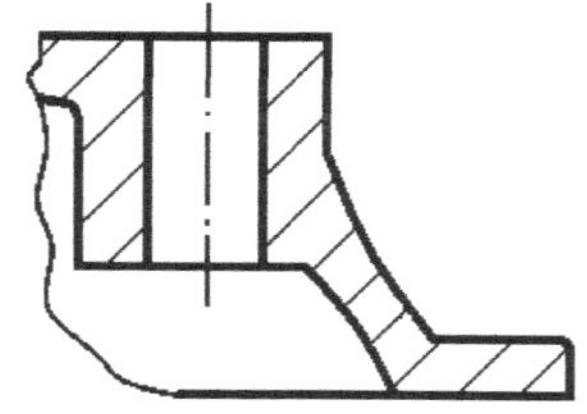

图 11－59　钻孔结构

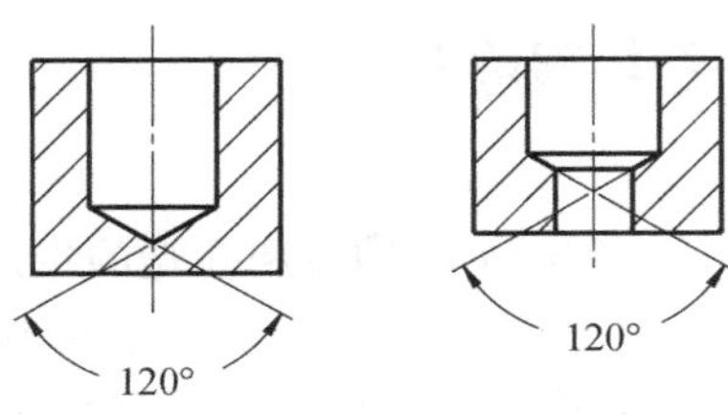

图 11-60　孔尾结构

4. 凸台与凹坑

一般零件与零件的接触面都要加工,为了减少加工面,使两零件接触平稳,常在两零件的接触面做出凸台、锪平成凹坑、凹槽和凹腔等,如图 11-61 所示。

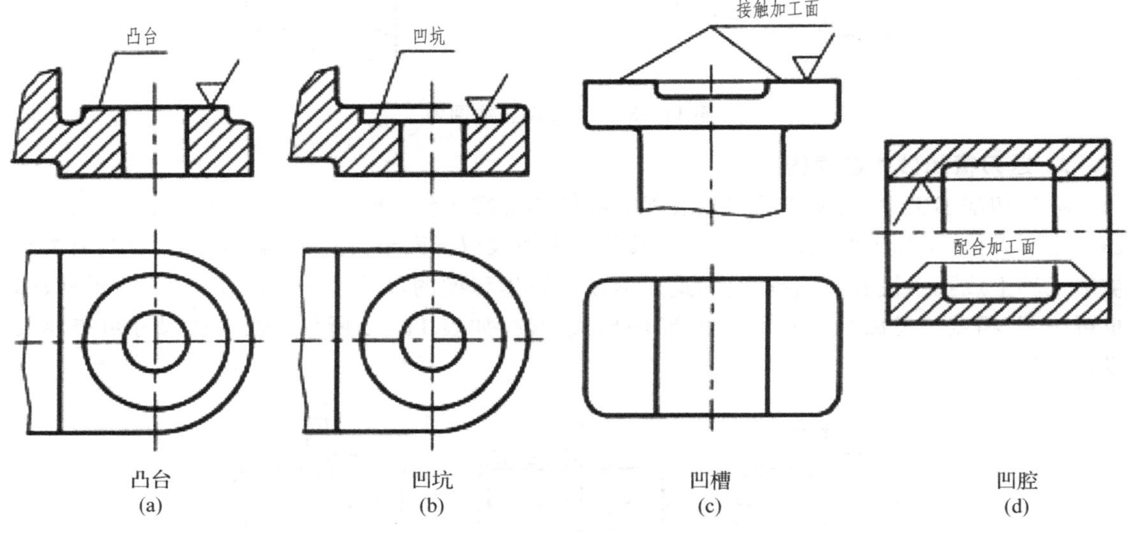

图 11-61　凸台、凹坑等结构

11.7　读零件图

11.7.1　读零件图的要求

读零件图就是看零件图。生产实际中,工艺人员为了制定合理的加工方法,设计合理的加工、检验器具,需要看图;操作者要加工出零件,需要看图;设计工作者,参考同类型技术图样,设计出更好的产品,也需要看图。可见,准确、熟练地读懂零件图,是各种专业技术人员必须掌握的基本技能。读懂零件图就是要求达到以下目的:

① 了解零件的名称、用途和材料等。

② 了解零件各部分的结构形状,尺寸大小,以及它们之间的相对位置。

③ 了解制造零件的各种技术要求和制造方法。

如何才能准确、熟练地读懂零件图?这就需要掌握读图的方法和步骤。

11.7.2 读零件图的方法和步骤

以图 11－62 为例说明看图的方法和步骤。

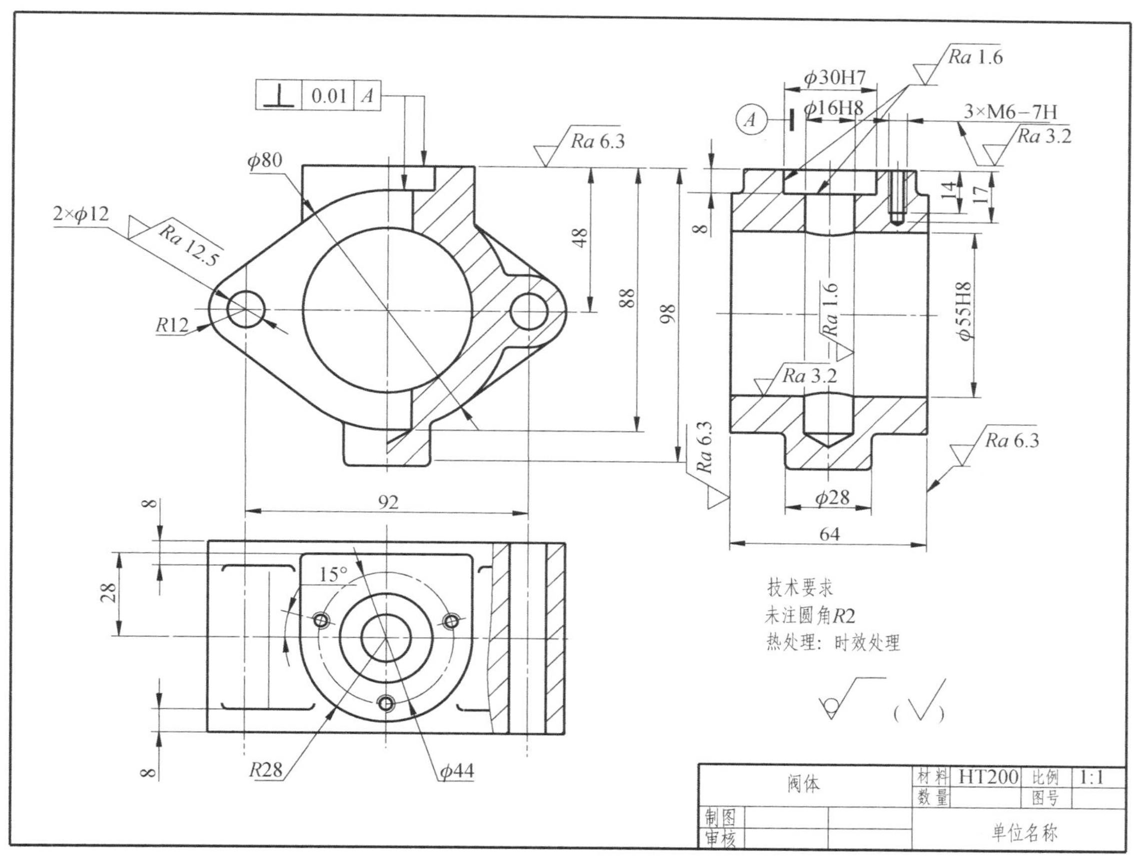

图 11－62 蝴蝶阀阀体图

1. 概括了解

读零件图首先要看标题栏，从中了解零件名称、材料、绘图比例等主要内容。根据零件名称可判断该零件属于哪一类零件，从材料看可大致了解其加工方法、材料性能，根据绘图比例可估计零件的实际大小。对不熟悉的、比较复杂的零件图，可对照装配图，了解该零件在机器或部件中的功用，了解与其他零件的装配关系等，从而对零件有概括了解。

图 11－62 所示的阀体零件，属于箱体类零件，是蝴蝶阀的主要零件，内部要容纳阀杆、阀门等主要零件，因此其内部为空腔。阀体材料为灰口铸铁 HT200，说明毛坯为铸造成型，因为内部装有阀杆、阀门等主要零件，因此该铸件毛坯需要加工后完成。图样比例为 1∶1。

2. 分析视图

分析视图，读懂零件结构形状是读零件图的重点。分析视图，要从分析零件的表达方法入手，首先找出主视图，再分析零件其他视图以及各视图之间的投影关系，理解其所要表达的内容和目的。若采用剖视或断面的表达方法，还须确定出剖切位置。要灵活运用组合体读图的方法来读零件图，综合运用形体分析、线面分析方法，先整体、后局部，先主体结构、后局部结构,先读懂简单部分,再分析复杂部分。还可根据尺寸,综合判断、想象零件的结构形状,直到完全清楚零件的结构形状。

阀体图样由 3 个视图构成,其中左上角为主视图,阀体结构左右对称,主视图采用半剖表达法,剖切平面为前后主体结构基本对称平面。左视图采用全剖视图,剖切平面为零件左右对称平面。俯视图采用局剖视图,剖切平面为左右两边通孔 ϕ12 轴线、ϕ55H8 轴线共同构成的平面。主视图主要表达内腔的两个不同方向的孔 ϕ12、ϕ55H8、前后法兰盘外形、中部外形、上下凸台结构。左视图进一步表达了内形中两个不同方向孔的轴线互相垂直、上下凸台的相对位置,还表达了竖直孔的形状及上凸台上 3 个螺孔的形状等。俯视图主要表达了上凸台形状、上凸台上 3 个螺孔的位置、两边 ϕ12 通孔结构、前后端面外形前后对称等。

根据阀体的功能,综合分析以上 3 个视图的主要表达目的可知,阀体要容纳阀杆和阀门零件,因此,其内部为空腔,是由 ϕ55H8 圆柱通孔和 ϕ32H7、ϕ16H8 阶梯圆柱孔构成。作为蝴蝶阀的壳体,需要安装在气压或液压管路中,因此阀体前后设有端面,并加工有 ϕ12 通孔,以便于通过螺栓连接在管路中。阀体中间上下各有凸台,上部凸台端面上设有连接其他附件的 3 个螺孔以及 ϕ32H7、ϕ16H8 阶梯圆柱孔,下部凸台内加工有 ϕ16 盲孔的底部,用来支承阀杆,其外形也为圆柱表面。阀体主体结构左右对称。中部外形为主视图中剖视外形部分,上下凸台通过铸造圆角 $R2$ 与中部外形相连。前后端面的形状为主视图左半部分,与中部外形之间也是通过铸造圆角 $R2$ 相连,因此才有俯视图中的过渡线。综合想象该阀体结构形状如图 11 - 63 所示。

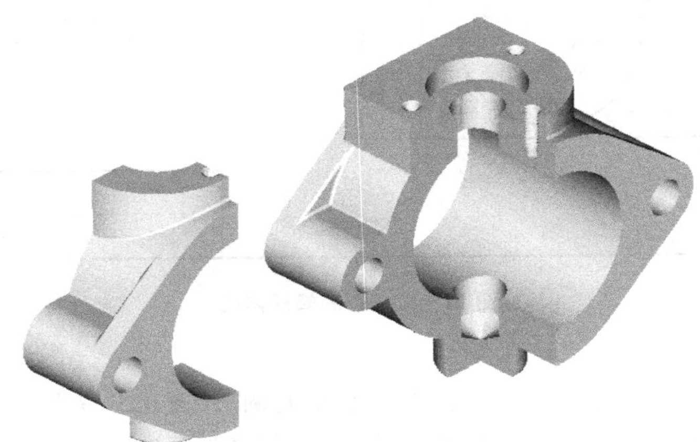

图 11 - 63　阀体结构形状

3. 分析尺寸

尺寸是制造、检验零件的重要依据,分析尺寸,首先找到长、宽、高 3 个方向的主要尺寸基准,再结合零件的结构功用,明确零件主要尺寸和次要尺寸。然后按形体分析法,找到轮廓尺寸和各个结构的定型、定位尺寸,进一步了解零件的形状特征及其大小。分析尺寸过程中,要特别注意精度高的尺寸,影响性能的主要尺寸、标准结构要素尺寸,了解其要求及作用,从而达到了解零件加工工艺的目的。

阀体长度方向的主要基准是阀体的左右对称平面,高度方向的主要基准是上端面,高度方向的辅助基准是过 ϕ55H8 轴线的水平面,宽度方向的主要基准是通过 ϕ16H8 孔轴线的侧平面。主要尺寸有 ϕ55H8、ϕ16H8、ϕ32H7、2×ϕ12、3×M6 - 7H、48、ϕ32H7 孔深尺寸 8、ϕ44 及

15°,其余尺寸为次要尺寸。定位尺寸有 48、28、92、ϕ44、15°,定形尺寸主要有 ϕ55 H8、ϕ16H8、ϕ32H7、2×ϕ12、3×M6－7H。它的总体尺寸长为 116(92+2×12),总高为 98,总宽为 64。

4. 分析零件的技术要求

零件图上的技术要求是制造零件的质量指标。读图时应根据零件在机器中的作用,了解其表面结构、尺寸公差、形位公差及其代号含义,还要了解零件的热处理、表面处理及检验等其他技术要求。从而了解零件的制造工艺。分析配合面或主要加工面的加工要求时,要关注他的尺寸公差与形位公差;分析表面结构要求时,要注意它与尺寸精度的关系,除此之外,还应了解零件制造、加工时的某些特殊要求。

零件图上的视图、尺寸、技术要求等内容,它们之间是相互关联的,读图时要将视图、尺寸、技术要求综合考虑,才能对零件形成完整的认识。

阀体是铸造成型,毛坯经过车、铣、钻、铰等工艺制成。它的技术要求内容较多,主要有表面结构要求,如:去除材料法获得的 ϕ55H8 孔表面粗糙度参数 Ra 为 3.2 μm、ϕ32H7、ϕ16H8 孔表面粗糙度参数 Ra 为 1.6 μm 等;尺寸公差要求:ϕ55 H8、ϕ32H7、ϕ16H8、M6－7H;形位公差要求:上凸台平面对 ϕ16H8 轴线的垂直度公差为 0.01 mm,此外,还有文字技术要求。

综合上述几个方面的分析,不仅搞清阀体零件结构形状、尺寸大小及其各种技术要求,而且了解到阀体的功能及其制造工艺,这才真正读懂这张零件图。

本章小结

一张完整的零件图,具有四大部分内容:一组视图、一组尺寸、技术要求、标题栏。本章围绕零件图的内容,主要阐述了零件图视图表达、零件图尺寸标注、零件图上的各种技术要求、读零件图及常见零件工艺结构。力求使读者在掌握上述内容的基础上,读图和画图的能力能有所提高。

画零件图时,能正确绘制常见的轴套类、轮盘类、叉架类、箱体类零件图,所绘制的零件图能够达到以下四方面要求:

① 视图表达方案合理、简介清晰。

② 尺寸标注完整、清晰、合理、正确。

③ 合理、正确地确定制造零件所需的各种技术要求,诸如能正确注写表面结构代号、尺寸公差、形位公差以及其他技术要求。

④ 完整准确地填写标题栏内容。

读零件图时,掌握零件图的读图方法,能够灵活运用已经学过的内容和后续章节的内容,熟练地读懂零件的结构形状、零件的尺寸、零件图上的各种技术要求,了解零件制造的工艺结构。

第 12 章　标准件和常用件

在各种机械设备中，螺栓、螺母、垫圈、键和销等广泛应用于机件之间的连接和紧固，滚动轴承、齿轮、弹簧等广泛应用于机械传动、支承和减振等方面。这些在机器中大量使用的机件，习惯上称为常用件。为提高产品设计效率和质量，降低制造成本，缩短生产周期，对有些常用件，从结构、尺寸、材料性能到成品质量等各个方面，国家标准都有明确规定，凡各个方面完全符合国家标准的常用件，称为标准件。标准件一般由专业厂家生产制造。对齿轮、齿条中的轮齿和零件中的螺纹等，为减少制造刀具，国家标准对它们的结构形式、尺寸作了标准化、系列化规定。这些局部的结构要素凡符合国家标准的，叫做标准结构要素。

为了提高绘图效率，对标准件或标准结构要素，可不必按其真实投影画出，而只要根据相应的国家标准所规定的画法、代号和标记，进行绘图和标注即可。本章主要介绍标准件和常用件的有关基本知识、规定画法和标记。

12.1　螺纹和螺纹紧固件

12.1.1　螺纹的形成及其要素

1. 螺纹形成原理

如图 12－1(a)所示，若一动点 A 沿着圆柱面的直母线做等速直线运动，同时该直母线又沿圆柱面的轴线做等速回转运动，则动点 A 的运动轨迹就是圆柱螺旋线。母线旋转一周，动点 A 沿轴向移动的距离 P_h 称为螺旋线的导程。图 12－1(b)所示为圆柱螺旋线的画法。类似的还有圆锥螺旋线。

若将动点 A 换成一个与轴线共面的平面图形(如三角形、梯形、矩形等)，则该平面图形所走过的轨迹即形成一螺旋体，这种螺旋体就是螺纹，如图 12－1(c)所示。

由上可知，螺纹是指在圆柱或圆锥表面上，沿着螺旋线所形成的具有相同剖面的连续凸起和沟槽。在圆柱或圆锥外表面上形成的螺纹称为外螺纹，在其内孔表面上形成的螺纹称为内螺纹。

2. 螺纹的加工

螺纹是根据螺旋线的原理加工而成的，工业上制造螺纹的工艺方法有多种，图 12－2 所示为车床上加工螺纹的方法。加工螺纹时，被加工圆柱形零件做等速旋转运动，刀具沿被加工圆柱形零件的轴向做匀速直线运动，刀具和被加工圆柱形零件的合成运动为圆柱螺旋线。刀刃的形状不同，被加工零件所切去的截面形状也不同，可加工出沿圆柱轴向剖面不同形状的螺纹，即不同牙型的螺纹。图(a)所示为车削圆柱外螺纹，图(b)所示为车削圆柱内螺纹。

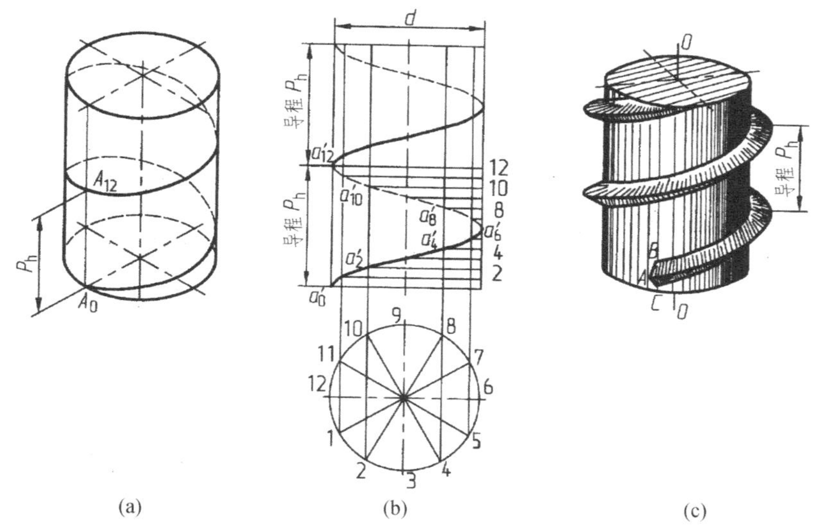

(a)　(b)　(c)

图 12－1　螺纹形成原理

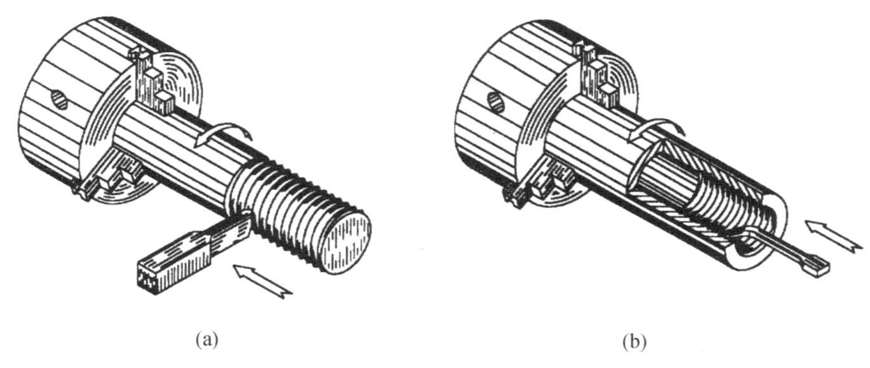

(a)　(b)

图 12－2　螺纹的加工方法

3. 螺纹的基本要素

(1) 螺纹的牙型

在通过螺纹轴线的剖面上，螺纹的轮廓形状，称为螺纹的牙型。它由牙顶、牙底和两牙侧构成，取决于加工刃口形状，常用螺纹的牙型有三角形、梯形、锯齿形等。

(2) 螺纹的直径

螺纹的直径分为大径、小径和中径，如图 12－3 所示，其中螺纹的大经称为公称直径。

① 大径：与外螺纹的牙顶和内螺纹的牙底相切的假想圆柱面的直径。内、外螺纹的大径分别用 D 和 d 表示。

② 小径：与外螺纹的牙底和内螺纹的牙顶相切的假想圆柱面的直径。内、外螺纹的小径分别用 D_1 和 d_1 表示。

内螺纹的小径 D_1 和外螺纹的大径 d 统称为顶径。内螺纹的大径 D 和外螺纹的小径 d_1 统称为底径。

③ 中径:中径是一个假想圆柱面的直径,该圆柱面母线上牙型的沟槽(相邻两牙间空槽)和凸起(螺纹的牙厚)轴向距离相等,即 $P=2S$。内、外螺纹中径分别用 D_2 和 d_2 表示。

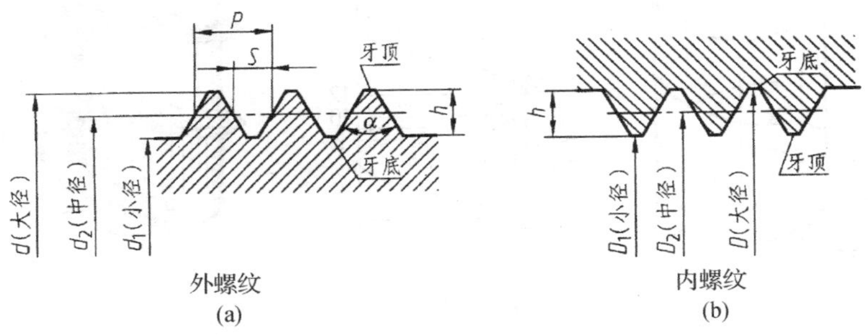

图 12-3　螺纹的要素

(3) 螺纹的线数

螺纹有单线和多线之分。沿一条螺旋线所形成的螺纹,称为单线螺纹,如图 12-4(a)所示;沿两条或两条以上在轴向等距分布的螺旋线所形成的螺纹,称为多线螺纹,如图 12-4(b)所示。螺纹的线数用 n 表示,线数又称为头数。

(4) 螺纹的螺距和导程

① 螺距 P:相邻两牙在中径线上对应两点间的轴向距离。螺距常用 P 表示,如图 12-3(a)和图 12-4(a)所示。

② 导程 P_h:同一条螺纹上相邻两牙在中径线上对应两点间的轴向距离,导程常用 P_h 表示,如图 12-4(b)所示。螺距和导程的关系:单线螺纹,$P=P_h$;多线螺纹,$P=P_h/n$。

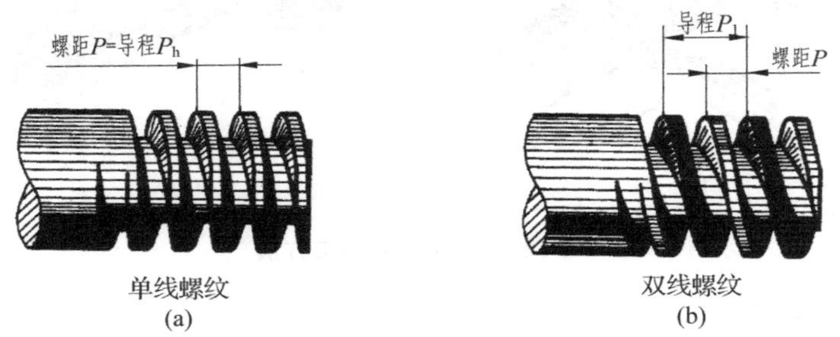

图 12-4　螺纹的线数

(5) 螺纹的旋向

螺纹的旋向分右旋和左旋两种,顺时针旋转时旋入的螺纹为右旋螺纹,逆时针旋转时旋入的螺纹为左旋螺纹。旋向可按下列方法判定:将外螺纹轴线垂直放置,螺纹的可见部分右高左低者为右旋螺纹;左高右低者为左旋螺纹,如图 12-5 所示。

内外螺纹是配合使用的,只有牙型、直径、螺距、线数和旋向五要素都相同的内外螺纹才能旋合在一起。对于螺纹来说,其中,牙型、直径和螺距是决定螺纹结构最基本的要素,称为螺纹的三要素。凡螺纹三要素符合国家标准的,称为标准螺纹;牙型不符合国家标准的,称为非标准螺纹。

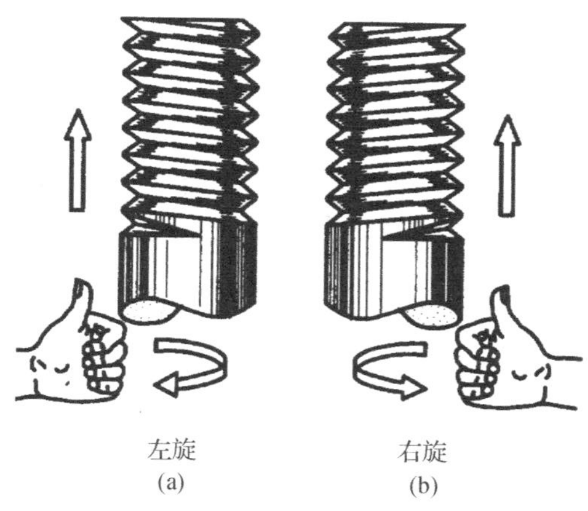

图 12－5　螺纹的旋向

12.1.2　螺纹的规定画法

由于螺纹的普遍应用，在图样中频繁出现，为方便作图，国家标准《机械制图　螺纹及螺纹紧固件表示法》GB/T 4459.1—1995 规定了螺纹的简化画法。

1. 内外螺纹的规定画法

① 投影为非圆视图中，可见螺纹的牙顶用粗实线表示，牙底用细实线表示，螺杆端起导入作用的倒角、导圆也要画出，有效螺纹终止线用粗实线表示，一般可以将小径画成大径的 0.85 倍；在螺纹投影为圆的视图中，可见螺纹的牙顶圆用粗实线圆表示，表示牙底的细实线圆只画约 3/4 圈，倒角圆一律不画，如图 12－6 和图 12－7 所示。不可见螺纹，除轴线外，全部用虚线表示，如图 12－8 所示。

② 在螺纹的剖视图或断面图中，剖面线都必须画到粗实线，如图 12－6 和图 12－7 所示。

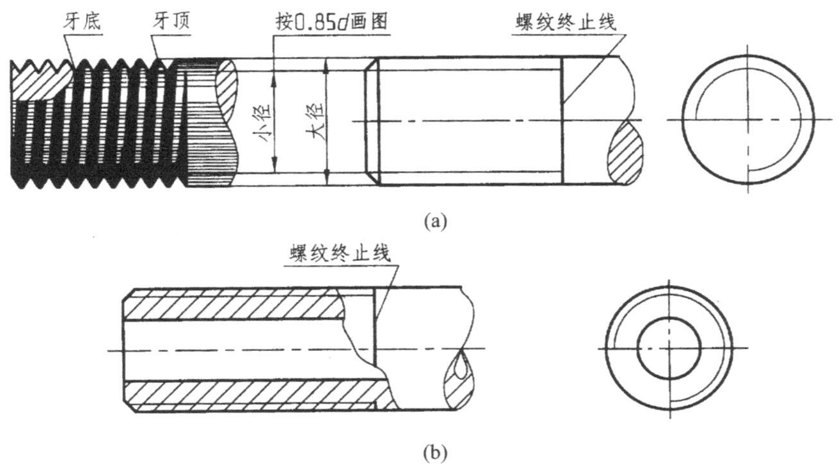

图 12－6　外螺纹的画法

③ 绘制不穿通螺纹孔时，一般应将钻孔深度与螺纹部分的深度分别画出，钻头头部形成的锥顶角画成 120°，如图 12－9 所示。

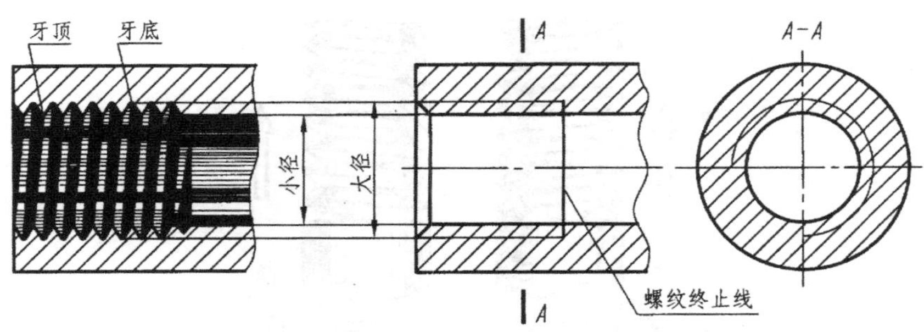

图 12-7 内螺纹的剖视画法

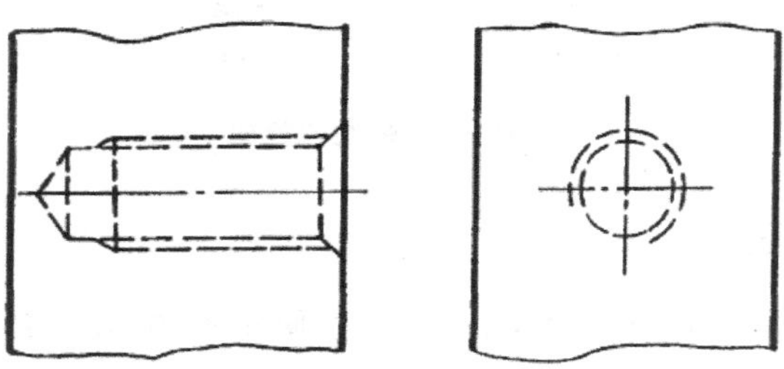

图 12-8 不可见螺纹的画法

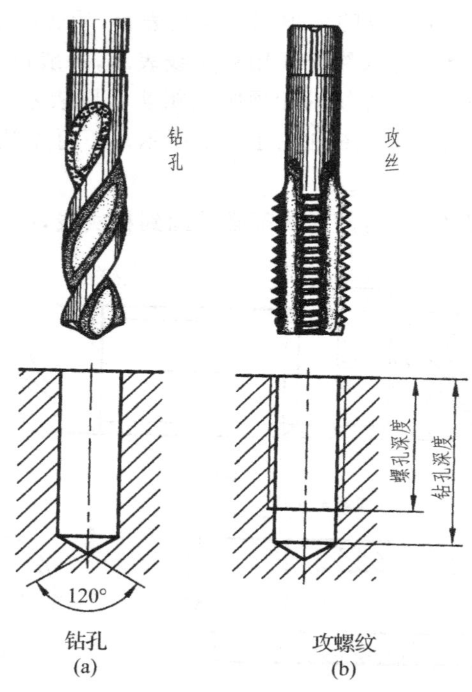

图 12-9 不穿通螺纹孔画法

④ 按规定画法画出的螺纹，当需要表示螺纹牙型时，按图 12-10 所示的形式绘制。

⑤ 螺孔与其他孔(光孔或螺孔)相贯时，原则上一律只画出螺纹牙顶所形成的表面与其他孔表面的交线，而牙底所形成的表面与其他孔表面的交线则不必画出，如图 12-11(a)所示；

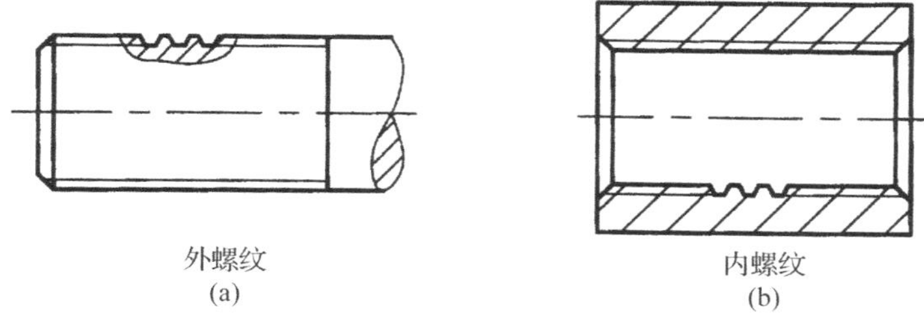

图 12－10　表示牙型的方法

两螺纹孔相交时，只画出钻孔的交线，如图 12－11(b)所示。

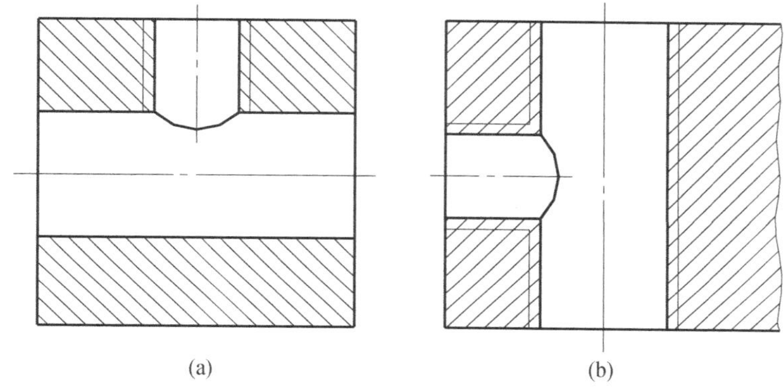

图 12－11　螺纹孔相交的画法

⑥ 当需要表示螺纹收尾时、螺尾部分的牙底用与轴线成 30°的细实线绘制，如图 12－12 所示。一般情况下不画出螺尾。

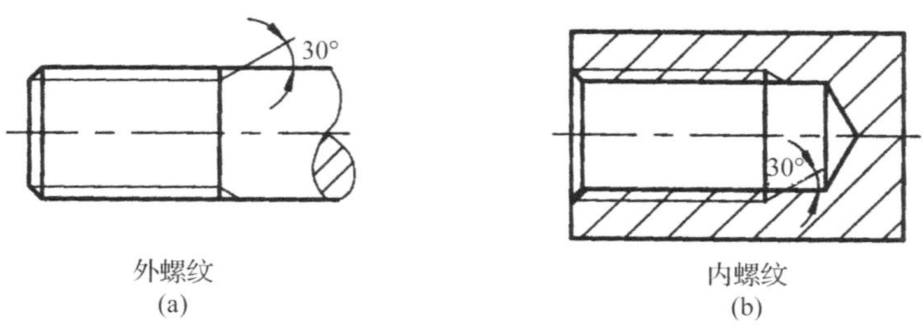

图 12－12　螺尾的画法

⑦ 圆锥外螺纹和圆锥内螺纹的表示法如图 12－13 所示。

2. 螺纹连接的画法

内、外螺纹连接时，一般用剖视图表示，其旋合部分按外螺纹画出，其余各部分仍按各自的画法表示，内、外螺纹的大径线和小径线，必须分别位于同一条直线上。当剖切平面通过实心螺杆轴线时，螺杆按不剖绘制，如图 12－14(a)所示图形中的主视图；否则按剖视绘制，如图 12－14(b)所示图形。

在内、外螺纹旋合图中，同一零件在各个剖视图中剖面线的方向和间隔应一致；在同一剖视图中相邻两零件剖面线的方向应相反或方向一致时错开画出或改变剖面线的间距以区分两个零件。

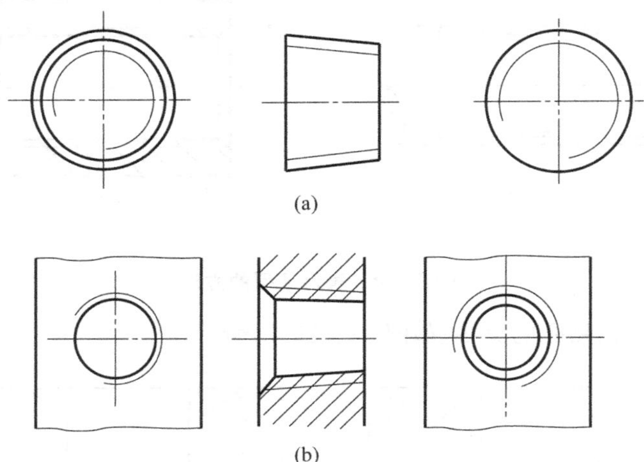
(a)
(b)

图 12－13 圆锥螺纹的画法

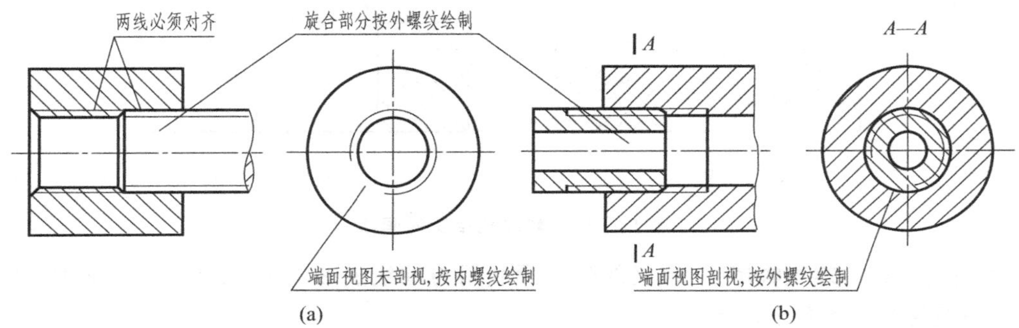

(a) (b)

图 12－14 螺纹连接的画法

12.1.3 常见螺纹的种类及其标注

1. 常见螺纹的种类

我国标准规定的螺纹种类较多，常见螺纹按用途分可为两大类型：连接螺纹和传动螺纹。每一大类还可细分。本书仅介绍机械工程常用的几种。

某种螺纹的名称，是依据螺纹最突出、最具代表性的螺纹特征来命名的，如传动螺纹中的梯形螺纹，就是因为其牙型最有代表性而得名。

(1) 连接螺纹

常见的连接螺纹有普通螺纹和管螺纹两种，其中普通螺纹分为粗牙普通螺纹和细牙普通螺纹两种。管螺纹又分为密封管螺纹和非密封的管螺纹。其中非密封管螺纹连接由圆柱外螺纹与圆柱内螺纹旋合获得，密封管螺纹连接，通过 1∶16 的圆锥外螺纹与圆锥或圆柱内螺纹旋合实现密封。

连接螺纹的共同特点是，牙型都是三角形，其中普通螺纹的牙型角为 60°，管螺纹的牙型角常用 55°。

普通螺纹中的细牙和粗牙的区别是，在大径相同的情况下，细牙螺纹的螺距比粗牙螺纹的螺距小。

细牙普通螺纹多用于细小的精密零件或薄壁零件，而管螺纹多用于水管、油管、煤气管等管路连接。

(2) 传动螺纹

主要用于传递动力和运动，双向传递动力和运动时，用梯形螺纹，单向传递动力时，用锯齿形螺纹。

常用螺纹的名称、特征代号、牙型简图、用途汇总如表 12－1 所列。

表 12－1　常用螺纹的名称及其特征代号与用途

螺纹种类及特征代号			牙　型	用　途
连接螺纹	普通螺纹	粗牙	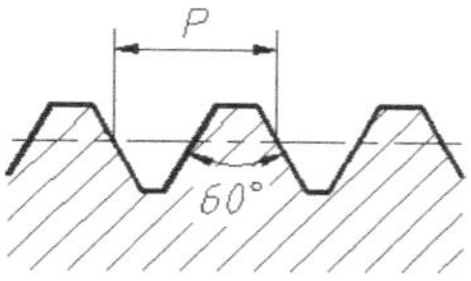	普通螺纹是最常用的连接螺纹。粗牙螺纹一般用于机件的连接，细牙螺纹用于细小的精密零件或薄壁零件上
		细牙		
	管螺纹	非螺纹密封的管螺纹 G	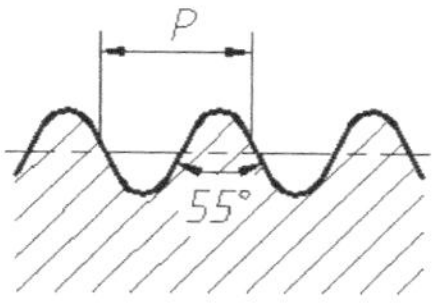	用于水管、油管、煤气管等等一般低压管路的连接
		螺纹密封的管螺纹 Rp R_C R	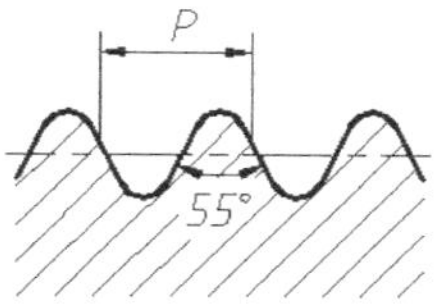	
传动螺纹	梯形螺纹 Tr		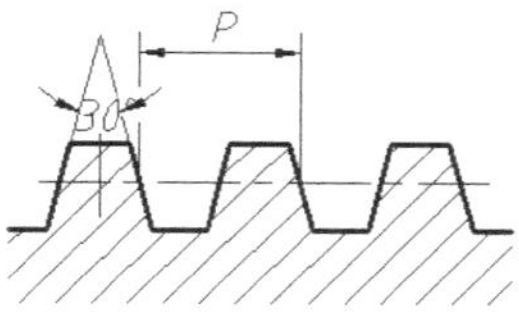	能传动双向动力，如机床上的丝杠，采用这种螺纹进行传动
	锯齿形 B		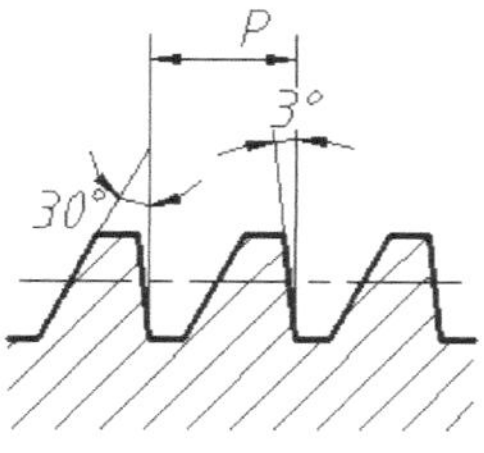	只能传动单向动力，如螺旋压力机的传动丝杠

2. 常见螺纹的标注

由于螺纹按国家标准规定画法画出后,图上并未表明牙型、公称直径、螺距、线数、制造精度和旋向等要素,因此,绘制螺纹图样时,需要用国家标准规定的标记格式和内容加以标注。

(1) 普通螺纹的标记

普通螺纹标记格式和内容如下:

螺纹特征代号　公称直径×螺距-中径、顶径公差带代号-旋合长度代号-旋向代号

① 普通螺纹特征代号为 M。公称直径为螺纹大径,同一公称直径的普通螺纹,其螺距分为粗牙(一种)和细牙(多种)。因此,在标注细牙螺纹时必须注出螺距,而粗牙则不需标注。当螺纹为左旋时,加注 LH,右旋则不需注明。

② 公差带代号由中径公差带和顶径公差带两组公差带组成,公差带代号由表示公差等级的数字和表示公差带位置的字母构成,字母大写时表示内螺纹,小写表示外螺纹。如"5g6g"。若中、顶径公差带代号相同,则只注一组,如"6H"。普通螺纹公差带位置代号,内螺纹为 G、H 两种,外螺纹为 e、f、g、h 四种,公差等级为 4、5、6、7、8 五个等级。参见《普通螺纹　公差》GB/T 197—2003 标准。

③ 旋合长度代号分为 S、N、L 三种,分别表示短、中、长旋合长度。一般选用中等旋合长度,且不需注出。其余应注出。也可直接用数值注出旋合长度值。如 M20－6H－32,表示旋合长度 32 mm。

普通螺纹的直径、螺距等标准参数可查相关标准系列。

【例 12－1】 解释"M12－5g6g－S"的含义。

解　表示粗牙普通外螺纹,大径为 12,中径公差带代号为 5g,大径公差带代号为 6g,短旋合长度,右旋。

【例 12－2】 解释"M12×1－6H－LH"的含义。

解　表示细牙普通内螺纹,大径为 12,螺距为 1,中径与小径公差带代号均为 6H,中等旋合长度,左旋。

内外螺纹旋合构成螺纹副,其标记一般不需注出,当需要标出时,用一斜线把内外螺纹公差带代号分开,左边为内螺纹,右边为外螺纹,例如 M20－6H/5g6g。

(2) 管螺纹的标记

在水管、油管、煤气管的管道连接中常用管螺纹,我国虽制定有米制管螺纹,但使用不是很广,管螺纹常用英制螺纹,管螺纹有非螺纹密封的管螺纹和螺纹密封的管螺纹,两种管螺纹在标注上有较大区别。

① 非螺纹密封管螺纹的标记格式和内容为:

螺纹特征代号　尺寸代号　公差等级代号-旋向代号

➢ 螺纹特征代号用 G 表示。

➢ 尺寸代号用不加上标的英寸数字 1/2,3/4,1,…表示。尺寸代号不表示直径尺寸,直径尺寸需要查表。

➢ 公差等级代号:对外螺纹分 A、B 两级标记,对内螺纹则不标注。左旋螺纹加注 LH,右旋不标注。

【例 12-3】 解释“G1/2A-LH”的含义。

解 表示尺寸代号为 1/2 的外管螺纹，公差等级代号为 A 级，左旋的非螺纹密封的管螺纹。

② 螺纹密封管螺纹的标记格式和内容为：

螺纹特征代号 尺寸代号 旋向代号

➢ 螺纹特征代号：Rc 表示与圆锥外螺纹旋合的圆锥内螺纹，Rp 表示与圆锥外螺纹旋合的圆柱内螺纹，R_1 表示与圆柱内螺纹旋合的圆锥外螺纹。R_2 表示与圆锥内螺纹旋合的圆锥外螺纹。

➢ 尺寸代号用不加上标的英寸数字 1/2，3/4，1，…表示。尺寸代号不表示直径尺寸，直径尺寸需要查表。

螺纹密封的管螺纹标记示例：尺寸代号为 3/4 的右旋圆柱内螺纹 Rp3/4；尺寸代号为 3/4 的右旋圆锥外螺纹 $R_1$3/4。尺寸代号为 3/4 的右旋圆柱内螺纹与圆锥外螺纹所组成的螺纹副标记：Rp/ R_1 3/4。

(3) 梯形螺纹的标记

梯形螺纹的完整标记由螺纹特征代号、公称直径、导程或螺距、旋向代号、中径公差带代号、旋合长度代号构成，梯形螺纹标记的各项内容及其有关规定与普通螺纹类似。梯形螺纹的标记格式和内容如下：

① 单线梯形螺纹：

螺纹特征代号 公称直径×螺距 旋向代号-中径公差带代号-旋合长度代号

② 多线梯形螺纹：

螺纹特征代号 公称直径×导程（*P* 螺距）旋向代号-中径公差带代号-旋合长度代号

螺纹特征代号为 Tr，其余各项标注内容和规定与普通螺纹相同。梯形螺纹的直径、螺距等标准参数可查 GB/T 5796.3—2005。

【例 12-4】 解释“Tr32×6-7e”的含义。

解 表示一单线梯形外螺纹，大径为 32，螺距为 6，右旋，中径公差带代号为 7e，中等旋合长度。

【例 12-5】 解释“Tr40×12(*P*4)LH-7H-L”的含义。

解 表示梯形内螺纹，大径为 40，导程为 12，螺距是 4，左旋三线螺纹，中径公差带代号 7H，长旋合长度。

(4) 锯齿形螺纹的标记

锯齿形螺纹特征代号 B，其余各项的标注内容及规定同梯形螺纹。

(5) 螺纹标记在图样上的标注

公称直径以毫米为单位的螺纹（如普通螺纹、梯形螺纹等），其标记应直接标注在大径的尺寸线上或其引出线上；管螺纹的标记一律注在引出线上，引出线应由大径处或对称中心处引出。各种螺纹的标注示例见表 12-2。

表 12-2　常用螺纹在图样上的标注

螺纹种类	标注图例	代号的意义	说　明
粗牙普通螺纹	M12×5g6g-s	表示公称直径为 12 mm 的右旋普通粗牙外螺纹，中径公差代号为 5g，顶径公差代号为 6g，短旋合长度	① 粗牙螺纹不标注螺距； ② 单线右旋不标注线数和旋向，多线或左旋要标注； ③ 中径和顶径公差带相同时，只标注一个代号； ④ 旋合长度为中等长度时，不标注
	M20-7H-LH	表示公称直径为 20 mm 的左旋普通粗牙内螺纹，中径和顶径公差代号为 7H，中等旋合长度	
细牙普通螺纹	M12×1.5-5g	表示公称直径为 12 mm，螺距为 1.5 mm 的右旋普通细牙外螺纹，中径和顶径公差代号为 5g，中等旋合长度	① 细牙螺纹标注螺距； ② 其他同粗牙螺纹
非密封管螺纹	G1/2A	表示尺寸代号为 1/2，非密封的 A 级精度右旋圆柱外螺纹	① 管螺纹只能以旁注的方式引出标注管螺纹，引出线从螺纹大径处引出； ② 非密封管螺纹，外螺纹标注精度等级，内螺纹不标； ③ 右旋省略不注； ④ 密封管螺纹特征代号表示其多种属性
密封管螺纹	Rp1/2	表示尺寸代号为 1/2，螺纹密封右旋圆柱内螺纹	
单线梯形螺纹	Tr40×7-7e	表示公称直径为 40 mm，螺距为 7 mm 单线右旋梯形外螺纹，中径公差代号为 7e，中等旋合长度	① 单线应标注螺距； ② 多线还要注导程； ③ 右旋省略不注，左旋要注 LH； ④ 中等旋合长度符号可以不标注
多线梯形螺纹	Tr40×14(P7)LH-7e	表示公称直径为 40 mm，导程为 14 mm，螺距为 7 mm 双线左旋梯形外螺纹，中径公差代号为 7e，中等旋合长度	

12.1.4　常用螺纹紧固件及其规定画法和标记

1. 常用螺纹紧固件及其标记

螺纹紧固件的种类较多，常用的螺纹紧固件有螺栓、双头螺柱、螺钉、螺母、垫圈等，如图 12-15所示。螺纹紧固件结构型式和尺寸等都已标准化，由标准件工厂大批量生产。设计时无须画出它们的零件图，只要在装配图明细栏中填写规定的标记即可，它们的结构形式和尺寸等可按其标记，在相应的标准中查出。表 12-3 列出了常用螺纹紧固件的结构形式和简化标记。

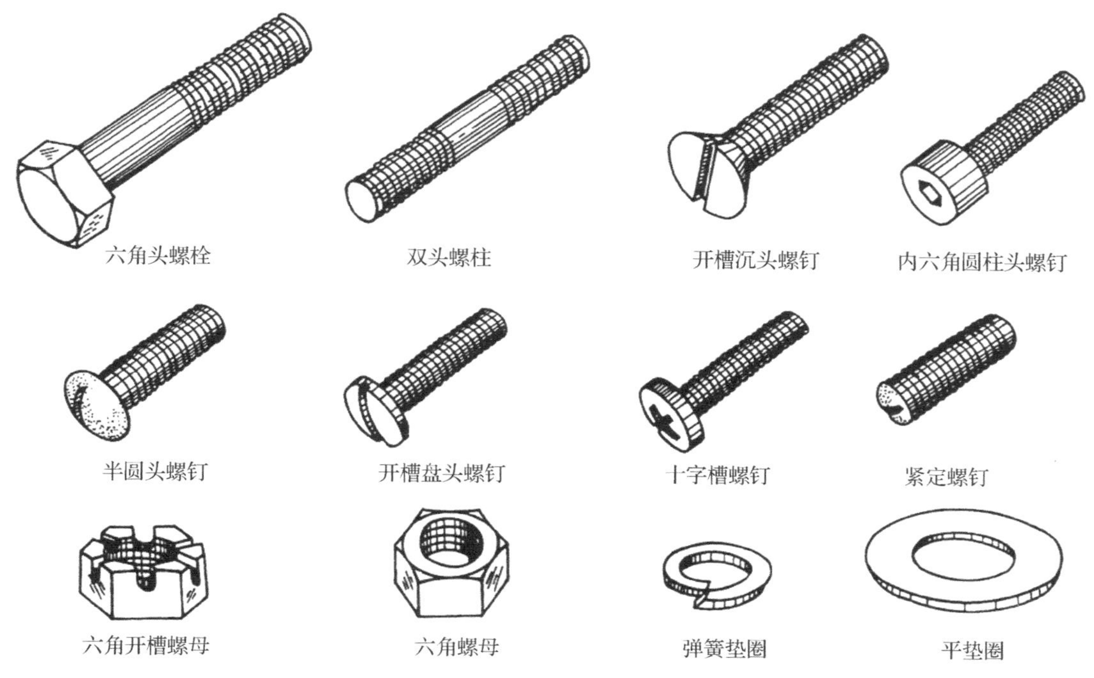

图 12-15　常见螺纹紧固件

表 12-3　常用螺纹紧固件及其简化标记

名　称	标　记	简　图	说　明
六角头螺栓	螺栓 GB 5782—2000 M10×50	M10 50	A 级六角头螺栓，螺纹规格 d=M10，公称长度 l=50
双头螺柱	螺柱 GB 898—1988 M10×45	M10 b_m 45	A 型 b_m=1.25 d 的双头螺柱，螺纹规格 d=M10，公称长度 l=45，旋入一端长 b_m=12.5

续表 12 - 3

名　称	标　记	简　图	说　明
开槽圆柱头螺钉	螺钉 GB/T65—2000 M10×50	M10 50	螺纹规格 d=M10、公称长度 l=50、性能等级为 4.8 级、不经表面处理的开槽圆柱头螺钉
开槽沉头螺钉	螺钉 GB/T 68—2000 M10×50	M10 50	螺纹规格 d=M10、公称长度 l=50、性能等级为 4.8 级、不经表面处理的开槽沉头螺钉
开槽长圆柱端紧定螺钉	螺钉 GB/T 75—1985 M12×35	M12 35	螺纹规格 d=M12、公称长度 l=35、性能等级为 140HV、表面氧化的开槽长圆柱端紧定螺钉
六角螺母	螺母 GB/T 6170—2000 M12	M12	螺纹规格 D=M12、性能等级为 8 级、不经表面处理、A 级的Ⅰ型六角螺母
平垫圈	垫圈 GB/T 97.1—2002　12	ϕ13	标准系列、规格 12、性能等级为 140HV、不经表面处理的平垫圈
标准型弹簧垫圈	垫圈 GB/T 93—1987　12	ϕ13	规格 12、材料为 65Mn、表面氧化的标准型弹簧垫圈

2. 常用螺纹紧固件连接画法

常用的螺纹连接形式有螺栓连接、螺柱连接和螺钉连接，是可拆卸的连接，可以实现不同零件之间的连接。

(1) 常用单个螺纹紧固件的比例画法

为提高画图的效率，工程实践中常采用比例画法，即将螺纹紧固件各部分尺寸(公称长度除外)都与规格建立一定的比例关系。图 12 - 16～图 12 - 20 所示分别为螺母、垫圈、六角头螺栓、螺柱和螺钉头部的比例画法。螺栓的六角头除厚度为 0.7 d 外，其余尺寸与图 12 - 16 所示的螺母画法相同。

(2) 螺栓连接装配图的画法

用螺栓、螺母，垫圈把两个被连接的零件连接在一起，称为螺栓连接，如图 12 - 21 所示。它常用于两被连接件都不太厚，受力较大，两个零件能制出通孔的情况。其通孔的大小，可根据装配精度的不同，查机械设计手册确定。为提高画图速度，被连接件上通孔直径一般可按

1.1 d 画出。螺栓连接装配图的比例画法如图 12－22 所示。

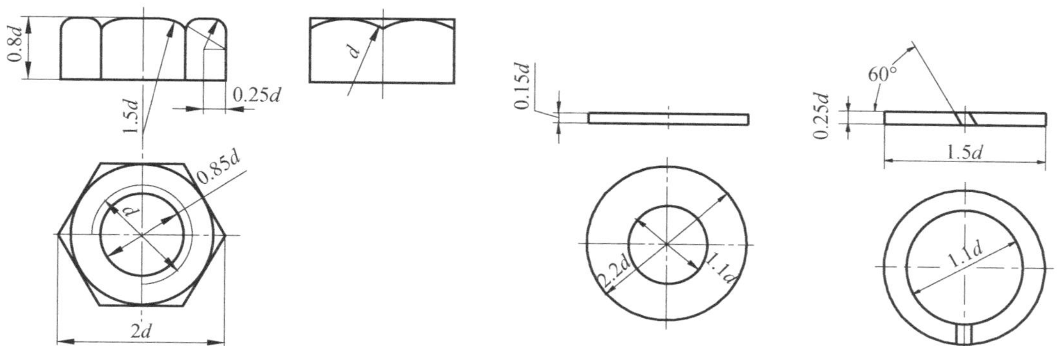

图 12－16　螺母比例画法　　图 12－17　垫圈的比例画法

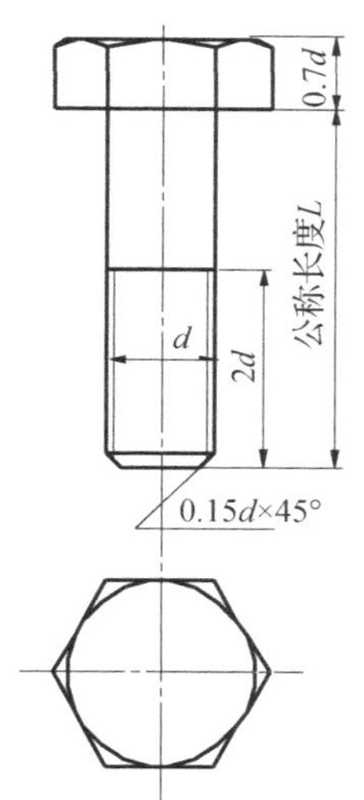

图 12－18　六角头螺栓的比例画法

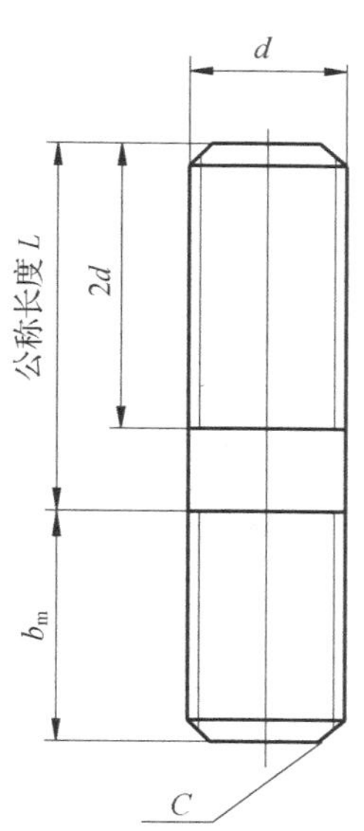

图 12－19　螺柱的比例画法

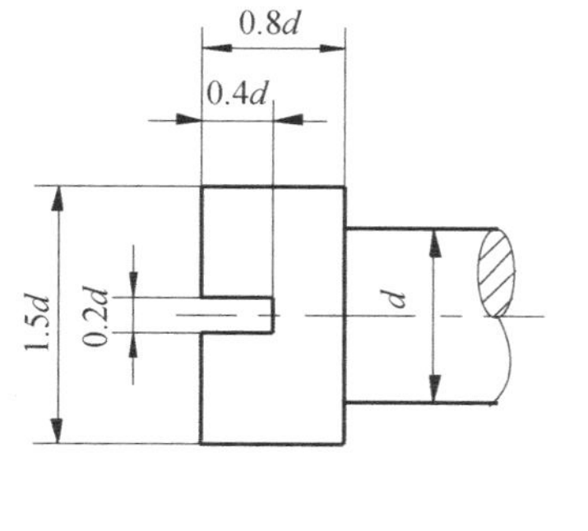

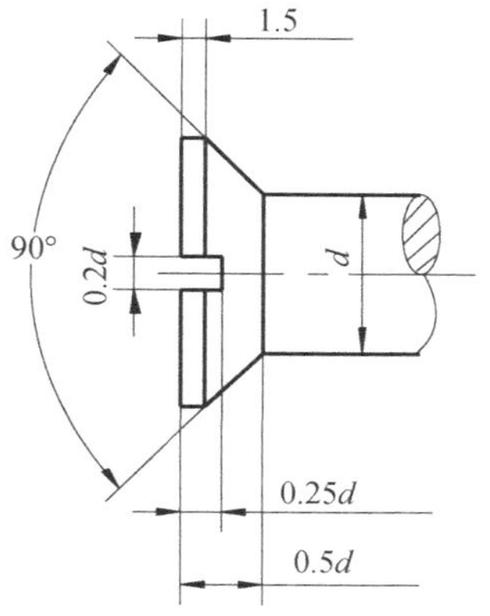

图 12－20　开槽圆柱头和开槽沉头螺钉头部的比例画法

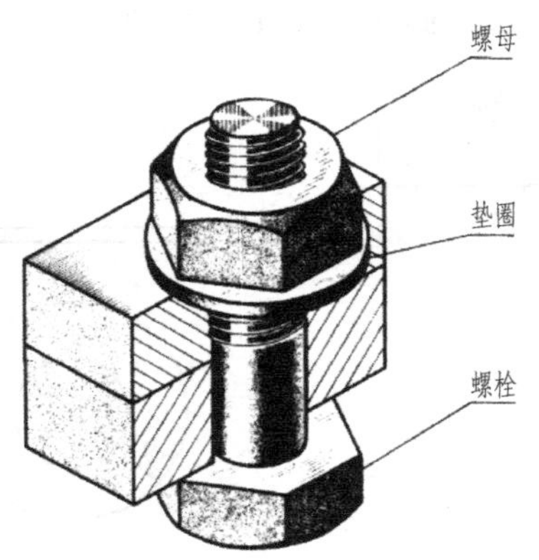

图 12-21　螺栓连接轴测剖视图

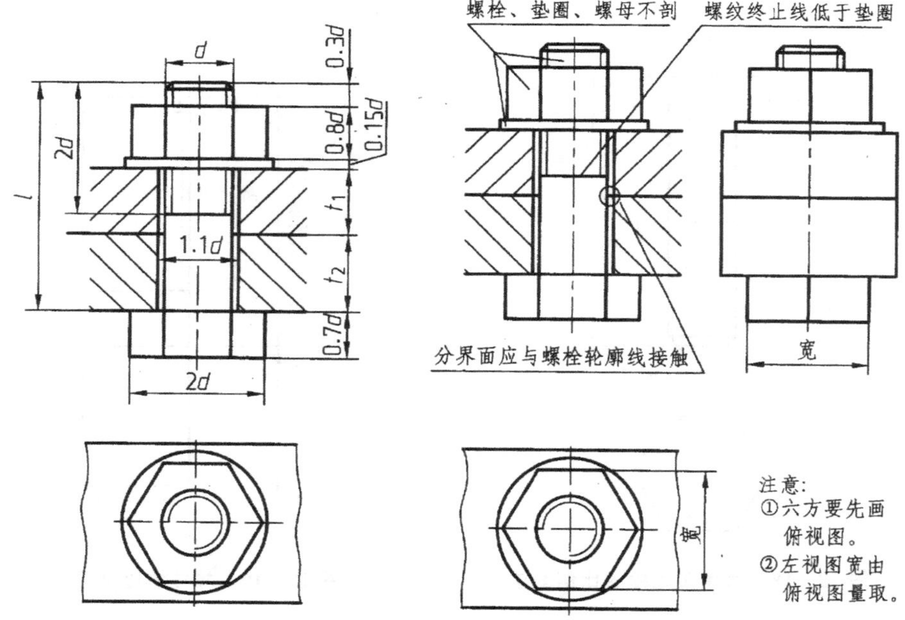

图 12-22　螺栓连接装配图的画法

画图时要注意以下几个问题:

① 螺栓的公称长度按下式计算:

$$L_{计}=t_1+t_2+0.15d(垫圈厚)+0.8d(螺母厚)+0.3d$$

查标准,选取与 $L_{计}$ 接近的标准长度值 l,即为螺栓标记中的公称长度。

② 两个零件接触处只画一条粗实线。零件之间不接触的表面,无论间隙多小,在图上要画出间隙,必要时可夸大画出。

③ 在剖视图中,当剖切平面通过螺栓轴线时,螺栓、螺母和垫圈这些标准件均按不剖绘制。

④ 在剖视图中,同一零件在各个剖视图中剖面线的方向和间隔应一致;在同一剖视图中相邻两零件剖面线的方向应相反或方向一致时错开画出或改变剖面线的间距以区分两个

零件。

⑤ 螺母及螺栓头部可以采用简化画法，可省略倒角及其交线。若采用弹簧垫圈防松时，可参阅图 12－28 绘制其开口方向等。

(3) 螺钉连接装配图的画法

螺钉用以连接一个较薄、一个较厚的两个零件，它不需螺母，常用在受力不大和不需经常拆卸的场合。使用时，较薄零件上加工通孔，较厚的零件上加工螺孔。图 12－23 所示为常见螺钉连接装配图的比例画法。要注意以下几个问题：

① 螺钉公称长度 L 可按下式计算：

$$L_{计}=t_1+b_m$$

式中：t_1——上部较薄零件的厚度；

b_m——螺钉旋入螺孔的长度。

查相关标准，选取与 $L_{计}$ 相近的标准长度值。

② 螺钉旋入长度 b_m 值与被旋入件的材料有关，被旋入件的材料为钢时，$b_m=d$；为铸铁时，$b_m=1.25\ d$ 或 $1.5\ d$；为铝时，$b_m=2\ d$。

③ 螺纹终止线应高出较厚零件上的螺纹孔上表面，以保证螺钉连接的牢固性。

④ 为确保可靠的连接，较厚零件上的螺纹孔深为 $b_m+0.5d$。

⑤ 螺钉头部的一字槽，尺寸较小时，可画成单线，但为了便于与其他图线相区别，规定该线应比可见轮廓线更粗一些(1.5 d～2 d)，同时在垂直于轴线的投影面上的视图中应画成与水平成 45°的倾斜线，而在平行于轴线的投影面上的视图中，均按槽与投影面成垂直的情况画在中间。

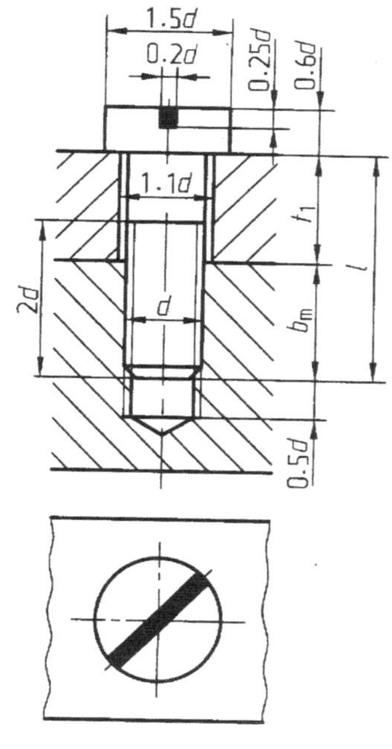

(a) 开槽圆柱头螺钉

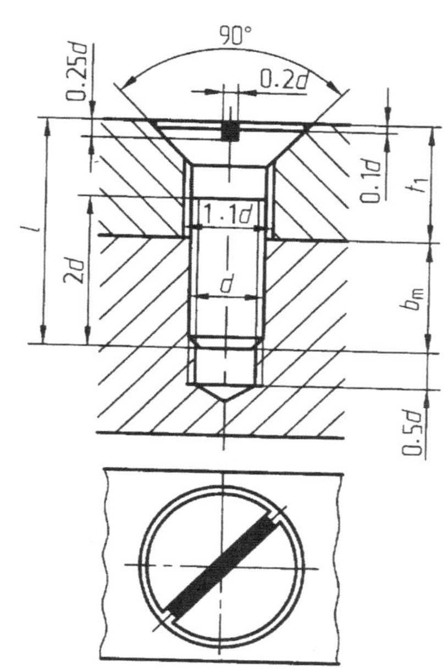

(b) 开槽沉头螺钉

图 12－23　螺钉联接装配图的画法

(4) 紧定螺钉连接图的画法

紧定螺钉也是机器上经常使用的一种螺钉。紧定螺钉用来固定零件间的相对位置,使它们不产生相对运动。图 12-24 所示的轴与齿轮的轴向固定,即采用开槽锥端紧定螺钉旋入轮毂的螺孔内,使螺钉端部的锥面与轴上的锥坑压紧,从而达到固定轴和齿轮相对位置的目的。

图 12-24 中的左边图和中间图,表示零件图上螺孔和锥坑的图样,右边为连接图上的画法。

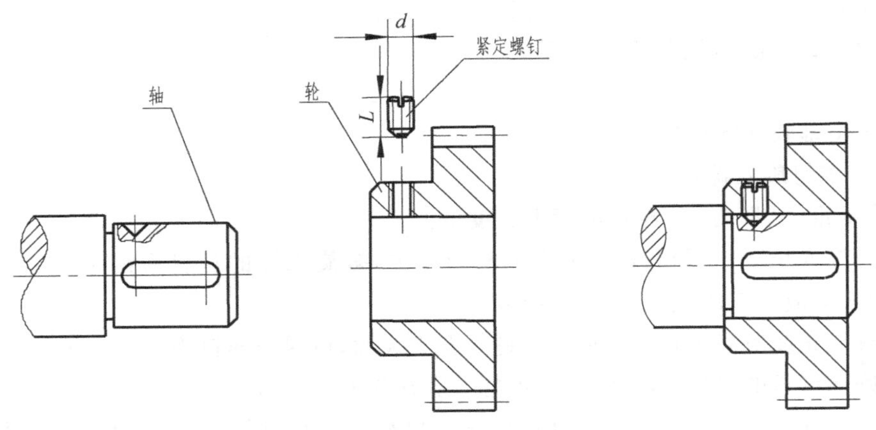

图 12-24 紧定螺钉连接

(5) 螺柱连接装配图的画法

图 12-25 所示为螺柱连接示意图。螺柱连接使用螺柱、螺母和垫片,这种连接常用于被连接件较厚、不便于打通孔的情况。拆卸时,只需拆下螺母等零件,而不需拆螺柱。所以,这种连接多次装拆不会损坏被连接件。使用时,相对较薄零件打通孔,较厚零件加工螺孔。螺柱连接装配图的比例画法如图 12-26 所示。

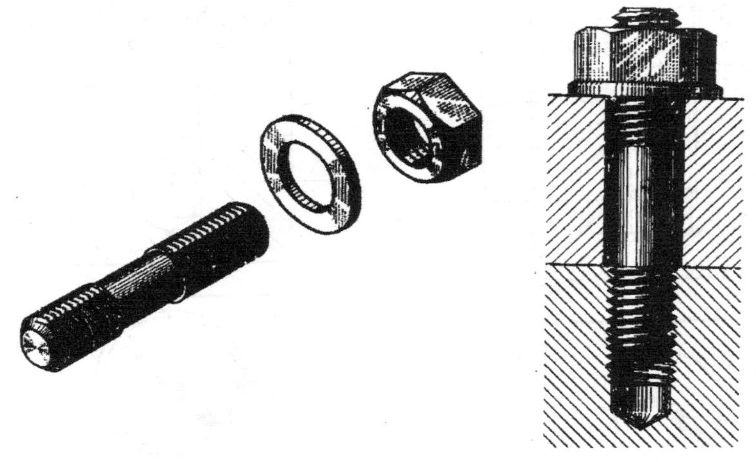

图 12-25 螺柱连接

画螺柱连接装配图时,应注意以下几个问题:

① 螺柱的公称长度 L 的确定

$$L_{计}=t_1+0.15d(\text{垫圈厚})+0.8d(\text{螺母厚})+0.3d$$

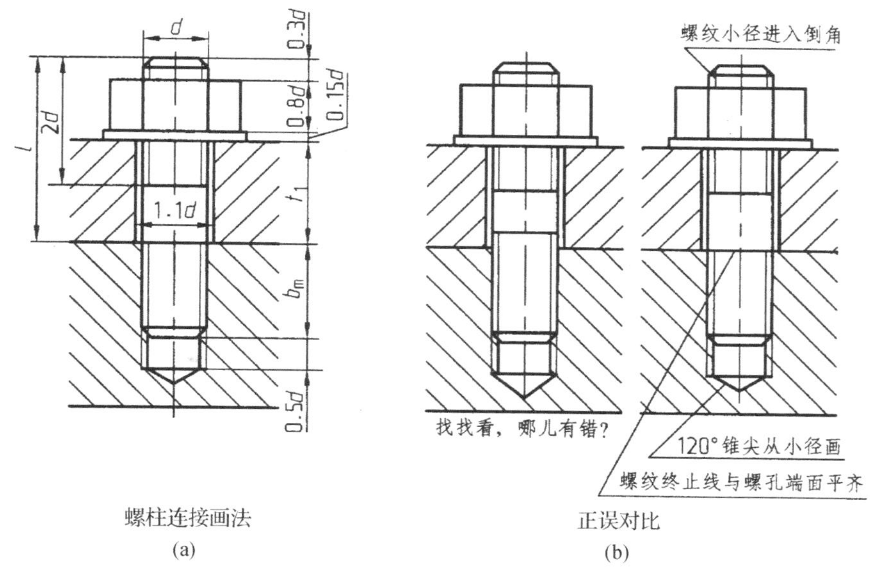

螺柱连接画法
(a)

正误对比
(b)

图 12－26　螺柱连接装配图的画法

查标准，与 $L_{计}$ 接近的标准长度值，即为螺柱标记中的公称长度 L。

② 螺柱连接装配图的画法，上半部分类似于螺栓，下半部分类似螺钉。

而且螺柱连接需要画出旋紧时的状态，即旋入端的螺纹应全部旋入机件的螺纹孔内，拧紧在被联接件上。因此，图中的螺纹终止线与旋入机件的螺孔上端面平齐。

③ 螺柱连接装配图可以采用简化画法。

④ 若采用弹簧垫圈防松时，可参阅图 12－28 所示绘制其开口方向等。

(6) 螺纹连接的防松

在螺纹连接中，螺母虽然可以旋得很紧，但在冲击和交变载荷作用下，螺母还是有可能松动，为防止螺母松脱，常采用双螺母(见图 12－27)、弹簧垫圈(见图 12－28)或者槽形螺母和开口销(见图 12－58)等防松措施。

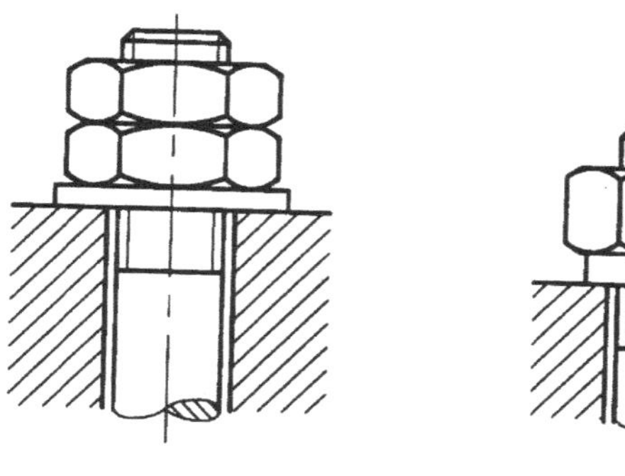

图 12－27　双螺母防松

图 12－28　弹簧垫圈防松

12.2　齿轮及其规定画法

齿轮是机器或部件中广泛应用的传动零件。齿轮传动不仅可以实现动力传递，还能实现转速和回转方向的改变。齿轮的轮齿结构主要参数模数、压力角已经标准化,通常将符合标准的齿轮称为标准齿轮。在标准基础上做某些变化的称为变位齿轮。

齿轮的种类很多,按传动轴之间的相对位置,常用传动种类有以下3种:

① 圆柱齿轮。用于两平行轴间的传动(如图12-29(a)所示)。

② 圆锥齿轮。用于两相交轴间的传动(如图12-29(b)所示)。

③ 蜗杆蜗轮。用于两交叉轴间的传动(如图12-29(c)所示)。

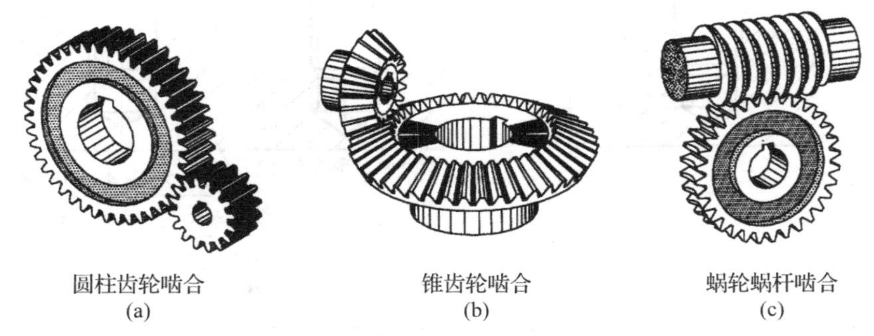

图12-29 齿轮传动种类

12.2.1 圆柱齿轮

圆柱齿轮按轮齿的形式不同,分为圆柱直齿轮、斜齿轮和人字齿轮,如图12-30所示。

圆柱齿轮的基本形体为圆柱,其基本结构由轮齿、轮辐、轮毂等组成,如图12-30所示。圆柱直齿轮应用最为广泛。下面以圆柱直齿标准齿轮为主介绍其有关知识和规定画法。

图12-30 圆柱齿轮

1. 圆柱齿轮的各部分名称

圆柱齿轮的各部分名称及其基本参数,如图12-31和图12-32所示。

(1) 分度圆直径 d

齿轮设计时计算尺寸、制造时用于分齿的基准圆称为分度圆;它是一个假想圆柱面的直径,在该圆柱面上轮齿齿间和齿厚相等。分度圆直径用 d 表示。

(2) 齿顶圆直径 d_a

与所有轮齿齿顶相重合的圆柱面直径称为齿顶圆,齿顶圆直径以 d_a 表示。

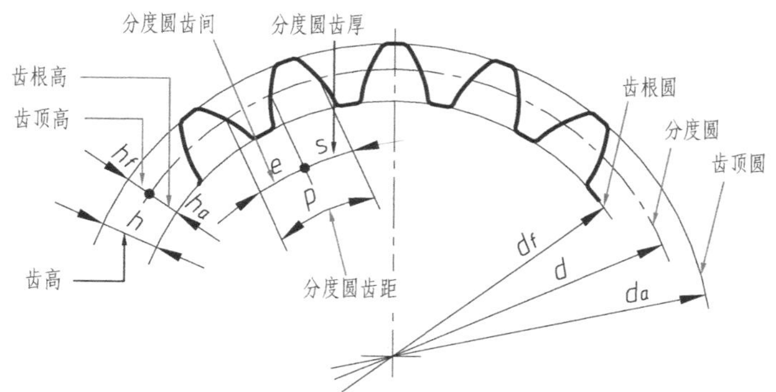

图 12-31　齿轮术语 1

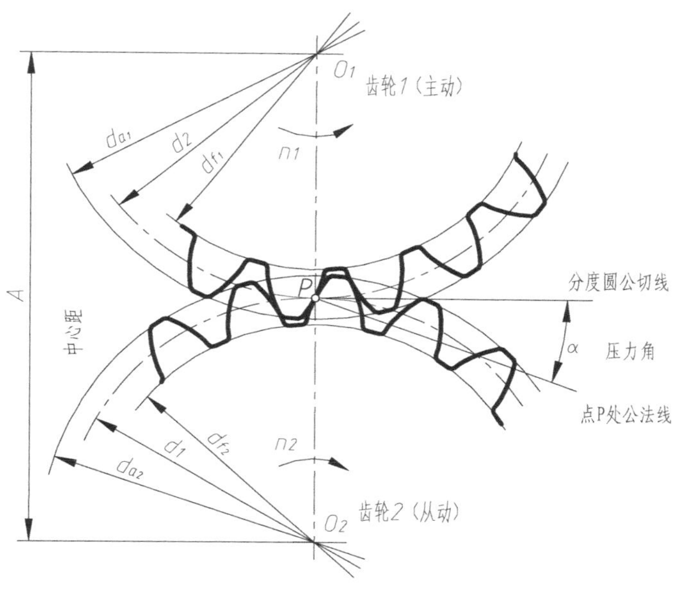

图 12-32　齿轮术语 2

（3）齿根圆直径 d_f

与所有轮齿齿根相重合的圆柱面直径称为齿根圆，齿根圆直径以 d_f 表示。

（4）分度圆齿距 p、齿厚 s 和齿间 e

分度圆齿距：相邻两齿在分度圆上对应点之间的弧长称为齿距，用 p 表示。

分度圆齿厚：一个齿轮在分度圆上两侧齿廓间的弧长称为齿厚，用 s 表示。

分度圆齿间：一个齿槽相邻两齿廓间在分度圆上的弧长称为齿间宽，用 e 表示。

对于标准齿轮 $s=e=p/2$ 或 $p=s+e$。

（5）齿数 z

齿轮轮齿的个数称为齿数，用 z 表示。

（6）模数 m

齿轮上有多少齿，在分度圆周上就有多少齿距，即齿轮分度圆周长 $\pi d=pz$，则 $d=zp/\pi$，为了计算方便，令 $m=p/\pi$，即将齿距 p 除以圆周率 π 所得的商，称为齿轮的模数，用符号 m

表示,尺寸单位为 mm。为了便于齿轮设计制造,模数已标准化,如表 12-4 所列。

表 12-4　圆柱齿轮模数(摘自 GB/T 1357—1987)

第一系列	1,1.25,1.5,2,2.5,3,4,5,6,8,10,12,16,20,25,32,40
第二系列	1.75,2.25,2.75,(3.25),3.5,(3.75),4.5,5.5,(6.5),7,9,(11),14,18,22

注:优先采用第一系列,其次是第二系列,括号内的模数尽量不用。

模数是设计和制造齿轮的重要参数,从模数的定义可以看出,它与分度圆齿距呈正比,它反映了轮齿的大小,体现了齿轮承载能力。一对齿轮相啮合时,齿距 p 应相等,所以 m 应相等,加工一对相互啮合的齿轮,应选用相同模数的刀具,因而模数是选择刀具的依据。

(7) 齿高 h

齿顶圆与齿根圆之间的径向距离称为齿高,以 h 表示。

齿顶高 h_a:齿顶圆与分度圆之间的径向距离称为齿顶高,用 h_a 表示。

齿根高 h_f:齿根圆与分度圆之间的径向距离称为齿根高,用 h_f 表示。

全齿高 h:$h=h_a+h_f$。

(8) 中心距 a

两相互啮合的标准圆柱齿轮,两个分度圆相切,此时分度圆称为节圆。如图 12-32 所示,齿轮轴线之间的距离称为中心距,用 a 表示。对标准齿轮而言,中心距为两齿轮的分度圆半径之和:

$$a=d_1/2+d_2/2$$

(9) 齿形角

两相互啮合的标准圆柱齿轮,如图 12-32 所示,齿轮转动时,分度圆齿廓上的啮合点 P,它的运动方向(分度圆的切线方向)和正压力方向(渐开线的法线方向)所夹的锐角,称为压力角。而加工齿轮用的基本齿条的法向压力角,称为齿形角。标准直齿圆柱齿轮压力角和齿形角均以 α 表示。我国规定标准齿形角为 20°。

2. 标准直齿圆柱齿轮几何尺寸计算

依据齿轮的有关标准,一对相啮合的标准直齿圆柱齿轮,已知模数和齿数,就可以计算轮齿的基本几何尺寸。标准直齿圆柱齿轮几何尺寸计算公式如表 12-5 所列。

表 12-5　标准直齿圆柱齿轮几何尺寸计算公式

名称及代号	计算公式	名称及代号	计算公式
模数 m	$m=d/z$(计算后按表 12-4 取标准值)	齿顶圆直径 d	$d_a=m(z+2)$
分度圆直径 d	$D=mz$	齿根圆直径 d_t	$d_t=m(z-2.5)$
齿顶高 h_a	$h_a=m$	分度圆齿距 p	$p=\pi m$
齿根高 h_f	$h_f=1.25m$	分度圆齿厚 s	$s=\pi m/2$
齿高 h	$h=h_a+h_f$	中心距 a	$a=(d_1+d_2)=m(z_1+z_2)/2$

3. 单个圆柱齿轮的规定画法

单个齿轮的画法,一般用两个视图表示(见图 12-33(a)),其中非圆视图画成全剖或半剖。按国家标准规定,在两个视图中齿顶圆、齿顶线用粗实线表示,齿根圆、齿根线用细实线表示,也可省略不画。分度圆、分度线用细点画线画出(分度线应超出轮廓 2~3 mm)。在剖视图中,当剖切平面通过齿轮的轴线时,轮齿按不剖绘制,齿根线用粗实线绘制,如图 12－33(b)所示。若为斜齿或人字齿,可在非圆的视图上画成半剖或局部剖视,并用 3 条细实线表示轮齿的方向,如图 12－33(c)(d)所示。齿轮的其他结构按投影画出。如需表明齿形,可在图形中用粗实线画出一个或两个齿,参见图 12－38 所示的内齿轮。

齿轮的工作图参见图 12－34。

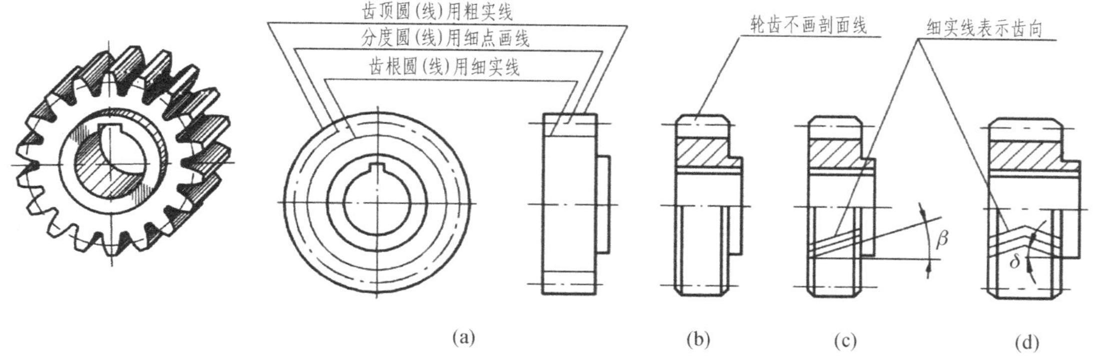

图 12－33　单个圆柱齿轮的规定画法

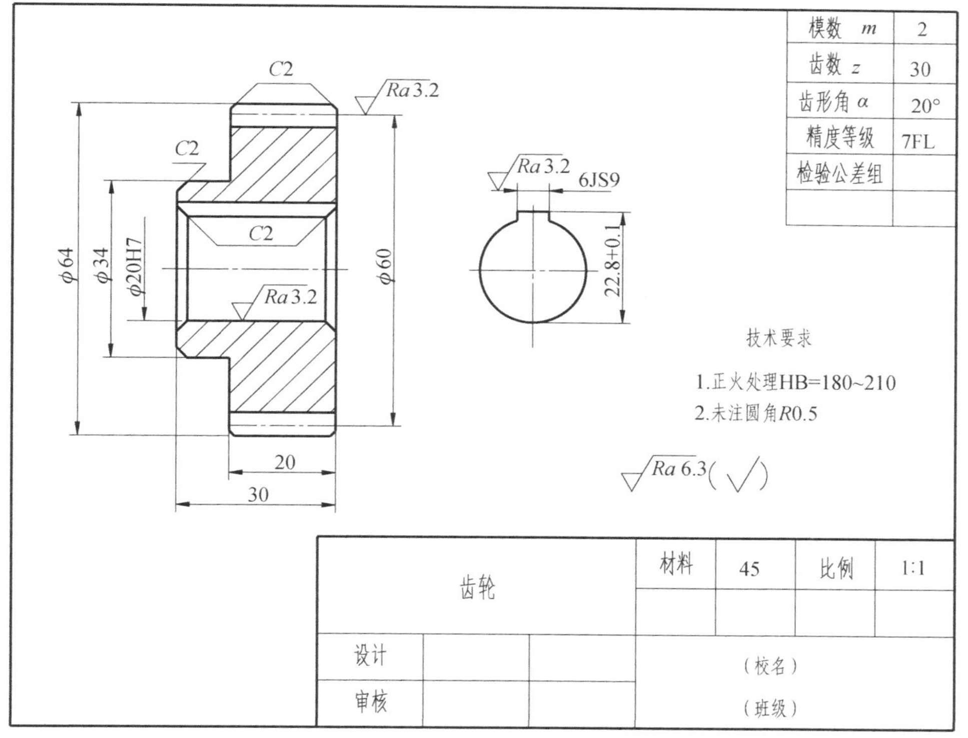

图 12－34　齿轮工作图

4. 圆柱齿轮啮合的规定画法

两标准齿轮相互啮合时,两轮分度圆处于相切的位置,此时分度圆又称为节圆。啮合区的规定画法如下:

① 在垂直于圆柱齿轮轴线的视图(齿轮端面的视图)中,两齿轮的节圆相切。齿顶圆和齿根圆有两种画法:

➤ 啮合区的齿顶圆画粗实线,齿根圆画细实线,如图 12－35(a)所示。

➤ 啮合区的齿顶圆省略不画,两个齿根圆省略不画,如图 12－35(d)所示。但相切的两节圆须用细点画线画出。

② 在平行于圆柱齿轮轴线的视图中,不剖时,啮合区的齿顶线不需画出,节线用粗实线绘制,其他处的节线用细点画线绘制,如图 12－35(c)所示。

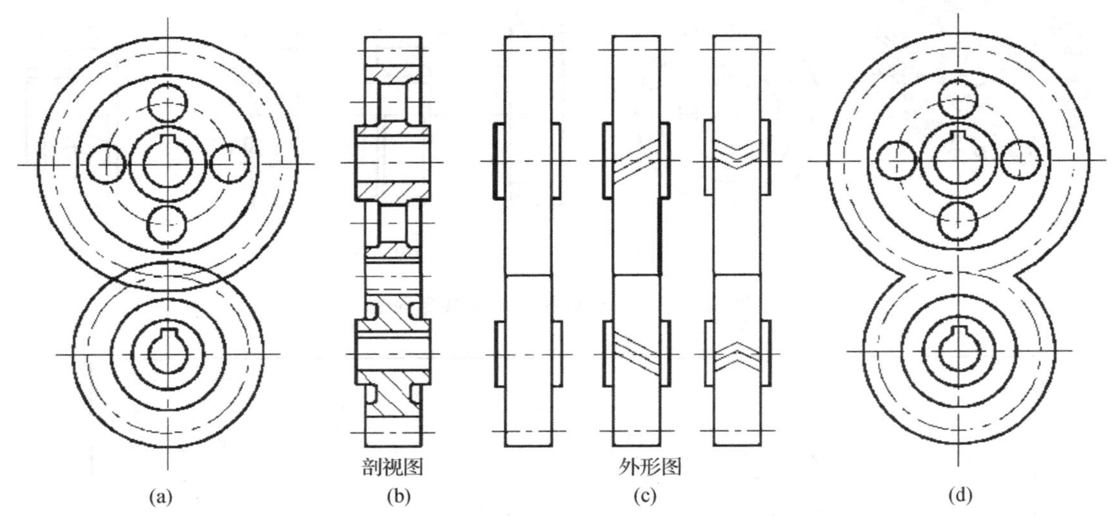

图 12－35　齿轮啮合的规定画法

③ 在平行于圆柱齿轮轴线的视图中,运用剖视时,当剖切平面通过两啮合齿轮的轴线时,啮合区的投影如图 12－35(b)和图 12－36 所示,将一个齿轮的轮齿用粗实线绘制,另一个齿轮的轮齿被遮挡的部分用虚线绘制,也可省略不画。齿顶与齿根之间应有 0.25 m 的间隙(太小时,可夸大画出)。

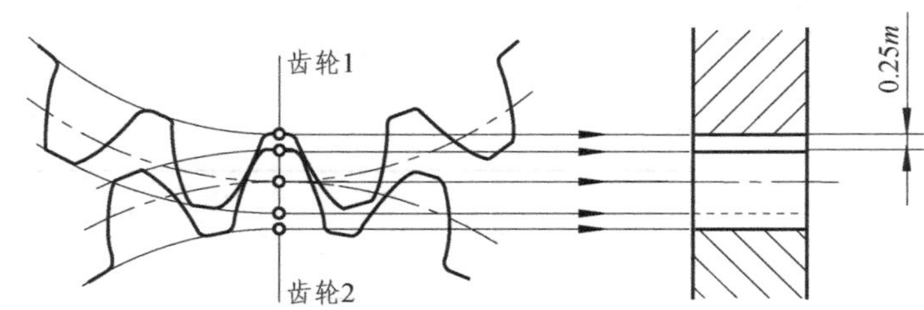

图 12－36　齿轮啮合区剖视画法

④ 内啮合圆柱齿轮的画法参见图 12－37。

5. 齿轮和齿条啮合的画法

当齿轮直径无限大时,它的齿顶圆、齿根圆、分度圆和齿廓都变成了直线,齿轮变成为齿条。齿轮齿条啮合时、可由齿轮的旋转运动带动齿条做直线运动,也可由齿条的直线运动带动齿轮做旋转运动。齿轮和齿条啮合的画法与齿轮啮合画法基本相同,如图 12－38 所示。

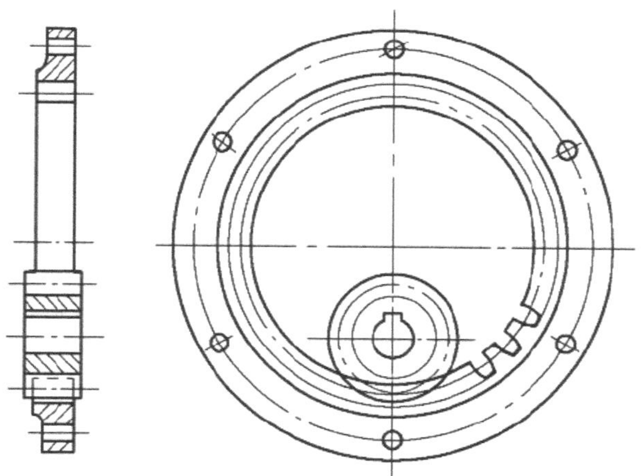

图 12－37　齿轮内啮合图的画法

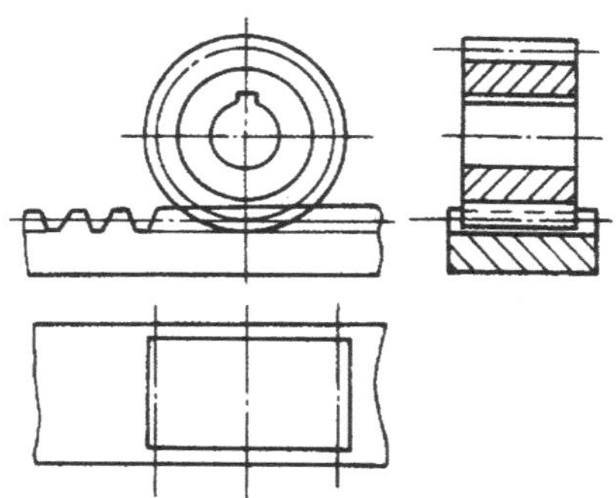

图 12－38　齿轮与齿条啮合的画法

12.2.2　圆锥齿轮

1. 圆锥齿轮的种类

圆锥齿轮常用于传递两相交轴间的旋转运动和动力。常用圆锥齿轮可分为直齿、斜齿、螺旋齿和人字齿等，见图 12－39。

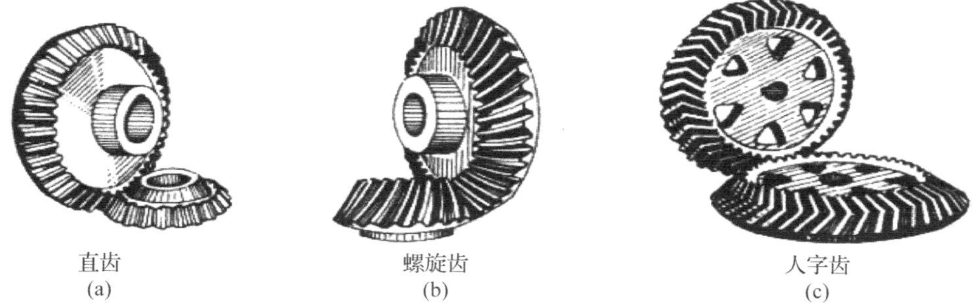

图 12－39　常见圆锥齿轮传动

2. 直齿圆锥齿轮各部分名称及其画法

(1) 直齿圆锥齿轮各部分名称及尺寸

直齿圆锥齿轮常用于轴交角为 90°的两轴间的传动,图 12－40 所示为单个直齿圆锥齿轮图,其主体结构由前锥面、顶锥面、背锥面构成。刀具沿着顶锥面切除轮齿。

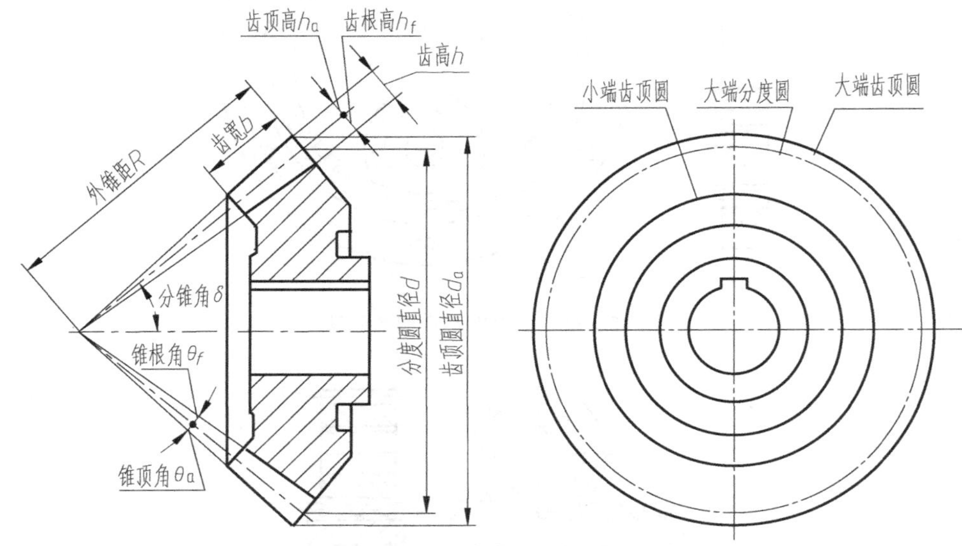

图 12－40　直齿圆锥齿轮各部分名称

由于圆锥齿轮轮齿分布在圆锥面上,其齿形从大端到小端是逐渐缩小的。模数和直径也随之而变,为便于设计和制造,规定以大端为准,齿顶高 h_a、齿根高 h_f、分度圆直径 d、齿顶圆直径 d_a、齿根圆直径 d_f,均在大端测量检验,取大端模数为标准模数(GB/T12368—1990),作为计算圆锥齿轮各部分尺寸的基本参数。大端背锥素线与分度圆锥素线相垂直,圆锥轴线与分度圆锥素线之间的夹角 δ 称为分锥角,其他部分名称见图 12－40 所示。模数,齿数、分锥角,构成单个圆锥齿轮的基本参数,其他参数均可依据标准规定和几何关系得出。标准直齿圆锥齿轮各部分名称及尺寸关系见表 12－6。

表 12－6　标准直齿圆锥齿轮基本尺寸计算公式

基本参数:模数 m、齿数 z、分度圆锥角 δ 为已知			
名称代号	计算公式	名称代号	计算公式
齿顶高 h_a	$h_a=m$	齿顶角 θ_a	$\tan\theta_a=(2\sin\delta)/z$
齿根高 h_f	$h_f=1.2m$	齿根角 θ_f	$\tan\theta_f=(2.4\sin\delta)/z$
齿高 h	$h=2.2m$	分度圆锥角 δ	若 $\delta_1+\delta_2=90°$则,$\tan\delta_1=z_1/z_2$
分度圆直径 d	$d=mz$	顶锥角 δ_a	$\delta_a=\delta+\theta_a$
齿顶圆直径 d_a	$d_a=m(z+2\cos\delta)$	根锥角 δ_f	$\delta_f=\delta-\theta_f$
齿根圆直径 d_f	$d_f=m(z-2.4\cos\delta)$	齿宽 b	$b\leqslant R/3$
外锥距 R	$R=mz/(2\sin\delta)$		

（2）单个圆锥齿轮画法

如图 12－40 所示，单个圆锥齿轮的表达与圆柱齿轮相似，用两个视图即可。平行于轴线的视图常作主视图，圆锥齿轮的主视图常作剖视，轮齿按不剖绘制，用粗实线画出齿顶线、齿根线，用细点画线画出分度线。在垂直于轴线的视图（左视图）中，用粗实线画出圆锥齿轮的大端及小端的齿顶圆，用细点画线画出大端的分度圆，齿根圆不画，其他部分结构按投影关系画出即可。左视图也常用仅表达键槽的局部视图代替。

3. 圆锥齿轮啮合画法

轴线互相垂直的一对标准直齿圆锥齿轮啮合时，其表达方法常用一个通过其轴线的剖视图表达即可。有时也用两个视图表达。图 12－41(a)所示为两个视图的表达方法，其要点是：通过轴线的剖视图中，啮合区的画法与圆柱齿轮类似，它们的分度圆锥应相重合，并用细点画线画出，用粗实线画出一个齿轮的齿部，另一个齿轮齿部被遮住部分画成虚线或省略。另一个外形视图中，一齿轮的大端分度圆与另一个齿轮大端分度线相切，一齿轮的节锥线通过另一个齿轮的中心。

图 12－41(b)所示为斜齿圆锥齿轮的画法，螺旋圆锥齿轮也可参照画出。

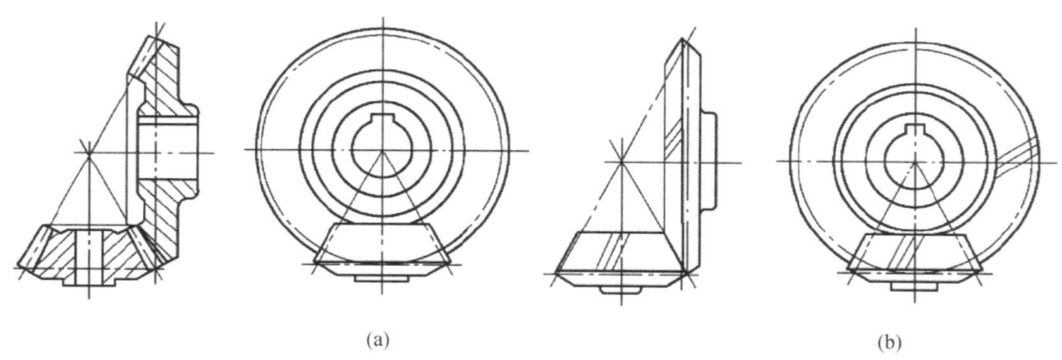

图 12－41　轴线正交圆锥齿轮啮合的画法

图 12－42 所示为绘制相互啮合的直齿圆锥齿轮的步骤。

12.2.3　蜗轮、蜗杆

蜗轮、蜗杆用来传递交叉两轴间的运动和动力，而以两轴间交叉垂直最为常见。传动时，蜗杆主动，蜗轮从动。蜗杆相当于齿数不多的螺旋角较大的螺旋齿轮。常用蜗杆的轴向剖面和普通螺纹相似，因此，这种蜗杆又有模数螺纹之称，齿数即螺纹的线数。蜗轮可看成螺旋角较小的螺旋齿轮。齿顶加工成凹弧形，用来增加蜗杆的接触面积，提高其使用寿命。蜗杆、蜗轮传动比大，传动效率低。

1. 单个蜗杆、蜗轮各部分名称及其画法

（1）蜗杆轴向齿距 P_X 及模数 m

一对相啮合的蜗杆、蜗轮，在包含蜗杆轴线并垂直于蜗轮轴线的中间平面内（也称主平面），蜗杆蜗轮传动是齿条齿轮的啮合，蜗杆的轴向齿距 P_X（见图 12－43、图 12－44）应与蜗轮的端面齿距 P_t 相等，与之对应，蜗杆的轴向模数 m_X 与蜗轮的端面模数 m_t 也相等，并规定为标准模数 m。

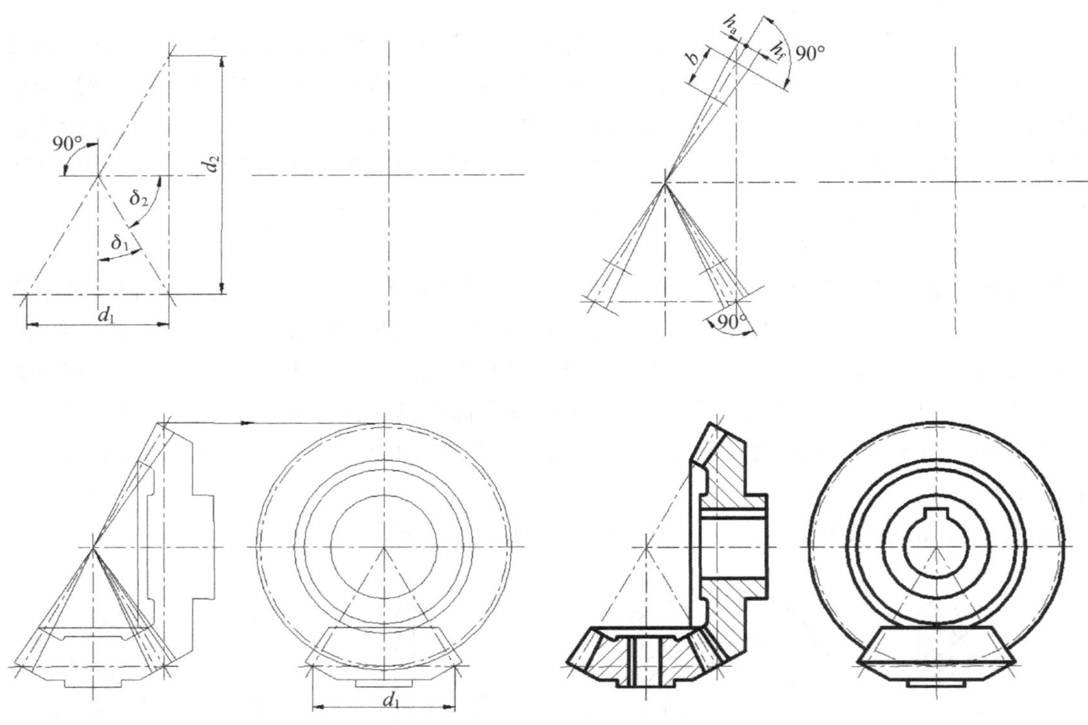

图 12-42 圆锥齿轮啮合图的绘图步骤

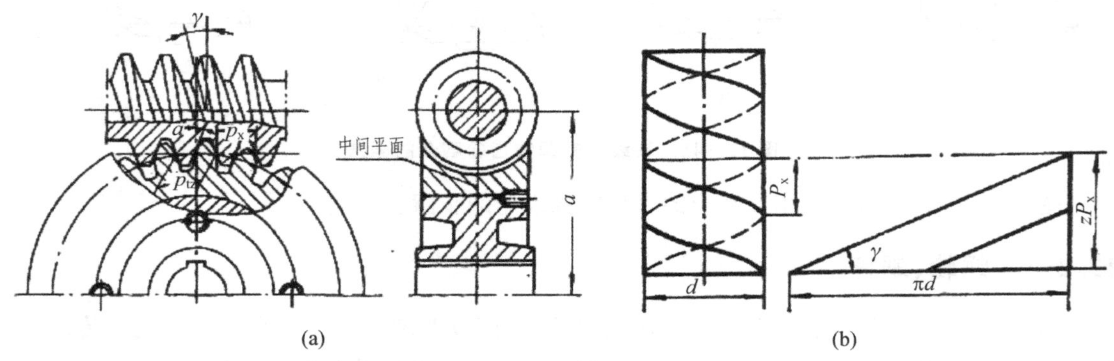

图 12-43 蜗轮蜗杆啮合条件

蜗轮分度圆直径 D、喉圆直径(中间平面内齿顶圆直径)D_a、齿根圆直径 D_f 均在中间平面内度量(见图 12-45)。

(2) 蜗杆直径系数 q

蜗杆直径系数是蜗杆特有的重要参数,等于蜗杆的分度圆直径与轴向模数的比值,即 $q=d/m$ 或 $d=mq$。

对应于不同的标准模数,规定相应的 q 值,这样就可减少蜗杆直径系列,而加工蜗轮所用的滚刀参数是与蜗杆的参数相同,因此,引入蜗杆直径系数,就可减少加工蜗轮刀具的数目。

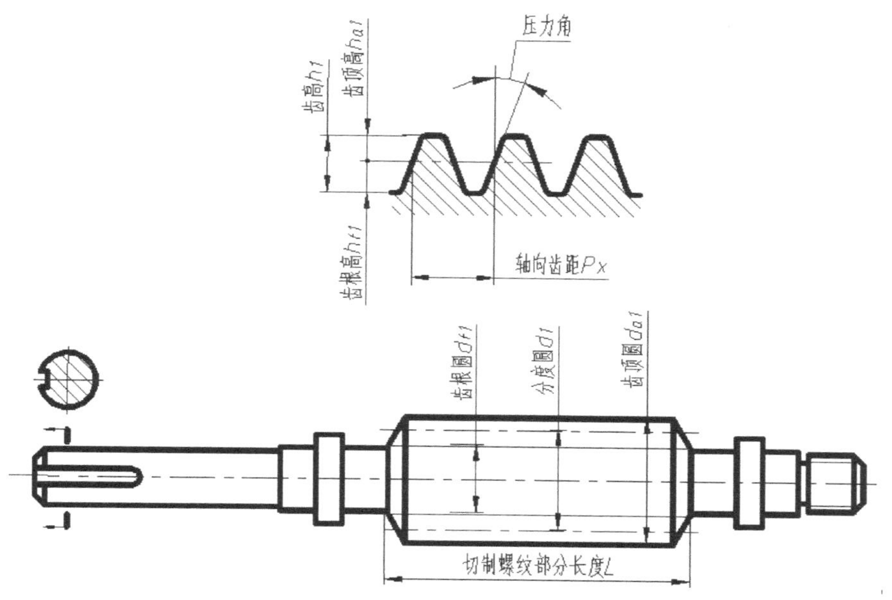

图 12-44　蜗杆各部分名称及其画法

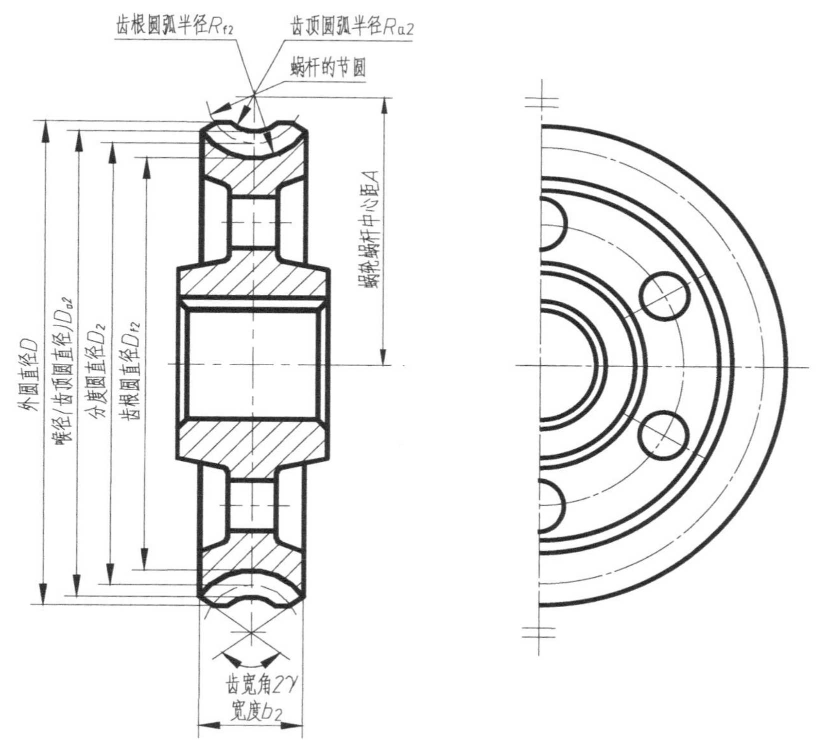

图 12-45　蜗轮各部分名称及其画法

(3) 蜗杆导程角 γ

沿蜗杆分度圆柱面展开，其上螺旋线将展成倾斜直线，该斜线与底面间的夹角，称为蜗杆

的导程角。当蜗杆直径系数 q 和头数 z 选定后,导程角 γ 就唯一确定了。它们之间的关系为:

$$\tan\gamma = (zP_X)/\pi d = z/q$$

一对相互啮合的蜗杆和蜗轮,除了模数和齿形角必须分别相同外,蜗杆导程角 γ 与蜗轮螺旋角 β 应大小相等,即 $\gamma=\beta$。

蜗杆与蜗轮各部分尺寸与模数、蜗杆直径系数、导程角和齿数有关,其具体关系见表 12－7。

表 12－7　蜗杆与蜗轮各部分尺寸计算

基本参数:模数 m、蜗杆齿数 z_1 蜗杆直径系数 q 蜗轮 z_2		
序　号	名称及代号	计算公式
1	蜗杆轴向齿距 P_x	$P_x=\pi m$
2	蜗杆齿顶高 h_{a1}	$h_{a1}=m$
3	蜗杆齿根高 h_{f1}	$h_{f1}=1.2m$
4	蜗杆齿高 h	$h=2.2m$
5	蜗杆分度圆直径	$d_1=mq$
6	蜗杆齿顶圆直径	$d_{a1}=d_1+2h_{a1}=m(q+2)$
7	蜗杆齿根圆直径	$d_{f1}=d_f-2h_{f1}=m(q-2.4)$
8	蜗杆导程角 γ	$\tan\gamma=mz_1/d_1=z_1/q$
9	蜗杆导程 P_z	$P_z=z_1P_x=\pi m z_1$
10	蜗轮分度圆直径 D_2	$D_2=m z_2$
11	蜗轮喉圆直径 D_{a2}	$D_{a2}=m(z_2+2)$
12	蜗轮齿根圆直径 D_{f2}	$D_{f2}=m(z_2-2.4)$
13	蜗轮顶圆直径 D	当 $z_1=1$ 时,$D\leqslant D_{a2}+2m$ 当 $z_1=2\sim3$ 时,$D\leqslant D_{a2}+1.5m$ 当 $z_1=4$ 时,$D\leqslant D_{a2}+m$
14	中心距 a	$a=m(q+z_2)/2$

2. 蜗杆蜗轮的画法

(1) 蜗杆的画法

蜗杆一般用一个主视图,配局部视图或局部放大图表示齿形即可。其齿顶线、齿根线和分度线的画法与圆柱齿轮系相同,见图 12－44。图中表示齿根线的细实线,也可省略。

(2) 蜗轮的画法

蜗轮的画法与圆柱齿轮相似,见图 12－45。

① 在投影为非圆的视图中常用全剖或半剖视,并在其相啮合的蜗杆轴线位置画出细点画线圆和对称中心线,以标注有关尺寸。

② 在投影为圆的视图中,只画出蜗轮顶圆和分度圆,喉圆和齿根圆省略不画,投影为圆的视图也可用表达轴孔键槽的局部视图取代。

3. 蜗杆蜗轮的啮合画法

蜗杆蜗轮啮合,可画成外形图和剖视图两种形式,其画法如图 12－46 所示。其中:图(a)所示为剖视画法,图(b)所示为外形画法。在蜗轮投影为圆的视图中,啮合区内蜗轮的节圆与蜗杆的节线相切;在蜗杆投影为圆的视图中,蜗轮与蜗杆重叠部分,只画蜗杆的投影。

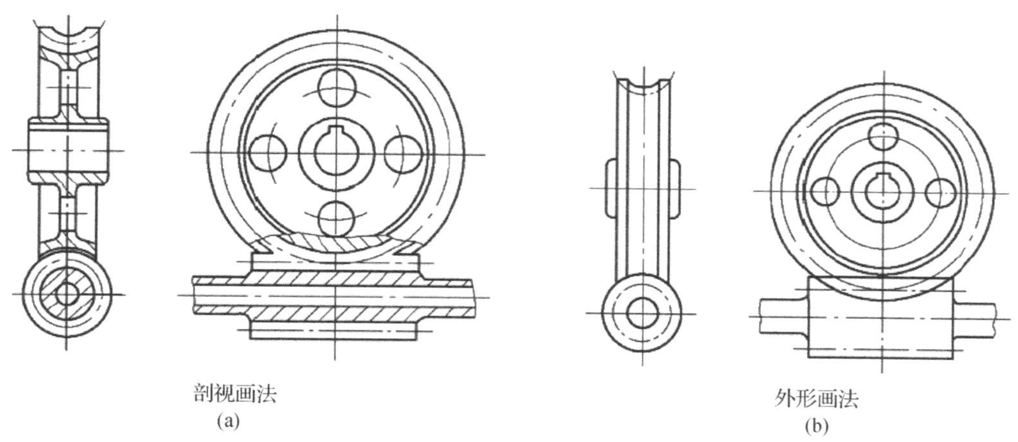

图 12－46　蜗轮蜗杆啮合画法

12.3　键、销和滚动轴承

键、销和滚动轴承均为标准件，它们的结构、型式和尺寸等都由国家相关标准所规定，可从有关标准中查阅选用。

12.3.1　键连接

键常用来联接轴和装在轴上的传动零件，如齿轮、联轴器、皮带轮等，使用时，在轮孔和轴上分别切制出键槽，用键将轴、轮连在一起，使得轴通过键将动力传递给轴上零件，如图 12－47 所示。

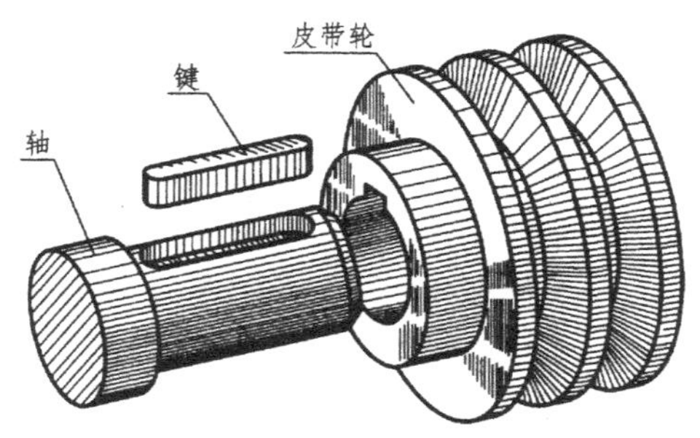

图 12－47　键连接

1. 键种类和标记

常用键有普通平键、普通半圆键、钩头型楔键等，如图 12－48 所示。其中应用较广的是普通平键。普通平键分圆头普通平键（A 型）、方头普通平键（B 型）和单圆头普通平键（C 型）3 种形式。常用键已标准化，其结构形式、尺寸都由国家相关标准所规定，其标记内容及其格式见表 12－8。

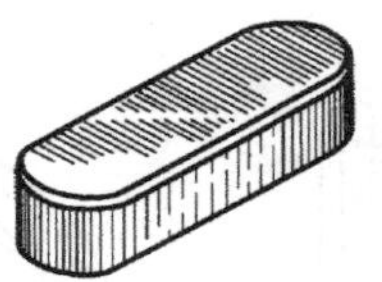
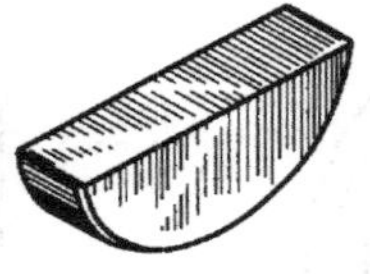
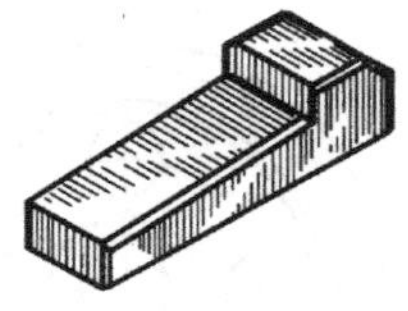

图 12－48　常用键种类

表 12－8　常用键的规定标记

名　称	键的型式	规定标记示例
圆头普通平键		b=18 mm，h=11 mm，l=100 mm 圆头普通平键(A 型)的标记： GB/T 1096　键　18×100
半圆键		b=6 mm，h=10 mm，d_1=25 mm 半圆键的标记： GB/T 1099.1　键 6×25
钩头楔键		b=16 mm，h=10 mm，l=100 mm 钩头楔键的标记： GB/T 1565　键　16×100

除上述的常用键外，还有一种键是花键。花键是把键直接做在轴上和轮孔上，与轴或轮成一整体。花键传递扭矩大，联接强度高，工作可靠，花键常用于机床、车辆的变速箱中轴轮之间的连接。花键依其齿形不同，分为矩形花键和渐开线花键等。与齿轮类似，花键也是一种标准结构。

2. 键联接画法

画键连接装配图前，先要知道轴的直径和键的型式，然后根据轴径查有关标准，确定键的公称尺寸 b 和 h 及轴和轮子的键槽尺寸，并选定键的标准长度 L。

(1) 普通平键

普通平键两侧面为工作面，可轴向固定零件，实现轴和轮之间运动和动力的传递。因此，键两侧面和下底面均与轴上、轮毂上键槽的相应表面接触，而平键顶面与轮毂键槽顶面之间不接触，具有间隙。其装配图画法如图 12－49 所示。国家制图标准规定：在装配图中，当剖切平面通过键的对称平面纵向剖切时，键按不剖绘制。当沿着键的横向剖切时，则要画上剖面线。通常用局部剖视图表示轴上键槽的深度及零件之间的连接关系。图中所标代号供查表确定零件尺寸用。

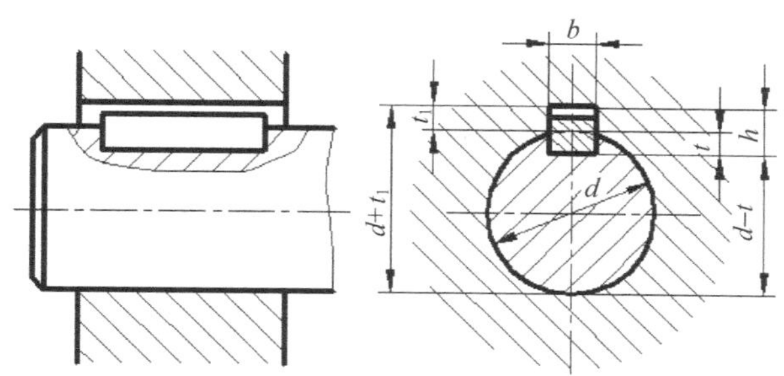

图 12－49　普通平键连接装配图

(2) 半圆键

半圆键的两侧面为工作面，与轴和轮上的键槽两侧面接触，而半圆键的顶面与轮子键槽顶面之间不接触，留有间隙。由于半圆键在键槽中能绕槽底圆弧摆动，可以自动适应轮毂中键槽的斜度，因此较适用于具有锥度的轴。半圆键连接与普通平键连接相似，其连接装配图画法如图 12－50 所示。图中所标代号供查表确定零件尺寸用。

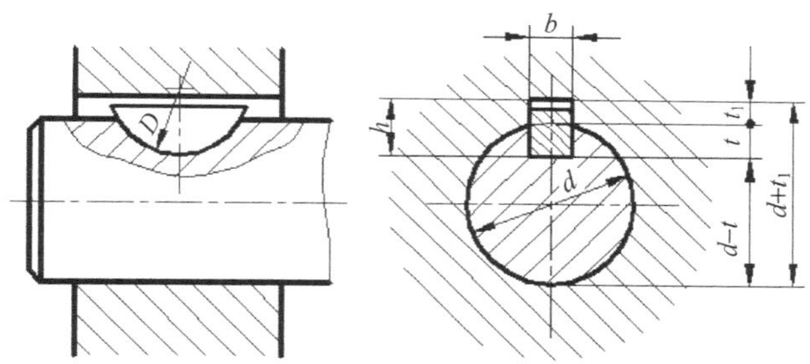

图 12－50　半圆键连接装配图

(3) 钩头楔键

钩头楔键的上下两面是工作面，而键的两侧为非工作面，楔键的上表面有 1∶100 的斜度，装配时打入轴和轮毂的键槽内，靠上下面作用传递扭矩，能轴向固定零件和传递单向的轴向力。钩头楔键连接的装配图画法如图 12－51 所示。上下两面为接触面，两侧则为非接触面。图中所标代号供查表确定零件尺寸用。

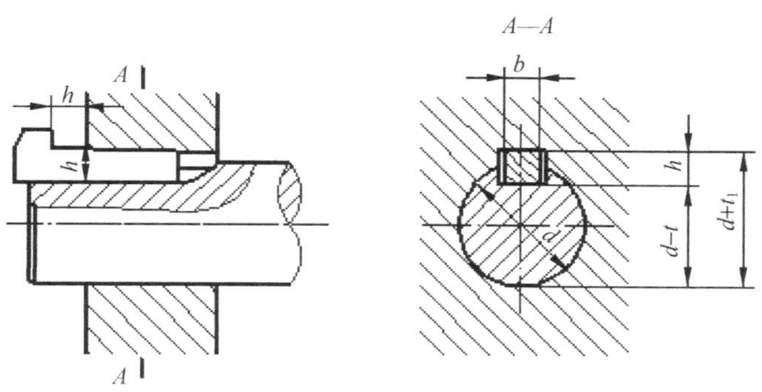

图 12－51　钩头楔键连接装配图

(4) 零件图中键槽的表达方法和尺寸注法

零件图中键槽型式和尺寸,可参照标准中键的种类和形式查表确定。通常,轴上键槽常用局部剖视表示,键槽深度和宽度尺寸应注在断面图中。图 12-52 所示为普通平键键槽的画法,图(a)所示为轴上键槽画法和尺寸注法,图(b)所示为轮毂上键槽画法和尺寸注法。其他种类的键槽可参照此图。

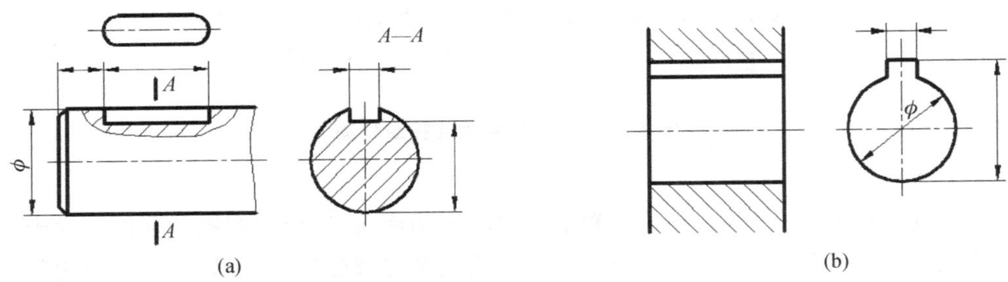

图 12-52 键槽的尺寸注法

(5) 花键连接的画法

花键主要用来传递较大的扭矩。花键的齿型有矩形和渐开线形等,它们的结构和尺寸均已标准化,下面以矩形花键为例介绍花键的画法。

1) 外花键的画法

在平行于外花键轴线的投影面的视图中,大径用粗实线、小径用细实线绘制;并用断面图画出全部或一部分齿型;工作长度的终止端和尾部末端均用细实线绘制,并与轴线垂直;尾部则画成与轴线成 30°的斜线;花键代号应标注在大径上,如图 12-53 所示。

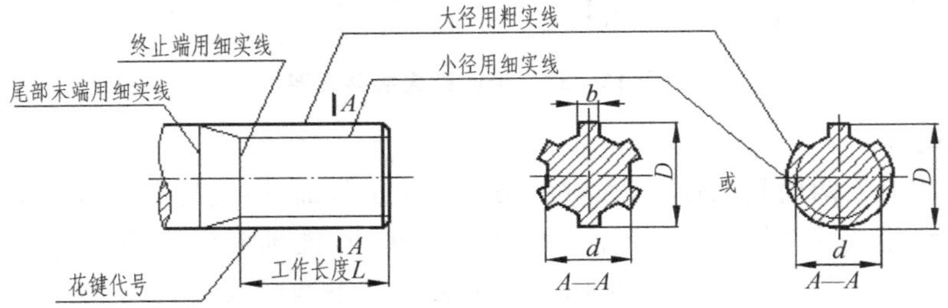

图 12-53 外花键的规定画法

2) 内花键的画法

内花键的画法 在平行于花键轴线的投影面剖视图中,大径及小径都用粗实线绘制;可用局部视图表达全部或一部分齿形,如图 12-54 所示。

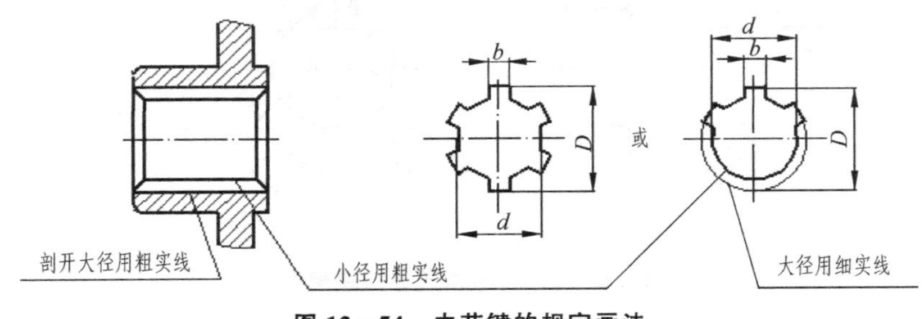

图 12-54 内花键的规定画法

3）花键连接装配图画法

用剖视表示花键连接时，其连接部分按外花键的画法绘制，如图 12－55 所示。

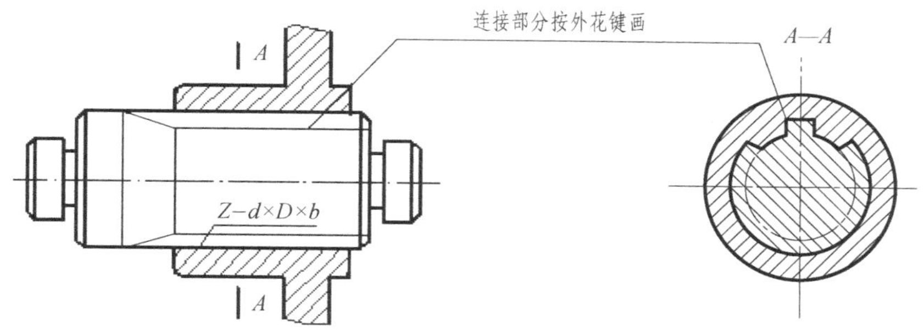

图 12－55　花键连接装配图的规定画法

12.3.2　销及其连接

1. 销的功用、种类和标记

销是标准件，主要用于零件间的连接或定位。常用的有圆柱销、圆锥销、开口销 3 种。国家标准对其结构、尺寸和标记等都做了相应的规定，见表 12－9。

表 12－9　销的种类和标记

名　称	标准号	图　例	标记示例
圆柱销	不淬硬钢和奥氏体不锈钢 GB/T 119.1—2000 淬硬钢和马氏体不锈钢 GB/T 119.2—2000		公称直径 $d=10$ mm，公差为 m6，长度 $L=80$ mm，材料为钢，不经淬火，不经表面热处理的圆柱销： 销　GB/T 119.1—2000　10 m6×80 公称直径 $d=12$ mm，公差为 m6，长度 $L=60$ mm，材料为钢，普通淬火（A 型），表面氧化处理的圆柱销： 销　GB/T 119.2—2000　12×60
圆锥销	GB/T 117—2000		公称直径 $d=10$ mm，长度 $l=100$ mm，材料 35 号钢，热处理硬度 28～38HRC，不经表面处理的 A 型圆锥销： 销　GB/T 117—2000　10×100 圆锥销的公称直径是指小端直径
开口销	GB/T 91—2000		公称规格 $d=4$ mm（指销孔直径），$L=20$ mm，材料为 Q235，不经表面处理的开口销： 销　GB/T91—2000　4×20

2. 销连接的画法

销连接装配图的画法如图 12－56～图 12－58 所示。销作为实心件，当剖切平面通过销的轴线时,按不剖画出;垂直于销的轴线剖切时,应画上剖面符号。画轴上的销连接时,轴常采用局部剖,以表示销和轴之间的配合关系。

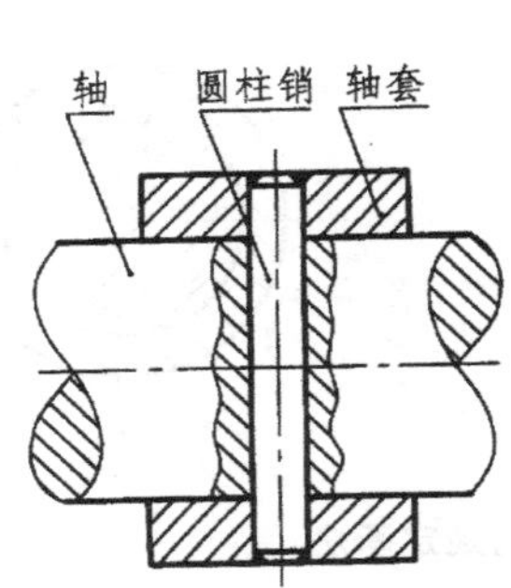

图 12-56　圆柱销连接的画法

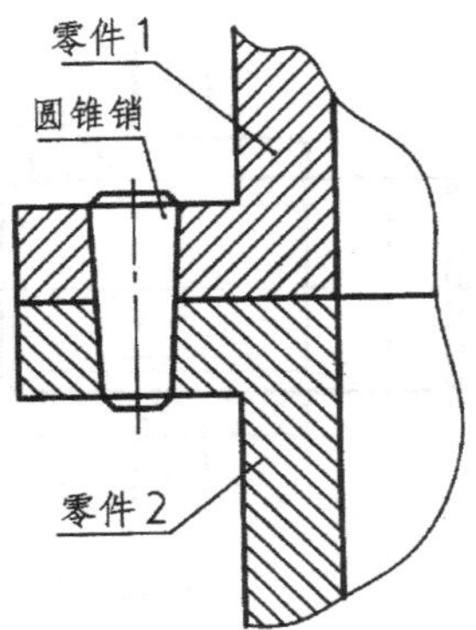

图 12-57　圆锥销连接的画法

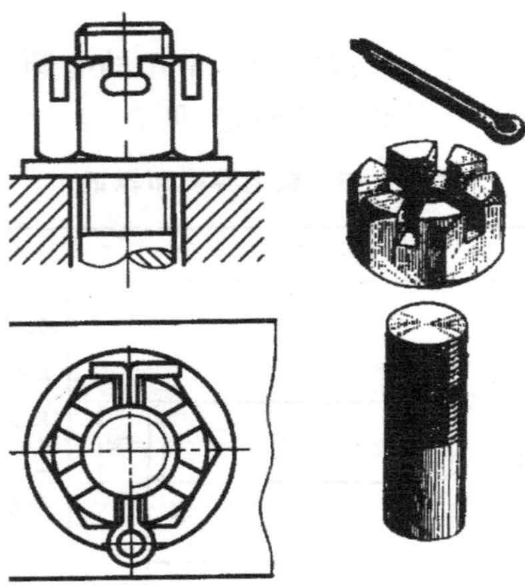

图 12-58　开口销连接防松

12.3.3　滚动轴承

滚动轴承是机器或部件中用于支撑轴的一种标准部件,具有结构紧凑、摩擦阻力小、转动灵活、维修方便等优点,在机械设备中广泛应用。

1. 滚动轴承的结构、类型和代号

(1) 滚动轴承的结构

如图 12-59 所示,滚动轴承一般由内圈、外圈、滚动体和保持架组成。滚动体装在内外圈之间的滚道中,保持架把滚动体彼此隔开,避免滚动体相互接触,以减少摩擦与磨损。滚动体有球形滚子、圆柱滚子、圆锥滚子等。

使用时,内圈套在轴颈上随轴一起转动,外圈安装在轴承座孔中。

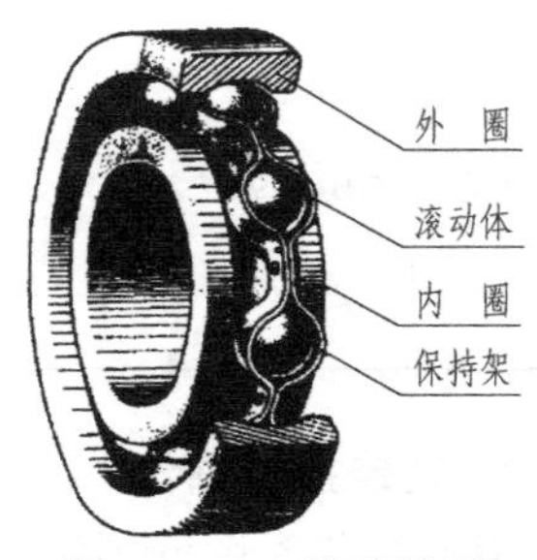

图 12-59　滚动轴承

(2) 滚动轴承的类型

滚动轴承的种类很多，按其承载特点，可将其分为 3 类：

① 向心轴承：主要用于承受径向载荷，如深沟球轴承。

② 推力轴承：只能承受轴向载荷，如推力球轴承。

③ 向心推力轴承：能同时承受较大的径向载荷和轴向载荷，如圆锥滚子轴承。

(3) 滚动轴承的代号

滚动轴承代号用来表示滚动轴承的结构、尺寸、公差等级、技术性能。轴承代号一般打印在轴承端面上。国家标准规定轴承代号由前置代号、基本代号和后置代号组成。其排列顺序为：

前置代号　　基本代号　　后置代号

1) 基本代号(滚针轴承除外)

表示滚动轴承的基本类型、结构和尺寸，是滚动轴承代号的基础。基本代号由轴承类型代号、尺寸系列代号和内径代号依次从左至右排列组成。

① 类型代号。用阿拉伯数字或大写拉丁字母表示，见表 12－10。

表 12－10　滚动轴承的类型代号

代　号	轴承类型	代　号	轴承类型
0	双列角接触球轴承	6	深沟球轴承
1	调心球轴承	7	角接触球轴承
2	调心滚子轴承和推力调心滚子轴承	8	推力圆柱滚子轴承
3	圆锥滚子轴承	N	圆柱滚子轴承 双列或多列用字母 NN 表示
4	双列深沟球轴承	U	外球面球轴承
5	推力球轴承	QJ	四点接触球轴承

② 尺寸系列代号。由轴承的宽(高)度系列代号和直径(轴承外径)系列代号组合而成，一般用两位阿拉伯数字表示。表 12－11 列出的部分滚动轴承尺寸系列代号，从中可以看出其构成方法。尺寸系列代号表示同一内径的轴承，其内、外圈的宽度和厚度不同，其承载能力也不同。其他尺寸系列代号可查相关轴承标准。

表 12－11　部分滚动轴承尺寸系列代号

直径系列代号	向心轴承								推力轴承			
	宽度系列代号								高度系列代号			
	8	0	1	2	3	4	5	6	7	9	1	2
	尺寸系列代号											
7	—	—	17	—	37	—	—	—	—	—	—	—
8	—	08	18	28	38	48	58	68	—	—	—	—

续表 12-11

直径系列代号	向心轴承								推力轴承			
	宽度系列代号								高度系列代号			
	8	0	1	2	3	4	5	6	7	9	1	2
	尺寸系列代号											
9	—	09	19	29	39	49	59	69	—	—	—	—
0	—	00	10	20	30	40	50	60	70	90	10	—
1	—	01	11	21	31	41	51	61	71	91	11	—
2	82	02	12	22	32	42	52	62	72	92	12	22
3	83	03	13	23	33	—	—	—	73	93	13	23
4	—	04	—	24	—	—	—	—	74	94	14	24
5	—	—	—	—	—	—	—	—	—	95	—	—

③ 内径代号。表示轴承的公称内径(轴承内圈的直径),一般由两位数字组成。当内径尺寸在20～480 mm的范围内时,内径尺寸=内径代号× 5,见表12-12。

表 12-12　滚动轴承内径代号

公称内径/mm		内径代号
10～17	10	00
	12	01
	15	02
	17	03
20～480 (22、28、32除外)		内径代号用公称内径除以5的商数表示,商数为个位数时,需在商数左边加“0”

④ 滚动轴承基本代号示例。表12-13中列举了几种轴承基本代号,并解释了它的含义。

表 12-13　滚动轴承代号及其含义

滚动轴承代号	右数第5位代表轴承类型(尺寸代号有省略时为右数第4位)	右数第3、4位代表尺寸系列	右数第1、2位代表内径
6208	深沟球轴承	宽度系列代号0省略,直径系列代号为2	$d=8\times5=40$
6222	深沟球轴承	宽度系列代号0省略,直径系列代号为2	$d=22$
30312	圆锥滚子轴承	宽度系列代号0省略,直径系列代号为3	$d=12\times5=60$
51310	推力球轴承	高度系列代号0省略,直径系列代号为3	$d=10\times5=50$

2) 前置、后置代号

当轴承在结构形状、尺寸公差、技术要求等方面有改变时,在其基本代号的左、右添加的补充代号。前置代号用字母表示，后置代号用字母或加数字表示。前置、后置代号有许多种，需要时可查阅有关国家标准。

2. 滚动轴承的画法

滚动轴承的画法分为简化画法和规定画法，简化画法又分为通用画法和特征画法。但同一图样中一般只采用其中一种画法。

一般在画图前，根据轴承代号从相应的标准中查出滚动轴承的外径 D、内径 d、宽度 B、T 后，按标准建议的比例关系绘制。

(1) 简化画法

① 通用画法。通用画法是最简便的一种画法。在剖视图中，当不需要确切地表示滚动轴承的外形轮廓、载荷特征、结构特征时，可用矩形线框及位于线框中央正立的十字形符号表示滚动轴承，十字符号不应与矩形线框接触，通用画法应绘制在轴的两侧，如图 12－60(a)所示，有关尺寸参见图 12－60(b)。当需要确切地表示滚动轴承的外形时，则应画出其断面轮廓，并在轮廓中央画出正立的十字形符号，如图 12－60(c)所示。滚动轴承带有附件或零件时，则这些附件或零件也可只画出其断面外形轮廓。图 12－60(c)所示为带偏心套的外球面球轴承。

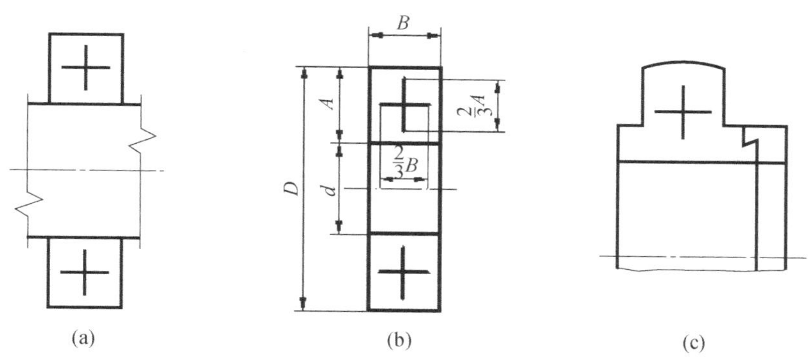

图 12－60　滚动轴承通用画法

② 特征画法。在剖视图中，如需较形象地表示滚动轴承的结构特征和载荷特性时，可采用在矩形线框内画出其结构要素符号表示滚动轴承。特征画法应绘制在轴的两侧，部分滚动轴承特征画法见表 12－14。

在垂直于滚动轴承轴线的投影面的视图上，无论滚动体的形状如何，特征画法均可按图 12－61 所示的方法绘制。

通用画法和特征画法中，矩形线框、符号和轮廓线均用粗实线绘制。具体尺寸参见表 12－14。

(2) 规定画法

在滚动轴承的产品图样、产品样本和产品标准中，可采用规定画法表示滚动轴承。采用规定画法绘制滚动轴承的剖视图时，轴承的滚动体不画剖面线，其内外座圈可画成方向和间隔相同的剖面线，在不致引起误解时，也允许省略不画。滚动轴承的倒角省略不画。

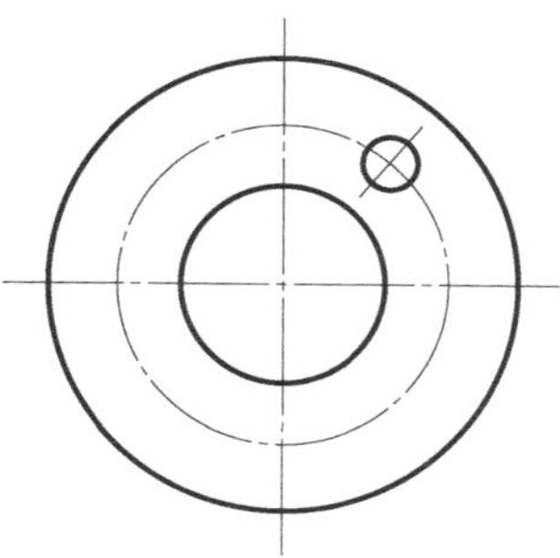

图 12－61　轴线垂直于投影面的特征画法

表 12－14 列出了常见滚动轴承的通用画法、特征画法、规定画法。

表 12－14　常用滚动轴承的画法、类型及基本代号

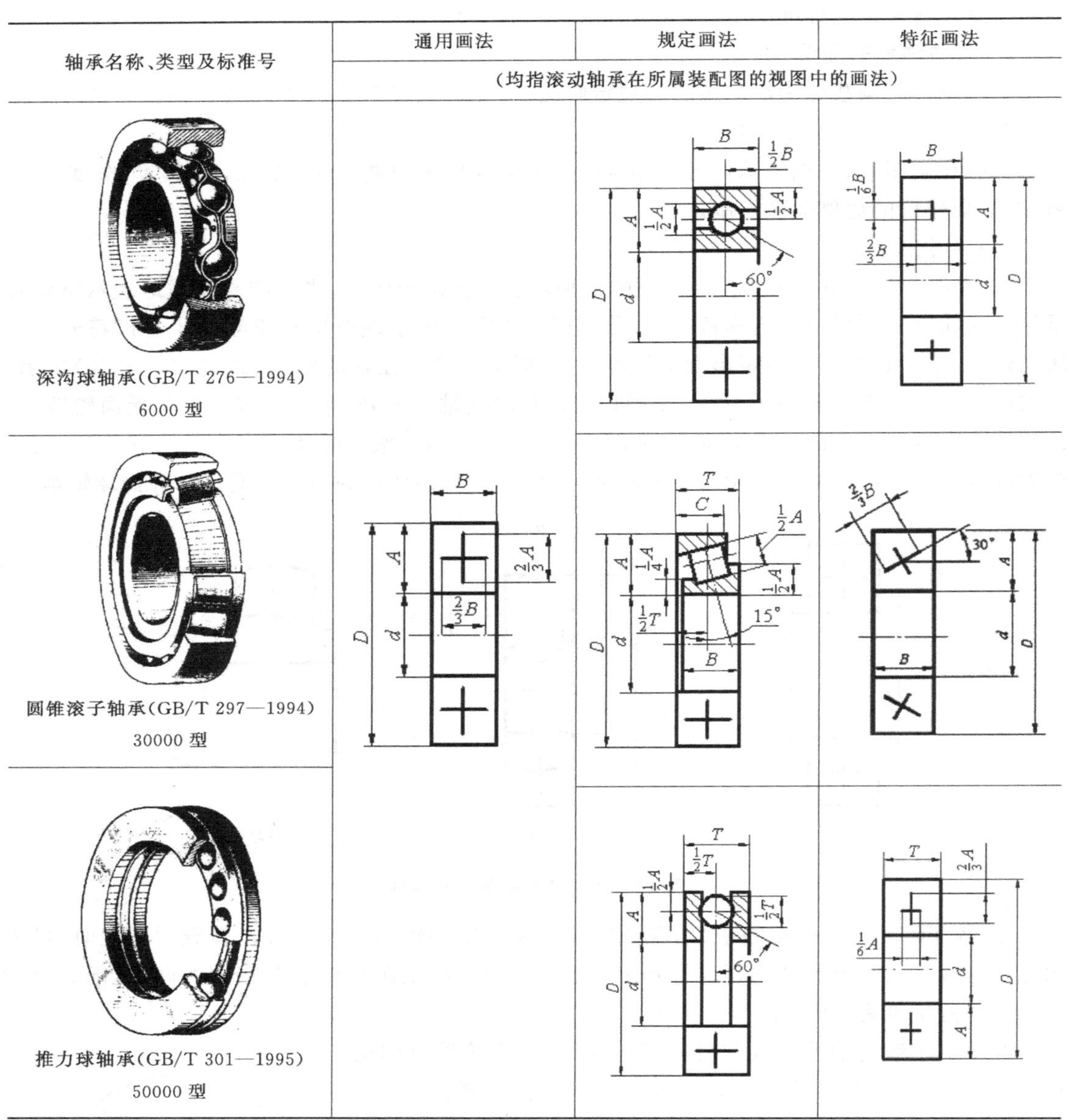

轴承名称、类型及标准号	通用画法	规定画法	特征画法
	(均指滚动轴承在所属装配图的视图中的画法)		
深沟球轴承(GB/T 276—1994) 6000 型			
圆锥滚子轴承(GB/T 297—1994) 30000 型			
推力球轴承(GB/T 301—1995) 50000 型			

12.4　弹　簧

弹簧是机械中常用的零件,弹簧的作用主要是减震、复位、夹紧、测力和储能等。弹簧的特点是:去除外力后,弹簧能立即恢复原状。弹簧的种类很多,常用弹簧如图 12－62 所示,从(a)到(g)分别是圆柱螺旋压缩弹簧、拉伸弹簧、扭转弹簧、圆锥螺旋压缩弹簧、蝶形弹簧、平面涡卷弹簧和板弹簧。其中圆柱螺旋弹簧应用较广。根据受力情况,圆柱螺旋弹簧又分为压缩弹簧、拉伸弹簧和扭转弹簧。本节重点介绍圆柱螺旋压缩弹簧。

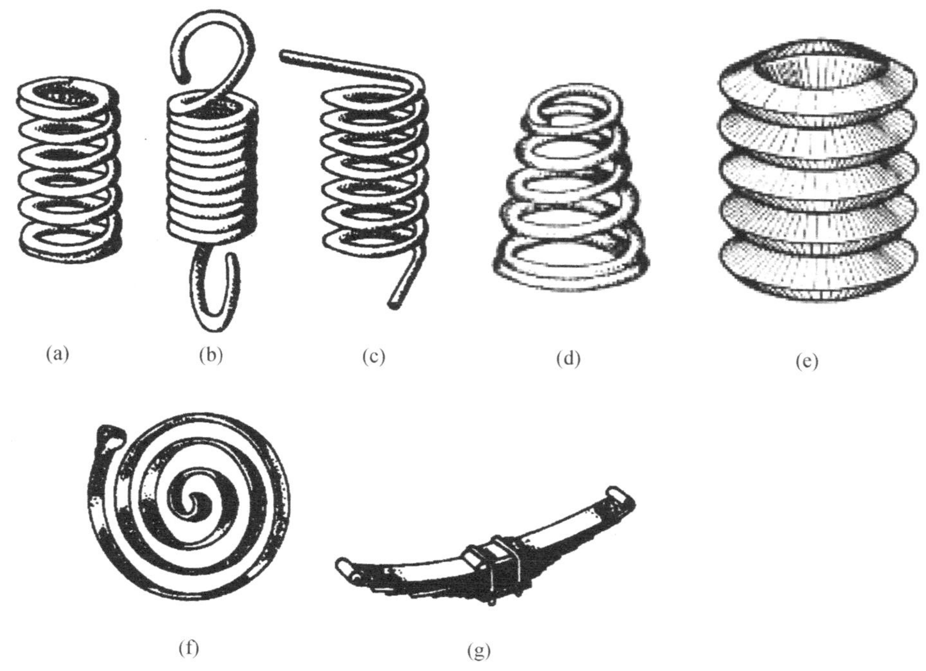

(a) (b) (c) (d) (e) (f) (g)

图 12-62　常见弹簧

12.4.1　圆柱螺旋压缩弹簧的各部分名称及尺寸计算

圆柱螺旋压缩弹簧各部分的名称及尺寸表示符号见图 12-63。

① 簧丝直径 d：制作弹簧的簧丝直径。

② 弹簧直径：

➢ 弹簧中径 D：弹簧的内径和外径的平均值。

➢ 弹簧内径 D_1：弹簧的内圈直径 $D_1=D-d$。

➢ 弹簧外径 D_2：弹簧的外圈直径 $D_2=D+d$。

③ 弹簧节距 t：除支撑圈外，两相邻有效圈截面中心线的轴向距离。

④ 有效圈数 n：弹簧上能保持相同节距的圈数。有效圈数是计算弹簧刚度时的圈数。

⑤ 支撑圈数 n_2：为使弹簧受力均匀，放置平稳，保证轴线垂直于支承端面，一般都将弹簧两端并紧磨平，工作时起支撑作用，这部分称为支撑圈。支撑圈有 1.5 圈、2 圈、2.5 圈 3 种，常用 2.5 圈。

⑥ 总圈数 n_1：弹簧的有效圈与支撑圈之和 $n_1=n+n_2$。

⑦ 弹簧的自由高度(长度)H_0：弹簧在不受外力时的高度(长度)

$$H_0=nt+(n_2-0.5)d$$

➢ 当 $n_2=1.5$ 时，$H_0=nt+d$；

➢ 当 $n_2=2$ 时，$H_0=nt+1.5d$；

➢ 当 $n_2=2.5$ 时，$H_0=nt+2d$。

⑧ 展开长度 L：弹簧制造时坯料的长度，$L\approx\pi Dnl$。

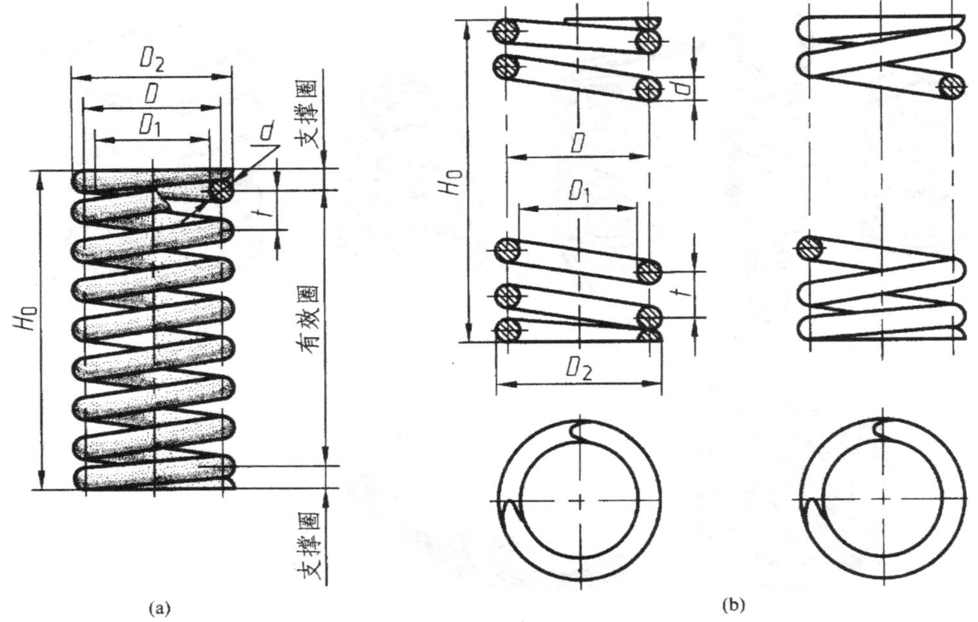

图 12-63　圆柱螺旋压缩弹簧各部分的名称及其规定画法

12.4.2　单个圆柱螺旋压缩弹簧的表达

1. 单个圆柱螺旋压缩弹簧的规定画法

根据机械制图弹簧表示法 GB/T 4459.4—2003 的规定，圆柱螺旋压缩弹簧可画成视图或剖视图，如图 12-63(b)所示。画图时，应注意以下几点：

① 圆柱螺旋弹簧在平行于轴线的投影面上的投影，其各圈的外形轮廓应画成直线。

② 有效圈数在 4 圈以上的螺旋弹簧，允许每端只画两圈(不包括支承圈)，中间各圈可省略不画，只画通过簧丝剖面中心的两条点画线。当中间部分省略后，也可适当地缩短图形的长度，如图 12-63(b)所示。

③ 弹簧有左旋和右旋之分，画图时均可画成右旋；右旋或旋向不作规定的螺旋弹簧，在图上应画成右旋；左旋弹簧允许画成右旋，但左旋弹簧不论画成左旋或右族，一律要说明或标注旋向。

④ 圆柱螺旋压缩弹簧，如要求两端并紧且磨平时，不论支承圈的圈数多少和末端贴紧情况如何，均按图 12-63(b)所示绘制。

2. 圆柱螺旋压缩弹簧绘图步骤

已知弹簧簧丝直径 $d=6$ mm，弹簧外径 $D_2=40$ mm，节距 $t=10$，有效圈数 $n=7$，支承圈数 $n_2=2.5$，画出弹簧的剖视图。其绘图步骤如下：

(1) 计算画图所需的尺寸

$$\text{总圈数}\quad n_1=n+n_2=7+2.5=9.5$$

$$\text{中径}\quad D=D_2-\mathrm{d}=40-6=34\ \text{mm}$$

$$\text{自由高度}\ H_0=nt+2d=7\times 10+2\times 6=82\ \text{mm}$$

(2) 依据下面步骤作图

① 根据弹簧中径 D 和自由高度 H_0 作矩形 $ABCD$(如图 12－64(a)所示)。

② 根据簧丝直径,画出支承圈部分 4 个小圆和两个半圆(如图 12－64(b)所示)。

③ 画出有效圈部分弹簧钢丝的断面(如图 12－64(c)所示)。先在 CD 线上根据节距 t 画出圆 3 和圆 4,然后由圆 13、24 中心连线半节距处,做垂线与 AB 线相交,以交点为圆心,在 AB 线上画出圆 5、圆 6 等。

④ 按右旋方向作相应钢丝圆的公切线及剖面线,加深,完成作图(如图 12－64(d)所示)。

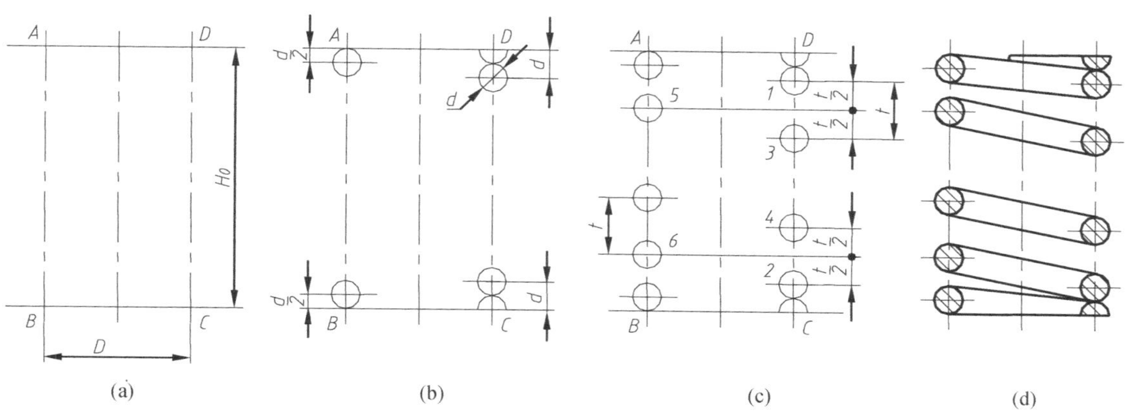

图 12－64　圆柱螺旋压缩弹簧的绘图步骤

3. 圆柱螺旋压缩弹簧的零件图

图 12－65 所示为圆柱螺旋压缩弹簧零件图的参考格式。画图时应注意以下几点:

① 弹簧的参数应直接注在图形上,如有困难,可在技术要求中说明。

② 当需要说明弹簧的负荷与高度之间的变化关系时,必须用图解表示。如:参考图形上方的标注就是表达弹簧负荷与长度之间的变化关系,圆柱螺旋压缩弹簧的机械性能曲线为直线,其中:

F_1——弹簧的预加负荷;

F_2——弹簧的最大工作负荷:

F_j——弹簧的极限负荷。

12.4.3　装配图中弹簧的画法

① 在装配图中,将弹簧视为实心物体,被弹簧挡住部分的零件轮廓不必画出,可见部分应从弹簧的外轮廓线或从弹簧钢丝断面的中心线处画起,如图 12－66(a)所示。

② 当簧丝直径在图上小于或等于 2 mm 时,断面可以涂黑表示,如图 12－66(b)所示;也可以采用示意画法,如图 12－66(c)所示。

③ 其他种类弹簧画法可查阅《机械制图　弹簧表示法》GB/T 4459.4—2003。

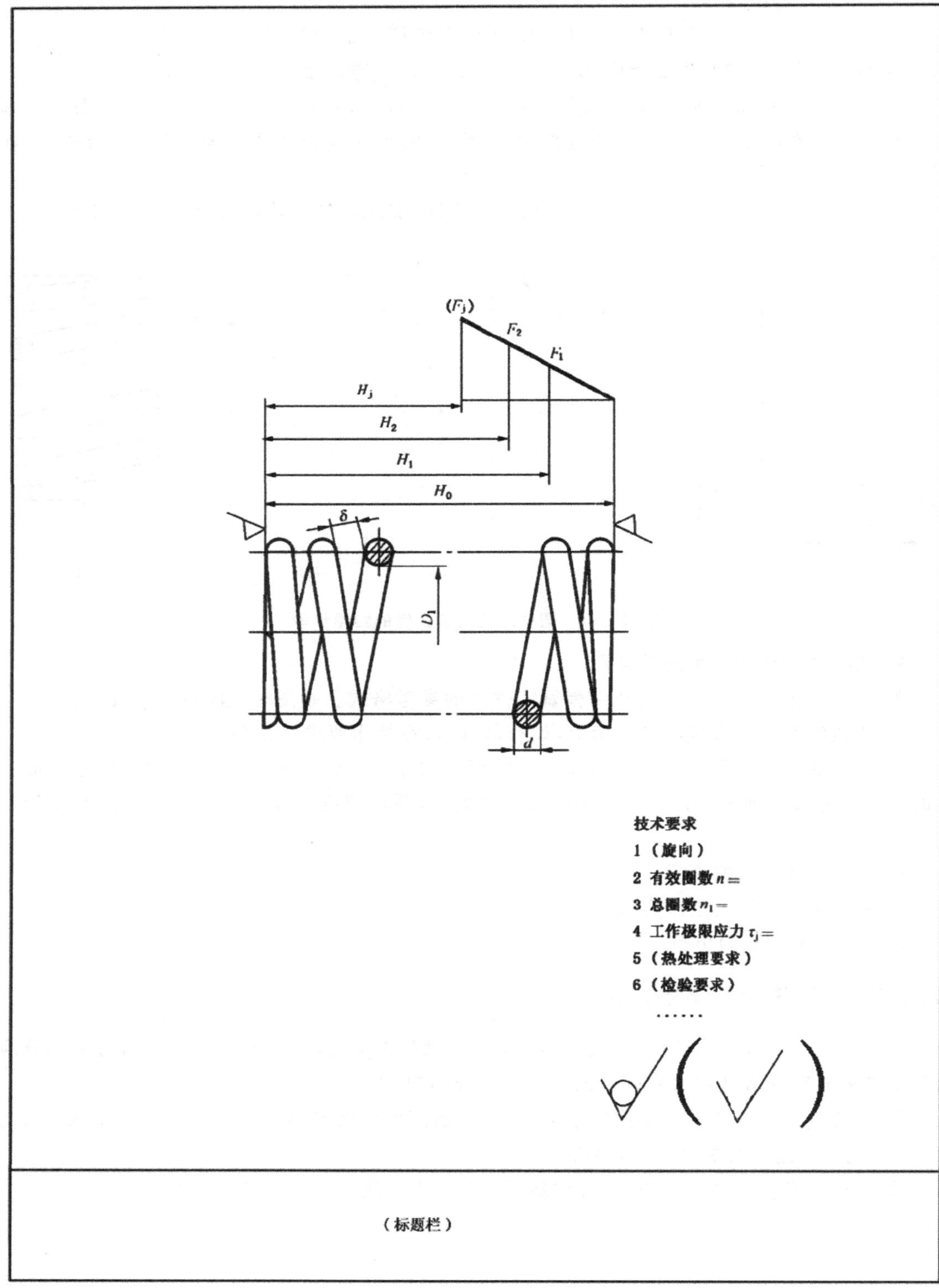

图 12-65　圆柱螺旋压缩弹簧的零件图

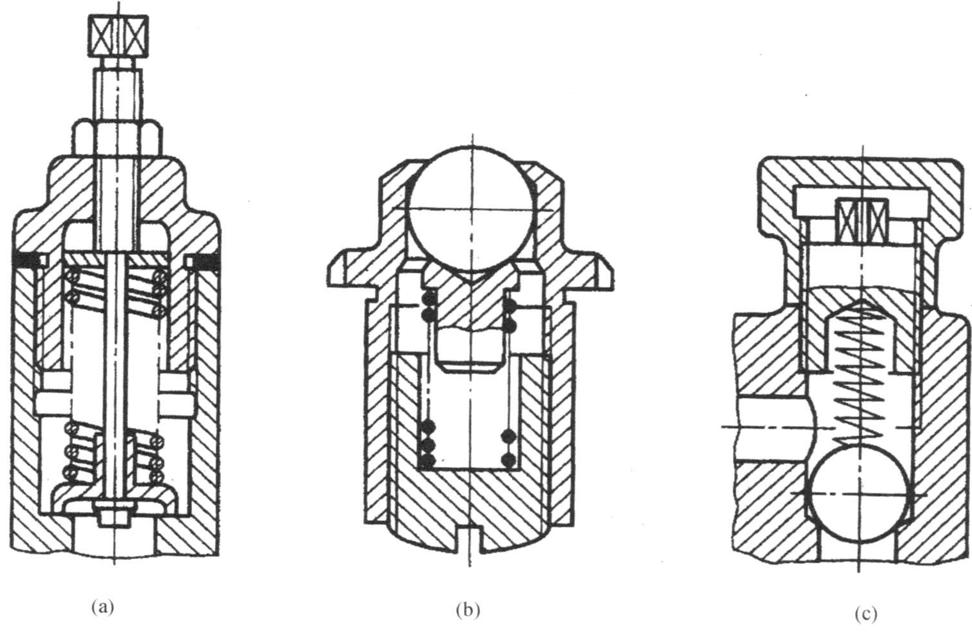

图 12－66　装配图中螺旋弹簧的规定画法

本章小结

本章主要阐述了螺纹和螺纹紧固件，齿轮及其规定画法，键、销、和滚动轴承的规定画法及其标记，弹簧规定画法。标准件和标准结构，在画图时，标准件和常用件无需按它们的真实投影绘制，而要按国家规定的画法画出，并在图样上给出其规定的标记。需要重点关注：

① 螺纹(包括外螺纹和内螺纹)的规定画法和标注方法；

② 螺纹联接件的规定画法和标记方法；

③ 螺栓联接、双头螺柱联接和螺钉联接的规定画法；

④ 键、销及其联接的规定画法；

⑤ 直齿圆柱齿轮及其啮合的规定画法；

⑥ 熟悉滚动轴承的规定画法；

⑦ 熟悉弹簧的规定画法。

第 13 章　装配图

装配图是表达机器或部件总体构成、组件之间装配关系的技术图样。表达部件的图样称为部件装配图，表达一台完整机器的图样，称为总装配图。装配图表达的整体又可称为装配体。生产实践的各个环节都需要装配图，它是重要的技术文件。本章介绍装配图的相关内容。

13.1　装配图的作用和内容

13.1.1　装配图的作用

装配图反映设计者的总体设计思想，一般都表达出机器或部件的工作原理、整体结构、各组成件之间的装配关系等重要信息。装配图不仅在技术交流中起到不可替代的重要作用，而且在产品生产中发挥着指导作用。具体来说主要有以下几个方面：

① 装配图是产品设计思想的体现，是方案讨论或设计评审时，技术交流的主要技术文件。

② 产品设计时，装配图是其零件设计的依据。设计人员根据装配图提供的零件之间相对位置、装配关系等信息设计零件图，审核人员根据装配图总体要求，校验零件图是否满足机器的使用、安装等各方面要求。

③ 生产准备时，装配图是物料需求计划的依据。生产准备人员根据装配图提供的产品构成及其数量，拟定采购或生产安排，下达零件生产计划。生产技术服务人员根据装配图提供的装配技术要求，设计产品作业规程及其辅助工具等。

④ 产品装配时，装配图是指导操作的技术依据。操作者根据装配图，了解零件间装配关系及其要求，熟悉机器的安装顺序及调整方法，进行正确的装配生产。

⑤ 产品检查验收时，装配图是产品验收的依据之一。产品检验人员根据装配图提供的相关产品质量技术要求，试验验收条件，确认产品是否合格。

⑥ 使用维修时，装配图是产品维护的重要技术依据。产品维护人员，根据装配图了解机器的性能、结构、传动路线和工作原理，从而了解安装、调整、维护和使用方法等。

13.1.2　装配图的内容

图 13-1 所示为球阀轴测剖视图，球阀用于液压管路中，是一种控制液体通道启闭和流量大小的部件。图示位置为打开状态，流体通过阀芯 4 中的通孔从一端流入，而从另一端流出。转动扳手 13，阀杆 12 通过其下端凸榫嵌入阀芯 4 上面凹槽内，从而带动阀芯 4 转动，流体通

道截面减小，通过球阀的流量减小；当扳手转动 90°后，阀芯中的通孔与阀体、阀盖中的通孔完全隔离，球阀完全关闭。在阀体与阀芯、阀体与阀杆、阀盖与阀芯之间都装有密封件，起到密封作用。

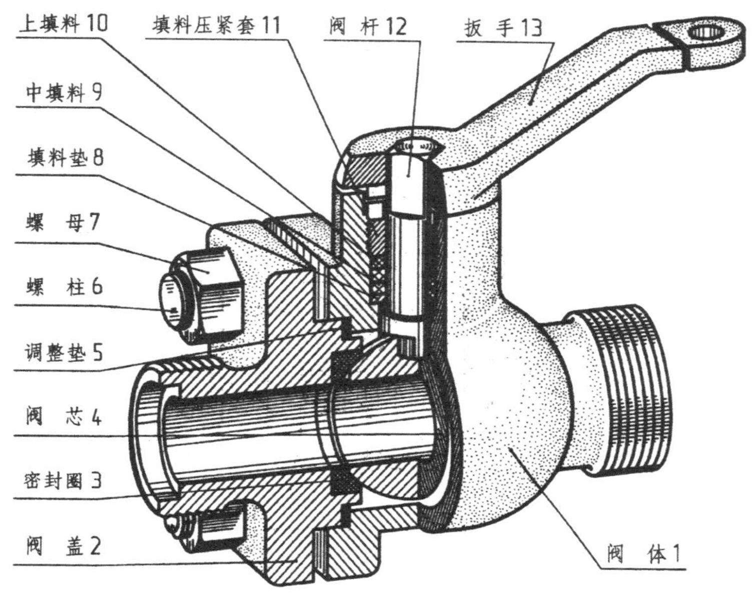

图 13－1　球阀的装配轴测剖视图

图 13－2 所示为球阀的装配图，由图可知，一张完整的装配图应包括如下内容：

① 一组视图。用一组视图表达装配体的工作原理、各组成零件间的装配关系和各零件的主要结构形状。图 13－2 中采用 3 个视图。其中，主视图采用全剖视图，左视图采用半剖，俯视图采用局部剖视。

② 必要的尺寸。只标注反映机器或部件的性能（规格）尺寸、装配尺寸、机器或部件的安装尺寸、外形尺寸及其他重要尺寸。图 13－2 中只标注了一些必要的尺寸。

③ 技术要求。用文字或符号说明机器或部件在装配、检验、安装和调试等方面的技术指标和要求，如图 13－2 所示，标示出 3 个部位的装配技术要求和文字说明的技术要求。

④ 标题栏、零（部）件的序号及明细表。和零件图类似，装配图也需要标题栏，用来注明绘图比例，装配体名称编号，设计者、审核者签名等信息。除此之外，为了便于读图和生产装配，需要在视图中引出各种零件的序号，并在标题栏的上方以一定的格式画出明细表，列出装配图中各种零件的序号、名称、材料、数量、重量等内容，表达装配体构成信息。

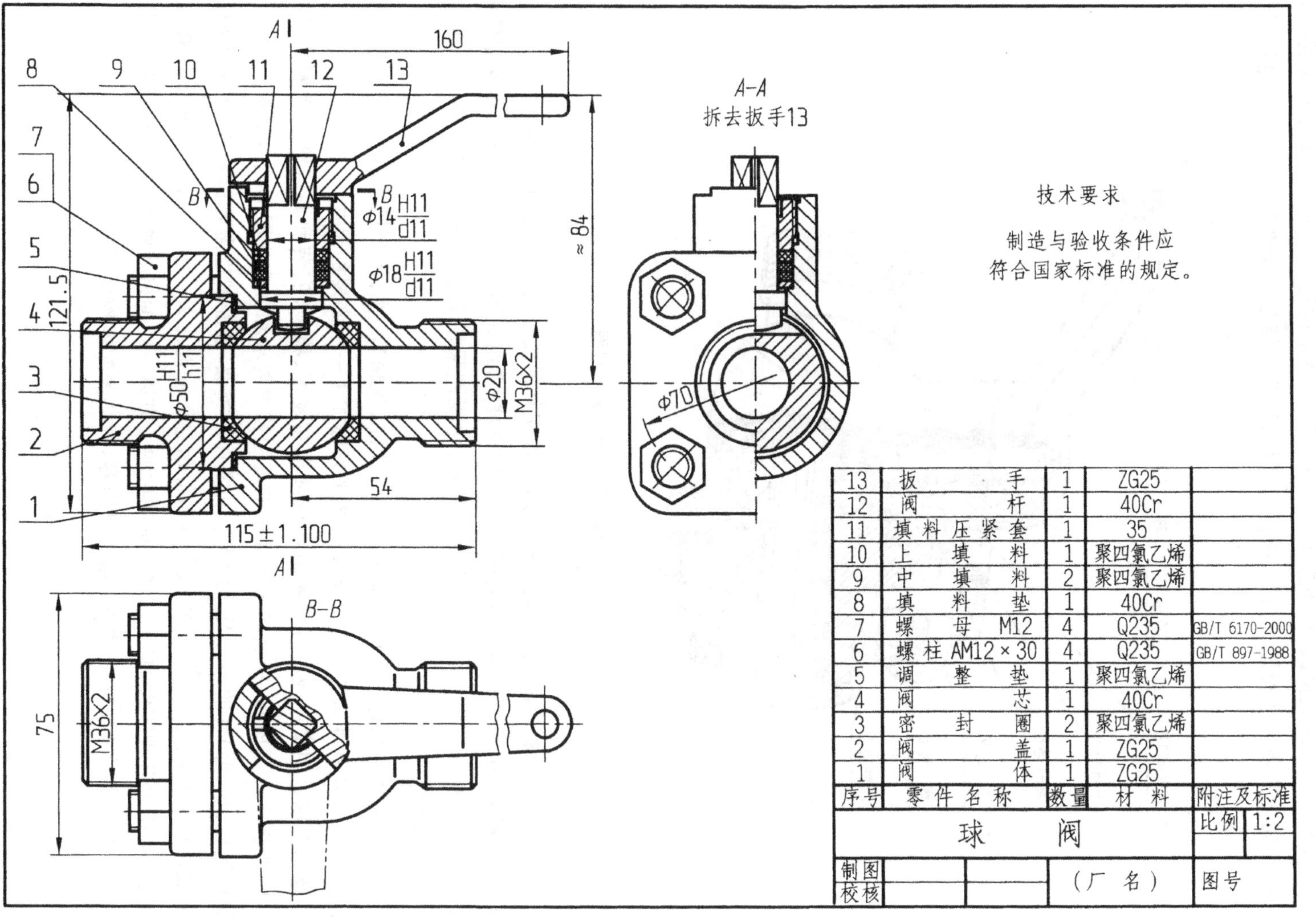

序号	零件名称	数量	材料	附注及标准
13	扳手	1	ZG25	
12	阀杆	1	40Cr	
11	填料压紧套	1	35	
10	上填料	1	聚四氯乙烯	
9	中填料	2	聚四氯乙烯	
8	填料垫	1	40Cr	
7	螺母M12	4	Q235	GB/T 6170-2000
6	螺柱AM12×30	4	Q235	GB/T 897-1988
5	调整垫	1	聚四氯乙烯	
4	阀芯	1	40Cr	
3	密封圈	2	聚四氯乙烯	
2	阀盖	1	ZG25	
1	阀体	1	ZG25	

球阀		比例	1:2
制图			图号
校核		（厂名）	

图13-2 球阀装配图

13.2　装配图的表达方法和绘图步骤

13.2.1　装配图的表达特点

装配图的表达与零件图的表达具有许多相同之处，它们都需要表达内外结构形状，因此，机件形状的各种表达方法，不仅可以表达零件图，也完全适于装配图的表达。

但是，零件图所表达的是单个零件，而装配图所表达的则是由若干个零件构成的装配体，两种图样的要求不同，表达的侧重点也就不同。零件图需要完整、清晰地表达出零件的结构形状，包括每个细节部位。而装配图以表达机器或部件的整体结构、装配关系为核心，需要将各零件的相对位置、连接方式、零件的主要形状表达清楚，能据以分析出机器的工作原理、传动路线、运动、操控及润滑情况等整体特征，而不需要将每个零件的完整形状都表达出来。

13.2.2　装配图的规定画法

1. 相邻零件接触和非接触轮廓线的画法

相邻两零件的接触面和基本尺寸相同的配合面，只画一条共有的轮廓线；非接触面和非配合面，必须画出各自的轮廓线，间隙过小时，应夸大画出，如图 13－3 所示。

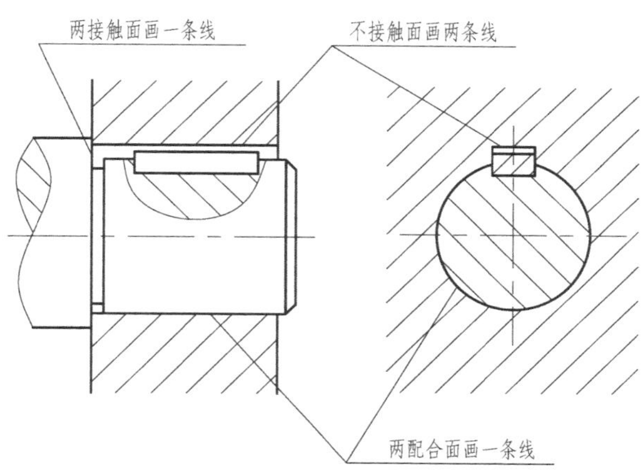

图 13－3　装配图规定画法(一)

2. 装配图中零件剖面线的画法

装配图中运用剖视时，相邻两零件的剖面线的倾斜方向应相反，或方向一致而间隔不同，或方向一致而相互错开；同一零件在各个视图上的剖面线的倾斜方向和间隔必须一致，如图 13－3 中的主视图和左视图的剖面线。当零件厚度小于 2 mm 时，允许以涂黑代替剖面线，如图 13－4 所示。

3. 剖切标准件和实心件的画法

装配图中，若剖切平面通过标准件(如螺钉、螺栓、螺母、销、垫圈等)和实心件(如键、轴、杆、球等)的轴线时，这些零件都按不剖画出，如图 13－4 中的螺栓、螺母、轴均按不剖绘制。当剖切平面垂直于这些零件的轴线或横向剖切时，则应画出剖面线。若需要特别表明零件的构造时，如凹槽、键槽、销孔等，可用局部剖视表示，如图 13－3 中的主视图中轴上的键槽。

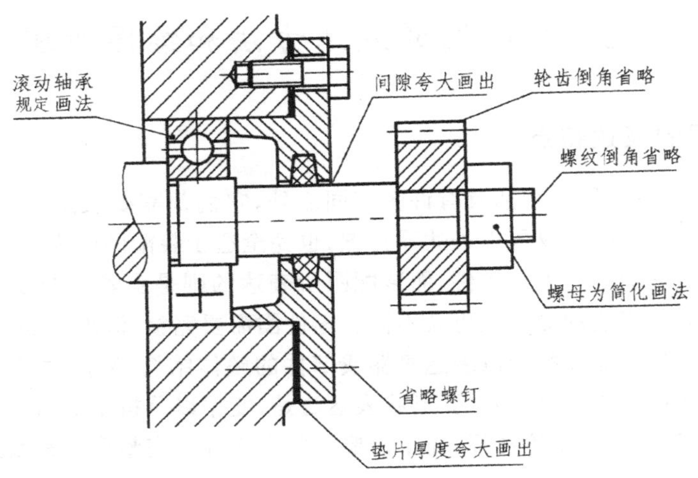

图 13-4 装配图规定画法(二)

13.2.3 装配图的特殊表达方法

1. 沿零件的结合面剖切画法

在装配图中,为表达机器或部件内部结构和装配关系,有些机器或部件为剖分式,即外壳沿结合面分为两部分,外壳零件遮住了内部的结构,当需要表达其内部结构和装配关系时,可假想沿着它们的结合面剖切画出,此时,结合面不画剖面线,但剖到的连接件需要按剖视绘制。如图 13-5 中的俯视图所示。

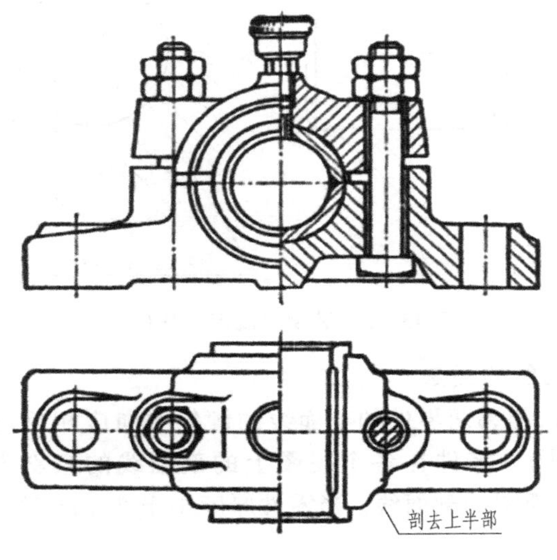

图 13-5 拆剖画法

2. 拆卸画法

有些机器或部件,当某些零件遮住了需要表示的结构或装配关系,而这些零件在其他视图上又已经表示清楚时,为表达方便,可假想将其拆卸后画出,并在零件上方标注“拆去件××”

的字样，如图 13－2 中的左视图，上方标有“拆去扳手 13”字样，表示拆去件 13 扳手后画出。

3. 假想画法

在装配图中，为了表示本装配体与其他零部件的安装和连接关系，可把与本装配体有密切关系的其他相关零部件，用双点画线画出其轮廓。

当需要表示零件的运动范围和极限位置时，也可用双点画线画出某一极限位置的轮廓，如图 13－6 所示，把手运动极限位置就用双点画线画出。

4. 夸大画法

在装配图中，为了清楚表达零部件间的细小装配关系，零件之间细小的间隙或薄的零件等，允许不按比例而将其夸大画出，如图 13－4 所示。

5. 简化画法

① 对于装配图中若干相同的零件组，如螺栓连接等，可以只详细地画出一组或几组，其余的仅以点划线表示其装配位置。

② 在装配图中，零件的工艺结构，如圆角、倒角、退刀槽等，可不画出。螺栓头部，螺母可以采用简化画法，不需画出倒角及其产生的交线的投影，如图 13－4 所示。

③ 在装配图中，不通孔的螺纹可以不画出钻孔深度，如图 13－6 所示。

④ 在装配图中，按 GB 4459.7—1998 标准规定，滚动轴承可以采用简化画法绘制。简化画法可采用通用画法或特征画法。但在同一图样中，一般只采用其中一种画法。实践中，为明确表达，装配图多采用规定画法。图 13－4 中滚动轴承就是规定画法。

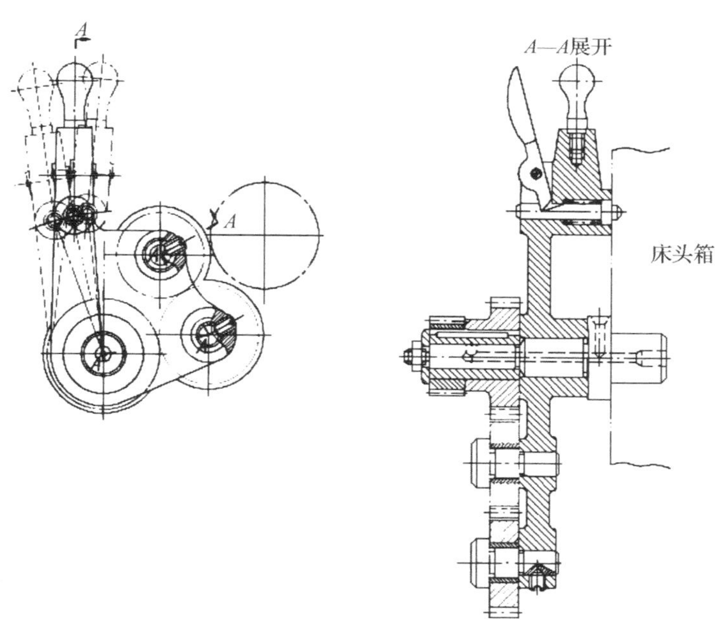

图 13－6　装配图中的展开画法

6. 展开画法

机器或部件中，对于分布于空间的传动轴系，如变速箱、床头箱等，为表达其传动路线及其装配关系，其装配图可以沿其传动路线剖切后，依次展开在同一平面上，画出展开的剖视图，并在其视图上方标注“×—×展开”，见图 13－6。这种画法为装配图的展开画法。

7. 单独画法

在装配图中,个别结构较复杂或被其他零件遮住,而又需要清晰地表示其结构形状的零件,可将该零件某个方向的视图单独画出,并在零件上方注明该零件的序号和投影方向。如机用台虎钳中的护口片,需要表示其端面上的网纹和连接尺寸,采用单独画法。

13.2.4 装配图的绘制方法和步骤

生产实际中绘制装配图,一般有两种方式:已知机器或部件所有零件图,绘制装配图;没有零件图,设计绘制机器或部件装配图。为便于理解,本章就以第一种方式绘制装配图来介绍。并主要介绍装配图一组视图的绘制。

绘制机器或部件的装配图,要在分析机器或部件的装配关系和工作原理的基础上,确定一个合理的表达方案,然后根据机器的大小和绘图比例选择图幅尺寸,就可以开始绘制视图,最后完成装配图上的其他内容。下面以球阀为例介绍装配图绘图方法和步骤,球阀各零件结构可参照其轴测剖视图(见图13-1)。

1. 分析机器或部件的装配关系和工作原理

为使装配图的视图清晰地表达机器或部件的装配关系、工作原理、主要结构,在选择表达方案之前,必须清楚所要表达的机器或部件的工作原理,工作原理可由机器用途或装配示意图分析而知。从工作原理出发分析每个零件作用、机器运动方式,寻找零件之间连接关系、相对位置,就可找出各零件之间的装配关系,归纳出维系各零件之间关系的脉络,这个脉络的主干就是装配干线,装配干线是装配图表达的关键所在。

根据球阀轴测剖视图(见图13-1),可以知道球阀每个零件的主要形状,根据常识可以知道球阀的用途,工作原理如前所述,由此可以归纳出球阀装配干线:是由序号4阀芯通孔轴线及序号12阀杆轴线共同构成。沿着装配干线分析就可知道各零件之间的装配关系:阀芯4球面两侧靠紧左右两个密封圈3对应的球面,两侧的密封圈3,分别通过其外侧的圆柱表面装入阀体1和阀盖2对应的圆柱窝中。阀体1通过其左端凹下圆柱表面与阀盖2突起部分相接触,并通过螺柱6及螺母7,将阀体与阀盖沿其轴线方向紧固,阀体与阀盖件间的调整垫5,起调整密封圈、阀芯之间的松紧程度。阀杆12装入阀体上端的阶梯孔中,阀杆下端外表面与阀体对应的圆柱表面接触,确保二者同轴。阀杆通过其下端凸榫嵌入阀芯上面凹槽内。填料垫8、中填料9、上填料10、填料压紧套11依次装入阀杆与阀体形成的环形槽中,并与阀杆对应圆柱表面形成配合表面,保持同轴。扳手13装入阀杆方形端头中,以便将其旋转运动传递给阀杆。

2. 确定表达方案

确定装配图的表达方案,就是选择哪几个视图,分别应用哪些表达方法来清晰地反映出部件各零件间的装配关系、主要零件的结构形状,并在满足表达重点的前提下,力求制图简便,便于读图。确定表达方案的主要工作就是选择主视图及其他视图。视图的选择要做到每个视图具有明确的表达目的。

(1) 装配图主视图的选择

装配图的主视图一般用来表达主要装配干线上的各零件之间相对位置及其主要形状,常采用剖视表达方法来反映机器的工作原理、内部装配关系、主要形状。装配图主视图安放位置应符合工作位置,便于看图及维修。投射方向应选择最能反映工作原理、主要装配关系、传动路线、整体主要构造特征的哪个方向。

如图 13－2 所示的球阀的主视图，用沿前后对称平面剖开的剖视图，来表达球阀装配干线上各零件之间相对位置及其内部形状，反映了球阀装配关系，体现了球阀的工作原理、整体结构特征及运动传递路线。其安放位置与投射方向选择合理。

(2) 其他视图的选择

主视图选定之后，要选择适当数量的其他视图，对主视图尚未表达清楚的内容，予以补充。一般其他视图侧重于表达次要装配干线上各零件的装配关系及零件的形状。其他视图的数量多少，根据所表达部件的复杂程度决定。表达方法上要灵活运用各种表达方法，具有明确的表达目的。其他视图优先选用基本视图。

如图 13－2 所示，球阀除主视图外，选用半剖的左视图辅助表达了阀杆装配干线上零件的装配关系及阀盖的外形。选用俯视图表达主要零件外形，采用局部剖视，辅助表达了扳手与阀杆的装配关系。

3. 选择图幅，确定比例

表达方案确定之后，就可选择绘图比例，并根据部件的外形尺寸以及其他内容所需要的空间，选择图幅尺寸，大致规划出各视图所占据的图幅空间，如图 13－7 所示。

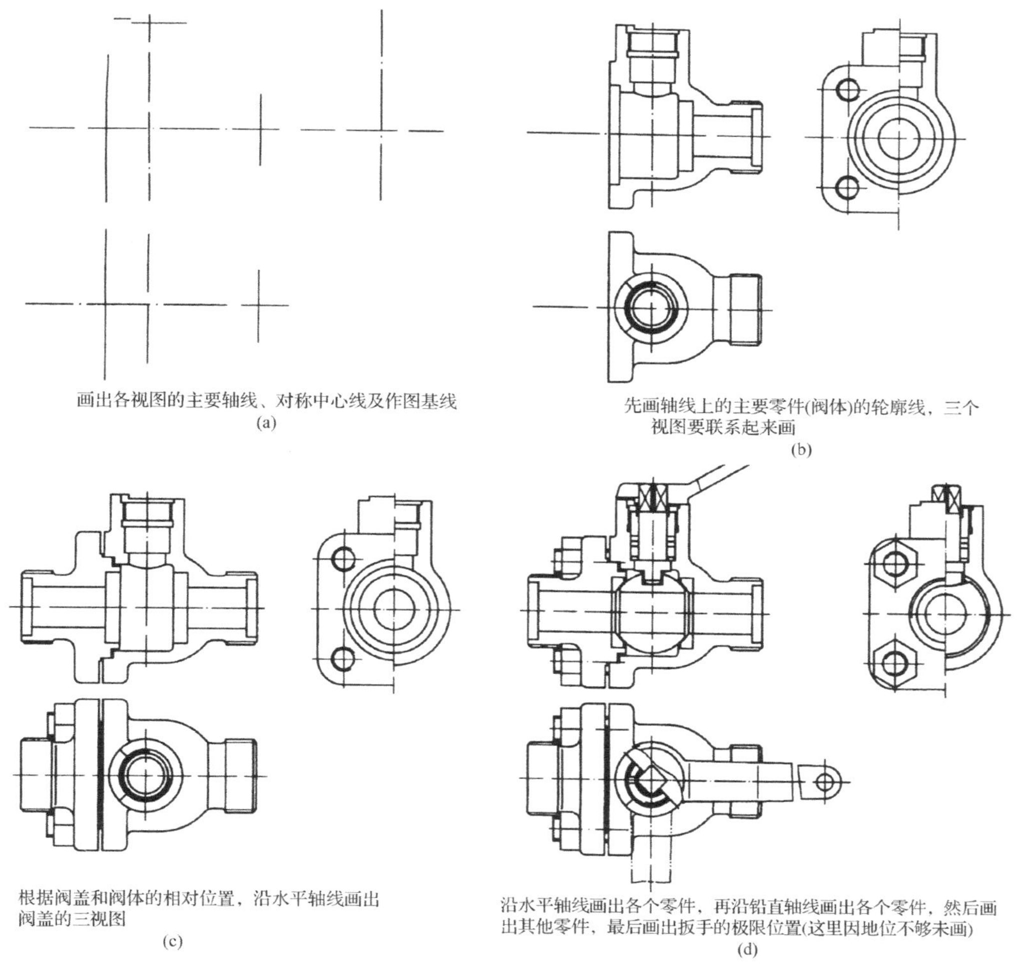

图 13－7 球阀的绘图步骤

4. 绘制视图

绘制视图时,首先根据确定的表达方案,规划各视图的位置,画出各视图的装配干线、对称中心线、绘图基准线。然后,从主视图开始,几个视图配合进行,画剖视时,要以装配干线为准,可从内到外,按照零件之间定位装配关系,逐个画出每个零件,也可从外到内,根据绘图方便而定。绘制视图时要先打底稿,检查没错后再加深。

5. 完成装配图上其他内容

完成装配图上零件尺寸的标注,引出零件序号,填写标题栏、明细表,标注技术要求。

13.3 装配图的尺寸和技术要求

装配图的尺寸和技术要求是装配图两个重要内容,下面就分别介绍。

13.3.1 装配图的尺寸

由于装配图和零件图在生产中所起的作用不同,因此对尺寸标注的要求也不同。零件图是加工制造零件的直观依据,因此要求零件图上的尺寸必须齐全。而装配图主要应用在机器或部件装配生产、生产准备、技术设计与服务等环节。这些环节多数情况下不需要机器或部件中零件的所有尺寸,只需要机器或部件整体方面的有关尺寸。因此,装配图不必标注出零件全部尺寸,只需标注整体所必要的尺寸。这些尺寸根据其作用分为:性能规格尺寸、装配尺寸、安装尺寸、外形尺寸、其他重要尺寸。

1. 性能或规格尺寸

性能或规格尺寸表明机器或部件的规格和使用性能的尺寸,是用户选择机器或部件的主要依据。它与机器和部件的技术性能参数密切相关。如图 13－2 所示的 $\phi20$,它是球阀的公称通径,与球阀通过的最大液流量有关,由设计者设计确定。

2. 装配尺寸

装配尺寸表示机器或部件中有关零件之间装配要求的尺寸,如配合技术要求尺寸和重要的相对位置尺寸。如图 13－2 所示的 $\phi50H11/h11$,是配合技术要求尺寸;它是阀盖与阀体之间配合要求尺寸,表示阀盖上圆柱轴的尺寸公差代号为 $\phi50h11$,阀体上与之配合的孔尺寸公差代号为 $\phi50H11$。115 ± 1.10 则是重要的相对位置尺寸,表示沿 $\phi20$ 轴线装配后两端端面间的尺寸要求。

3. 安装尺寸

安装尺寸是将机器或部件安装到地基、机座或其他设备上所需要的尺寸。如图 13－2 所示的 M36×2 就是将阀安装到管路时需要的尺寸。

4. 外形尺寸

外形尺寸是机器或部件在长、宽、高 3 个方向上的最大尺寸。它是包装、运输、安装所需的重要数据,如图 13－2 所示的 75 为总宽,121.5 为总高,总长由 160、54、115 ± 1.10 所确定。

5. 其他重要尺寸

在机器或部件设计时,经计算或选定的,又不属于上述几类尺寸的其他重要尺寸。如运动零件的极限位置尺寸,主要零件的重要结构尺寸等。

上述 5 类尺寸不是孤立无关的，有的尺寸往往同时具有多重作用。例如 115±1.10 既是外形尺寸，又是装配尺寸，与安装也有关系。有时一张装配图并不具备上述 5 类全部尺寸，需要根据具体情况而定。

13.3.2　装配图的技术要求

由于不同机器或部件的性能要求各不相同，因此其技术要求也不相同，拟定技术要求时，一般可以从以下几个方面来考虑：

① 装配方面要求。机器或部件在装配过程中需注意的事项及装配后装配体应达到的要求，如装配间隙、润滑要求等，如图 13-2 所示的配合公差 ϕ18H11/d11 等。

② 检验方面要求。机器或部件基本性能的检验、实验的方法和条件及应达到的指标。

③ 使用方面要求。对机器或部件的规格、参数及维护、保养、使用时的注意事项和要求。例如限速、限温、绝缘要求等。

装配图上的技术要求应根据装配体的具体情况而定，用文字注写在明细栏的上方或图样右下方的空白处。内容太多时可以另编技术文件。

13.4　装配图零、部件序号及明细栏

13.4.1　装配图零、部件序号

为便于读图，便于图样管理以及生产准备，装配图中所有的零、部件均应编号，并在标题栏上方填写与图中序号相同的明细表。

1. 装配图中零、部件序号编排的基本要求

① 装配图中所有的零、部件均应按一定顺序编号。

② 装配图中每个完整的部件可以用单独的序号来识别。如滚动轴承、电机、油杯、骨架油封等标准部件等。同一装配图中相同的零、部件用一个序号，一般只标注一次，多处出现的相同的零、部件，必要时也可重复标注，但是序号只能编为一个。形状、名称一样、尺寸不同的零件要分别编写序号。

③ 装配图中零、部件的序号，应与明细栏(表)中的序号一致。

④ 装配图中所有的指引线和基准线应按 GB/T 4457.2—2003 的规定绘制。

2. 装配图中序号的编写方法及规定

装配图中零、部件序号的编写包括用细实线画出指引线、基准线或小圆，填写图中零、部件的序号，最后填写明细栏内相关内容。编写方法及规定如下：

① 指引线应从所指部分的可见轮廓内引出，并在末端画一圆点(见图 13-8)，若所指部分(很薄的零件或涂黑的剖面)内不便画圆点时，可在指引线的末端画出箭头，并指向该部分的轮廓(见图 13-9)。

② 装配图中零、部件序号的表示方法有以下 3 种：在指引线相连的水平基准线上注写序号；在指引线相连的圆内注写序号；在指引线的非零件端的附近注写序号，如图 13-8 所示。序号字号比该装配图中所注尺寸数字的字号大一号或两号。

③ 同一装配图中编排序号的形式应一致。此时所有零、部件的序号应当用同一种字形和

字高。

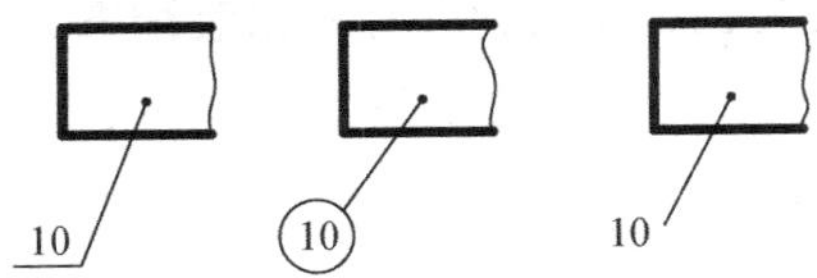

图 13-8 装配图中编注序号的方法

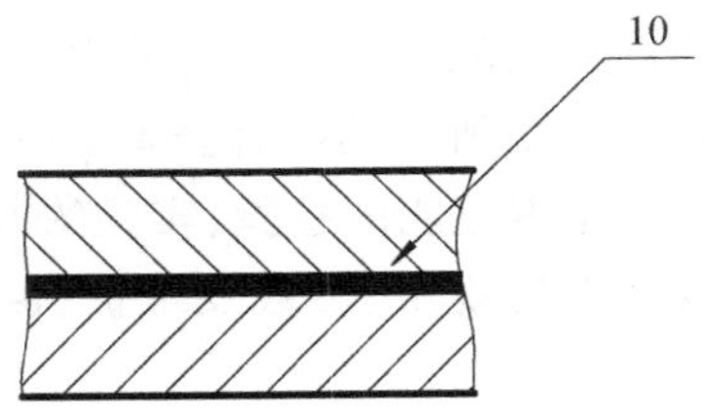

图 13-9 指引线末端采用箭头的应用场合

④ 指引线相互不能相交。当指引线通过有剖面线的区域时,它不应与剖面线平行。必要时,指引线可以画成折线,但只可曲折一次。一组紧固件以及装配关系清楚的零件组,可以采用公共指引线(见图 13-10)。当序号注写在圆圈内时,指引线应直接指向圆圈的圆心。

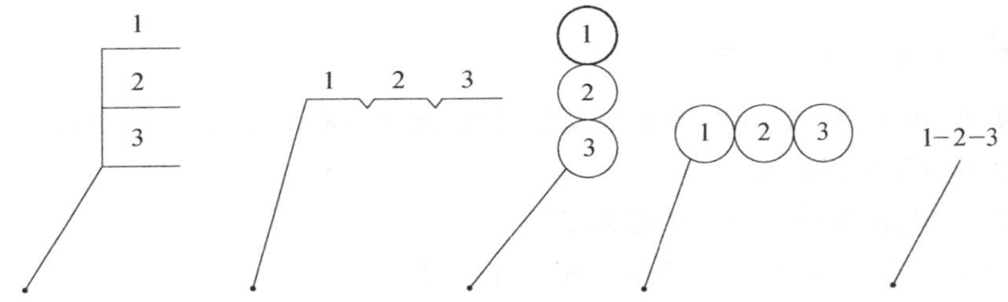

图 13-10 公共指引线的编注形式

⑤ 装配图中序号应按水平或竖直方向排列整齐,环绕在视图周围时,序号的注写应按顺时针或逆时针方向顺次排列(见图 13-2),在整个图上无法连续环绕时,可只在每个水平或竖直方向顺次排列。

⑥ 各零、部件的序号应编写在相应零、部件的外形轮廓线之外。

⑦ 推荐采用第一种编写序号的形式,即序号编写在水平基线上。这是我国目前使用最多的一种。水平横线的长度可随序号字数的长短而定。这种形式使用时较为方便,也较易达到整齐一致。

13.4.2 装配图明细栏

明细栏是装配图中全部零件和部件的详细目录,明细栏画在标题栏上方。其中的零件序号由下往上填写,若上方位置不够,可移一部分紧接标题栏左边继续填写。

一般来说,构成机器或部件的零、部件分为自制件和标准件。填写装配图的明细栏时,需要列明各种零部件序号、名称、代号、材料、数量、单件重量和总重量等内容。标准件的代号可用标准编号,自制件的代号可按各企业制定的编写方法编写其代号。明细栏参考格式如图 13-11

所示。

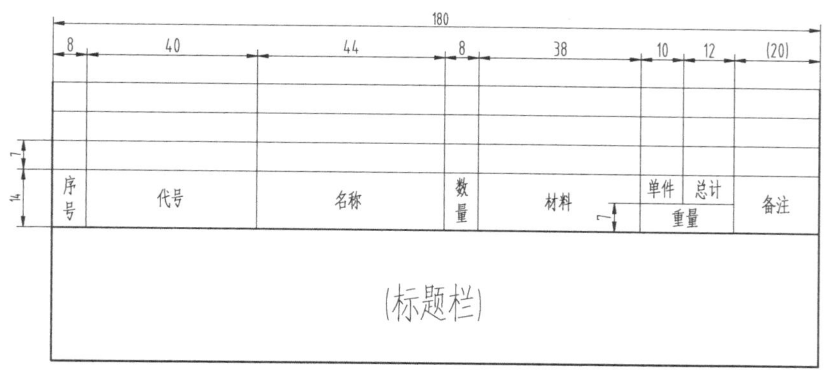

图 13－11　明细栏格式

13.5　装配结构的合理性

为保证产品性能和质量，使产品零件装拆方便，连接可靠，机器或部件结构设计时，要考虑的因素很多，如产品的功能要求、结构强度要求、制造工艺性要求、人机工程要求等。考虑这些要求需要后续课程学习才可解决，在此我们仅从装配工艺角度出发，初步探讨产品设计时零件之间装配结构的合理性问题。

1. 两零件接触面的结构

① 当两个零件接触时，应避免在同一个方向上同时有两对接触表面，如图 13－12 所示。

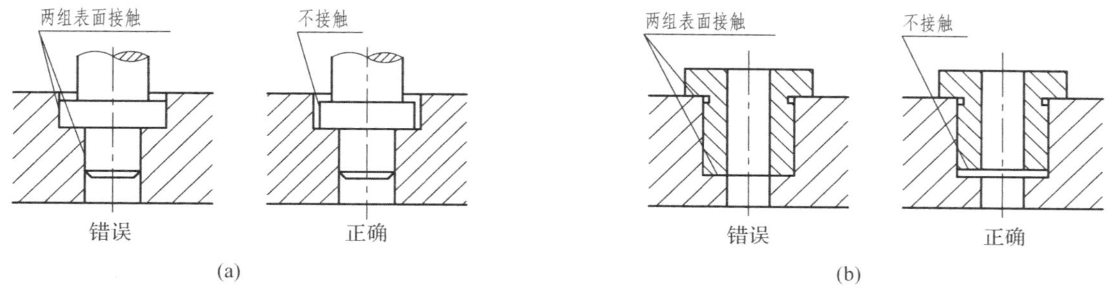

图 13－12　同一个方向接触面的结构

② 为保证轴肩端面和孔端面接触良好，应在孔的端面加工出倒角、圆角等结构，或在轴肩处加工出退刀槽，如图 13－13 所示。

2. 零件的紧固与定位结构

① 为了防止轴上零件产生轴向窜动，可设轴肩定位，轴端采用挡圈或压板固定，保证定位可靠，如图 13－14 所示。

② 为防止机器上的螺钉、螺母等紧固件因受震动或冲击而逐渐松动，常采用防松装置。常见的防松结构形式如图 13－15 所示。

3. 零件的安装与拆卸结构

① 在设计螺栓和螺钉的位置时，要留下装拆螺栓所需要的操作空间、扳手活动空间和螺

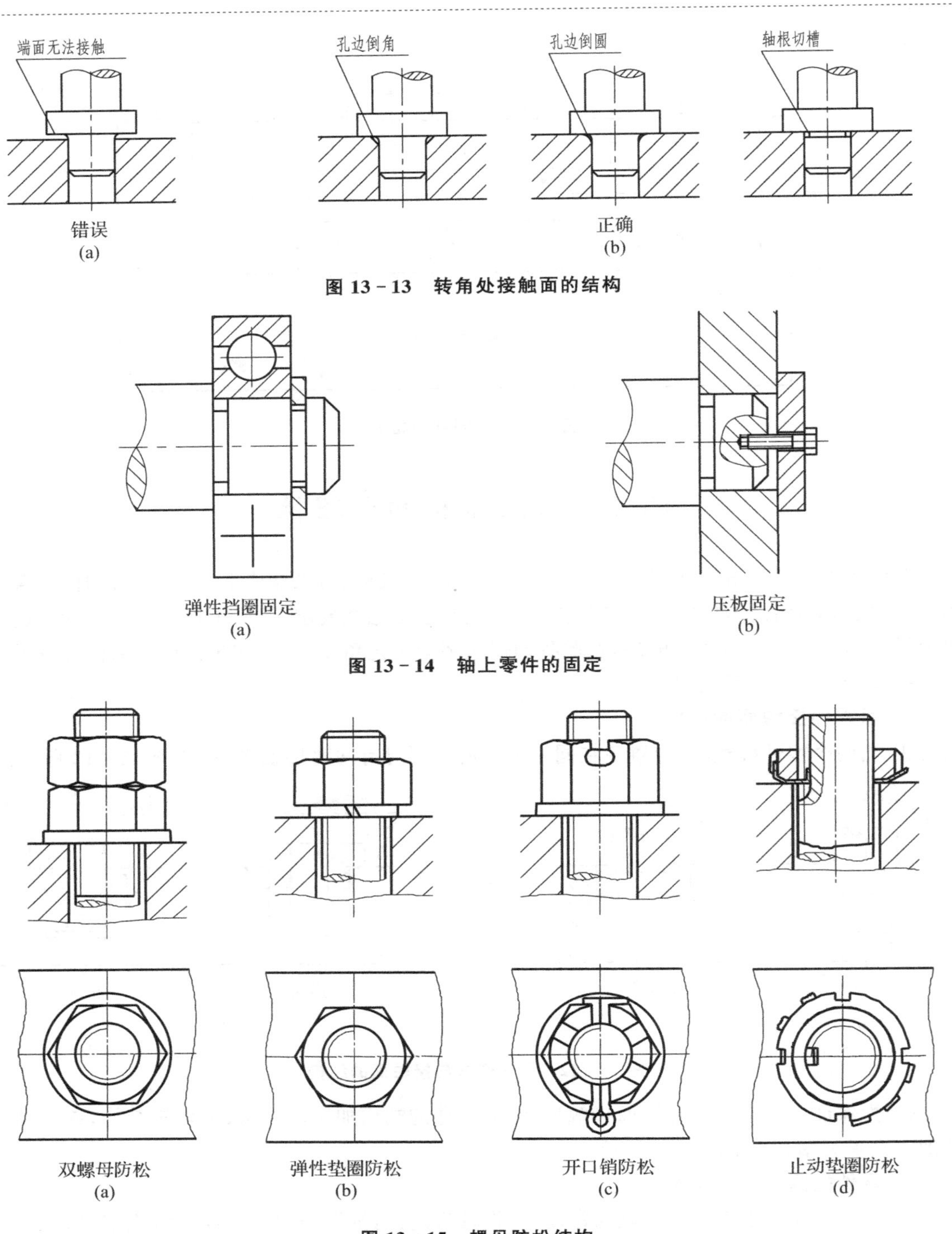

图 13-13　转角处接触面的结构

图 13-14　轴上零件的固定

图 13-15　螺母防松结构

钉的装拆空间,如图 13-16 所示。

② 对于滚动轴承,无论是轴上还是轴承孔中,设计装配结构时都要考虑其安装的方便性和拆卸的可能性,如图 13-17 所示,图 13-17(a)所示的轴承拆卸不便,为不合理结构,图 13-17(b)所示为合理结构。

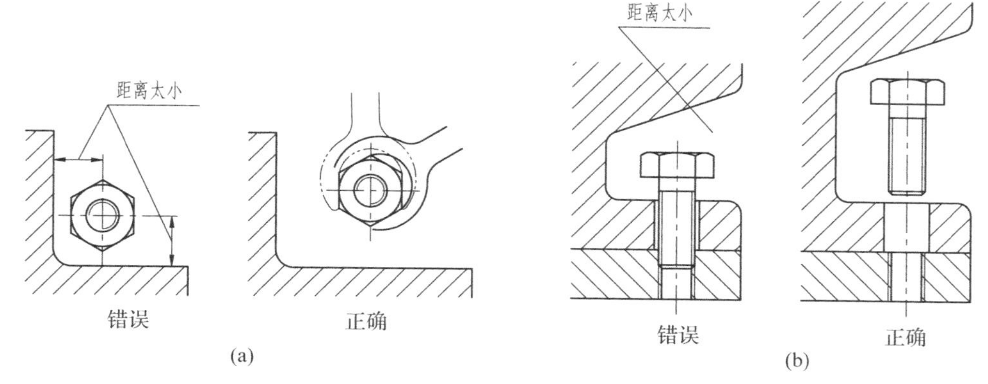

图 13－16　螺栓的装拆空间

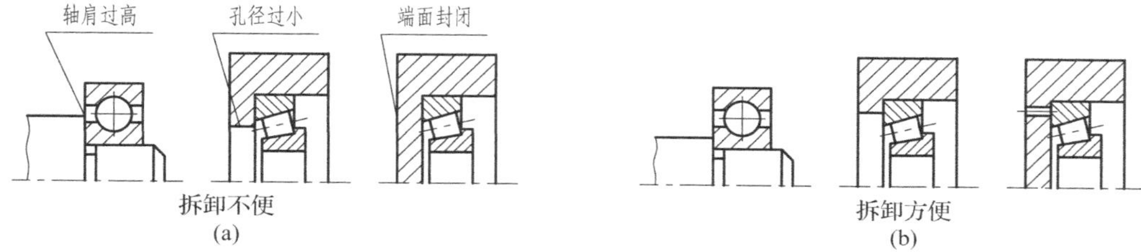

图 13－17　轴承的拆卸结构

③ 为了便于拆卸，两零件间的销孔定位结构中，销孔尽量做成通孔或选用带螺孔的销，销孔下部增加一小孔是为了排除被压缩的空气。如图 13－18 所示，(a)、(b)为合理结构，(c)为不合理结构。

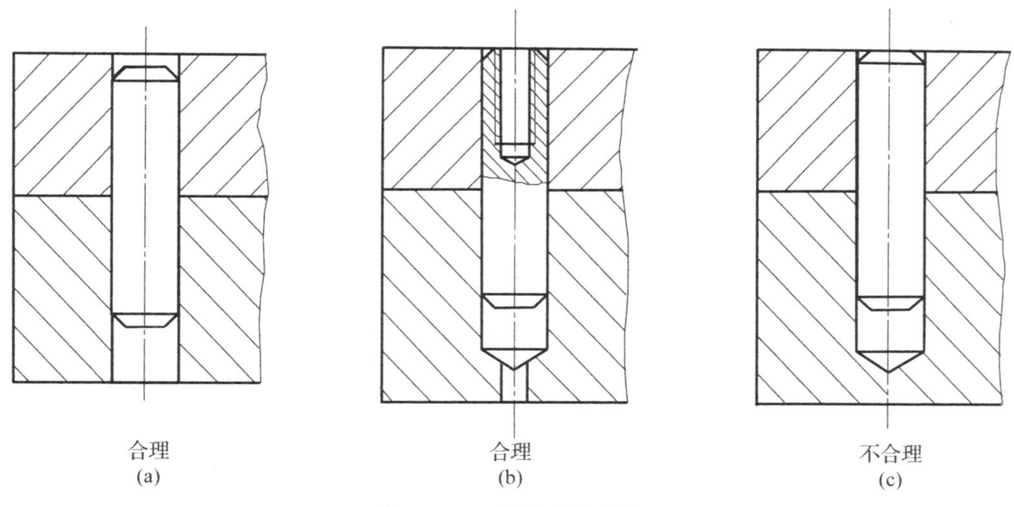

图 13－18　销孔定位结构

4. 密封结构

① 机器或部件上的旋转轴或滑动杆的伸出处，应有密封装置，用以防止外面的灰尘杂质侵入。常见的密封方法有毛毡式、沟槽式等 。如图 13－19 所示，(a)为毛毡式，(b)为沟槽式。

② 为了防止机器或部件内部液体外漏和外部灰尘、杂质侵入，通常要采用填料密封结构，

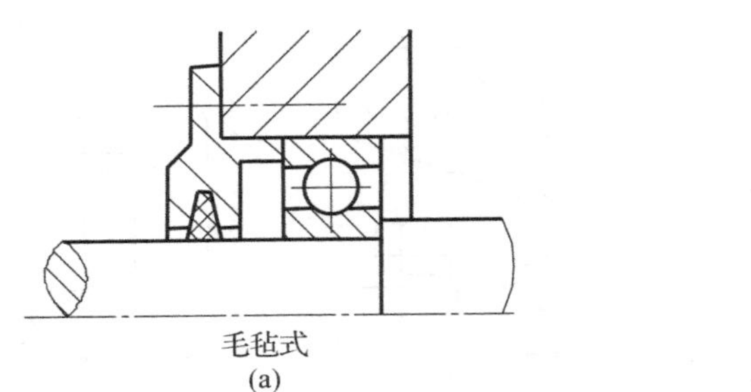

(a)

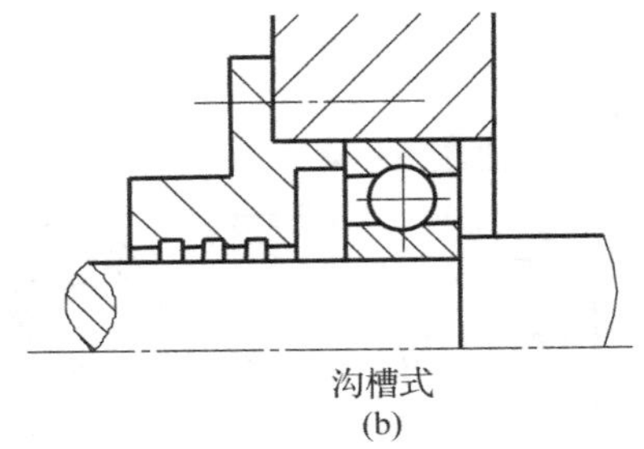

(b)

图 13-19 防尘结构

如图 13-20 所示。

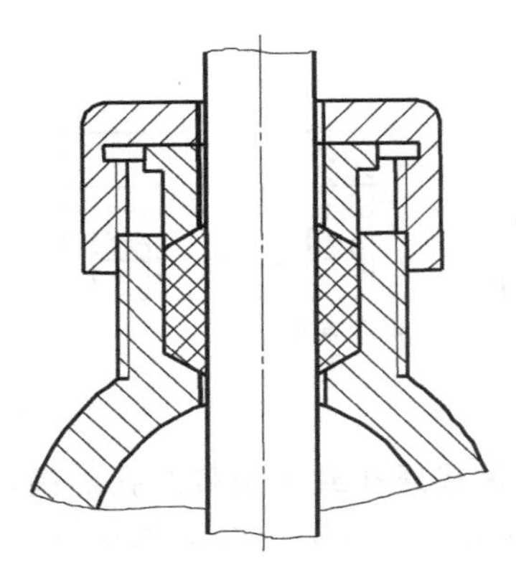

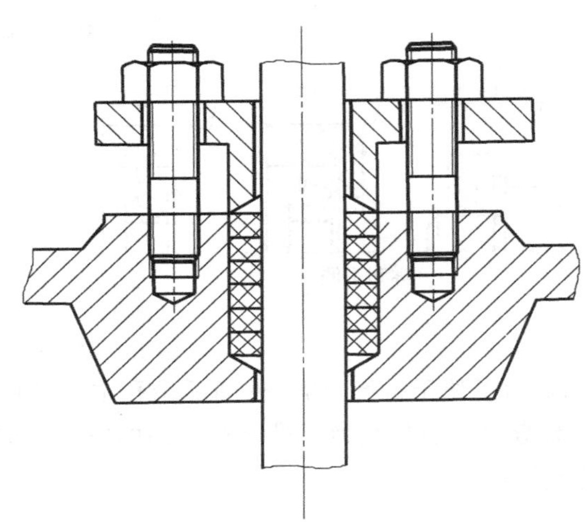

图 13-20 填料密封结构

13.6 读装配图及由装配图拆画零件图

在机器或部件设计、加工、装配、检验和维修工作中,在进行技术交流中,都需要读装配图。工程实践中,工程技术人员必须具备熟练读装配图和由装配图拆画零件图的能力。

13.6.1 读装配图的方法和步骤

读装配图的目的是了解该机器(或部件)的性能、工作原理及其作用,搞清机器(或部件)各零件间的装配关系、主要结构形状,搞清机器或部件的装拆顺序。

下面结合实例图 13-21 机用台虎钳装配图,介绍读装配图的一般方法和步骤。

1. 概括了解

读装配图时,首先通过标题栏和产品说明书了解部件的名称、用途。从明细栏了解组成该部件的零件名称、数量、材料以及标准件的规格。通过对视图的浏览,了解装配图的表达情况和复杂程度。从绘图比例和外形尺寸了解部件的大小。从技术要求了解该部件在装配、试验、使用时有哪些具体要求,从而对装配图的大体情况和内容有一个概括的了解。

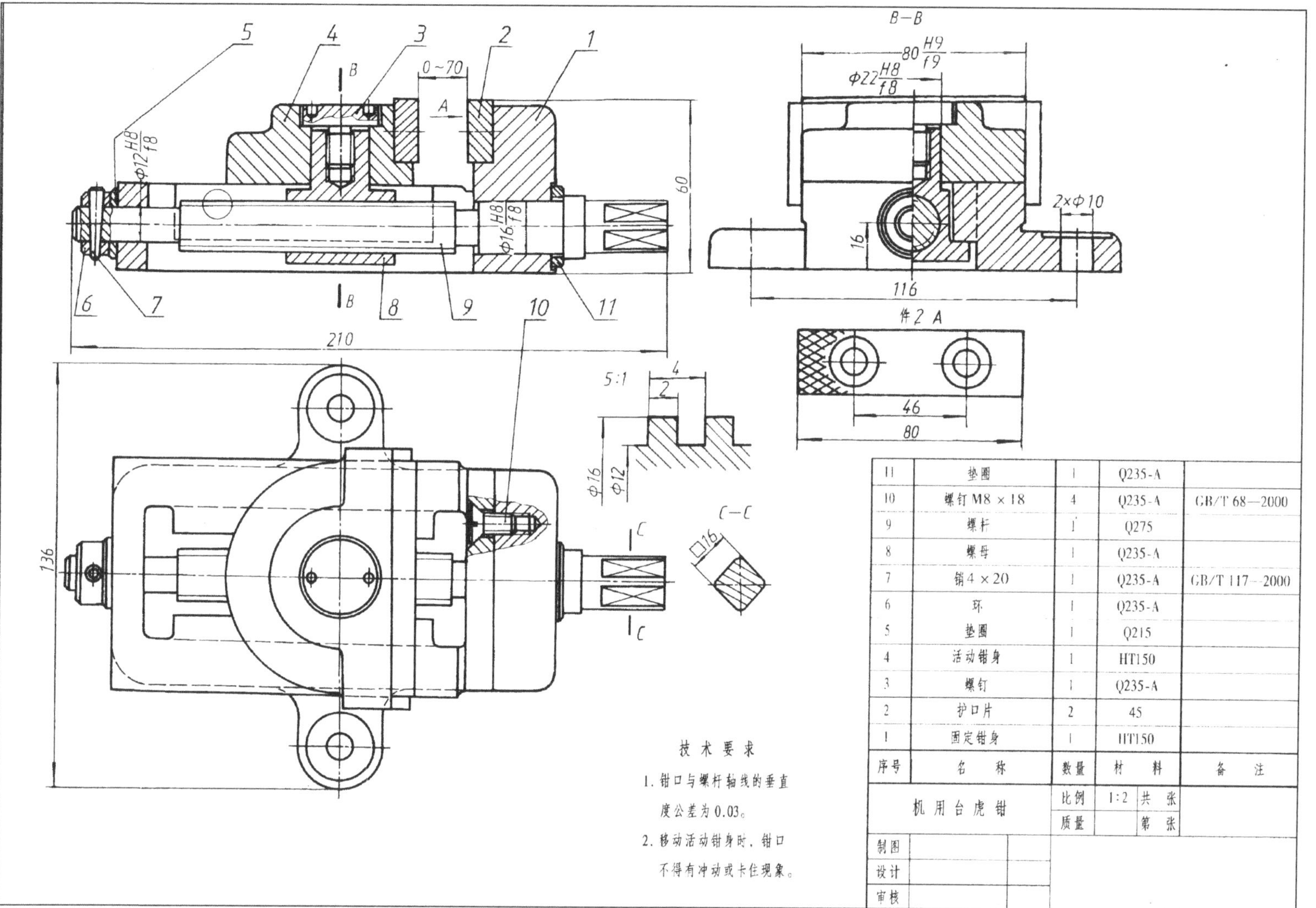

序号	名　称	数量	材　料	备　注
11	垫圈	1	Q235-A	
10	螺钉 M8 × 18	4	Q235-A	GB/T 68—2000
9	螺杆	1	Q275	
8	螺母	1	Q235-A	
7	销 4 × 20	1	Q235-A	GB/T 117—2000
6	环	1	Q235-A	
5	垫圈	1	Q215	
4	活动钳身	1	HT150	
3	螺钉	1	Q235-A	
2	护口片	2	45	
1	固定钳身	1	HT150	

机用台虎钳	比例	1:2	共　张
	质量		第　张
制图			
设计			
审核			

图 13－21　机用台虎钳装配图

机用台虎钳是机床中常用附件,也是维修钳工常用的小型机具。用来夹持零件,以便于加工,要求具有较大夹紧力。根据绘图比例和外形尺寸可知,机用台虎钳体积较小。从明细栏可知,由11种共15个零件构成。其中有标准件2种共5个。它是一个比较简单的部件。

2. 分析视图,明确表达目的

分析视图首先概览各视图,了解视图数量,然后找到主视图,分析各视图间的投影关系,明确各视图名称,分析各视图采用哪些表达方法,找出剖视图、断面图的剖切位置、投射方向,最终明确各视图的表达意图和它们相互之间的关系,为下一步深入看图作好准备。

机用台虎钳装配图共有6个图形。它们分别是全剖的主视图,半剖的左视图,局部剖的俯视图,移出断面图 $C—C$,单独表达件2的 A 向视图,还有采用了不同于原图表达方法的局部放大图,放大比例为5∶1。

主视图采用剖视表达,剖切平面为前后对称平面,通过了装配干线——螺杆轴线。主视图主要表达各零件之间的装配关系,运动关系。左视图辅助表达零件之间的装配关系、相对位置及其结构形状。俯视图主要表达外形。断面图 $C—C$ 是为了表达件9的右端形状,"□16"表示边长为16的正方形断面,此为"16×16"的简化注法。局部放大图是为了表示螺纹牙型(矩形螺纹)及其尺寸等。

3. 分析传动路线和工作原理

分析传动路线和工作原理是读装配图重要环节,传动路线和工作原理是设计思想的具体体现,读者一般可从图样上直接分析猜测设计意图,当部件比较复杂时,需参考说明书。分析时,结合自己相关知识、根据机器或部件的用途,可从机器或部件的传动入手进行分析。

机用台虎钳是装在机床上夹持工件用的。螺杆9由固定钳身1支承,在其尾部用圆锥销7把环6和螺杆9连接起来,使螺杆只能在固定钳身上原地转动。将螺母8的上部装在活动钳身4的孔中,依靠螺钉3把活动钳身4和螺母8固定在一起。当转动螺杆时,由于螺杆只能原地转动,于是螺母便带动活动钳身做轴向移动,使钳口张开或闭合,把工件夹紧或放松。考虑到夹持工件需要较大的夹紧力,螺纹副采用了矩形传动螺纹。为避免螺杆在旋转时,其台肩和环同钳身的左右端面直接摩擦,又设置了垫圈5和11。

4. 分析装配关系

分析装配关系是读装配图核心环节。分析装配关系就是要分析零件之间的配合关系、连接方式和接触定位情况。它有助于进一步了解机器的工作原理、传动路线,有助于深入了解机器的装配工艺和各零件的主要结构形状。分析装配关系要沿装配主干线进行,可从主要基础件开始,依次分析与其相连的各零件,从而串联起整个部件,梳理清楚各零件之间装配关系。

(1) 配合关系

从机用台虎钳主视图装配干线可以看出,螺杆9与固定钳身1左、右两端支承孔之间配合分别为 ϕ12H8/f8、ϕ16H8/f8,二者均为是基孔制的间隙配合,保证螺杆在钳身上能够轻便地绕其轴线转动。从左视图可以看出螺母8与活动钳身4之间配合为 ϕ22H8/f8,固定钳身1与活动钳身4之间配合为80H9/f9。

(2) 接触定位、连接方式

从主视图装配干线可以看出,螺杆9的轴向定位是靠右端轴肩与垫圈11端面接触实现。环6通过圆锥销7和螺杆9定位并连接起来。螺母8通过矩形螺纹实现与螺杆9的连接。活动钳身 4 下端面与钳身 1 上表面相接触并实现上下方向定位。螺钉 3 把活动钳身 4 和螺母 8 连接在一起，螺钉 3 下端面与活动钳身 4 孔端面相接触。护口片 2 通过其侧面、底面与固定钳身 1 和活动钳身接触实现其定位，护口片 2，各用两个螺钉 10 连接在固定钳身 1 和活动钳身 4 上。

(3) 装配顺序

机用台虎钳的装配顺序是：

① 先将护口片 2，各用两个螺钉 10 装在固定钳身 1 和活动钳身 4 上。

② 将螺母 8 先放入固定钳身 1 的槽中，然后将螺杆 9（装上垫圈 11）旋入螺母 8 中；再将其左端装上垫圈 5、环 6，同时钻铰加工销孔，然后打入圆锥销 7，将环 6 和螺杆 9 连接起来。

③ 将活动钳身 4 骑在固定钳身 1 上，同时使其 $\phi22$ 圆柱孔装入螺母 8 上端的凸起圆柱上，再锁上螺钉 3，即装配完毕。

该装配体的拆卸顺序与装配顺序相反。

5. 分析零件主要结构形状和用途

分析零件主要结构形状和用途，是读懂装配图的重要标志。复杂程度不同的机器，其零件结构形状和用途各不相同。通常应先看简单件，后看复杂件，将标准件、常用件及一看即明了的简单零件看懂后，再将其从图中“剥离”出去，然后集中精力分析剩下的为数不多的复杂零件。对这些复杂零件可先从其中主要零件开始分析，并且最好从表达该零件较为明显的视图入手，紧密联系其他视图，有针对性分析与分离。具体方法可参考以下几点：

① 利用零件指引线确定零件在机器或部件中的位置和大致轮廓。

② 利用装配图规定画法（相邻零件剖面线规定画法；标准件、实心件剖切规定画法；接触非接触面规定画法）进一步区分零件的轮廓范围。

③ 根据各视图的投影关系，将复杂零件在各个视图上的投影范围及其轮廓搞清楚，进而运用形体分析法并辅以线面分析法进行仔细推敲，弄清零件各个方向结构形状。

④ 此外，分析零件主要结构形状时，还应考虑零件为什么要采用这种结构形状，以进一步分析该零件的作用。

⑤ 当某些零件的结构形状在装配图上表达不够完整时，可先分析相邻零件的结构形状，根据它和周围零件的关系及其作用，再来确定该零件的结构形状。但有时还需参考其他零件图来加以分析，并运用零件内外形状的关系，设计确定该零件的结构形状。

6. 归纳总结

在以上分析的基础上，还要对技术要求和全部尺寸进行分析，并把部件的性能、结构、装配、操作、维修等几方面联系起来研究，进行总结归纳，这样对部件才能有一个全面的了解。

上述看图方法和步骤，是为初学者看图时理出一个思路，彼此不能截然分开。看图时还应根据装配图的具体情况而加以选用。

机用台虎钳的分解轴测图、轴测装配剖视图见图 13－22。其中，分解轴测图体现了机用台虎钳装配顺序。

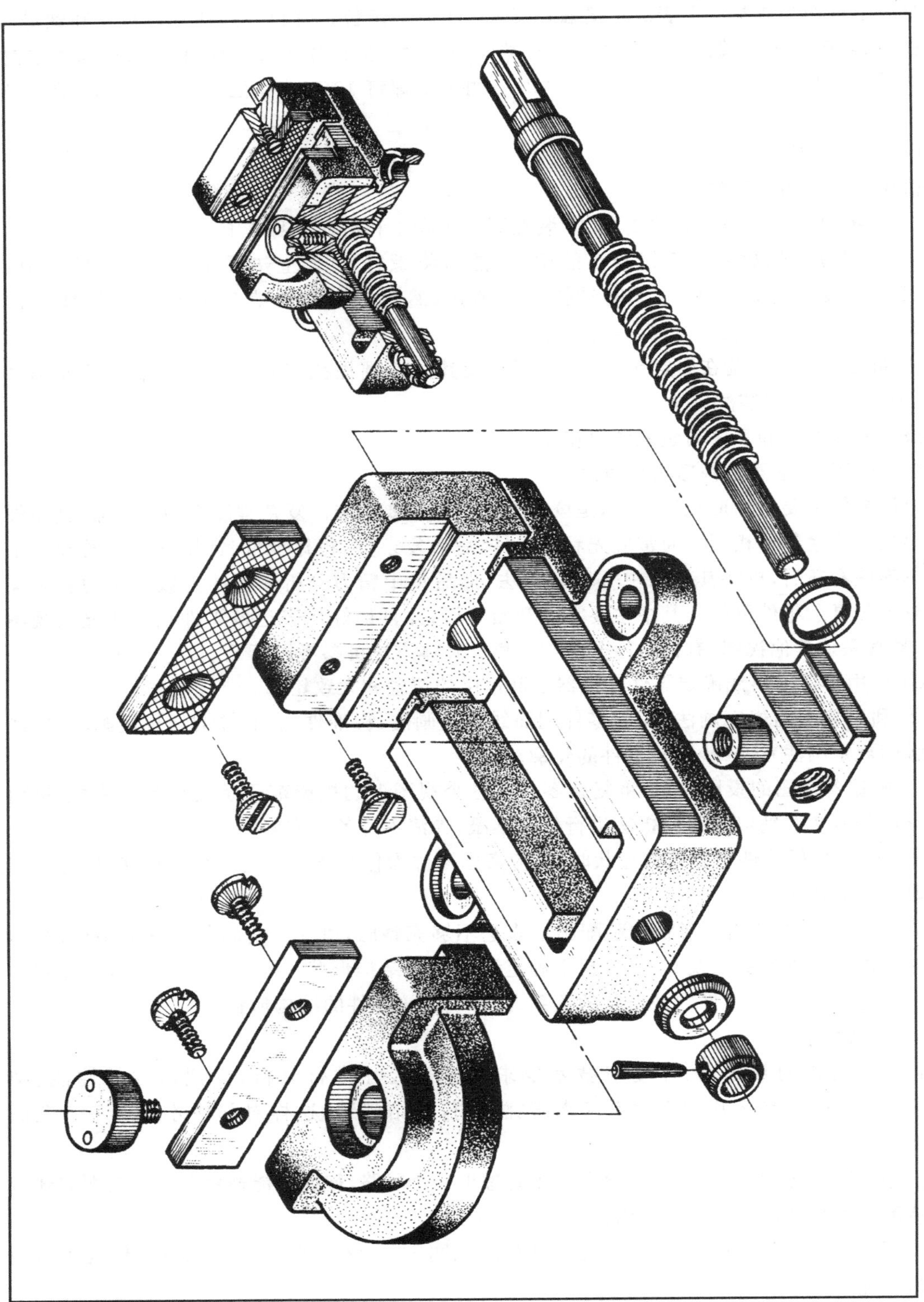

图13-22　机用台虎钳分解轴测图

13.6.2　由装配图拆画零件图

在设计新机器时，通常是根据使用要求先画出装配图，确定实现其工作性能的主要结构，然后根据装配图再来画零件图。由装配图拆画零件图，也是继续设计零件的过程，因此，由装配图拆画零件图是工程设计人员基本技能，是检验读装配图和画零件图能力的一种常用方法。由装配图拆画零件图，必须在全面读懂装配图基础上，按照零件图的内容和要求，从装配图中拆画出需要的零件图。

1. 拆画零件图的一般方法和步骤

（1）读懂装配图

（2）分离零件，确定零件的结构和形状

① 分离所拆零件的视图轮廓。装配图虽然主要表达装配关系，也总会有一些所拆零件的主要轮廓形状。分离所拆画的零件视图，关键是仔细辨析出该零件的轮廓，可根据前面所介绍分析零件主要结构形状的方法，从装配图中分离出所拆零件的主要轮廓形状。

② 补画图中所缺的图线。装配图中分离出的零件的结构形状，往往表达得不够完整，应根据零件的功用加以补充、完善。

③ 补全工艺结构。在装配图上，零件的细小工艺结构，如倒角、倒圆、退刀槽等结构往往被省略。拆图时，这些结构必须补全，并加以标准化。

（3）重新确定零件的表达方案

装配图的视图选择是从表达装配关系和整个部件情况考虑的，因此在选择零件的表达方案时不能简单照搬，应根据零件的结构形状，按照零件图的视图选择原则重新考虑。当然，许多零件，尤其是箱体类零件的主视图方位与装配图还是一致的，这样就可以采用与装配图相同的比例，从装配图上直接分离出一些视图，作为拆画零件的表达视图。对于轴套类零件，一般仍按加工位置（轴线水平放置）选取主视图。

（4）确定零件的尺寸、技术要求

由于装配图上的尺寸很少，所以拆图时必须补齐所缺尺寸，协调相关尺寸。装配图上已注出的尺寸，应在相关零件图上直接注出。未注的尺寸，则可按装配图上所用比例直接测量，数值可作适当圆整，也可经过计算得到。装配图上尚未体现的，则需自行确定。尚未体现的标准结构尺寸，如螺纹、倒角、圆角、退刀槽、键槽等，应查标准后标注。

有相互接触面的、相互连接的相邻两个零件，定位和其他有关尺寸必须一致，拆图时应一并将它们注在相关零件图上。对于配合尺寸，其基本尺寸必须相同，并注出公差带代号或极限偏差数值。其他重要的相对位置尺寸，应注出其尺寸公差。

技术要求将直接影响零件的加工质量。但正确制定技术要求，涉及许多专业知识，初学者可参照同类产品的相应零件图，用类比法确定。表面结构技术要求，可选常用 R –参数（表面粗糙度），表面结构参数数值应根据零件表面的作用和要求确定，接触面与配合面的表面粗糙度数值要低些，自由表面的表面粗糙度数值要高些，但有密封、耐腐蚀、美观等要求的表面粗糙度数值则要低些。

（5）填写标题栏，完成零件图

根据零件的功能要求，合理选择零件材料，也可采用类比法选择零件材料，填入标题栏中。并填写标题栏中的绘图比例，设计者等信息。

2. 读图并拆画零件图示例

读懂图 13 – 23 所示齿轮油泵装配图，拆画图中的序号 7 右端盖零件图。

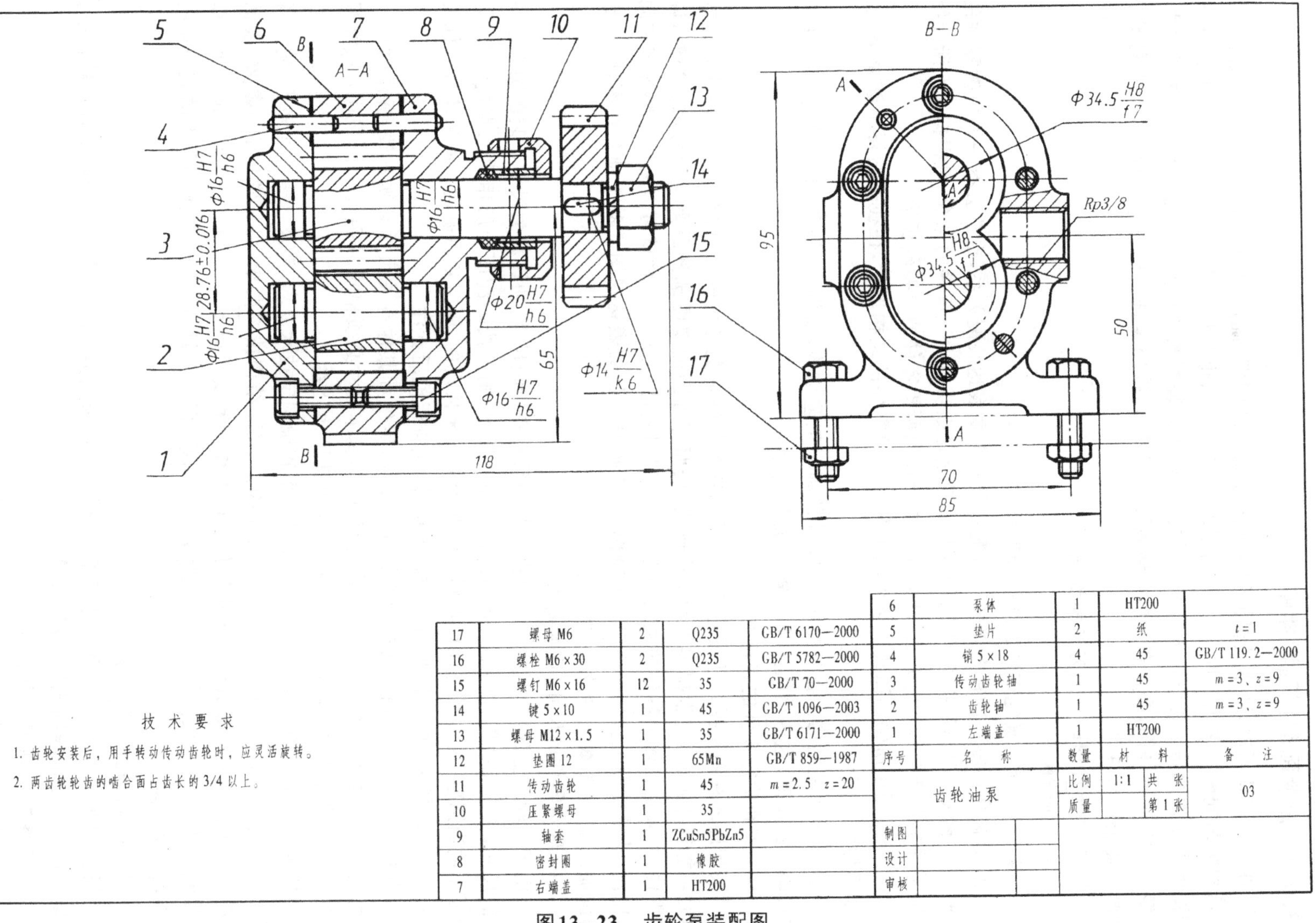

技 术 要 求

1. 齿轮安装后，用手转动传动齿轮时，应灵活旋转。
2. 两齿轮轮齿的啮合面占齿长的 3/4 以上。

序号	名称	数量	材料	备注
17	螺母 M6	2	Q235	GB/T 6170—2000
16	螺栓 M6×30	2	Q235	GB/T 5782—2000
15	螺钉 M6×16	12	35	GB/T 70—2000
14	键 5×10	1	45	GB/T 1096—2003
13	螺母 M12×1.5	1	35	GB/T 6171—2000
12	垫圈 12	1	65Mn	GB/T 859—1987
11	传动齿轮	1	45	$m=2.5$ $z=20$
10	压紧螺母	1	35	
9	轴套	1	ZCuSn5PbZn5	
8	密封圈	1	橡胶	
7	右端盖	1	HT200	
6	泵体	1	HT200	
5	垫片	2	纸	$t=1$
4	销 5×18	4	45	GB/T 119.2—2000
3	传动齿轮轴	1	45	$m=3$、$z=9$
2	齿轮轴	1	45	$m=3$、$z=9$
1	左端盖	1	HT200	

齿轮油泵	比例	1:1	共 张	03
	质量		第 1 张	
制图				
设计				
审核				

图13－23 齿轮泵装配图

在拆画齿轮油泵右端盖前，首先按照前面介绍的读图方法，读图如下：

(1) 概括了解

齿轮油泵是液压系统中的一个供液部件，要求传动平稳，保证供油，不能有渗漏。根据其绘图比例和外形尺寸知其体积较小，由 17 种零件组成，其中有标准件 7 种。由此可知，这是一个较简单部件。

(2) 视图分析

齿轮油泵装配图共选用两个基本视图。主视图采用了全剖视图 $A—A$，主要表达了该部件的结构特点和零件间的装配、泵体与左右泵盖的连接关系。左视图采用了半剖视图 $B—B$（沿接触面剖切画法），它是沿左端盖 1 和泵体 6 的结合面剖切的，清楚地反映了油泵的外部形状和内部齿轮的啮合情况、油泵与基础件的安装方式，并配合主视图，表达了泵体与左、右端盖的连接情况。局部剖视则表达了泵体上的进出液口。

(3) 传动路线和工作原理

① 传动路线：动力从传动齿轮 11 输入，当传动齿轮转动时，通过键 14，带动传动齿轮轴 3，再经过齿轮啮合，带动齿轮轴 2，从而使后者做反方向转动。

② 齿轮油泵工作原理如图 13－24 所示，当一对齿轮在密封的泵体内作啮合传动时，以传动齿轮轴逆时针旋转为例(从左视图的投影方向看)，齿轮啮合区的右边空间压力降低而产生局部真空，油池内的油，在大气压的作用下，由进油口进入油泵低压区内，随着齿轮的连续转动，齿槽中的油不断沿箭头方向被带至左边的出油口把油压出，进入液压系统内。

(4) 装配关系

1) 连接方式

综合两个视图，可以看出，左、右端盖各通过两个圆柱定位销 4，实现与泵体端面的定位。各用 6 个螺钉将其连接到泵体的左、右两端。泵体与左、右端盖之间设置密封垫片 5，起到密封作用。传动齿轮 11 通过传动齿轮轴上的轴肩实现轴向定位，由螺母 13 和垫圈 12 紧固。密封圈 8 装入传动齿轮轴和右端盖构成的空间中，并由轴套 9 和压紧螺母 10 压紧。

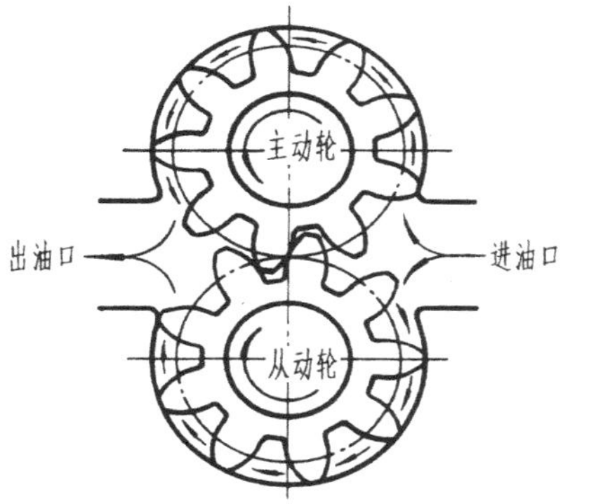

2) 配合关系

图 13－24　油泵工作原理示意图

齿轮轴 2 和传动齿轮轴 3 齿轮相互啮合，支承在左、右端盖上的 $\phi16$ 孔中，构成 $\phi16H7/h6$ 的配合关系。$\phi16H7/h6$ 为基孔制间隙配合，它是最小间隙为零的间隙配合，既可保证轴在孔中灵活转动，又可减小轴的径向跳动。传动齿轮 11 和传动齿轮轴 3 的配合为 $\phi14H7/k6$，属基孔制过渡配合。这种轴、孔两零件间较紧密的配合，有利于和键 14 一起将两零件连成一体传递动力。轴套与右端盖之间的配合为 $\phi20H7/h6$。

(5) 分析零件主要结构形状

通过装配图两个视图的综合分析，不难看出，泵整体前后对称，泵体内腔为通孔，用来容纳传动齿轮，端面设有 6 个通的螺孔及两个销孔，用来连接左、右端盖，端面及内部轮廓曲线如左视图剖视所见。左、右端盖是与之相连零件，端面形状与泵体一样。左、右端盖要支撑齿轮轴和传动齿轮轴，内部设有与轴相配的孔。右端盖内部还要装入密封圈、轴套和压紧螺母，需要有带螺纹的中空凸起圆柱。左、右端盖内部形状如主视图所示。综合考虑装配关系，可知齿轮油泵的结构形状如图 13－25 所示。

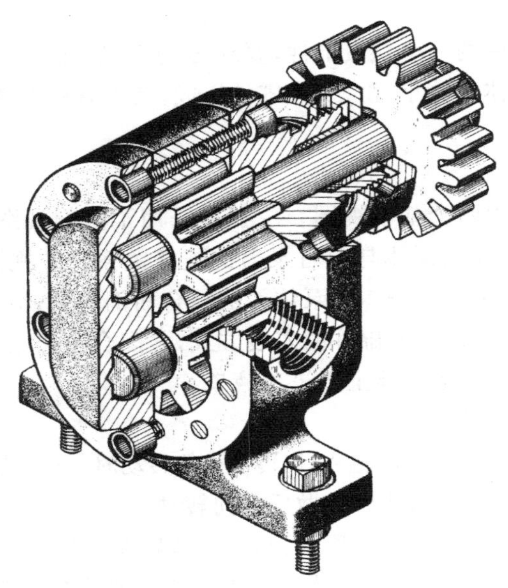

图 13－25　齿轮油泵的轴测装配图

(6) 拆画右端盖零件图

1) 分离零件,确定零件的结构形状

前面已对零件的主要结构形状做过分析,右端盖内部形状已在主视图中表达清楚,根据零件序号 7 指引线和剖面符号看出,右端盖的投影轮廓分明,上下支承孔、空心凸起圆柱的结构也比较清楚。可以直接分离出来作为表达内部结构的主视图。右端盖的端面形状,图中没有直接反映,但考虑到左、右端盖都与泵体相连,共同支撑齿轮轴和传动齿轮轴,内部结构和它们所起的作用又相同,据此,可确定右端盖的端面形状与左端盖的端面形状完全相同,可从反映左端盖外形的左视图中得到。即端面形状为长圆形,上面分布有 6 个阶梯圆孔和两个圆柱销孔,及中间位凸起的长圆和凸台圆柱。

2) 选择表达方案

根据盘类零件表达方法,经分析确定,右端盖的主视图的投射方向应与装配图一致。它既符合该零件的安装位置、工作位置和加工位置,又突出了零件的结构形状特征。主视图也采用剖视,既可将外部结构及其相对位置反映出来,也将其内部结构中的阶梯孔、销孔、螺孔等表达得非常清晰。该件的端面形状可选左视图,也可选右视图。考虑到选右视图,外形结构表达更清晰一些,因此采用主视图和右视图作为右端盖的表达视图,如图 13－26 所示。

3) 标注尺寸,编写技术要求

除了标注装配图上已给出的尺寸,又设计确定装配图上未给出的其他几个尺寸。

① 为了保证圆柱销定位的准确性,确定销孔应与泵体同钻绞。

② 根据 M6 查表确定了内六角圆柱头螺钉用的沉孔尺寸,即 6×ϕ6.6 和沉孔 ϕ11 深 6.8;又确定了细牙普通螺纹 M27×1.5 的尺寸。

③ 设计确定了沉孔、销孔的定位尺寸 R22 和 45°,该尺寸则必须与左端盖和泵体上的相关尺寸协调一致。

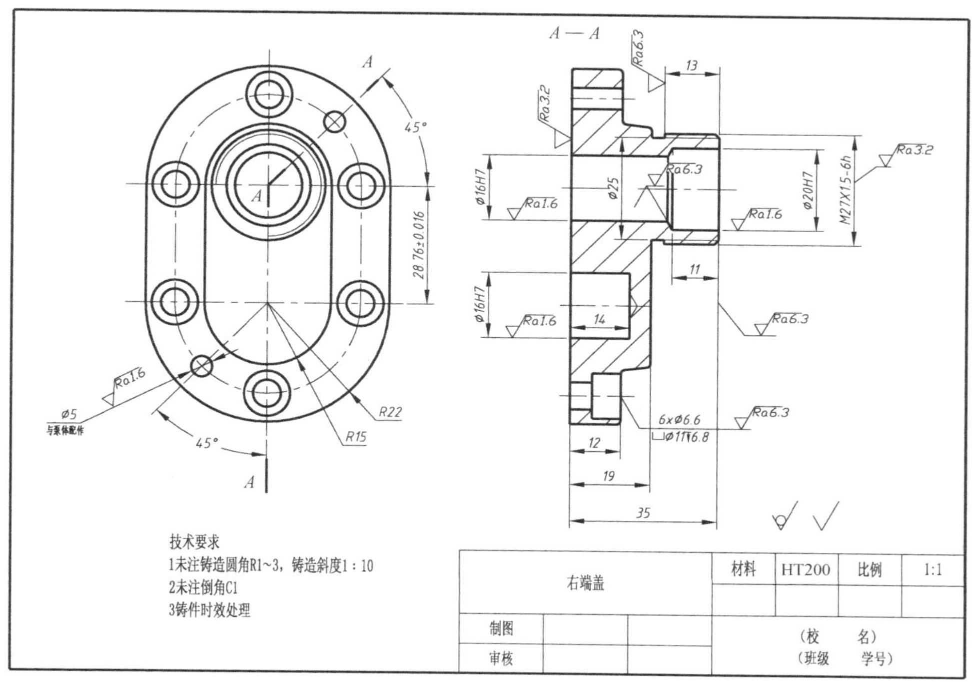

图 13－26　右端盖零件图

④ 确定表面结构参数。选用表面结构 R 参数，有钻铰的孔和有相对运动的孔的表面结构参数值要求都低，故给出的 Ra 为 1.6。

⑤ 参考有关同类产品的资料，编写了文本技术要求。

4）填写标题栏，完成零件图

拆画的零件图如图 13－26 所示。

13.7　焊接图简介

焊接是一种很广泛的连接金属的工艺方法，是把需要连接的金属零件，在连接处进行局部加热，并采用填充或不填充焊接材料、或加压等方法使其熔合在一起的过程。其焊接熔合处即为焊缝。焊接是一种应用广泛的成型工艺，普遍应用于机器部件的制造中。因此了解焊接图具有十分重要的现实意义。焊接工艺不仅应用于金属，也应用于非金属。机械工程上，金属焊接应用较多，因此本节主要介绍金属焊接图。简称焊接图。

13.7.1　焊接图

表达通过焊接工艺而制成的金属部件的技术图样，称为金属焊接图。焊接图是指导焊接施工、焊接件加工制造的重要技术文件。

1. 焊接图内容

零件图、装配图是从表达对象本身属性出发定义的技术图样，从这个意义上来说，焊接图是表达一种特殊部件的装配图样。一般装配图表达的部件，是由零件装配而成，是可拆卸的。

焊接图表达的部件,是由各零部件组焊而成,零部件之间属于“不可拆”连接。

图 13 - 27 所示为支架的焊接图,与一般装配图类似,焊接图样也有 4 个方面的主要内容。同时与一般装配图又有所不同。

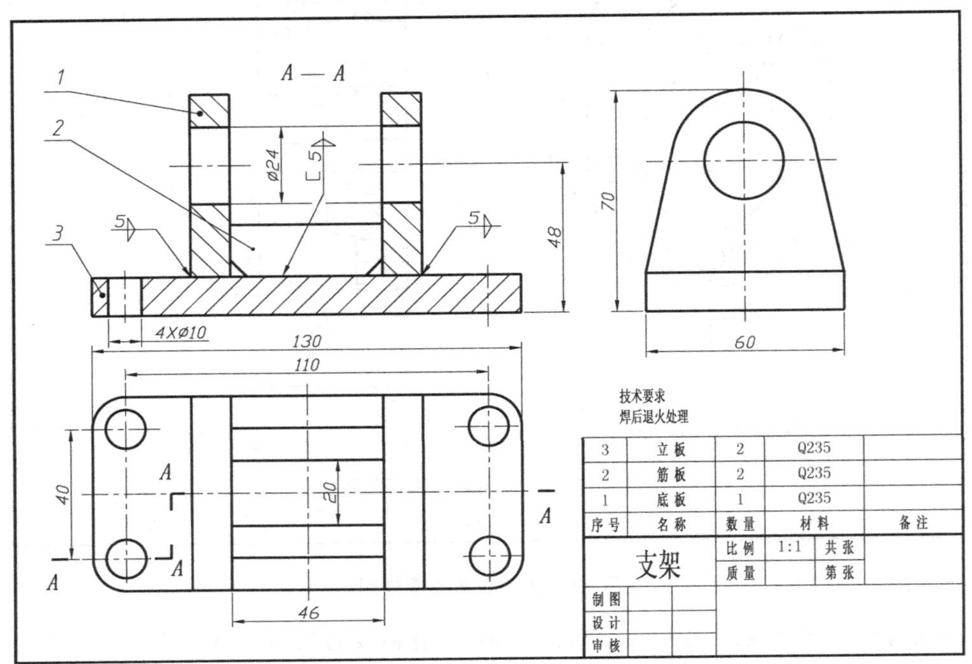

图 13 - 27　支架焊接图

(1) 一组视图

用一组视图,表达焊接部件各组成零件的主要结构形状及其相对位置,以及焊接后的整体结构形状。机件形状的各种表达方法也都适于焊接图的表达。图 13 - 27 所示的支架共采用 3 个视图,其中主视图采用全剖视图,左视图、俯视图采用基本视图表达方法。

(2) 一组尺寸

一般需要标注焊接施工所需要的尺寸(焊接尺寸),部件的安装尺寸、外形尺寸及其他重要尺寸。图 13 - 27 中标注了 10 个尺寸。表达其焊接施工所需要的焊接尺寸(也即是各组成零件之间相对位置尺寸),如尺寸 46、20;部件的安装尺寸及外形尺寸。

(3) 技术要求

用文字或代号说明部件在焊接时、加工时、焊接后及安装等方面的技术指标和要求。如图 13 - 27所示,有文字说明的技术要求,也有用代号表示的焊缝技术要求。

(4) 标题栏、零(部)件的序号及明细表

和一般装配图一样,焊接图也有标题栏、零部件序号及明细栏,其格式和内容与一般装配图一样。图 13 - 27 所示的支架共由 3 个零件焊接而成,明细表中详细列出各种零件的序号、名称、材料、数量等内容,表达了该焊接体的零部件构成信息。

2. 焊接图的特点

与一般装配图相比,焊接图最主要特点是:要表达出焊接相关的技术要求和焊接尺寸要

求。下面就从尺寸和技术要求两个方面加以说明。

(1) 焊接尺寸

焊接件是由零、部件焊接而成的，焊接施工时，需要各组成零件之间的相对位置尺寸，这样才能将数个零部件焊接成所需要的部件，因此，焊接图中需要标注这类尺寸。除此之外，部件焊接成形后，从部件功能要求来说，部件整体需要满足的尺寸也需标注在焊接图中。这类尺寸可以通过两种工艺方法达到，一是零件焊接前加工，焊接中采取一些焊接质量保证措施即可达到的尺寸，如图 13－27 中的 ϕ24，就是两个立板零件焊接前加工好 ϕ24 孔，焊接过程中采取措施保证两个零件上的 ϕ24 孔具有一定的同轴度要求；另一种是采取焊接后加工的方法完成，这种尺寸实际上是把焊接件整体再作为一个零件，经再加工而成，显然这类尺寸的标注与一般零件图尺寸标注方法和形式一样，需要标注在部件焊接图样上。

(2) 焊接技术要求

焊接而成的部件，焊接技术要求包含多个方面：焊接施工时，对焊缝的技术要求、如焊缝的尺寸、断面形状、强度要求等；有些焊接部件，焊接成形后，为保证部件的使用功能和质量要求，需要焊后加工，对这些焊后加工的结构形状，提出尺寸公差和形位公差要求、表面结构要求等；有的焊接件，为保证整体结构的焊接质量，提出焊接过程中或焊接后的一些技术要求等，如图 13－27 中文本技术要求。

13.7.2　常见焊缝代(符)号及标注简介

焊接图上标注焊缝代号是表达焊接要求的重要内容，在焊接图上，一般需要将焊缝的型式、焊缝的尺寸表示清楚，有时还要说明焊接方法和其他要求，为此，在相应国家标准中对焊缝代号及其标注方法等进行了规定。焊接的符号较多，本文仅就一些最常见的焊缝代号及其标注作简单介绍。详情可参考国家标准 GB/T 12212—1990 和 GB/T 324—1988《焊缝符号表示法》。

为便于交流，标注在焊接图样上的焊缝代号应统一，应符合 GB 324—1988《焊缝符号表示法》的规定。为简化焊接图样，技术图样上一般不画焊缝的投影，常用标准规定的焊缝代号表示焊缝。焊缝代号由基本符号和指引线组成，必要时可加上辅助符号、补充符号和焊缝尺寸符号。

1. 焊缝基本符号

焊缝基本符号是表示焊缝横截面形状的符号。表 13－1 列出了几种常见的焊缝基本符号、图示法及其标注方法。

2. 指引线及焊缝基本符号的标注

在技术图样上，焊缝的基本符号、辅助符号、补充符号和尺寸符号是通过指引线标注在焊缝处。指引线用细实线绘制，指引线一般由带有箭头的箭头线和两条基准线(基准线中一条为细实线，另一条为细虚线)组成，必要时可加上尾部(90°夹角的细实线)，如图 13－28 所示。

标准中规定，箭头线相对焊缝的位置一般没有特殊要求，但是在标注 V、单边 V、J 等形焊缝时，箭头指向带有坡口一侧的工件，如图 13－29 所示。必要时允许箭头线弯折一次。

表 13－1　常用焊缝基本符号、图示法及标注方法

序　号	焊缝名称	符　号	示意图	图示法	标注方法
1	I 形焊缝	‖	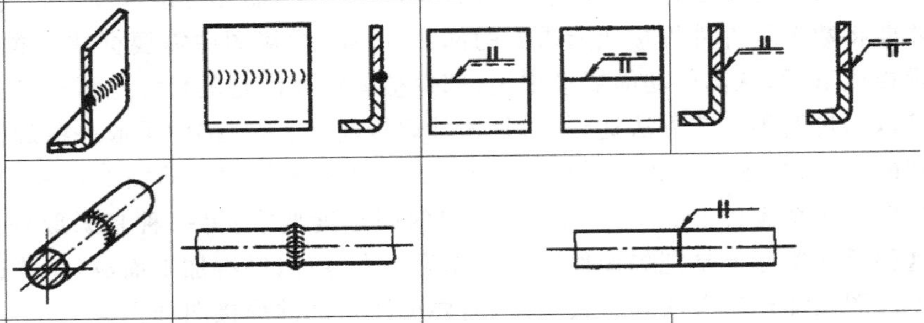		
2	V 形焊缝	V	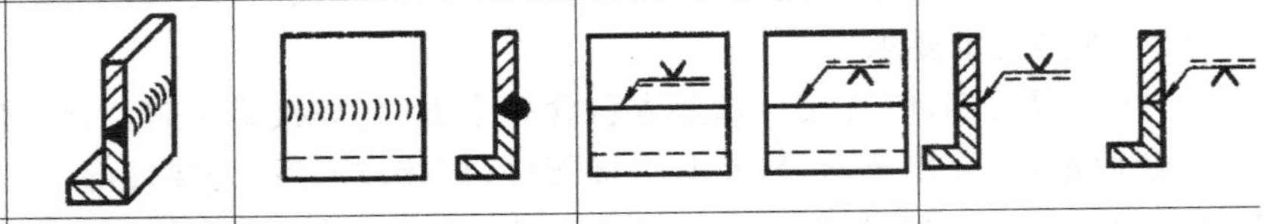		
3	角焊缝	◺	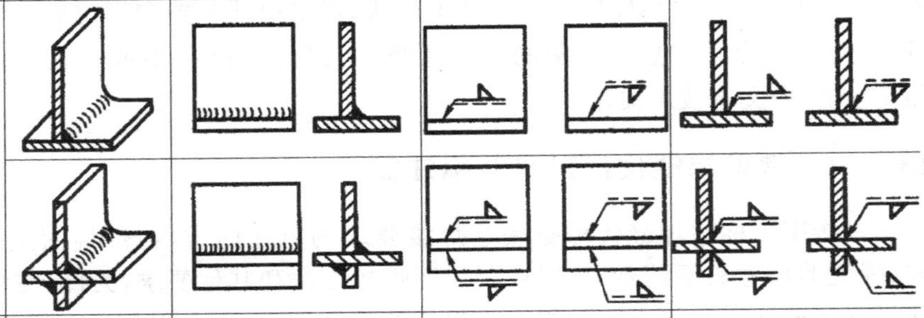		
4	点焊缝	○	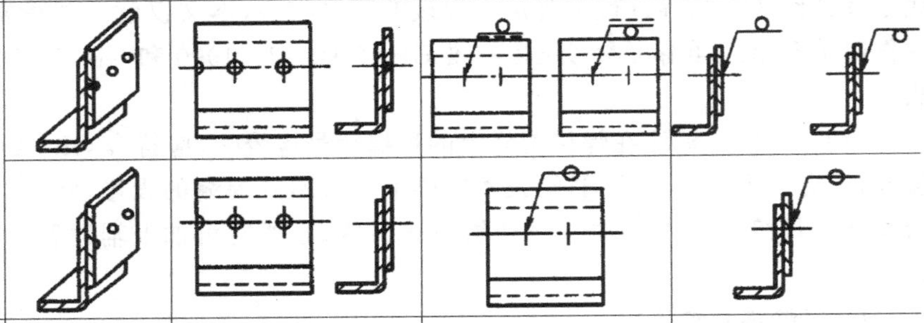		
5	双面 V 形焊缝	V	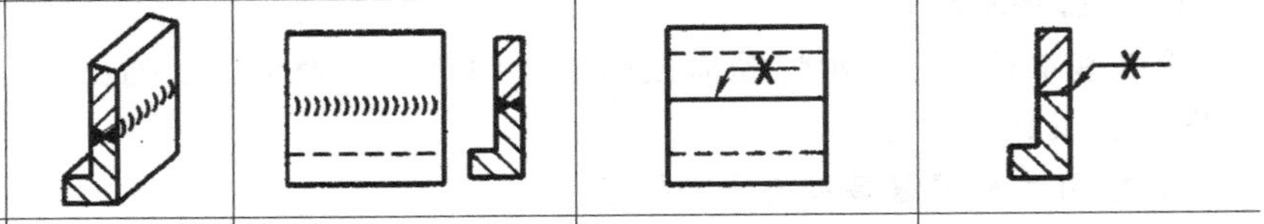		
6	双面角焊缝	◺	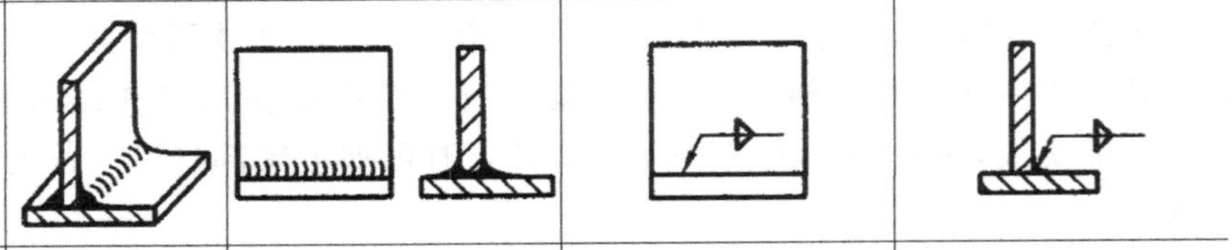		
7	凹面角焊缝（带凹面符号）	◺	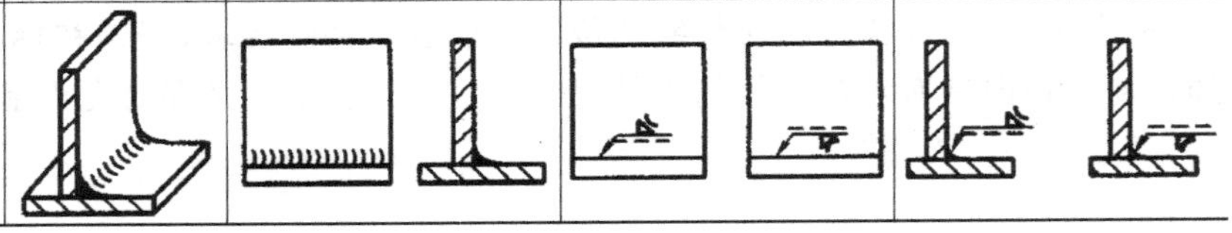		

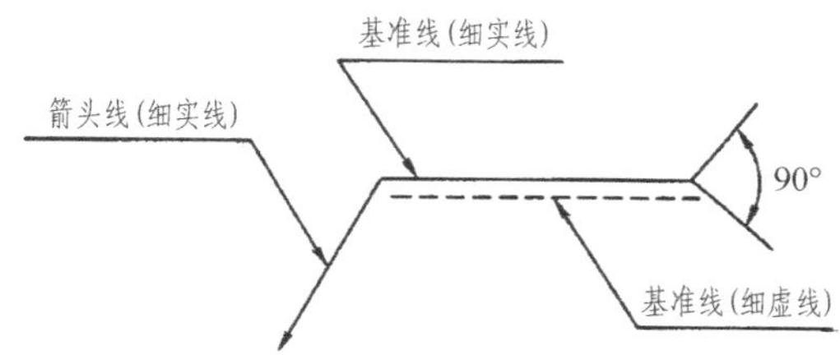

图 13-28　标注焊缝的指引线

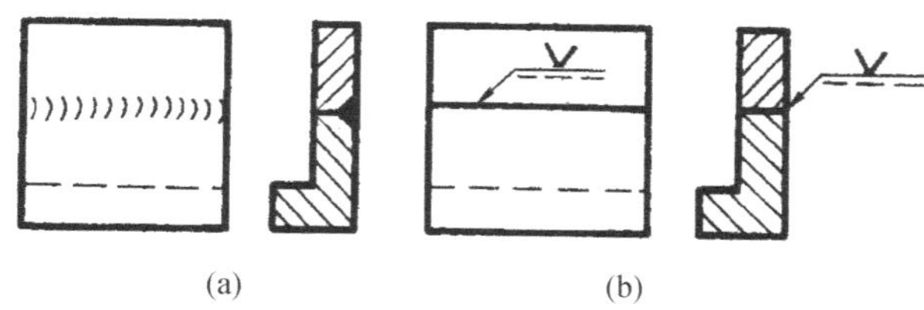

图 13-29　开坡口焊缝标注

基准线的虚线可以画在基准线的实线上侧或下侧，基准线一般与图样的底边相平行，但在特殊条件下亦可与底边相垂直。如果焊缝和箭头在接头的同一侧，则将焊缝基本符号标在基准线的实线侧；相反，如果焊缝和箭头线不在接头的同一侧，则将焊缝基本符号标在基准线的虚线侧，如图 13-30 所示。

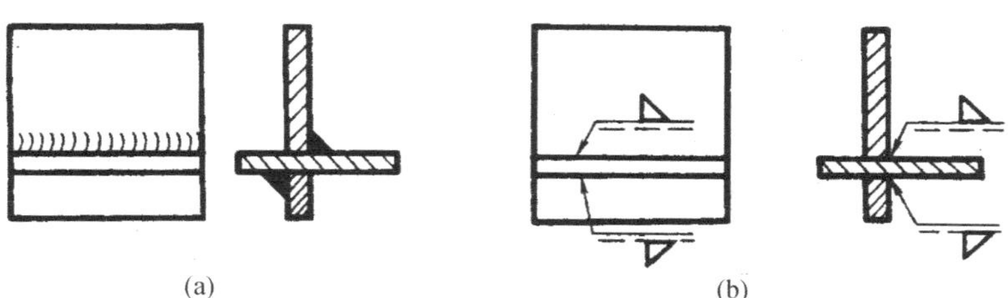

图 13-30　基本符号的位置

标注对称焊缝及双面焊缝时，可不加虚线，如图 13-31 所示。

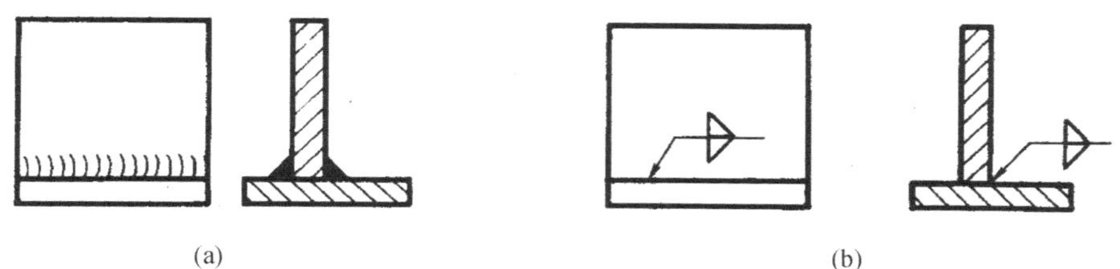

图 13-31　对称焊缝的标注

3. 辅助符号

辅助符号表示焊缝表面形状特征的符号，标准中规定了 3 种辅助符号，见表 13-2。辅助符号一般与基本符号配合使用，只对焊缝表面形状有明确要求时采用。

表 13－2　焊缝辅助符号

序　号	名　称	示意图	符　号	说　明
1	平面符号		—	焊缝表面齐平(一般通过加工)
2	凹面符号		⌣	焊缝表面凹陷
3	凸面符号		⌒	焊缝表面凸起

4. 补充符号

补充符号是为了补充说明焊缝的某些特征而采用的符号,见表 10－3。

表 13－3　焊缝补充符号

序　号	名　称	示意图	符　号	说　明
1	带垫板符号		▭	表示焊缝底部有垫板
2	三面焊缝符号		⊏	表示三面带有焊缝
3	周围焊缝符号		○	表示环绕工件周围焊缝
4	现场符号		⚑	表示在现场或工地进行焊接
5	尾部符号		＜	参照 GB/T 5185 标准标注工艺方法等内容

5. 焊缝尺寸符号及完整焊缝标注示例

焊接图样中,焊缝尺寸由设计者设计确定,必要时基本符号可附带尺寸符号及数据。一般开坡口的焊缝,不需要标注尺寸,而在零件图中标相应的坡口尺寸。不开坡口的焊缝,比如常见的角焊缝,只需标注焊缝的高度即可。焊缝尺寸标注位置依据下面原则标写,见表 13－4 常见焊缝完整标记示例。

① 焊缝横截面上的尺寸数据标在基本符号的左侧。如连续焊缝的有效高度等。

② 焊缝长度方向的尺寸数据标在基本符号的右侧。如断续焊缝的段数,每段长度。

③ 坡口角度、坡口面角度、根部间隙等尺寸数据标在基本符号的上侧或下侧。

④ 相同焊缝数量符号标注在尾部。

⑤ 当需要标注的尺寸数据较多又不易分辨时，可在数据前面增加相应的尺寸符号。

表 13－4　常见焊缝代号完整标注示例

序　号	焊缝形式	标注示例	说　明
1	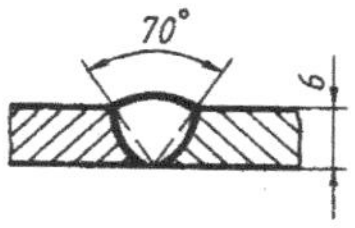 70° 6	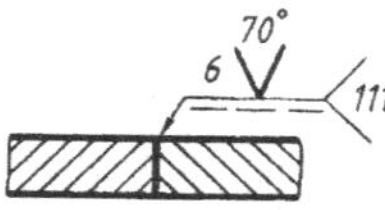 70° 6 111	对接 V 形焊缝，坡口角度 70°，焊缝有效厚度为 6 mm，手工电弧焊
2	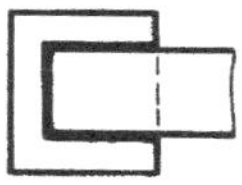	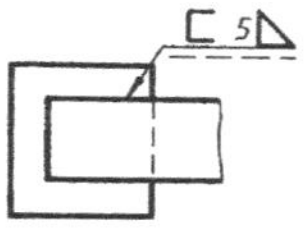 5	搭接角焊缝，焊缝高度 5 mm，三面焊接
3	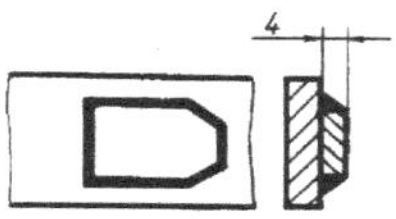 4	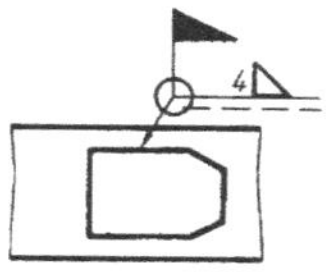 4	搭接角焊缝，焊缝高度 4 mm，现场施工，沿工件周边焊接
4	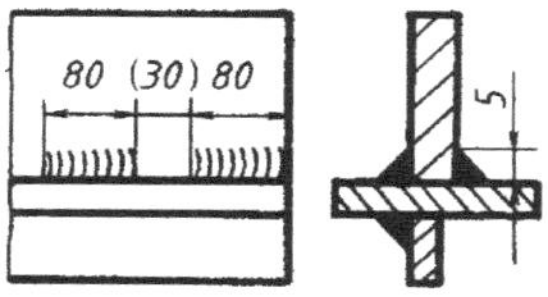 80 (30) 80　5	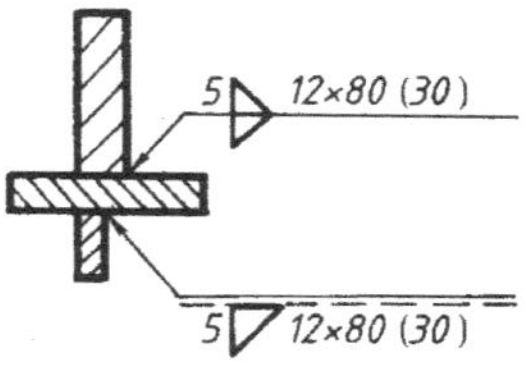 5 12×80 (30)　5 12×80 (30)	断续角焊缝，焊缝高度 5 mm，3 处各有 12 段，焊缝长 80 mm，间距 30 mm
5	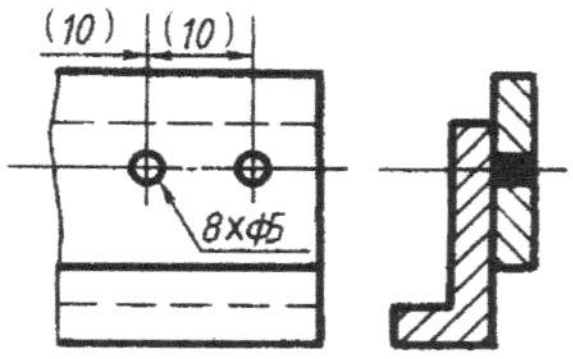 (10) (10) 8×ϕ5	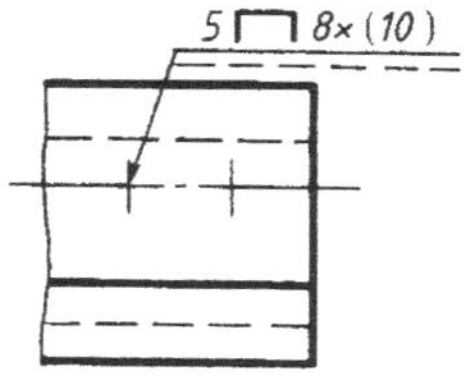 5 8×(10)	孔径为 5 mm 的塞焊缝，共有 8 个，焊缝孔中心距为 10 mm

本章小结

装配图是表达机器或部件总体的构成、工作原理、组件之间装配关系的技术图样，与零件图对应，装配图也有四大部分内容。本章围绕装配图的内容，主要阐述了装配图表达方法和绘图步骤，装配图的尺寸和技术要求，装配图上零、部件序号及明细栏，装配结构的合理性，读装配图及由装配图拆画零件图等内容。

画装配图时，需要了解装配体的构成、工作原理，在此基础上拟定简洁清晰、合理的表达方案,灵活运用装配图的规定画法及特殊画法,表达出装配体的装配关系、工作原理、总体构成及主要零部件的结构形状。装配图上的尺寸主要有四种类型:性能规格尺寸、配合尺寸、外形尺寸、安装尺寸。装配体所属零、部件序号按照规范要求,有序、整齐地排列在视图外围。明细栏要准确、完整填写装配体所属全部零件的名称、代号、材料、数量、质量等信息,标题栏要填写完整。

读装配图时,能够运用基本读图能力,灵活运用装配图的规定画法和特殊画法,分析推理,从而完全搞懂装配体的工作原理、装配关系、各零件的结构形状,这样就可运用零件图的画法,拆画出装配体中任何一个零件图来。

焊接图是一种特殊的装配图,工程实践中常见,值得了解,尤其是焊接图的焊缝标注及焊接图的画法需要重点关注。

第14章　部件测绘

根据现有部件，利用测量工具测量部件所属非标零件，画出零件草图和装配示意图，然后整理资料绘制零件工作图和装配图，这个过程叫做部件测绘。部件测绘是产品设计过程中收集资料的重要手段，工程实践中，利用测绘收集的资料，设计人员加入自己的设计创新，就可快速设计出新的产品。可见，部件测绘是工程技术人员需要掌握的重要技能。本章就以一级圆柱直齿轮减速器为例介绍常见测量工具的使用、测绘方法和步骤等内容。

14.1　测量工具的使用

14.1.1　常见测量工具

用于机械零件的测量工具有多种，对于不同精度的测量要求，可以选用相应测量精度的工具。作为部件测绘训练而言，其测绘精度要求不高，一般简单的测量工具即可满足测量精度要求。部件测绘常用的测量工具有直尺、内卡钳、外卡钳、游标卡尺和千分尺等。如图14-1所示。直尺、游标卡尺、千分尺上有尺寸刻度，测量零件时可直接从刻度上读取零件尺寸，用内、外卡钳测量时，须借助直尺才能读出零件的尺寸。

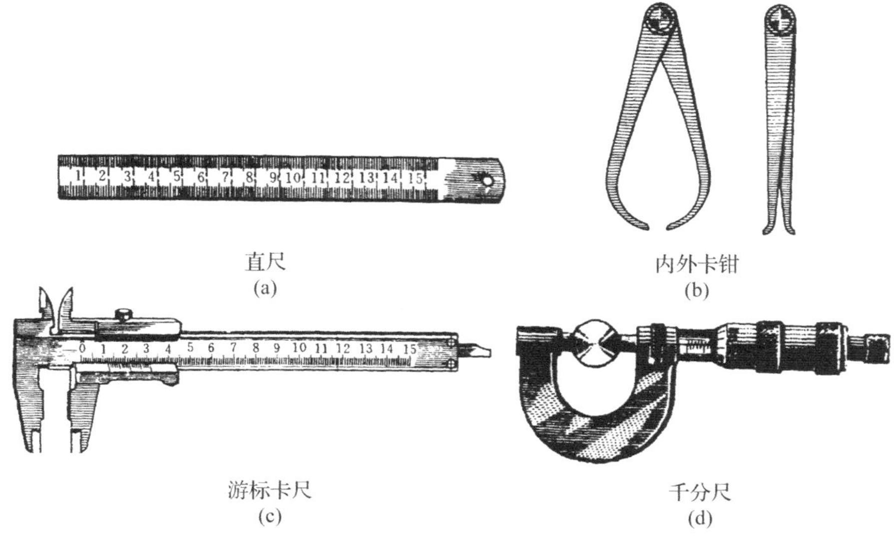

图14-1　常见测量工具

14.1.2 常见尺寸的测量方法

零件是三维形体,其上尺寸有长度、宽度、高度 3 个方向,每个方向尺寸根据其表达的形体特征,可以分为内形尺寸和外形尺寸、直线尺寸和角度尺寸等。测量尺寸时,要根据零件尺寸的特点及其精度要求选用合适的测量工具。

1. 直线尺寸的测量

直线尺寸,不论是内形还是外形尺寸,一般可用直尺或游标卡尺直接测量得到,必要时可借助于三角板或其他辅助工具,如图 14 - 2 所示。

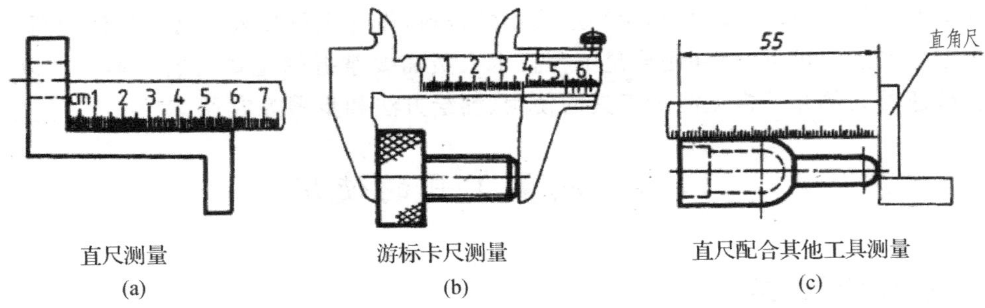

图 14 - 2 测量直线尺寸

2. 回转面内、外直径的测量

对于内、外回转面直径,如果精度要求不高或游标卡尺无法测量的回转面直径,可用内、外卡钳分别测量内孔或外圆直径。用内卡钳测量内大外小的阶梯内孔时,需要标记内卡钳测量时的位置,取出后再恢复原样,然后用直尺量取读数,也可用特殊的内外通值尺测量。如果内、外回转面直径尺寸精度要求较高时,可用游标卡尺,如图 14 - 3 和图 14 - 4 所示。

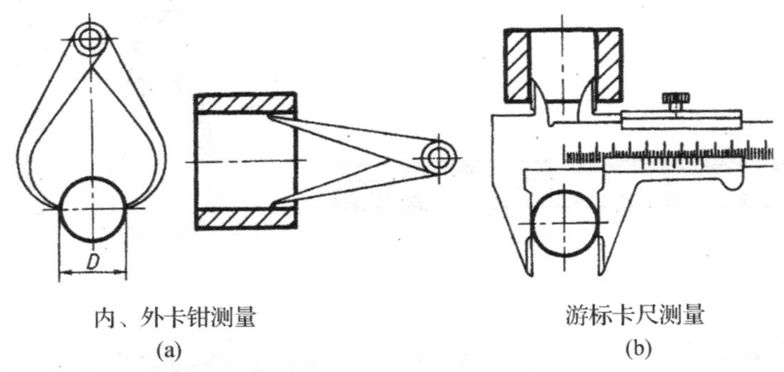

图 14 - 3 测量回转面内、外径

3. 壁厚尺寸的测量

壁厚尺寸,一面在内,一面在外。一般通过测量两个相关尺寸计算而得,可用直尺、游标卡尺或直尺、外卡钳、内卡钳、游标卡尺组合测量等,如图 14 - 5 所示。

4. 测量孔距

孔间距离一般标注中心距,中心距可通过间接测量计算而得。用直尺、游标卡尺、或卡钳测量,如图 14 - 6 所示。

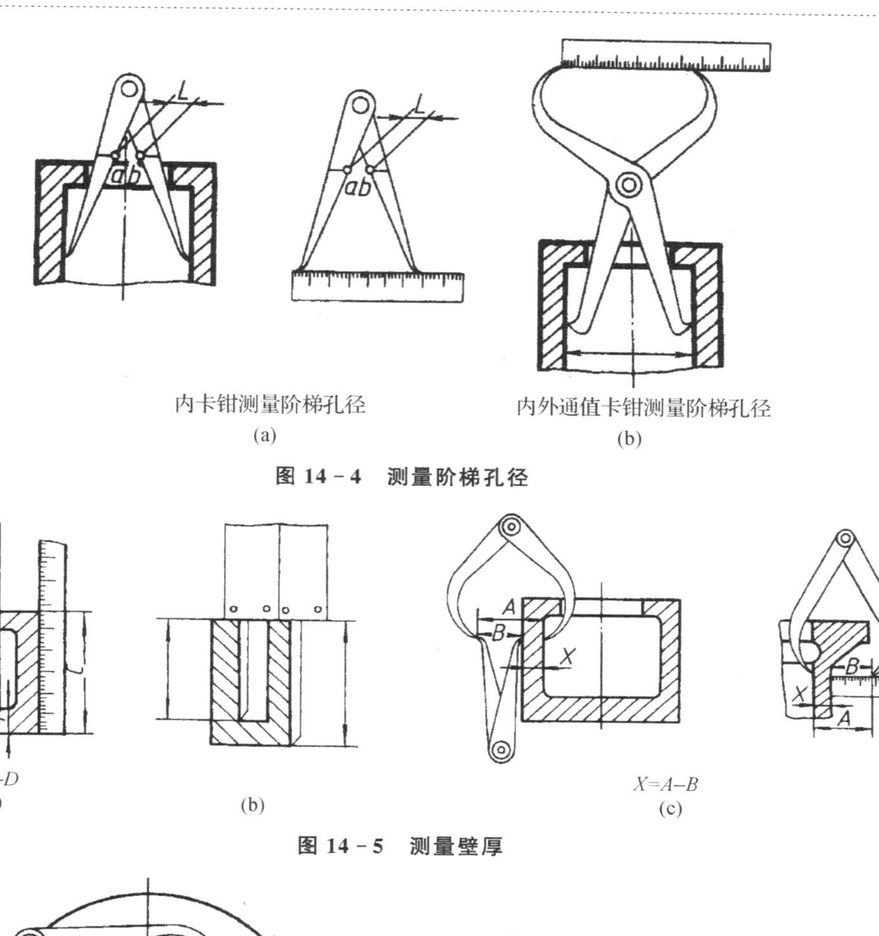

内卡钳测量阶梯孔径
(a)

内外通值卡钳测量阶梯孔径
(b)

图 14－4　测量阶梯孔径

(a)　(b)　(c)

图 14－5　测量壁厚

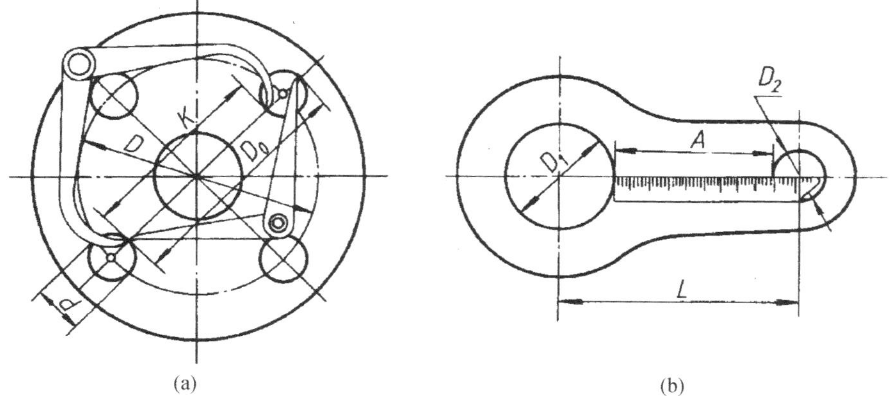

(a)　(b)

图 14－6　测量孔距

5. 测量中心高

中心高是指回转体轴线到一平面之间的距离，可通过测量回转体直径和回转体表面到平面之间的最大或最小距离计算而得，可用直尺、卡钳或游标卡尺测量，如图 14－7 所示。

6. 测量圆角

圆角尺寸可用特殊测量工具量角规测量，如图 14－8 所示。

7. 测量角度

角度尺寸可用游标量角器测量，如图 14－9 所示。

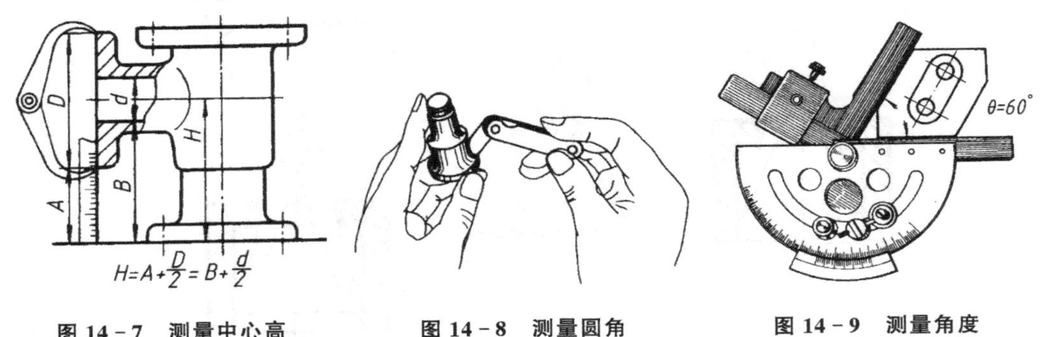

图 14-7　测量中心高　　图 14-8　测量圆角　　图 14-9　测量角度

8. 测量曲线或曲面

曲线或曲面要准确测量需用专门测量仪测得。精度要求不太准确时,可用下述方法测量。

(1) 铅丝法

对于回转面零件的母线曲率半径的测量,可用铅丝弯曲模拟出轮廓曲线,然后测量模拟的铅丝曲线可得,如图 14-10(a)所示。

(2) 拓印法

对于平面与曲面相交的曲线轮廓,可用纸拓印其轮廓,得到比较真实的曲线形状后,然后判断该曲线的圆弧连接情况,确定切点,找出圆心,测其半径,如图 14-10(b)所示。

(3) 坐标法

一般的曲线或曲面都可以通过测量其表面上点的坐标,然后利用测得点,画出曲线,求出曲率半径,如图 14-10(c)所示。

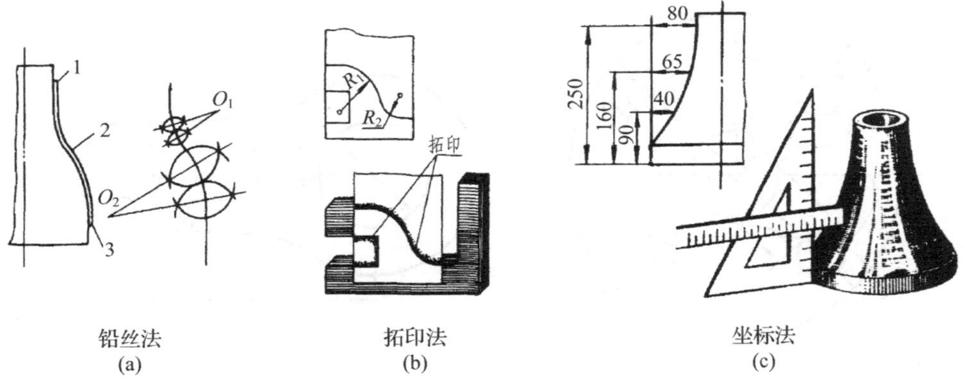

图 14-10　测量曲线和曲面

14.1.3　尺寸测量需要注意的问题

① 要正确选用测量工具和测量基准,尽量避免尺寸换算,以减少测量误差。避免用较精密的测量工具测量毛坯尺寸,以免磨损,影响量具的精确度。

② 没有配合关系的尺寸或不重要的尺寸(非加工面尺寸和加工面一般尺寸),一般圆整到整数。但对于一些功能性的尺寸不可随意圆整,而要进行必要的计算、核对方可确定。

③ 两零件的配合尺寸,例如有配合要求的孔与轴的直径及相互旋合的内、外螺纹的大径

等，一般只在一个零件上测量，只测量它的基本尺寸，其配合性质和相应公差值可查阅手册。配合零件的基本尺寸圆整到标准系列值。

④ 对标准结构(如螺纹、键槽、齿轮的模数)的尺寸要取相应的标准值。

⑤ 粗糙表面尺寸，可采用多次测量取其平均值的办法确定其数值。

⑥ 对磨损部位的尺寸，要考虑磨损，参照其他资料确定其数值。

14.2　徒手画图的方法

徒手绘图是指不借助绘图工具的手工绘图方式，徒手图也称草图，它是以目测来估计物体的形状和大小，不借助绘图工具，徒手绘制的图样。工程技术人员时常需用徒手图迅速准确地表达自己的设计意图，或将所需的技术资料用徒手图迅速地记录下来；当采用绘图软件绘制图样时，常事先徒手画出图形，再直接输入计算机。故徒手图在产品设计和部件测绘中占有很重要的地位。所以，掌握好徒手图的画图技能，显得尤为必要。开始练习徒手图时，可用有方格的专用草图纸，或者在白纸下面垫一张有格子的纸，以便控制图线的平直和图形的大小，以保证所画图样的质量。

1. 基本几何要素的绘制

(1) 握笔的方式

手握笔的位置要比尺规画图要高点，利于运笔和观察运笔目标。笔杆与纸面成 45°～60° 角，执笔稳而有力。

(2) 直线的画法

徒手画直线时，握笔的手要放松，用手腕部抵着纸面，沿着画线的方向移动。画直线时，可先标出直线的两端点，直线较长时，也可在两点之间先画一些短线，再连成一条直线。运笔时手腕要灵活，目光应注视直线的端点，不可只盯着笔尖。

画水平线应自左至右画出；垂直线自上而下画出；左高右低的斜线可自左向右下画；右高左低的斜线自右向左下画出，如图 14-11 所示。

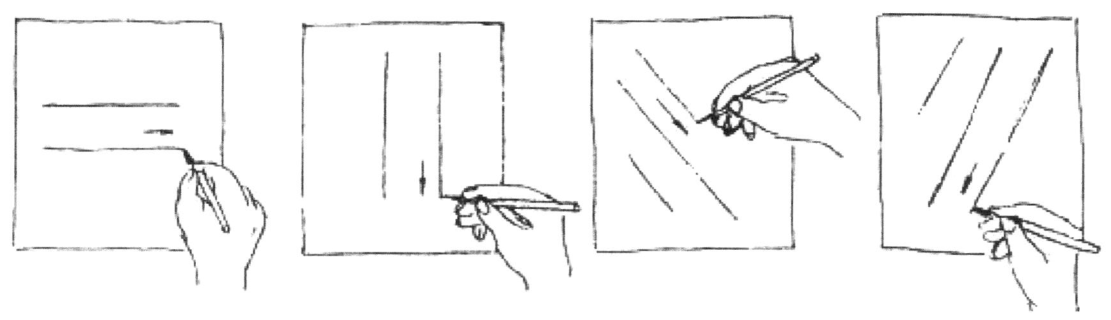

图 14-11　直线的画法

特殊角度的斜线可按图 14-12 所示方法绘制。

(3) 圆及圆弧的画法

画圆时，先定出圆心位置，过圆心画出两条互相垂直的中心线，再在中心线上按半径大小目侧定出 4 个点后，分两半画成，如图 14-13(a)所示。对于直径较大的圆，可在 45°方向的两

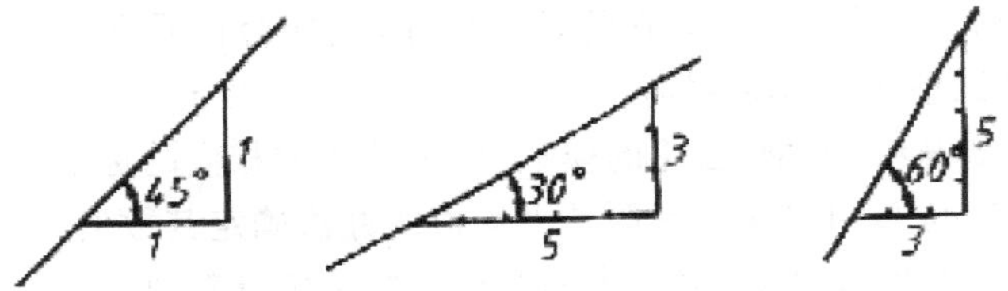

图 14-12　特殊角度斜线画法

中心线上再目测增加 4 个点,分段逐步完成,如图 14-13(b)所示。

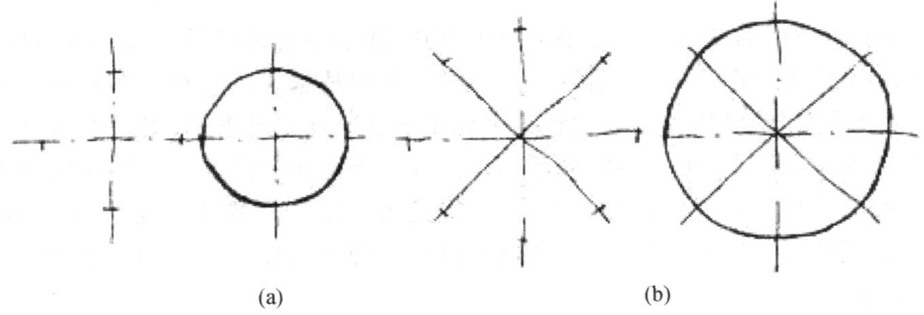

图 14-13　圆的画法

圆的直径很大时,可以用手作圆规,以小指支撑于圆心,使铅笔与小指的距离等于圆的半径,笔尖接触纸面不动,转动图纸,即可得到所需的大圆,如图 14-14 所示。也可借助一细绳,一端系住铅笔,根据半径长度定出另一端,使其置于圆心,然后使铅笔绕圆心旋转,便可以画出所需之圆。

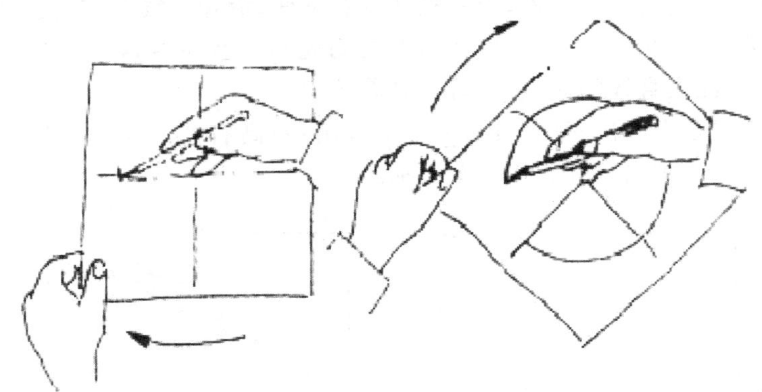

图 14-14　直径很大圆的画法

画圆角时,先在角分线上目测定出圆心位置,使它与角的两边距离等于圆角的半径大小,然后过圆心向两边引垂线定出切点位置,就是圆弧的起点和终点,并在角分线上定出圆周点,最后过这 3 点画出圆弧即可。可用类似的方法画出圆弧连接。

(4) 椭圆的画法

画椭圆时,先目侧定出其长、短轴上的 4 个端点,然后分段画出 4 段椭圆弧。画时应注意图形的对称性,如图 14-15 所示。

2. 目测物体的方法

徒手绘制零件草图时,比较准确的目测零件各部分的大小,尽量保持零件各部分的比例关

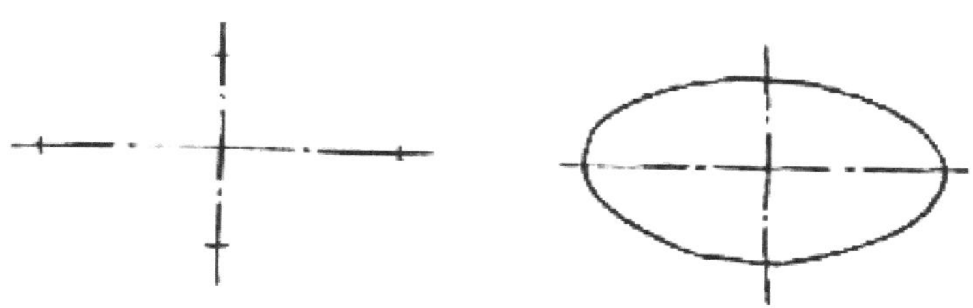

图 14-15　椭圆的画法

系是决定图样是否协调的关键。徒手绘图，目测物体的方法可根据零件大小，采取合适的方法。

在画中、小型零件时，可以用铅笔当直尺，直接放在实物上测实物的大小，并按测得的大体尺寸绘制出 1∶1 的草图，也可用此法估计出零件各部分的相对比例，然后画出缩小的草图，如图 14-16 所示。

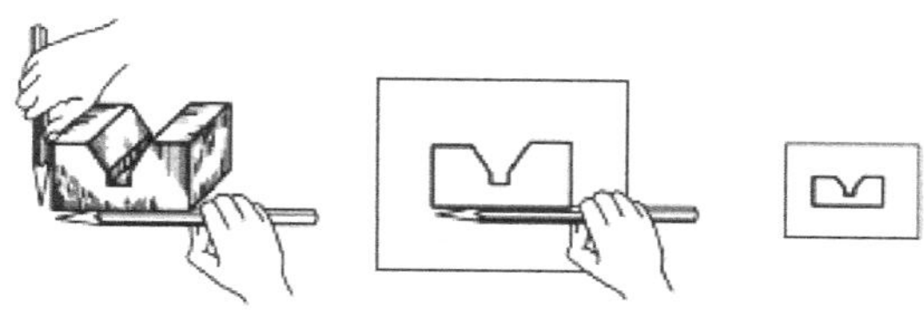

图 14-16　中、小零件的测量

在画较大型零件时，可以用图 14-17 所示的方法进行目测度量，从而根据拟定的比例画出一个比较协调的草图来。运用此法目测时，人的位置要保持一致，握铅笔的手臂要伸直，人和零件之间的距离取决于需要绘制的草图大小。拟定草图大小时，可先用此法目测零件的外形尺寸。

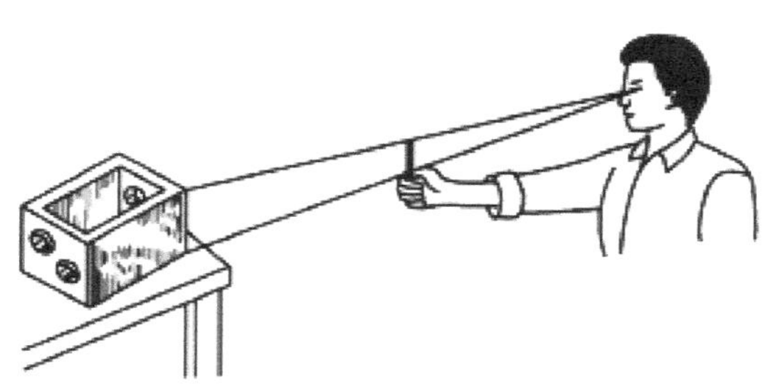

图 14-17　较大物体的测量

14.3　部件测绘步骤

部件测绘的主要工作任务是：利用拆卸工具拆卸部件；利用简单测量工具测量零件、绘制草图；恢复部件原样；整理资料、绘制部件装配图和零件工作图。部件测绘步骤就是围绕其工作内容而循序展开，一般部件测绘可按下述步骤进行。以一级圆柱齿轮减速器为例说明部件测绘步骤。

1. 全面分析、了解部件

部件测绘首先要明确目的,在此前提下,调整部件测绘工作任务,使测绘部件的工作有所侧重。其次,要仔细查阅读相关技术文件、资料、同类产品图样等,广泛了解部件使用情况,分析部件结构特点、工作原理、功用、传动系统、技术性能等,为下一步拆装工作奠定基础。

减速器有多种,一般根据其内部传动级数和齿轮特点进行分类,同一类减速器结构也有所不同,本部件测绘用减速器为一级圆柱齿轮减速器。减速器是通过装在箱体内的一对啮合齿轮的转动,将动力从一轴传递至另一轴,以达到减速的目的。动力由电动机通过皮带轮传递到齿轮轴,然后通过两啮合齿轮传递到从动轴,由于主动齿轮齿数小于从动齿轮,从而使输出轴实现降低转速、放大扭矩的目的。图 14-18 所示为减速器分解简图。

图 14-18 减速器分解简图

一级圆柱齿轮减速器依靠一对齿轮传动,其内部有两个轴系,内部零件沿两轴轴线装配起来,两轴分别由滚动轴承支撑在上下箱体轴承孔中,采用过渡配合,有较好的同轴度,从而保证齿轮啮合的稳定性。4 个端盖分别嵌入箱体内(有的端盖通过螺栓连接在箱体端面上),从而确定了轴和轴上零件的轴向位置。装配时只需修磨两轴上的调整环的厚度,即可使滚动轴承的轴向间隙达到设计要求。

减速器主要传动零件包容在上下箱体内,减速器箱体采用上下剖分式,沿两传动轴线平面分为机座和箱盖(即上下箱体),两者采用螺栓连接,这样便于装拆。为了保证箱体上轴承孔和端盖槽的正确位置,机座和箱盖两零件上的孔是合在一起加工而成,因此,在箱盖与机座左右两边的凸缘处,设有两销定位。

机座下部为油池，油池内装有机油，是供齿轮润滑用的。齿轮和轴承采用飞溅润滑方式，油面高度通过观察孔观察(有的通过油尺测量)。为了更充分润滑轴承，也为避免机座、箱盖的结合面渗漏油，在机座顶面四周铣有回油槽。通气塞是为了排放箱体内膨胀气体，装在透气盖(观察孔盖)上。拆去透气盖后，可检视齿轮工作、磨损情况。油池底面应有斜度，放油螺塞用于清洗放油，其螺孔应低于油池底面，以便放尽油泥。

箱体前后对称，其上安装两个轴系，轴承和端盖对称分布在齿轮的两侧，为使用方便，输入和输出轴的位置可根据需要安装在需要的那一侧。机座的左右两边各有两个成钩状的加强筋，作起吊运输用。

2. 拆卸部件

根据结构特点分析，制定周密的拆卸顺序，一般部件拆卸都是由外而内，逐步拆卸，并对拆下的每个(组)零件扎上标签，在标签上注明与装配示意图一致的序号及名称，方便部件复原装配。部件结构复杂时，零件要分组、分区、有序放置。

拆卸零件时，注意工具的正确使用，注意不要用硬东西乱敲，以防敲毛、敲坏零件，影响部件装配复原。对于不可拆的零件，如过渡配合或过盈配合的零件则不要轻易拆下。对拆下的零件应妥善保管，以免丢失或给装配增添困难。

减速器的拆卸比较简单，对于端盖连接在箱体外的，可先拆除端盖，然后拆除上下箱体连接螺栓，内部结构就一目了然。对于端盖是嵌入式的，拆下连接螺栓和定位销，稍错位拧动螺栓即可将箱盖顶起拿掉(有的设有启盖螺栓，可转动启盖螺栓分离上下箱体)。对于两轴系上的零件，整体取下该轴系，即可一一拆下各零件。其他各部分拆卸比较简单，不再赘述。

装配时，一般情况下，按照拆卸的反顺序进行装配，后拆的零件先装，先拆的零件后装，即可完成装配。

3. 画装配示意图

为了便于部件被拆开后仍能装配复原，在拆卸过程中应尽量做好原始记录，最简单和常用的方法就是绘制装配示意图，如图 14－19 所示，也可采用照相乃至录像等手段来达此目的。

装配示意图是机器或部件拆卸过程中所画的记录图样，是绘制装配图和重新进行装配的依据。它所表达的内容主要是各零件之间的相互位置、装配与连接关系以及传动路线等。

装配示意图的画法没有严格的规定，通常用简单的线条画出零件的大致轮廓，有些零件(轴、轴承齿轮、键等)可参考国家标准中规定的符号或机构运动简图画出。装配示意图是把装配体看作透明体画出的，既要画出外部轮廓，又要画出内部构造，对各零件的表达一般不受前后层次的限制，其顺序可从主要零件着手，依次按装配顺序，把其他零件逐个画出，装配示意图一般只画一两个视图。装配示意图上应按顺序编写零件序号，并在图样的适当位置按序号注写出零件的名称，也可直接将名称注写在指引线水平线上。装配示意图的零件序号可不同于装配图。

图 14－19 所示为齿轮减速器的装配示意图，从图中可以看出，图上的轴、键、轴承、螺钉等零件均按规定的符号画出，机座与透(闷)盖等零件没有规定的符号，则只画出大致轮廓。

4. 测量零件，绘制草图

部件测绘中，测量零件各部分尺寸、画出零件草图是一项重要工作。除标准件外，部件中的每一个零件都应根据零件的内、外结构特点，选择简便的、合适的表达方案画出零件草图。部件测绘工作受到时间场所限制，经常采用目测的方法徒手绘制零件草图，画草图的步骤与画

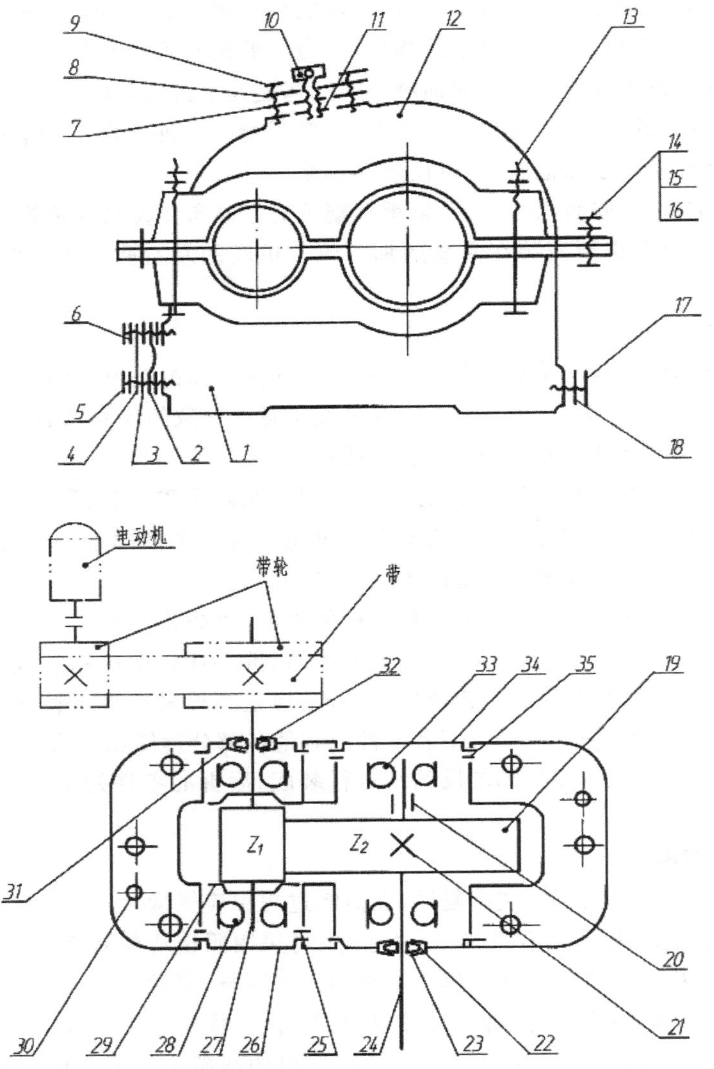

1—机座;2—透油片;3、7、18—密封垫;4—玻璃片;5、9—螺钉;6—压盖;8—透气盖;10—透气塞;
11、16—螺母;12—机盖;13、14—螺栓;15—垫圈;17—油塞;19—齿轮;20—套;21—键;22、32—密封圈;
23、31—透盖;24—轴;25、35—调整环;26、34—闷盖;27—齿轮轴;28、33—轴承;29—挡油环;30—销

图 14-19 减速器装配示意图

零件图大体相同,不同之处在于目测零件各部分的比例关系,不用绘图仪器,徒手画出各视图。可以采用前述的草图绘制方法和技巧,在白纸上或在方格纸上绘制草图。

草画出零件表达图后,选择尺寸基准,画出应标注尺寸的尺寸界线、尺寸线及箭头。然后使用合适的测量工具,测量零件尺寸,标注在零件草图中。应特别注意相关零件之间的配合尺寸和关联尺寸。为了便于徒手绘图和提高工效,草图中尺寸格式、其他内容格式可不同于零件工作图,以简单易懂、注写方便为准。图 14-20～图 14-22 所示为减速器主要零件的草图。

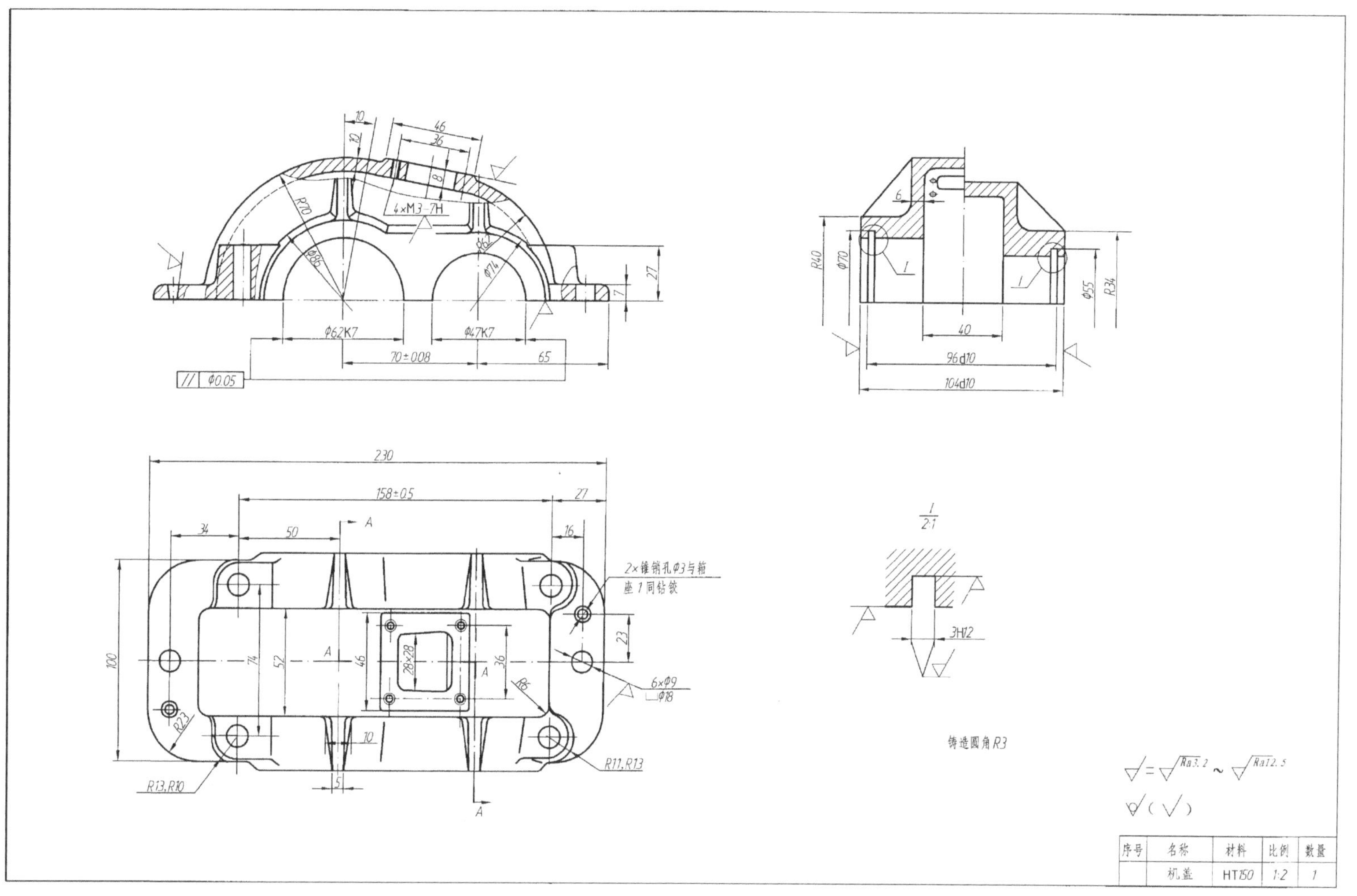
4×M3-7H
R70
φ86
φ62
φ74
φ62K7
φ47K7
70±0.08
65
27
φ0.05
R40
φ70
φ55
R34
40
96d10
104d10
230
158±0.5
2×锥销孔φ3与箱
座1同钻铰
6×φ9
⌴φ18
28×28
R11,R13
R13,R10
I
2:1
3H12
铸造圆角R3
序号
名称
材料
比例
数量
机盖
HT150
1:2
1

图14-20　机盖草图

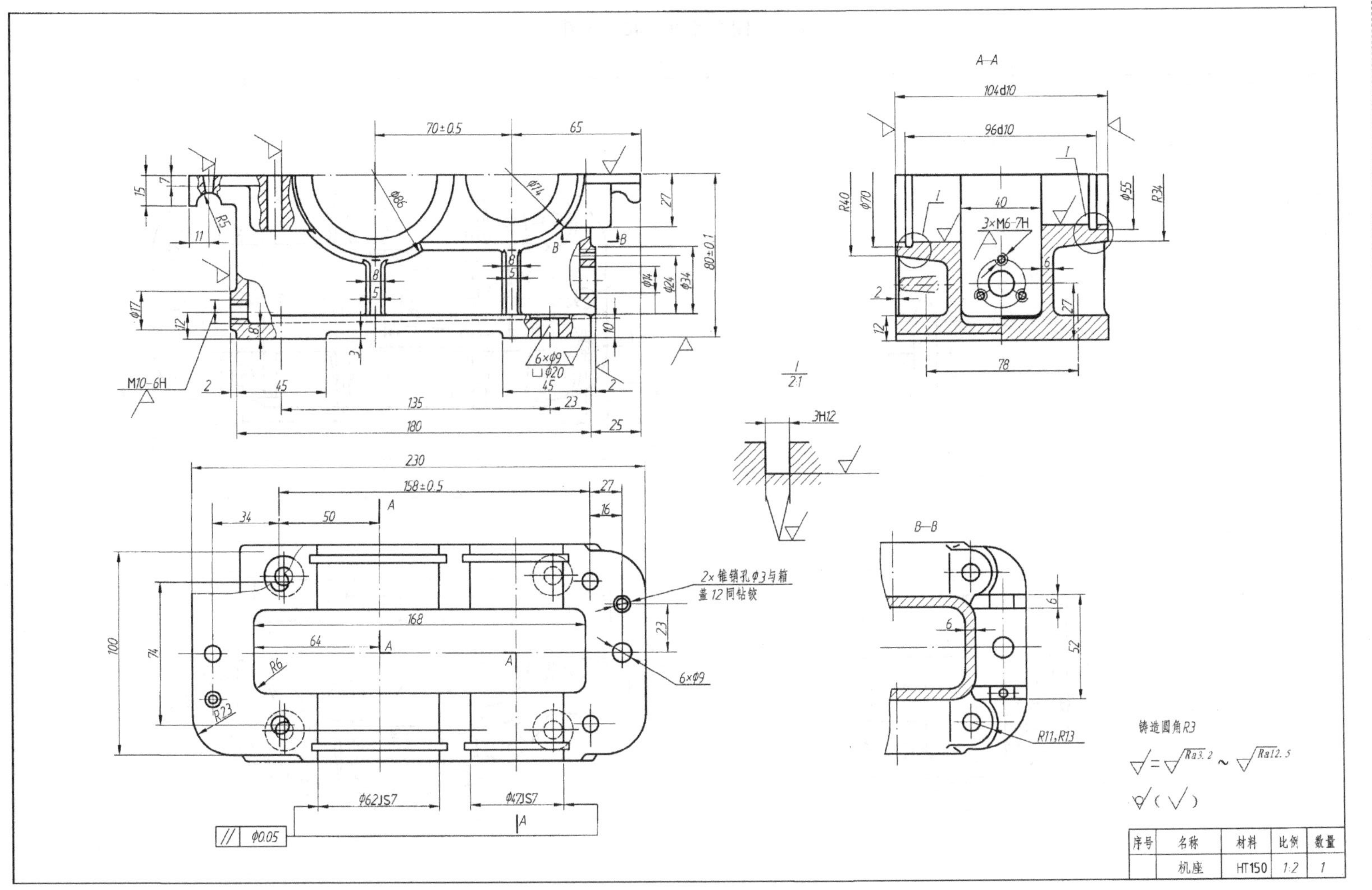
A-A
B-B
2×锥销孔φ3与箱盖12同钻铰
6×φ9
3×M6-7H
M10-6H
铸造圆角R3
序号
名称
材料
比例
数量
机座
HT150
1:2
1

图14-21 机座草图

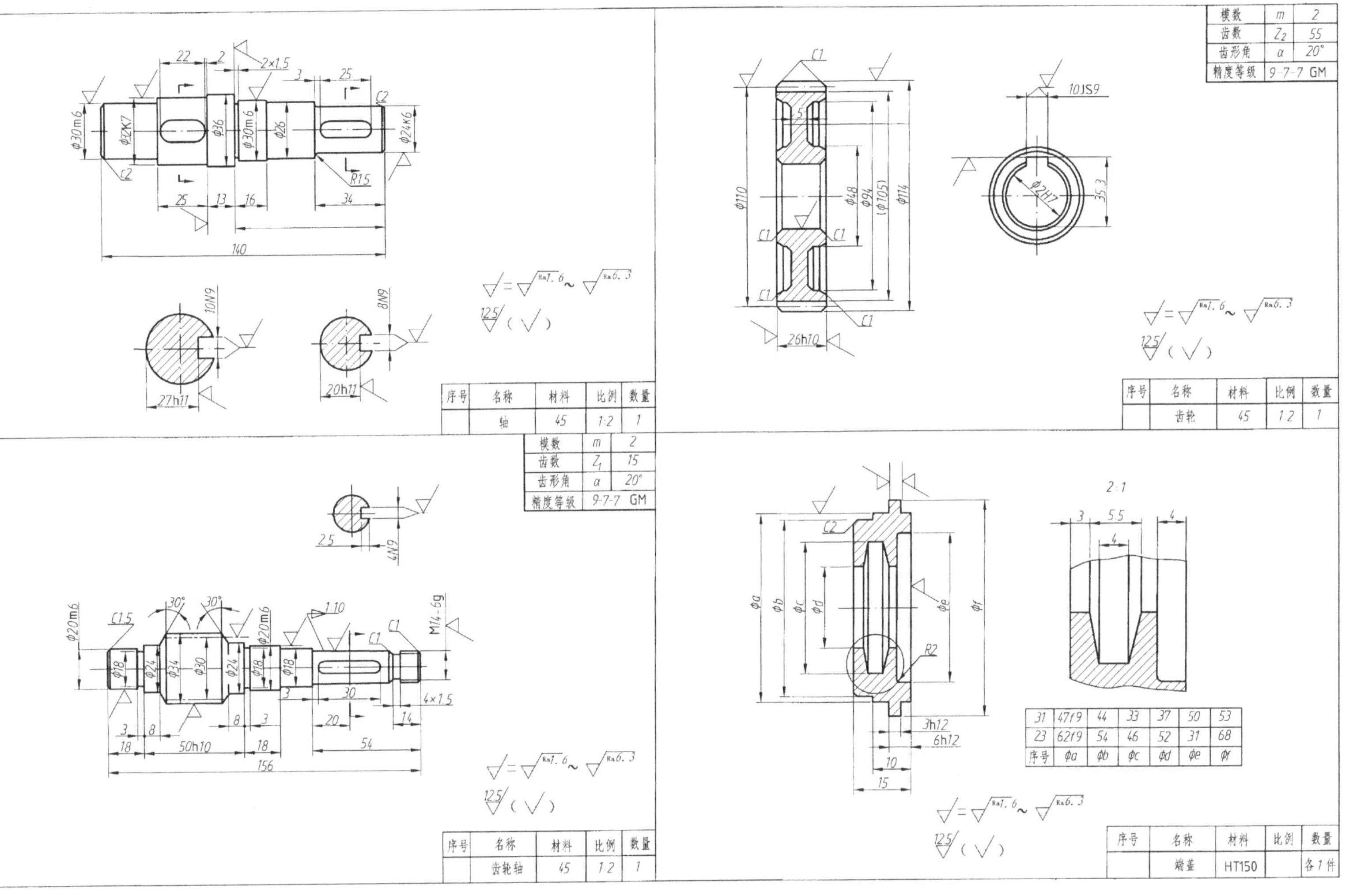

图14-22　轴、齿轮轴、齿轮、端（透）盖草图

5. 画装配图和零件工作图

根据装配示意图和零件草图绘制装配图,这是测绘的主要任务。装配图不仅要求表达出装配体的工作原理和装配关系以及主要零件的结构形状,还要检查零件草图上的尺寸是否协调合理。在绘制装配图的过程中,若发现零件草图上的形状或尺寸有错,应及时更改后方可画图。

装配图画好后必须注明该机器或部件的规格、性能及装配、检验、安装时的尺寸,还必须用文字说明或采用符号标注形式指明机器或部件在装配调试、安装使用中必需的技术条件。这些要求对初学者有较大的难度,不做要求,但可采用类比法确定。

最后应按规定要求填写零件序号和明细栏、标题栏的各项内容。总之,要按照装配图的内容和画法完成装配图绘制。图 14-23 所示为一级圆柱齿轮减速器装配图,图中给出了需要标注的参考尺寸和一些公差配合代号,考虑到学生测绘的减速器结构尺寸各有不同,本图所标尺寸仅供参考。

绘制零件图时,需要按零件的表达方法及零件图的绘制方法,绘制非标零件的工作图。根据装配图和草图绘制零件图时,首先要看零件草图的表达方法是否合适,如不合适,不可采用。其次,需要根据尺寸重新确定比例,选择合适的图幅尺寸,合理布局零件图形。标注尺寸时,检查草图中的尺寸是否正确、合理、齐全、完整。如果不符合零件图的尺寸标注规定和要求,不可采用,需要加以完善。零件图技术要求采用类比法,完成其标注。最后应按规定要求填写标题栏的各项内容。

完成部件测绘各步骤后,最后,检查工作图样是否有其他问题。

本章小结

本章主要阐述了测量工具的使用,徒手画图的方法,以及部件测绘步骤等内容。制图测绘作为机械制图理论课程的实践教育环节,起着综合锻炼的目的,本章为此而设。重点是要能够正确使用测量工具,测绘需要的结构尺寸,运用徒手画图的方法画出零件草图,从而可以画出部件的装配图,完成部件的测绘。

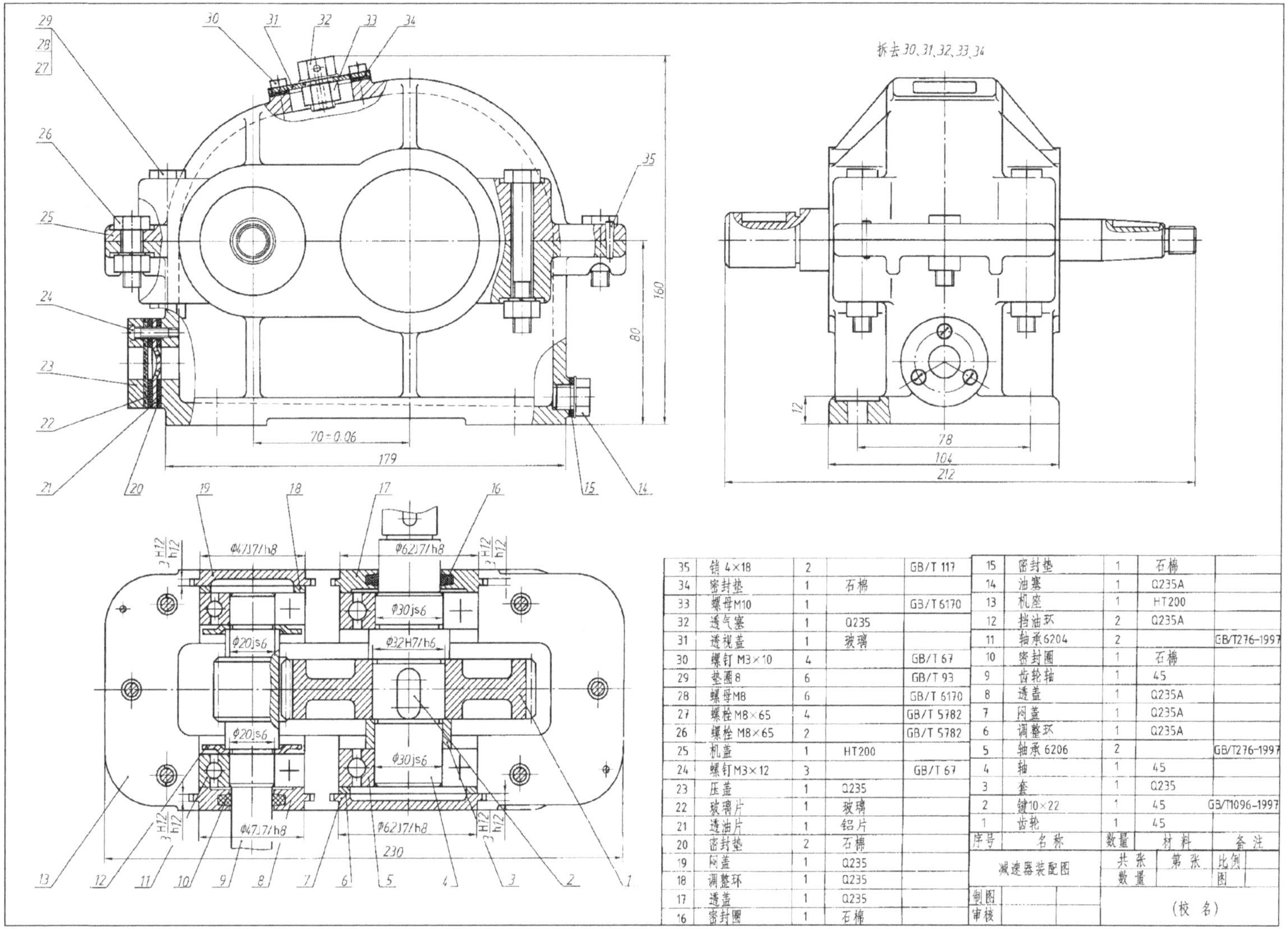

序号	名称	数量	材料	备注
35	销 4×18	2		GB/T 117
34	密封垫	1	石棉	
33	螺母M10	1		GB/T 6170
32	透气塞	1	Q235	
31	透视盖	1	玻璃	
30	螺钉 M3×10	4		GB/T 67
29	垫圈8	6		GB/T 93
28	螺母M8	6		GB/T 6170
27	螺栓 M8×65	4		GB/T 5782
26	螺栓 M8×65	2		GB/T 5782
25	机盖	1	HT200	
24	螺钉 M3×12	3		GB/T 67
23	压盖	1	Q235	
22	玻璃片	1	玻璃	
21	透油片	1	铝片	
20	密封垫	2	石棉	
19	闷盖	1	Q235	
18	调整环	1	Q235	
17	透盖	1	Q235	
16	密封圈	1	石棉	
15	密封垫	1	石棉	
14	油塞	1	Q235A	
13	机座	1	HT200	
12	挡油环	2	Q235A	
11	轴承6204	2		GB/T276-1997
10	密封圈	1	石棉	
9	齿轮轴	1	45	
8	透盖	1	Q235A	
7	闷盖	1	Q235A	
6	调整环	1	Q235A	
5	轴承 6206	2		GB/T276-1997
4	轴	1	45	
3	套	1	Q235	
2	键10×22	1	45	GB/T1096-1997
1	齿轮	1	45	

减速器装配图	共 张	第 张	比例
	数量		图
制图		(校 名)	
审核			

图14-23　减速器装配图

附　　录

常用金属材料

附表 1　常用钢材牌号及用途

名　称	牌　号	应用举例
碳素结构钢	Q215 Q235	塑性较高,强度较低,焊接性好,常用作各种板材及型钢,制作工程结构或机器中受力不大的零件,如螺钉、垫圈、吊钩、拉杆等;也可渗碳,制造不重要的渗碳零件
	Q275	强度较高,可制作承受中等应力的普通零件,如紧固件、吊钩、拉杆等;也可经热处理后制造不重要的轴
优质碳素结构钢	15 20	塑性、韧性、焊接性和冷冲性很好,但强度较低。用于制造受力不大、韧性要求较高的零件、紧固件、渗碳零件及不要求热处理的低负荷零件,如螺栓、螺钉、拉条、法兰盘等
	35	有较好的塑性和适当的强度,用于制造曲轴、转轴、轴销、杠杆、连杆、横梁、链轮、垫圈、螺钉、螺母等。这种钢多在正火和调质状态下使用,一般不作焊接作用
	45 45	用于要求强度较高、韧性要求中等的零件,通常进行调质或正火处理。用于制造齿轮、齿条、链轮、轴、曲轴等;经高频表面淬火后可替代渗碳钢制作齿轮、轴、活塞销等零件
	55	经热处理后有较高的表面硬度和强度,具有较好韧性,一般经正火或淬火、回火后使用。用于制造齿轮、连杆、轮圈及轧辊等。焊接性及冷变形性均低
	65	一般经淬火中温回火,具有较高弹性,适用于制作小尺寸弹簧
	15Mn	性能与 15 钢相似,但其淬透性、强度和塑性均稍高于 15 钢。用于制作中心部分的力学性能要求较高且需渗碳的零件。这种钢焊接性好
	65Mn	性能与 65 钢相似,适于制造弹簧、弹簧垫圈、弹簧环和片,以及冷拔钢丝(≤7 mm)和发条
合金结构钢	20Cr	用于渗碳零件,制作受力不太大、不需要强度很高的耐磨零件,如机床齿轮、齿轮轴、蜗杆、凸轮、活塞销等
	40Cr	调质后强度比碳钢高,常用作中等截面、要求力学性能比碳钢高的重要调质零件,如齿轮、轴、曲轴、连杆、螺栓等
	20CrMnTi	强度、韧性均高,是铬镍钢的代用材料。经热处理后,用于承受高速、中等或重负荷以及冲击、磨损等的重要零件,如渗碳齿轮、凸轮等
	38CrMoAl	是渗氮专用钢种,经热处理后用于要求高耐磨性、高疲劳强度和相当高的强度且热处理变形小的零件,如镗杆、主轴、齿轮、蜗杆、套筒、套环等
	35SiMn	除了要求低温(−20 ℃以下)及冲击韧性很高的情况外,可全面替代 40Cr 作调质钢;也可部分替代 40CrNi,制作中小型轴类、齿轮等零件
	50CrVA	用于($\phi30\sim\phi50$)重要的承受大应力的各种弹簧;也可用作大截面的温度低于 400 ℃的气阀弹簧、喷油嘴弹簧等
铸钢	ZG200－400	用于各种形状的零件,如机座、变速箱壳等
	ZG230－450	用于铸造平坦的零件,如机座、机盖、箱体等
	ZG270－500	用于各种形状的零件,如飞轮、机架、水压机工作缸、横梁等

附表 2　常用铸铁牌号及用途

名　称	牌　号	应用举例	说　明
灰铸件	HT100	低载荷和不重要零件，如盖、外罩、手轮、支架、重锤等	牌号中"HT"是"灰铁"二字汉语拼音的第一个字母，其后的数字表示最低抗拉强度(MPa)，但这一力学性能与铸件壁厚有关
	HT150	承受中等应力的零件，如支柱、底座、齿轮箱、工作台、刀架、端盖、阀体、管路附件及一般无工作条件要求的零件	
	HT200 TH250	承受较大应力和较重要零件，如气缸体、齿轮、机座、飞轮、床身、缸套、活塞、刹车轮、联轴器、齿轮箱、轴承座、油缸等	
	HT300 HT350 HT400	承受高弯曲应力及抗拉应力的重要零件，如齿轮、凸轮、车床卡盘、剪床如压力机的机身、床身、高压油缸、滑阀壳体等	
球墨铸铁	QT400－65 QT450－10 QT500－7 QT600－3 QT700－2	球墨铸铁可替代部分碳钢、合金钢，用来制造一些受力复杂，强度、韧性和耐磨性要求高的零件。前两种牌号的球墨铸铁，具有较高的韧性与塑性，常用来制造受压阀门、机器底座、汽车后桥壳等；后两种牌号的球墨铸铁，具有较高的强度与耐磨性，常用来制造拖拉机或柴油机中的曲轴、连杆、凸轮轴，各种齿轮，机床的主轴、蜗轮，轧钢机的轧辊、大齿轮，大型水压机的工作缸、缸套、活塞等	牌号中"QT"是"球铁"二字汉语拼音的第一个字母，后面两组数字分别表示其最低抗拉强度(MPa)和最小伸长率($\delta \times 100\%$)

附表 3　常用有色金属牌号及用途

名　称		牌　号	应用举例
加工黄铜	普通黄铜	H62	销钉、铆钉、螺钉、螺母、垫圈、弹簧等
		H68	复杂的冷冲压件、散热器外壳、弹簧、导管、波纹管、轴套等
		H90	双金属片、供水和排水管、证章、艺术品等
	铅黄铜	HPb59－1	适用于仪器仪表等工业部门用的切削加工零件，如销、螺钉、螺母、轴套等
加工锡青铜		QSn4－3	弹性元件、管配件、化工机械中耐磨零件及抗磁零件
		QSn6.5－0.1	弹簧、接触片、振动片、精密仪器中的耐磨零件
铸造锡青铜		ZCuSn10Pb1	重要的减磨零件，如轴承、轴套、蜗轮、摩擦轮、机床丝杠螺母等
		ZCuSn5Pb5Zn5	中速、中载茶的轴承、轴套、蜗轮等耐磨零件
铸造铝合金		ZALSi7Mg (ZL101)	形状复杂的砂型、金属型和压力铸造零件，如飞机、仪器的零件，抽水机壳体，工作温度不超过 185 ℃的汽化器等
		ZAlSi12 (ZL102)	形状复杂的砂型，金属型和压力铸造零件，如仪表、抽水机壳体，工作温度在 200 ℃以下要求气密性、承受低负荷的零件
		ZAlSi5Cu1Mg (ZL105)	砂型、金属型和压力铸造的形状复杂、在 225 ℃以下工作的零件，如风冷发动机的气缸头，机匣、油泵壳体等
		ZAlSI12Cu2Mg1 (ZL108)	砂型、金属型铸造的、要求高温强度及低膨胀系数的高速内燃机活塞及其他耐热零件

常用国家标准

请扫描以下二维码下载查阅。

A　常用螺纹及螺纹紧固件

B　常用键与销

C　常用滚动轴承

D　零件倒圆、倒角与砂轮越程槽

E　紧固件通孔及沉孔尺寸

F　常用材料及热处理

G　极限与配合

参考文献

[1] 谭建荣,张树有,陆国栋.图学基础教程[M].北京:高等教育出版社,2008.

[2] 谭建荣,张树有,陆国栋.图学基础教程习题集[M].北京:高等教育出版社,2008.

[3] 国家质量技术监督局.技术产品文件标准汇编:机械制图卷[S].2 版.北京:中国标准出版社,2009.

[4] 国家质量技术监督局.技术产品文件标准汇编:技术制图卷[S]2 版.北京:中国标准出版社,2009.

[5] 何铭新,钱可强.机械制图.[M].5 版.北京:高等教育出版社,2004.

[6] 钱可强,何铭新.机械制图习题集.[M].5 版.北京:高等教育出版社,2004.

[7] 马俊,王玫.机械制图[M].北京:北京邮电大学出版社,2007.

[8] 尤绍权.新编国家标准机械制图应用示例图册[M].北京:中国标准出版社,1996.

[9] 吴艳萍.机械制图[M].北京:中国铁道出版社,2007.

参考文献